C++
从入门到精通

◉ **谭玉波** 主编　**吴勇 韩璐** 副主编

人民邮电出版社

北　京

图书在版编目（C I P）数据

C++从入门到精通 / 谭玉波主编. -- 北京：人民邮
电出版社，2019.5
ISBN 978-7-115-50656-6

Ⅰ．①C… Ⅱ．①谭… Ⅲ．①C++语言—程序设计
Ⅳ．①TP312.8

中国版本图书馆CIP数据核字(2019)第017457号

内 容 提 要

本书主要面向零基础读者，用实例引导读者学习，深入浅出地介绍 C++的相关知识和实战技能。

本书第Ⅰ篇"基础知识"主要讲解 C++程序的基本组成、标识符和数据类型、运算符和表达式、程序控制结构和语句、算法与流程图、数组、函数、指针以及输入和输出等；第Ⅱ篇"核心技术"主要讲解类和对象、命名空间、继承与派生、多态与重载、文件操作、容器、模板、预处理、异常处理、网络编程技术、数据库编程技术、用户界面编程及游戏编程等；第Ⅲ篇"提高篇"主要介绍网络应用项目、DirectX 基础与应用以及专业理财系统等。

本书提供的电子资源中包含与图书内容全程同步的教学视频。此外，还赠送了大量相关学习资料，以便读者扩展学习。

本书适合任何想学习 C++的读者，无论读者是否从事计算机相关行业，是否接触过 C++，均可通过学习本书快速掌握 C++的开发方法和技巧。

◆ 主　　编　谭玉波
　　副主编　吴　勇　韩　璐
　　责任编辑　张　翼
　　责任印制　马振武

◆ 人民邮电出版社出版发行　　北京市丰台区成寿寺路 11 号
　　邮编　100164　　电子邮件　315@ptpress.com.cn
　　网址　http://www.ptpress.com.cn
　　固安县铭成印刷有限公司印刷

◆ 开本：787×1092　1/16
　　印张：31.25　　　　　　　　2019 年 5 月第 1 版
　　字数：784 千字　　　　　　 2025 年 2 月河北第 6 次印刷

定价：79.00 元

读者服务热线：(010)81055410　印装质量热线：(010)81055316
反盗版热线：(010)81055315

前言
PREFACE

"从入门到精通"系列是专为初学者量身打造的一套编程学习用书，由专业计算机图书策划机构"龙马高新教育"精心策划编写而成。

本书主要面向 C++ 初学者和爱好者，旨在帮助读者掌握 C++ 基础知识、了解开发技巧并积累一定的项目实战经验。

为什么要写这样一本书

荀子曰："不闻不若闻之，闻之不若见之，见之不若知之，知之不若行之。"

实践对于学习的重要性由此可见一斑。纵观当前编程图书市场，理论知识与实践经验的脱节是某些 C++ 图书中经常出现的情况。为了避免这种情况，本书立足于实战，从项目开发的实际需求入手；将理论知识与实际应用相结合。目的就是让初学者能够快速成长为初级程序员，并拥有一定的项目开发经验，从而在职场中拥有一个高起点。

C++ 的学习路线

本书总结了作者多年的教学实践经验，为读者设计了合适的学习路线。

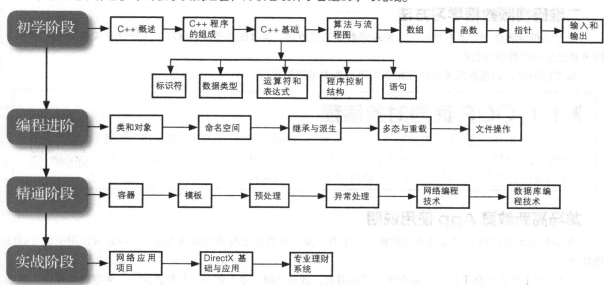

本书特色

● 零基础、入门级的讲解

无论读者是否从事计算机相关行业、是否接触过 C++、是否使用 C++ 开发过项目，都能从本书中有所收获。

● 超多、实用、专业的范例和项目

本书结合实际工作中的范例，逐一讲解 C++ 的各种知识和技术。最后，还以实际开发项目来总结本书所讲内容，帮助读者在实战中掌握知识，轻松拥有项目经验。

● 随时检测自己的学习成果

每章首页都给出了"本章要点"，以便读者明确学习方向。每章最后的"综合案例"根据所在章的知识点

精心设计而成，读者可以随时自我检测，巩固所学知识。

● 细致入微、贴心提示

本书在讲解过程中使用"提示""注意""技巧"等小栏目，帮助读者在学习过程中更清楚地理解基本概念、掌握相关操作以及轻松获取实战技巧。

超值电子资源

● 全程同步教学视频

涵盖本书所有知识点，详细讲解每个范例和项目的开发过程及关键点，帮助读者更轻松地掌握书中所有的 C++ 程序设计知识。

● 超多资源大放送

赠送大量资源，包括本书范例的素材文件和结果文件、库函数查询手册、C++ 常用查询手册（头文件、关键字和常用字符 ASCII 码查询）、10 套超值完整源代码、C++ 常见面试题、C++ 常见错误及解决方案电子书、C++ 开发经验及技巧大汇总、C++ 程序员职业规划和 C++ 程序员面试技巧。

读者对象

- 没有任何 C++ 基础的初学者。
- 已掌握 C++ 的入门知识，希望进一步学习核心技术的人员。
- 具备一定的 C++ 开发能力，缺乏 C++ 实战经验的人员。
- 各类院校及培训学校的老师和学生。

二维码视频教程学习方法

为了方便读者学习，本书提供了大量视频教程的二维码。读者使用微信、QQ 的"扫一扫"功能扫描二维码，即可通过手机观看视频教程。

如下图所示，扫描标题旁边的二维码即可观看本节视频教程。

▶ 1.1 OOP 面向对象编程

很多初学者对面向对象程序设计（Object-Oriented Programming，OOP）思想和作为面向对象程序设计语言（Object-Oriented Programming Language，OOPL）基础的 Smalltalk 以及动态类型语言了解很少。本节主要讲解面向对象技术的基本知识。

龙马高新教育 App 使用说明

在手机应用商店搜索"龙马高新教育"，下载、安装并打开龙马高新教育 App，可以直接使用手机号码注册并登录。

（1）在【个人信息】界面，用户可以订阅图书、查看问题、添加收藏、与好友交流、管理离线视频、反馈意见并升级 App 等。

（2）在首页界面单击顶部的【全部图书】按钮，在弹出的下拉列表中可查看订阅的图书类型，在上方搜索框中可以搜索图书。

（3）进入图书详细页面，单击要学习的内容即可播放视频。此外，还可以发表评论、收藏图书并离线下载视频文件等。

（4）首页底部包含4个栏目：在【图书】栏目中可以显示并选择图书，在【问同学】栏目中可以与同学讨论问题，在【问专家】栏目中可以向专家咨询，在【晒作品】栏目中可以分享自己的作品。

创作团队 ------------------

本书由谭玉波任主编，吴勇和韩璐任副主编，其中河南工业大学符建华编写第 1~3 章，河南工业大学陈虹杉编写第 4~6 章，河南工业大学段爱玲编写第 7~10 章，河南工业大学吴勇编写第 11~12 章，河南工业大学韩璐编写第 13~15 章，河南工业大学张春燕编写第 16~20 章，河南工业大学谭玉波编写第 21~25 章。

在本书的编写过程中，我们竭尽所能地将更好的讲解呈现给读者，但书中也难免有疏漏和不妥之处，敬请广大读者及时指正。若读者在阅读本书时遇到困难或疑问，或有任何建议，可发送邮件至 zhangtianyi@ptpress.com.cn。

编者

目录
CONTENTS

第 7 章　相同类型的数值表达——数组

第 8 章　函数

第 9 章　内存的快捷方式——指针

第 II 篇
核心技术

第11章 面向对象编程基础——类和对象

第Ⅲ篇 提高篇

赠送资源
Free resources

❶ 本书范例的素材文件和结果文件

❷ 库函数查询手册

❸ C++常用查询手册（头文件、关键词和常用字符ASCII码查询）

❹ 10套超值完整源代码

❺ C++常见面试题

❻ C++常见错误及解决方案电子书

❼ C++开发经验及技巧大汇总

❽ C++程序员职业规划

❾ C++程序员面试技巧

第 I 篇

基础知识

第 1 章

开始 C++ 编程之旅

——C++ 概述

　　C++ 作为一种面向对象程序设计的语言，吸引了许许多多的编程学习者。掌握 C++ 编程，理论上可以实现任何系统。本章将带领读者认识 C++ 的编程世界，了解 C++ 的起源，并创建、运行第 1 个 C++ 应用程序。

本章要点（已掌握的在方框中打钩）

□ 面向对象编程
□ 结构化程序设计
□ 面向对象程序设计
□ C 与 C++ 的区别
□ C++ 程序开发
□ 第 1 个 C++ 程序
□ Code::Blocks 的使用

▶1.1 OOP 面向对象编程

很多初学者对面向对象程序设计（Object-Oriented Programming，OOP）思想和作为面向对象程序设计语言（Object-Oriented Programming Language，OOPL）基础的 Smalltalk 以及动态类型语言了解很少。本节主要讲解面向对象技术的基本知识。

> 🔊**说明**
>
> Smalltalk 被公认为历史上第二个面向对象的程序设计语言和第一个真正的集成开发环境（Integrated Development Environment，IDE）。

1.1.1 OOP 的含义

OOP 的许多思想都来自 Simula 语言（第一个面向对象语言）。OOP 在 Simula 语言的完善和标准化过程中得到扩展和重新注解。OOP 几乎没有引入准确的数学描述，而是倾向于建立一个对象模型，用来近似反映应用领域内实体之间的关系。对象的产生通常基于两种基本方式：一种是基于原型，另一种是基于类。

（1）基于原型

原型模型是通过一个具有代表性的对象产生各种新对象，并由此继续产生更符合实际应用的对象。

（2）基于类

一个类提供一个或多个对象的通用性描述。类与类型有关，故一个类相当于从该类产生的实例的集合。

1.1.2 面向对象编程

面向对象编程是 C++ 编程的指导思想。在进行编程时，应该先利用对象建模技术分析目标问题，找出相关对象的共性，分类，并分析各类之间的关系。然后用类描述同一类对象，归纳出类之间的关系。在对象建模技术、面向对象编程与知识库系统的基础上建立一套面向对象的方法，可分为面向对象分析(Object-Oriented Analysis，OOA) 和面向对象设计（Object-Oriented Design，OOD）。对象建模技术、面向对象分析和设计共同构成系统设计的过程，如下图所示。

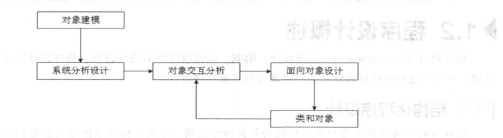

1.1.3 C++ 的特点

C++ 语言是当今应用最广泛的面向对象的程序设计语言之一，因此，其具有面向对象程序设计的特点。C++ 的主要特点如下。

（1）封装性

封装是把一组数据和与这组数据有关的操作集合组装在一起，形成一个能动的实体，即对象。封装是面向对象的重要特征。首先，它实现了数据隐藏，保护了对象的数据不被外界随意改变；其次，它使对象成了相对独立的功能模块。对象像是一个黑匣子，表示对象属性的数据和实现各个操作的代码都被封装在黑匣子里，从外面是看不见的。

与造楼房需要设计人员、泥水匠、漆匠、水电工、监查人员、装修人员等不同工种的人来共同完成一样，编程也需要不同"工种"的人。这里所谓的"工种"就是能够完成某项工作的"类",所谓的"工人"就是类的对象。

C++通过建立类这个数据类型来支持封装性。使用对象时,只需知道它向外界提供的接口,而无须知道它的数据结构细节和实现操作的算法。

（2）继承性

继承是指一个类具有另一个类的属性和行为。这个类既具有另一个类的全部特征,又具有自身的独有特征。C++中称其为派生类（或子类）,而将其所继承的类称为基类（父类）。

教师的工作是备课、上课、批改作业、监考、改卷等,这些都是作为教师这个"类"的方法;对于一个教师来说,教龄和执教年级会有所不同,这些就属于教师这个"类"的成员变量。

假设现在有两个老师,一个张老师,一个赵老师,按以前的说法,这两个老师就是教师这一个工种的对象,应该是相同的。但事实并非如此,因为张老师是语文老师,而赵老师则是数学老师,自然有所不同。换而言之,教师这个工种是一个大工种,还有更细的分工,如数学老师、语文老师,以及物理老师、化学老师等。所有老师共有的工作大家都有,只是实现方式上各有不同。在面向对象的语言里,这种现象的模拟叫作"继承"。

语文教师继承教师,数学教师也继承教师,两者都继承了教师,所以都拥有教师该具备的素质（具有能够备课、讲课等能力）,又根据自身学科的不同而有所不同。

此例中,教师这个职业叫作基类,语文教师、数学教师等叫作派生类。

（3）多态性

多态是指不同的对象调用相同名称的函数,并可导致完全不同的行为。

相对于学校,基本的物理单位就是教室,教室是教师上课的地方,可是教室没有规定具体哪一个老师才能来上课,对它来说,它只提供老师上课的地点,它只知道老师会来这里上课,没有规定具体谁来上。当然,虽然教室没有做硬性规定,学生们也不会担心,因为每个老师都知道自己该怎么上课。像这种情况,教室只要求了一个大工种（教师）的限制,而具体每个老师过来怎么上则由老师自己的具体工种（语文老师还是数学老师）来决定。有了多态之后,在设计软件的时候,就可以从大的方向进行设计,而不必拘泥于细枝末节,因为具体怎么操作都由对象自己负责。

C++中的多态性通过使用函数重载、模板和虚函数等概念来实现,这些将在后续章节中进行介绍。

▶1.2 程序设计概述

程序设计（Programming）是指设计、编制、调试程序的方法和过程。程序设计方法有两种,一种是结构化程序设计,另一种是面向对象程序设计。

1.2.1 结构化程序设计

结构化程序设计的主要思想是功能分解并逐步求精。结构化程序设计方法是由 E.Dijkstra 等人于 1972 年提出来的,它建立在 Bohm、Jacopini 证明的结构定理的基础上。结构定理指出:任何程序逻辑都可以用顺序、选择和循环 3 种基本结构来表示,如下图所示。

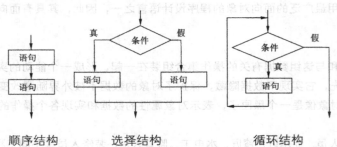

顺序结构　　　　　选择结构　　　　　　循环结构

结构化程序设计方法的主要特征。

（1）使用"自顶向下，逐步求精"的思想。先从问题的总体目标开始，层层分解细化。

（2）"独立功能，单出、入口"的模块仅用3种基本结构的编码原则。减少了模块的相互联系，降低程序复杂性，提高可靠性。

1.2.2　面向对象程序设计

面向对象程序设计是把数据和处理数据的过程当作一个整体，形成一个相互依存不可分割的整体，这个整体就是对象。对象可以是人们要进行研究的任何事物，从简单的整数到复杂的飞机等均可看作对象，它不仅能表示具体的事物，还能表示抽象的规则、计划或事件。

面向对象程序设计是以"对象"为中心进行分析、设计，让对象形成解决目标问题的基本构件，解决"做什么"到"怎样做"的问题。过程是将问题空间划分为一系列对象的集合，然后将对象集合进行分类抽象，一些有相同属性行为的对象被抽象为一个类，类还可以抽象为派生类。使用继承的方式实现基类与派生类之间的联系，形成结构层次。

与结构化程序设计相比，面向对象程序设计更倾向于对现实世界的描述，故发展迅速，对软件开发过程产生了很大的影响。

▶ 1.3　C、C++与Visual C++

C、C++与Visual C++这些概念有一些区别，本小节将详细介绍这些区别。

1.3.1　C与C++

C++是由Bjarne Stroustrup于1979年在贝尔实验室开始设计开发的。C++进一步扩充和完善了C语言，最初命名为带类的C，后来在1983年更名为C++。C++是C的一个超集，事实上，任何合法的C程序都是合法的C++程序。虽然C++源于C语言，但并不只是加上了类而已，应该把C++当作一门新语言来学习。

下面是一个输出字符串的例子，分别用C、C++语言编写，观察两者的不同与相同之处。

（1）C语言

```
#include <stdio.h>
void main()
{
   printf( " Hello World !\n " );     //输出字符串
}
```

（2）C++语言

```
#include <iostream>      //包含标准库中的输入输出流头文件
using namespace std;      //定义命名空间
void main()
{
   cout<<" Hello World ! "<<endl; //输出字符串
}
```

相同之处：C程序与C++程序的结构完全相同。

不同之处：①C源程序文件的扩展名为.c，C++源程序文件的扩展名为.cpp。②C程序所包含的标准输入流、输出流的头文件是stdio.h，输入、输出通常通过调用函数来完成；而C++程序包含的标准输入流、输出流的头文件是iostream，输入、输出可以通过使用标准输入流、输出流对象来完成。

1.3.2 C++ 与 Visual C++

C++ 以及 Visual C++ 是很容易混淆的一对概念。C++ 是一种程序设计标准规范。Visual C++ 是微软公司提供的开发环境，使用 C++ 语言的规范，并给程序员提供了各种各样的在 Windows 环境下进行程序设计的类库和大量库函数。Visual C++ 可以看成是一种 C++ 编译器，而不是一门计算机语言。Visual C++ 被整合在 Visual Studio 之中，但仍可单独安装使用，目前常用的版本是 Visual C++ 6.0。运行过程如下。

（1）源程序经过预处理后交给编译器。

（2）若代码无误，编译器负责将 C++ 源代码编译成汇编文件，转换为中间文件（.obj 文件）。

（3）连接器将相关的中间文件连接在一起，生成可执行的二进制文件（.exe 文件）。

1.3.1 小节中的 C++ 源程序在 Visual C++ 6.0 中经过上述过程处理后，命令行中的输出结果如下图所示。

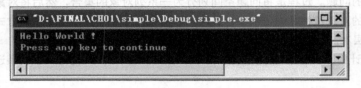

1.3.3 C++ 初学者建议

学习程序开发之路是充满挑战的，枯燥的代码和烦琐的调试有时会让人感到无味，但同时充满着乐趣，每一个功能的调试成功都会使自己充满成就感。作为一名初学者，在学习 C++ 时，建议做到如下几点。

（1）培养兴趣。兴趣是学习知识的动力，对编程产生兴趣，再加上聪明的大脑，就可以做出复杂的程序。

（2）脚踏实地。在开始阶段，可以模仿代码，不要懒惰。请把书上的程序例子亲手输入到电脑上实践。

（3）学习编程的秘诀是编程，编程，再编程。

（4）多实践。把在书中看到的有意义的例子扩充。

（5）学会发现问题。不要放过任何一个看上去很简单的小编程问题——它们往往并不那么简单，或者可以引申出很多知识点。

（6）稳扎稳打。不要心急，欲速则不达，设计 C++ 的类（class）确实不容易，但设计水平是在不断编程实践中完善和发展的。

（7）请重视 C++ 中的异常处理技术，并将其切实运用到自己的程序中。

（8）经常回顾以前写过的程序，并尝试重写，把学到的新知识运用进去。

（9）热爱 C++!

▶ 1.4 C++ 程序开发环境

"工欲善其事，必先利其器"，故首先要了解 C++ 的开发环境。

C++ 开发环境，就是运行 C++ 程序的平台，又称 C++ 的编译器。使用标准化高、兼容性好和可移植性强的编译环境，对于 C++ 开发人员来说非常重要，特别是对于程序设计语言的初学者。

本书介绍了 Visual C++、Code::Blocks 两个编译器，鉴于 Code::Blocks 的开源性，选择 Code::Blocks 作为本书中的编译器。

在系统地学习 C++ 之前，先简单了解一下程序的基本概念、开发过程、开发环境。

1.4.1 基本概念

● 程序：为了使计算机能按照人们的意志工作，就要根据问题的要求，编写相应的程序。程序是一组计算机可以识别和执行的指令，每一条指令使计算机执行特定的操作。

● 源程序：一种计算机的代码，它是按照一定的程序设计语言规范书写的。C++ 源程序文件的扩展名

为 .cpp。

● 目标程序：又称为"目的程序"，源程序经过翻译加工以后所生成的机器码集合。目标程序尽管已经是机器指令，但是还不能运行。目标程序可以用机器语言表示（因此也称之为"目标代码"），也可以用汇编语言或其他中间语言表示。C++ 目标程序文件的扩展名为 .obj。

● 可执行程序：因为目标程序还没有解决函数调用问题，需要将各个目标程序与库函数连接，才能形成完整的可在操作系统下独立执行的程序，即可执行程序。可执行程序扩展名为 .exe。

● 翻译程序：用来把源程序翻译为目标程序的程序。对翻译程序来说，源程序作为输入，经过翻译程序的处理，输出的是目标程序。

翻译程序有 3 种不同类型：汇编程序、编译程序和解释程序。

（1）汇编程序：将汇编语言书写的源程序翻译成由机器指令和其他信息组成的目标程序。因此，用汇编程序编写的源程序先要经过汇编程序的加工，变为等价的目标程序。

（2）编译程序：如果源程序使用的是高级程序设计语言，经过翻译程序加工生成目标程序，那么该翻译程序就称为"编译程序"。所以，高级语言编写的源程序要在计算机上运行，通常首先要经过编译程序加工生成机器语言表示的目标程序。目标程序用的是汇编语言，因此还要经过一次汇编程序的加工。

（3）解释程序：其结构可分为解释模块和运行模块两个主要模块。前者按源程序动态执行顺序逐个输入语句，并对每个语句分析与解释，包括语法、语义的检验、生成中间代码及错误信息的处理。后者是运行语句的翻译代码，输出中间或最终结果。

▶注意

编译程序与解释程序的不同之处是前者生成目标代码，而后者不生成；此外，前者产生的目标代码的执行速度比后者的执行速度要快；后者人机交互好，适于初学者使用。

各程序状态如下图所示。

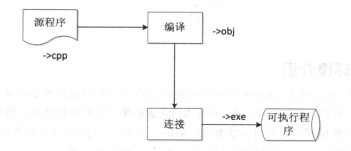

1.4.2 C++ 程序开发过程

编译环境是程序运行的平台。一个程序在编译环境中，从编写代码到生成可执行文件，最后到运行正确，需要经过编辑、编译、连接、运行和调试等几个阶段。

● 编辑阶段：在集成开发环境下创建程序，然后在编辑窗口中输入和编辑源程序，检查源程序无误后保存为 .cpp 文件。

● 编译阶段：源程序经过编译后，生成一个目标文件，这个文件的扩展名为 .obj。该目标文件为源程序的目标代码，即机器语言指令。

● 连接阶段：将若干个目标文件和若干个库文件（lib）进行相互衔接生成一个扩展名为 .exe 的文件，即可执行文件，该文件适应一定的操作系统环境。库文件是一组由机器指令构成的程序代码，是可连接的文件。库有标准库和用户生成的库两种。标准库由 C++ 提供，用户生成的库是由软件开发商或程序员提供的。

● 运行阶段：运行经过连接生成的后缀名为 .exe 的可执行文件。

● 调试阶段：在编译阶段或连接阶段有可能出错，于是程序员就要重新编辑程序和编译程序。另外，程序运行的结果也有可能是错误的，也要重新进行编辑等操作。

程序开发过程如下图所示。

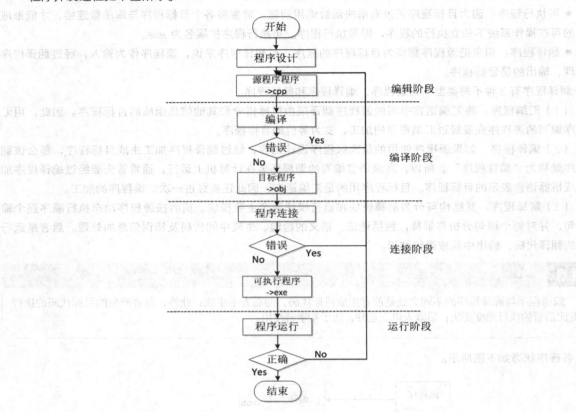

1.4.3　C++ 开发环境介绍

集成开发环境（Integrated Development Environment，IDE）可以给程序员提供很大的帮助。大多数的 IDE 包含编译器和解释器。例如，微软的 Visual Studio 本身内置的编译器和解释器就是很好的例子。使用 IDE，开发软件应用程序的各个组成部分之间可方便地进行切换。一般一个特定的 IDE 负责处理一种编程语言，但也有一些支持多种编程语言的 IDE，例如 Microsoft Visual Studio、MyEclipse 等。

IDE 提供了一个强大和易于使用的用于创作、修改、编译、部署、调试软件并增加开发人员生产力的环境。下面简单介绍一下 Code::Blocks、Visual C++ 这两种环境。

（1）Code::Blocks

Code::Blocks 是一个开放源码且功能全面的跨平台 C/C++ 集成开发环境（IDE），采用 C++ 语言开发，使用了著名的图形界面库 wxWidgets，目前发布了 Windows 版、macOS 版、Linux 版。除了能编写 C 和 C++ 之外，Codeblocks 还可以当做其他语言的编辑器来使用，提供了许多工程模板，支持用户自定义工程模板。它对编译器以及其版本没有限制，既可用 VC++ 的编译器，也能用 GCC.DEV.Turb C++ 等编译器。可扩展插件，有插件向导功能，可以很方便地创建自己的插件。

Code::Blocks 开发环境的界面由标题栏、菜单栏、工具栏、工程管理窗口、编辑代码窗口以及编译与调试信息显示窗口等组成。工具栏中的 ◎ 表示编译、▶ 表示运行、◈ 表示编译与运行、■ 表示保存，如下图所示。

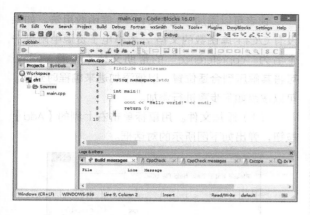

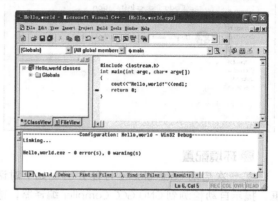

助开发人员快速建立应用程序），都有助于程序员正确开发出应用程序。Visual C++ 6.0 开发环境的界面由标题栏、菜单栏、工具栏、工作区窗口、编辑窗口、输出窗口以及状态栏等组成。工具栏中的 ✍ 按钮表示编译，📷 按钮表示连接，❗ 按钮表示运行。界面如下图所示。

（2）Visual C++

Visual C++ 软件包中的 Developer Studio 是一个集成开发环境，它集成了各种开发工具和 VC 编译器，除了程序编辑器、资源编辑器、编译器、调试器外，还有各种向导（帮助引导工作的工具），以及 MFC 类库（Visual C++ 开发环境所带的类库，帮

1.4.4 Code::Blocks 开发环境安装与部署

下面对 Code::Blocks 的下载、安装及环境部署展开介绍。

01 下载、安装

关于 Code::Blocks 的下载，读者可以通过 Code::Blocks 官网自行下载。

如果使用的操作系统是 Windows XP/Vista/7/8.x/10，可通过如下方式下载 Code::Blocks 17.12。

搜索并进入 Code::Blocks 官网，在左侧栏中选择"Downloads"➤"Binaries"，在"Windows XP/Vista/7/8.x/10"下面选择下载"codeblocks-17.12mingw-setup.exe"（包含 MinGW，即内嵌 GCC 编译器和 gdb 调试器）或者"codeblocks-17.12-setup.exe"（不带 MinGW 的版本）。

建议初学者下载内置 MinGW 的版本，这样不会花太长时间配置编译器和调试器，从而利用更多的时间去学习调试和编写程序。等熟悉后，再搭配其他编译器。安装过程如下。

第一步：单击【Next】，在弹出的对话框中选择【I Agree】。

第二步：在弹出的对话框中选择【Full: All plugins, all tools, just everything】后，单击【Next】，再选择安装位置，然后单击"Install"进行安装。

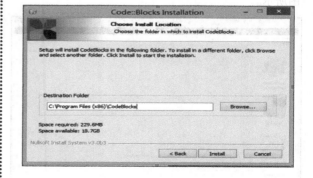

第三步：单击【是】完成安装并运行 Code::Blocks。

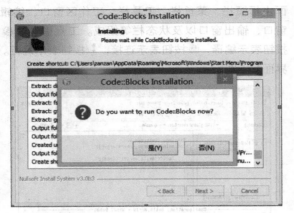

02 环境配置

第一次启动 Code::Blocks，可能会出现如下对话框，提示自动检测到 GNU GCC Compiler 编译器，选中【Set as default】，再单击【OK】即可。

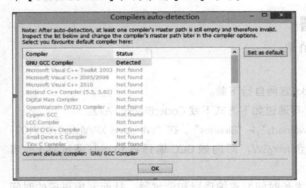

配置一：配置帮助文件

选择主菜单【Settings】➤【Environment】，会弹出一个窗口，用鼠标拖动左侧的滚动条，单击【Help files】，此时会出现一个对话框界面，如下图所示。

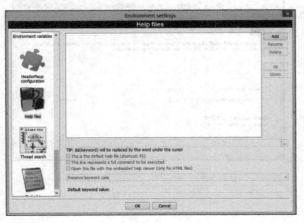

读者可以添加一些 C/C++ 的库函数用法。如果没有 C/C++ 库函数的文档，本书电子资源中附带一个名为"cppreference"的帮助文档（资源 1-1），可将其解压到合适位置，以便添加进来编程时查阅。可以按照如下步骤进行添加。

（1）添加文件。用鼠标单击右上侧的【Add】按钮，弹出如下图所示的对话框。

（2）写入文件名字。该名字可以跟实际文件名相同，也可以不同，然后单击【OK】➤【是】按钮。

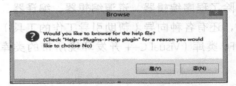

（3）单击【打开】，选中相应文件，然后勾选【This is the default help file】，即可通过快捷键【F1】快速加载帮助文档。

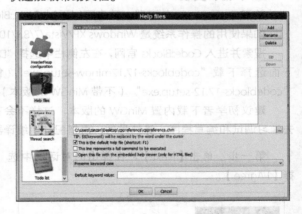

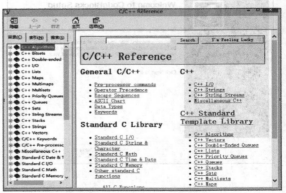

配置二：设置自动保存时间

选择【Settings】▶【Environment】▶【Autosave】，设置自动保存时间，在编写代码时，可以避免出现没有保存代码的现象。

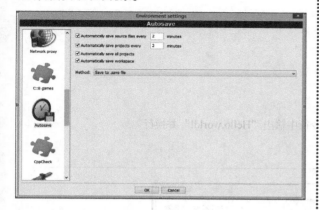

配置三：设置编辑器

启动 Code::Blocks，选择【Settings】▶【Editor】，会弹出一个对话框，默认通用设置【General settings】栏目，选中一些选项，进行字体设置。

单击右上角的【Choose】按钮，会弹出一个对话框，最左侧的栏目【字体】用来选择字体类型，可选择【Courier New】；中间栏目【字形】是字体样式，可选择【常规】；最右边的栏目【大小】是文字大小，根据个人习惯和电脑显示器尺寸大小进行选择，一般为10~12，其他选项不变。然后单击【确定】按钮，字体参数设置完毕，进入上一级对话框【General settings】，再单击【OK】按钮，设置完毕，回到 Code::Blocks 主界面。

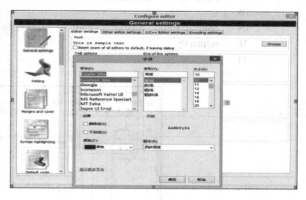

▶ 1.5 第一个 C++ 程序——"Hello，world！"输出

本节通过在 Code::Blocks 17.12 中创建一个简单的"Hello，world！"程序来了解 C++ 的编程过程以及 Code::Blocks 的具体操作。

1.5.1 创建源程序

> 📝 **范例 1-1**　在Code::Blocks 17.12中创建名为"hello world"的源程序，目的是在命令行中输出"Hello，world！"

（1）选择【File】▶【New】菜单命令，在弹出的【New】对话框中选择【File】选项卡。

（2）在弹出的对话框中选择【C++ Source File】与【Go】选项，在弹出的【C/C++ source】栏目中单击【Next】，在下一个【C/C++ source】栏目中单击【C++】，再单击【Next】，在第三个【C/C++ source】栏目中的【Filename with full path】文本框中输入程序名称"hello world"，并单击 按钮，选择该文件保存的位置（如"D:\Final\ch01\范例 1-1\hello world"）。

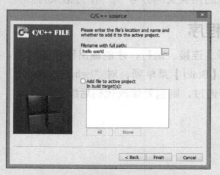

（3）单击【Finish】按钮，此时鼠标光标定位在 Code::Blocks 17.12 的编辑窗口中，然后在编辑窗口中输入以下代码（代码 1-1.txt）。

```
01  // 范例 1-1
02  // "Hello，world！" 程序
03  // 实现 "Hello，world！" 输出
04  //2017.07.10
05  #include<iostream>
06  using namespace std;
07  int main()// 定义 main 函数
08  {
09      cout<<"Hello，world!"<<endl;        // 在命令行中输出 "Hello,world!" 并换行
10      return 0;
11  }
```

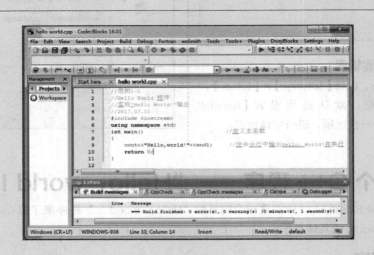

【代码详解】

C++ 程序从 main 函数开始执行。该函数只有一条语句 "cout<<"Hello，world!"<<endl;"，用于输出字符串 "Hello，world!"。

cout 是系统定义的输出流对象，它是通过 using namespace std 进行定义的。"<<" 是插入运算符，与 cout 一起使用，它的作用是将 "<<" 右边的字符串 "Hello，world!" 插入到输出流中，C++ 系统将输出流的内容输出到标准输出设备（一般是显示器）上。

endl 的作用是换行。语句完成后用英文的分号 ";" 作为结束符。

1.5.2 编译、连接和运行程序

源程序创建完毕，还需要编译、连接、运行，才能输出程序的结果，具体步骤如下。

（1）编译、连接程序。选择【Build】菜单项，对 "hello world.cpp" 进行编译。若编译、连接成功，将生成 "hello world.exe" 文件。若不通过，则需要修改代码后继续编译。

（2）运行程序。选择【run】菜单项，运行"hello world.exe"，即可在命令行中输出"Hello，world！"的字样。

输出结果中的"Process returned 0(0*0) execution time:0.386s"与"Press any key to continue"是系统生成的，前者表示程序返回0的执行时间，后者表示提示按任意键返回编辑窗口。

> 📖**提示**
>
> 读者也可以使用【Compiler】工具栏 ⚙▶◈ 进行编译和运行。⚙按钮表示编译，▶按钮表示运行，◈按钮表示编译与运行。

【拓展训练】

在命令行中输出"中国"。

既然能输出"Hello，world！"，那么想输出"中国"，该怎么办？

只需要将第09行语句中的引号里面的内容改为想要输出的内容即可。在此改为"中国！"。

```
cout<<"中国"<<endl;
```

如果要输出两行，只需要使用两个cout命令行分别输出"天气真好"和"游戏结束"即可。

```
cout<<"天气真好"<<endl;
cout<<"游戏结束"<<endl;
```

> 🖢**注意**
>
> 双引号以外的标点符号必须用英文形式。

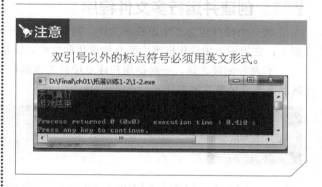

1.5.3 常见错误

对于初学者来说，刚接触C++编程语言，难免会出现一些错误，并且往往出了错还不知道是怎么回事，不知道该怎么进行修改。下面就初学者经常遇到的一些语法错误进行说明。

（1）语句上的符号为中文符号，如：

```
cout<< "Hello，world！"；
cout<<" Hello，world！";
```

对比两者，发现引号不同。第一个为中文符号，在C++世界里这是绝对不允许的，编译器对此无法识别，代码中除了""当中可以出现中文符号，其他地方不可以出现。

```
cout<<" Hello，world！";
```

当进行编译时，将会出现如下错误提醒。

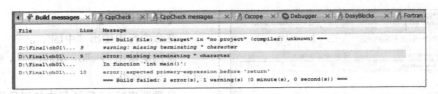

此处将"；"写为中文格式的分号，这在 C++ 世界里是不允许的。也会提醒没有工程，但是不影响编译运行，建工程的方法在下节介绍。

（2）语句后面漏分号。C++ 规定语句末尾必须有分号，分号是 C++ 语句中不可缺少的一部分。这也与其他语言不同。

```
cout<<" Hello，world！"
```

对以上代码进行编译，将会出现如下提醒。

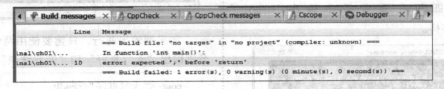

1.5.4 创建并运行多文件程序

若一个程序包含多个源程序文件，则需要建立一个工程项目文件，项目文件扩展名为 .cdp（保存项目设置），它用于维护应用程序中所有的源代码文件，以及编译、连接应用程序，以便创建可执行程序。

有两种创建方法，一种是用户建立项目工作区和项目文件，另一种是用户建立项目而系统建立项目工作区。下面介绍第二种方法。

范例 1-2　建立一个工程ch01和两个.cpp文件。 main.cpp文件调用showworld.cpp文件中的show()函数， main()函数中可输出"Hello"， show()函数可输出"World!"

（1）选择【File】▶【New】菜单命令，在弹出的【New from template】对话框中选择【Projects】选项卡，或者单击主界面的【create a new project】，最终都会得到如下对话框。

（2）单击【Console application】出现如下界面，选择 C++，然后单击【Next】按钮。

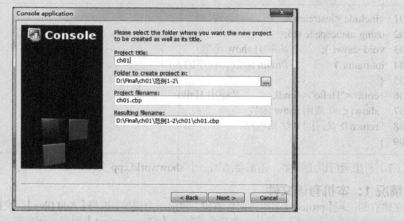

（3）弹出的对话框中有四个需要填写文字的地方，填上前两个（工程名"ch01"和工程所在位置"D:\Final\ch01\ 范例 1-2\"），后两个可以自动生成需要填写的内容。然后单击【Next】按钮进入下一步。

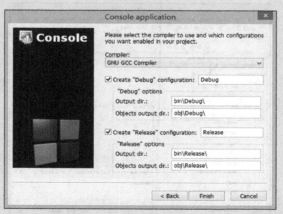

（4）编译器选项仍旧选择默认的设置，剩下的复选框全部选中。然后单击【Finish】按钮，如下图所示，创建一个【project】的工程。用鼠标单击，依次展开左侧的【project】【Sources】【main.cpp】，最后显示文件【main.cpp】的源代码。

（5）在项目工作区可以看到工程名、源文件名。在 main.cpp 上单击鼠标右键可重命名。若双击 main.cpp 文件名，在编辑窗口中会打开 main.cpp 源文件，且鼠标光标已经定位到该文件中。

（6）在 main.cpp 代码编辑窗口输入以下代码（代码 1-2-1.txt）。

```
01  #include <iostream>
02  using namespace std;
03  void show( );          // 声明 show 函数
04  int main( )            //main 函数，程序的入口
05  {
06    cout<<"Hello"<<endl;        // 输出 Hello
07    show(); // 调用 show 函数
08    return 0; // 返回 0 结束程序
09  }
```

（7）若想运行以上程序，还需要添加一个 showworld.cpp 文件。

情况 1：本机有该文件

在建立的工程【project】上单击鼠标右键，弹出一个菜单，选择【Add files】，找到相应文件，单击【OK】按钮，即可添加进当前工程。菜单上有几个按钮：【Close project】用来关闭当前工程，【Remove files】用来从当前工程中删除文件，【Build】用来编译当前工程，【Rebuild】用来重新编译当前工程，【Clean】用来清除编译生成的文件。

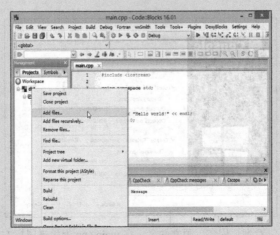

情况 2：新建文件

第一步：选择【File】➤【New】➤【File】，可以新建文件，若选择【File】➤【New】➤【Empty file】可新建空文件。

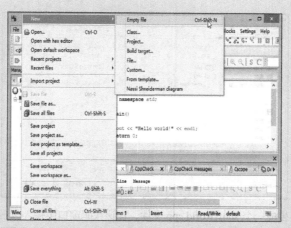

第二步：在弹出的【New form template】栏目中，单击想要新建的文件类型，再单击【Go】按钮。

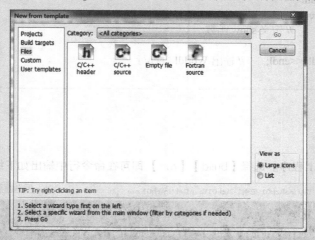

第三步：假设选择创建的文件类型是【C/C++ source】，则会弹出一个【C/C++ source】栏目，【Filename with full path】可以用于选择文件新建的位置，下面的选框决定是否把所建文件添加进当前项目。

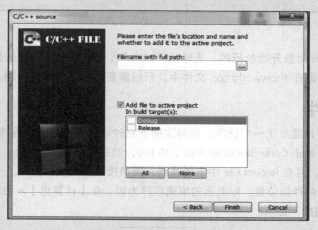

第四步：单击⋯按钮，弹出【Select filename】栏目，选择想要创建文件的位置，在【文件名】中写入相应名字，单击【保存】按钮，回到【C/C++ source】，选择是否把文件加入当前工程后，单击【Finish】按钮，成功创建新文件。

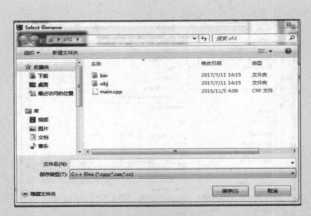

第五步：在工作区会生成一个 **showworld.cpp** 文件，在该代码窗口中输入以下代码（代码 **1-2-2.txt**）。

```
01  #include<iostream>
02  using namespace std;
03  void show()              //定义 show 函数
04  {
05    cout<<"World!"<<endl;     //输出 World! 并换行
06  }
```

【运行结果】

编译、连接、运行以上程序。选择【build】【run】即可在命令行中输出如下结果。

【范例分析】

C++ 程序都是从 main 函数开始执行的，先输出"Hello"，然后调用 show 函数输出"World"，该函数不在 main.cpp 文件中，而是在 showworld.cpp 文件中，所以需要对该函数进行声明。

1.5.5 打开已有文件

若已建立一个工程，且建立了一个程序，当再次需要它时该如何找到这个程序并将其打开呢？如果是最近几次编译的程序，可以单击 Code::Blocks 编译器上的 File，然后找到 Recent File，在里面找到对应的程序。如果程序编译的时间已久，且在 Recent File 中未能找到，可用接下来的这种方式。

首先，找到程序所在的存储位置。以上面的编辑程序为例，在【计算机】➤【D 盘】➤【Final】➤【ch01】➤【hello world】，将看到如下目录。

对程序进行编译后，将生成上面所显示的几个文件。下面介绍一下各文件扩展名所代表的意思。

bin	含有 **Debug** 文件夹，系统编译运行自动生成，**Debug** 中含有 .exe 后缀的可执行文件
obj	含有 **Debug** 文件夹，系统编译运行自动生成，**Debug** 中含有 .o 后缀的目标文件
.cpp	用 C++ 语言编写的源代码文件
.cbp	工程文件
.depend	由于一种依赖关系生成的文件

通过打开扩展名为 .cpp 的 source file 文件或者为 .cbp 的工程文件，即可进入 Code::Blocks 的开发环境。

在编程时发布生成 Release 模式，则需要切换 Debug 与 Release，步骤如下。

单击【Build】➤【Select target】，可以进行 Debug 和 Release 的选择。更改后编译程序，在 bin 和 obj 文件中将会有 Release 文件夹生成。

Debug 通常称为调试版本，它包含调试信息，并且不做任何优化，便于程序员调试程序。Release 称为发布版本，它往往是进行了各种优化，使得程序在代码大小和运行速度上都是最优的，以便用户很好的使用，使用的软件多是 Release 版本的。Debug 和 Release 并没有本质的界限，它们只是一组编译选项的集合，编译器只是按照预定的选项进行编译连接。

▶1.6 综合案例

为了帮助读者快速掌握 Code::Blocks 的使用方法，请观察如下范例。

📝 **范例 1-3** 　　创建一个名为"first"的【C/C++ source】源程序，输出如下图形

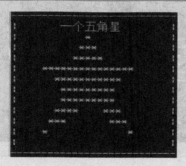

（1）在 Code::Blocks 17.12 中创建一个名为"first"的【C/C++ Source】源程序。

（2）在编辑代码窗口中编写代码，在命令行中输出"I love C++"。

第一步：选择【File】➤【new】➤【File】。

第二步：在弹出的【New form template】栏目中，单击【C/C++ source】，再单击【Go】。

第三步：单击⊡按钮，在【文件名】中写入名字"first"，单击【保存】按钮，回到【C/C++ source】，把文件加入工程【All】，单击【Finish】按钮，即创建成功。

在编辑窗口中输入以下代码（代码 1-3.txt）。

```
01  // 范例 1-3
02  // 输出程序
03  // 实现 "一个五角星" 输出
04  //2017.07.10
05  #include <iostream>
06  using namespace std;
07  int main()
08  {
09      cout << "--------------------------" << endl;
10      cout << "|     一个五角星        |" << endl;
```

```
11    cout << "|         *         |" << endl;
12    cout << "|        ***        |" << endl;
13    cout << "|       *****       |" << endl;
14    cout << "| ***************** |" << endl;
15    cout << "|  ***********      |" << endl;
16    cout << "|   *********       |" << endl;
17    cout << "|   *********       |" << endl;
18    cout << "|   ****  ***        |" << endl;
19    cout << "|   ***   ***       |" << endl;
20    cout << "|  *      *      *  |" << endl;
21    cout << "|                   |" << endl;
22    cout << "---------------------" << endl;
23    return 0;
24  }
```

【运行结果】

编译、连接、运行程序。

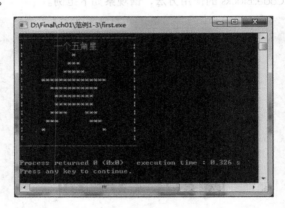

【范例分析】

观察图形，可以发现用空格及换行有很大的作用。输出内容两边的引号不能是中文，一定要是英文。若是没有第 06 行 using namespace std 命名空间的定义，则在 cout 前加上 std:: 才可运行。

▶ 1.7　疑难解答

问题 1：在 Code::Blocks 17.12 中，想删除工程中的一个文件，该怎么办？

解答：在想删除的文件上单击鼠标右键，在弹出的菜单中选择【Remove file from project】即可在当前工程删除文件。

问题 2：在 Code::Blocks 17.12 中，想关闭一个工程，该怎么办？

解答：通过【File】➤【close project】即可关闭工程。

问题 3：Code::Blocks 怎么查询最近使用的文件？

解答：通过【File】➤【Recent Files】或者【Recent Projects】打开。

问题 4：Code::Blocks 界面上的编译、运行、保存等小图标消失了，怎样找回？

解答：选择【View】➤【Toolbars】，勾选【Compiler】可出现编译运行图标，再勾选【main】就会出现保存的图标。

第 2 章

C++ 程序的基本组成

第 1 章介绍了一些常用的 C++ 编译器软件以及 C++ 程序的创建和运行步骤。一般的 C++ 程序运行过程：在编译器的编辑窗口下编写代码；单击编译链接，生成可以被计算机执行的语言；然后单击运行按钮，程序开始执行。本章将介绍 C++ 程序的基本组成。

本章要点（已掌握的在方框中打钩）

☐ 预处理命令

☐ 函数

☐ 注释

☐ main 函数

☐ 命名空间

☐ cout 进行标准输出

☐ 变量的声明与赋值

☐ cin 进行标准输入

☐ C++ 代码编写规范

☐ 算法的概念及流程图

▶ 2.1 C++ 程序

　　C++ 程序源于 C 语言，因此，一个完整的 C++ 程序跟 C 语言同样包括基本的三部分：预处理部分、全局声明部分和函数。所有的 C++ 程序都是从 main 函数开始执行的。除此之外，为了方便对程序和代码的理解和使用，可以给程序添加注释，注释部分并不会被编译执行，也不会对程序造成影响。

　　下面对一个简单的 C++ 程序结构进行说明。

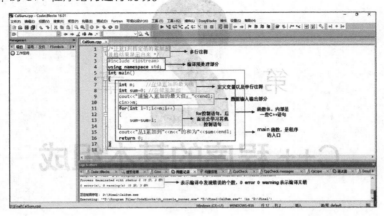

2.1.1 ▶ 预处理命令

　　预处理命令是出现在 C++ 程序开始位置处以 "#" 开头的部分。预处理命令一般有三类。

01 宏定义命令

　　C++ 中一般通过 #define 指令进行宏定义，其包括不带参数的宏定义和带参数的宏定义两种。

　　不带参数的宏定义：用一个指定的标识符即 "宏名" 来代表一个字符串。形式如下。

#define 标识符 字符串

　　例如：#define PI 3.1415926

　　作用：以一个标识符即宏名去代替一个字符串。宏名一般习惯用大写字母表示。使用宏定义的优点：减少了程序中重复书写某些字符串的工作量和出错率，提高了程序的通用性。

　　使用宏定义需要注意以下几点。

　　（1）宏定义不是 C++ 语句，不必在行末加分号。

　　（2）宏名的有效范围（作用域）从定义点开始，到本源文件结束。

　　（3）宏被定义后，一般不能再重新定义，而只能使用 #undef 命令终止该宏定义作用域。例如：#undef 宏名。

　　（4）宏定义允许嵌套。定义时可以引用已定义的宏名，可以层层置换。

　　（5）对程序中用双引号括起来的字符串内的字符，即使与宏名相同，也不进行置换。

　　（6）宏定义是专门用于预处理命令的一个专用名词，只做字符替换，不分配内存空间。

　　带参数的宏定义，一般形式如下。

#define 宏名 (参数表) 字符串

　　例如：

#define S(a,b) a*b
area=S(3,2);

展开过程：在程序中如果有带实参的宏（如 S(3,5)），就按照宏定义中指定的字符序列从左到右进行替换，宏体中出现的形参用实参（可以是常量、变量或表达式）替换，非形参字符（如 x*y 中的 * 号）要保留。

02 文件包含命令

C++ 中一般通过 #include 指令来导入一个文件，#include 命令一般有两种方式。

#include ＜文件名＞
#include "文件名"

尖括号用法是到系统指定的"包含文件目录"中查找，一般用来导入库文件。

双引号用法是在当前的源文件目录中查找，若未找到则到包含目录中查找，常用来导入用户自己编写的文件。

C++ 中常用的文件包含命令为 #include <iostream>。C++ 在 iostream 中设置了常用的 I/O 环境和输入和输出流对象 cin 与 cout 等。iostream 把标准 C++ 库的组建放到一个名为 std 的 namespace 里面，使用 iostream 需要添加命名空间：using namespace std;。而旧式用法中则使用 #include <iostream.h>，这主要是为了向下兼容 C 的内容，现在已弃用该用法。

03 条件编译命令

条件编译是指只对满足条件的程序段进行编译，不满足条件的则不进行编译。

一般有两种常用的条件编译命令。

格式 1 如下。

#ifdef(或 ifndef) ＜标识符＞
程序段 1
#else
程序段 2
 #endif

功能：当程序中定义或未定义（ifdef/ifndef）指定的 ＜标识符＞ 时，对程序段 1 进行编译，否则对程序段 2 进行编译，当不指定程序段 2 时，else 分支可以省略。

格式 2 如下。

#if＜常量表达式 1＞
程序段 1
#elif＜常量表达式 2＞
程序段 2
……
#elif＜常量表达式 n＞
程序段 n
#else
程序段 n+1
#endif

功能：依次计算常量表达式，当其值为真时，编译相应的程序段；当表达式的值全为假时，编译 else 后的程序段。

2.1.2 函数

C++ 程序中利用函数可以实现程序的模块化设计。一个 C++ 程序中包括许多函数，其中一个为 main 函数，即主函数，其余部分一般为用户自定义的函数。main 函数是 C++ 程序执行的开始点，主要由一组函数调用语句组成，这些语句分别调用相应的函数来完成程序的工作。在 C++ 程序中，用户既可以自定义函数也可以使用系统提供的库函数。用户自定义函数是用户将一些语句集合起来，完成一个特定功能的函数。使用系统中所提供的库函数，也可以使用自己编写的函数。库函数一般是根据大多数程序的需求，由 C++ 编译器提供的一些常用函数。函数一般由函数首部和函数体组成。函数首部中定义了函数的名字、函数的返回值类型以及传递的参数列表。函数体一般是在函数首部下方，由一对花括号括起来的内容。函数体内是 C++ 的一些语句，是函数功能的具体实现（关于函数将在第 8 章详细介绍）。一个简单的求和函数如下所示。

```
int Sum(int a,int b) // 函数首部格式：返回值类型 函数名（参数列表）
{  // 函数体
   int sum;
   sum=a+b;
   return sum; // 函数返回值 sum
}
```

2.1.3　注释

注释是程序员为程序和代码做的解释和提示，其目的是便于自己和其他程序员快速看懂代码。在编程中为代码添加详细的注释可以提高代码的可读性。注释中的所有内容包括特殊字符会被 C++ 编译器忽略。

在程序中不同的位置使用注释应该遵守相应的注释规范。

头文件头部注释包括版权说明、版本号、生成日期、作者、内容、功能、与其他文件的关系、修改日志等；函数注释包括函数的目的 / 功能、输入参数、输出参数、返回值、调用关系（函数、表）等；类的头部注释包括类名、所在文件、描述等。

C++ 中支持单行注释和多行注释。

（1）单行注释以"//"开头，直到该行结束。

```
// 要注释的内容
```

（2）多行注释以"/*"开头，以"*/"结束，它们之间的内容都是注释内容。

```
/* 注释内容的开始
…
注释内容结束 */
```

在加注释的地方会发现字体颜色不同，Code::Blocks 中一般为灰色。C++ 编译时忽略注释，即注释部分不参加编译。

2.1.4　main 函数

main 函数即主函数，是所有程序的运行入口，是程序执行的开始点。main 函数执行结束则表示整个程序执行结束，其他函数部分应放在 main 函数或者被 main 函数调用的函数中，否则此函数将不会被调用执行。同一个 C++ 程序只允许存在一个 main 函数。main 标准格式如下。

```
int main(void)
{
   …
   return 0;
}
```

2.1.5　命名空间

命名空间即 namespace，是用来组织和重用代码的。C++ 标准程序库中的所有标识符都被定义于一个名为 std 的命名空间中，因此使用 using namespace std;，这样命名空间 std 内定义的所有标识符都有效，就好像它们被声明为全局变量（本书第 3 章中有详细介绍）一样。例如常用的标准输入输出 cin 和 cout 便被定义在std 命名空间中。

2.1.6　cout 进行标准输出

cin、cout 和流运算符的定义等信息是存放在 C++ 的输入和输出流库中的，因此如果在程序中使用 cin、cout 和流运算符，就必须包含头文件 #include <iostream>。运用 cout 和 << 可以输出显示语句和变量值（本书第 10 章有输入输出操作的详细介绍）。例如：

```
{
    int a=0;
    cout<<"a 的值为："<<a<<endl;
    …
}
```

2.1.7　变量声明与赋值

变量都有其对应的数据类型，根据需要存储的数据类型来声明变量的类型。例如存储整型数据便将变量声明为 int，存储字符型便将变量声明为 char。变量在使用之前必须先赋值，赋值可以通过定义变量时直接初始化，也可以通过输入操作 cin 让用户来赋值（本书第 3 章会详细介绍变量的数据类型以及各种变量的定义和使用方法）。例如：

```
{
    int a=0;
    int b;
    cin>>b;
}
```

2.1.8　cin 进行标准输入

与 cout 相同，运用 cin 必须添加头文件 #include<iostream>。用 cin 和 >> 可以将用户输入数据存入对应的变量中去。例如：

```
{
    int a,b;
    cin>>a>>b;
}
```

▶2.2　C++ 代码编写规范

C++ 程序的编程格式自由度高，具有很高的灵活性，由于每位程序员所受教育以及习惯不同，大多都有自己的编程风格，因此 C++ 程序的编程风格是风彩各异、百花齐放的。编程风格的统一直接关系到软件项目的可读性、可维护性，对软件开发亦有着直接的关系。编程风格混乱，十分不利于项目的开展以及程序员之间的交流。为了提高程序的可读性，应在编写代码时遵守相应的代码编写规范。

2.2.1　代码写规范的必要性

C++ 程序代码书写规范，可以提高程序的可读性，方便自己与其他程序的理解，还有利于程序的可维护性。规范的代码能使程序结构看起来简洁清晰，能够在团队项目中减少很多沟通的麻烦。所以作为一名程序员，一定要遵守代码编写规范。

2.2.2　将代码书写规范

C++ 程序代码的书写规范一般有以下几点需要注意。

（1）一般情况下每个语句占用一行。在大多数编译器中，每行代码输入完毕后按 Enter 键，光标会自动按 C++ 规范跳到下一行指定位置。

（2）表示结构层次的大括弧与该结构化语句第 1 个字母对齐，并占用一行。例如：

```
int main()
{
    cout<<"Hello C++！ "<<endl;
    return 0;
}
```

（3）不同结构层次的语句，起始位置不同，即同一结构层次中的语句缩进同样的字数。例如：

```
{
    …
    if(i<0)
        j=-I;        // 如果 i 是负数，j 的值为 i 的相反数
    else
        j=i;         // 如果 i 不是负数，j 的值为 i 的值
    …
}
```

（4）适当在代码中加些空格和空行，有利于对结构进行划分和理解。
（5）编写代码的同时，对一些主要代码进行注释；写完代码后，还要写一些文档等信息。

▶2.3 算法是程序的核心

算法代表着用系统的方法描述解决问题的策略机制。也就是说，能够对一定规范的输入，在有限时间内获得所要求的输出。如果一个算法有缺陷，或不适合于某个问题，执行这个算法将不会解决这个问题。不同的算法可能用不同的时间、空间或效率来完成同样的任务。一个算法的优劣可以用空间复杂度与时间复杂度来衡量。

2.3.1 算法的概念

算法是为了解决一个特定的问题而采取的确定的、有限的、按照一定次序进行的、缺一不可的执行步骤，是为了解决一个特定的问题的指令集合。

2.3.2 流程图表示算法

流程图是描述算法最常用的工具之一，它形象直观、容易理解，也容易掌握。比如用流程图描述判断年份是否为闰年。

判断闰年的方法：能被 4 整除且不能被 100 整除的为闰年；能被 400 整除的为闰年；否则是平年。下面给出一个判断是否为闰年的流程图。

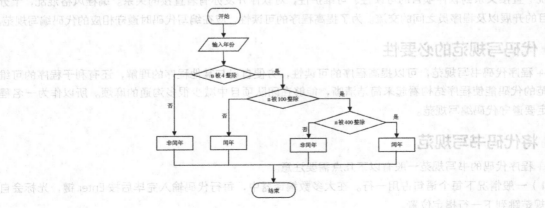

▶ 2.4　综合案例

　　本节通过一个综合实例，编写一个简单的 C++ 程序，对变量的声明与赋值以及函数的使用进行巩固。

　　在 main 函数中声明几个变量，并通过标准输入流 cin 让用户对定义的变量进行赋值。编写一个自定义的函数，在 main 函数中调用这个自定义函数，得到自定义函数的返回值，再通过标准输出流 cout 对此值进行输出。自定义函数中可能会简单地运用到后面章节的内容。程序中注意添加注释辅助理解。

范例 2-1　　定义 3 个整型变量，通过调用自定义函数实现求取这 3 个数中的最大值算数并返回该最大值

　　（1）在 Code::Blocks17.12 中，新建名为 "CalMax" 的【C/C++Source Files】源文件。
　　（2）在代码编辑窗口中输入以下代码（代码 2-1.txt）。

```
01  // 范例 2-1
02  //CalMax 程序
03  // 求 3 个数中的最大值
04  //2017.07.09
05  #include <iostream>
06  using namespace std;
07  int Max(int a1,int a2,int a3)     // 自定义函数 Max, 传递过来 3 个参数 a1,a2,a3
08  {
09      int max=a1;          // 假设 a1 为最大值 max
10      if(a2>max)           //if 控制语句, 本书第 5 章中会详细介绍
11          max=a2;
12      if(a3>max)
13          max=a3;
14      return max;          // 函数返回一个整型的最大值
15  }
16  int main(void)
17  {
18      int a,b,c;           // 声明 3 个整型变量
19      cout<<" 请输入 3 个整数: "<<endl;
20      cin>>a>>b>>c;
21      cout<<"3 个数的最大值为 "<<Max(a,b,c)<<endl;
22      return 0;
23  }
```

【运行结果】

　　编译、连接、运行程序，根据提示依次输入任意 3 个整数，按【Enter】键即可将这 3 个数的最大值输出。

【范例分析】

程序中包含一个很小的自定义函数，在 main 函数中调用这个自定义函数，通过 main 函数传递过来的 3 个值进行比较，得出最大值后返回 main 函数。main 函数将返回的最大值输出显示。

自定义函数中先假设第 1 个为最大值 max，再分别与另外 2 个数进行比较，如果比当前最大值还大，就将此数赋值给 max。

▶2.5　疑难解答

问题 1：main 函数的返回值可以写成 void 吗？

解答：main 函数的无参形式的标准写法如下。

```
int main(void)
{
    ...
    return 0;
}
```

main 函数的有参形式的标准写法如下。

```
int main(int argc, char *argv[] )
{
    ...
    return 0;
}
```

虽然将 main 函数的返回值写成 void 在某些编译器也能运行，比如 Visual C++ 6.0，但是在大多数编译器里会被报错，比如 Code::Blocks 和 Dev C++。因此建议写成标准形式。

问题 2：程序中的注释部分是不是可有可无？

解答：注释部分确实不会影响程序的运行，但是注释可以方便大家快速看懂程序，理解程序的思路，可以大大提高效率，也会方便查找错误。使用注释是一个良好的编程习惯。

第 **3** 章

标识符和数据类型

在第 1 个 C++ 例子中，已讲解如何输出想要的内容到 C++ 的输出窗口，了解到程序可以进行交互操作和一些运算的功能，以及如何在程序中实现这些相互操作和运算的功能。第 2 章讲解了 C++ 函数语句中包含有关于数据变量的定义，那么如何定义数据以及在这些数据上操作呢？计算机中处理的对象是数据，为了描述不同的对象会用到不同的数据。为了提高数据的运算效率和数据的存储能力，引入了数据类型的概念，并根据数据是否可以修改，将数据分为变量和常量，还为变量、函数、类及其他对象起名字（即标识符的使用）。

本章要点（已掌握的在方框中打钩）

□ 标识符

□ 整型

□ 字符型

□ 浮点型

□ 布尔型

□ 常量

□ 变量

□ 变量和常量的声明

□ 数组

□ 字符串

□ 结构体

▶ 3.1 标识符

在编程语言中，标识符是为变量、常量、函数、类及其他对象所起的名字，是具有特定含义的词，但它们不能够随意命名。在 C++ 系统中已经预先定义了很多标识符，这些预定义的标识符不能再用来定义其他内容，命名标识符时需避开它们。

3.1.1 ▶ C++ 中的保留字

C++ 中的保留字（又称关键字）即前面提到的系统预定义的标识符，在编程时不能再做其他用途，据 ISO C++ 11 保留字共 63 个，如下表所示，其具体含义和用法将在相关章节中做详细介绍。

asm	do	if	return	typedef
auto	double	inline	short	typeid
bool	dynamic_cast	int	signed	typename
break	else	long	sizeof	union
case	enum	mutable	static	unsigned
catch	explicit	namespace	static_cast	using
char	export	new	struct	virtual
class	extern	operator	switch	void
const	false	private	template	volatile
const_cast	float	protected	this	wchar_t
continue	for	public	throw	while
default	friend	register	true	
delete	goto	reinterpret_cast	try	

根据其内容可将其细分为如下部分。

基本的数据类型关键字：void、int、char、float、double、bool。

类型修饰关键字：long、short、singed、unsigned。

布尔型字面值：true、false。

非常重要的变量声明修饰符：const、inline。

存储类别关键字：auto、static、extern、register。

控制结构关键字：for、while、if、else、do。

switch 语句关键字：switch、case、default。

路径跳转关键字：break、continue、return、goto。

动态创建变量关键字：new、delete。

长度运算符：sizeof。

复合类型关键字：class、struct、enum、union、typedef。

与类成员相关关键字：this、friend、virtual、mutable、explicit、operator。

派生类继承方式：private、protected、public。

模板：template、typename。

命名空间：namespace、using。

异常处理：catch、throw、try。

各种操作符的替代名：and、and_eq、bitand、bitor、compl、not、not_eq、or、or_eq、xor、xor_eq。

其他不常用的：asm、export、typeid、volatile。

3.1.2 C++ 中的命名规则

在 C++ 语言中，标识符在命名时需遵循以下规则。

所有标识符只能由大小写英文字母、数字和下划线组成，并且第一个字符必须为英文字母或下划线，而不能为数字。

定义标识符时，虽然语法上允许以下划线开头，但建议避免以下划线开头，因为编译器常常会定义一些下划线开头的标识符，易混淆。

大小写字母敏感，可代表不同意义，即代表不同标识符，如 temp 和 Temp 为不同标识符。为了避免混淆，应该使用不同的变量名，而不是通过大小写来区分变量。

对变量名的长度（标识符的长度）没有统一的规定，随系统的不同而有不同的规定。一般来说，C++ 编译器肯定能识别前 31 个字符。所以标识符的长度建议不要超过 31 个字符，这样可以保证程序具有良好的可移植性，并能够避免发生某些令人费解的程序设计错误。

定义的标识符尽量满足 "见名知义" "常用取简" "专用取繁" 的作用，直观利于理解和后期维护，可采用英文单词或其组合，但要保证用词准确，不会产生歧义。

程序中不要出现名字完全相同的局部变量和全局变量，尽管两者的作用域不同而不会发生语法错误，但容易使人误解。

尽量避免名字中出现数字编号，如 Value1,Value2 等，除非逻辑上的确需要编号。这是为了防止程序员偷懒，不肯为命名动脑筋而导致产生无意义的名字。

变量和参数用以小写字母开头的单词开头，若由多个单词组成则后面单词首字母大写，变量名字推荐采用 "名词" 或 "形容词 + 名词" 形式，例如：

```
int key; double newHeight; //变量定义
```

类名和函数名以大写字母开头的单词组合而成，全局函数名字推荐使用 "动词" 或 "动词 + 名词"（动宾词组）。类的成员函数应使用 "动词"。被省略的名词就是对象本身。

```
class Student; // 类名
void SetStudent (int id, String name); // 函数名
```

常量全采用大写字母，用下划线分割单词形式，例如：

```
const double PI = 3.1415; // 常量定义
const int MAX_LENGTH=100;
```

静态变量加前缀 s_（代表 static），例如 static s_number；全局变量加前缀 g_（代表 global），例如 int g_length；类的数据成员加前缀 m_（代表 member），以避免与成员函数的参数同名，造成混淆，例如：

```
void Student::SetStudent (int id, String name) //成员函数
{
  m_id=id; //数据成员赋值
  m_name=name;
}
```

▶ 3.2 数据类型

数据类型是程序设计的基础，是对系统中实体的一种抽象，描述了某种实体的基础特性，包括值的表示、存储空间的大小，以及对应的操作。在 C++ 中数据类型主要分为基础数据类型和复合数据类型。本节将介绍常用的基础数据类型及其基本用法。常用的数据类型有整型、浮点型、字符型和布尔型。

3.2.1 整型

本小节将学习计算机中常用的整型数据。"整型"指不含小数部分的数值，包括正整数、负整数和 0 。整型常量有十进制、八进制和十六进制 3 种表示方法。

（1）十进制整型常量由 0~9 组成，无前缀且不能以 0 开头，如 158、-8、0 和 10000。

（2）八进制整型变量以数字 0 为前缀，后面由 0 ~ 7 组成，如 -0123。

（3）十六进制整型常量以 0x(零 x) 或 0X 为前缀，后面由 0 ~ 9 和字母 A~F 组成，如 0X3D、0x58 和 -0xAC。注意这里字母不区分大小写。

整型变量的值均为整数，但计算机中的整数与数学中所学的整数在意义上有诸多区别。在数学中的整数值范围可从负无穷大到正无穷大，而计算机中的整数都是有范围的，且整数类型分为很多种。整型依据所能表示的长度可分为 8、16、32、64 位，具体如下表所示。

类型	有符号形式	无符号形式	默认形式
8 位	signed char	unsigned char	signed char
16 位	signed short int	unsigned short int	signed short int
32 位	signed int	unsigned int	signed int
64 位	signed long int	unsigned long int	signed long int

根据上面所讲的整数类型和有关符号形式，便可以得到各种整型的表示范围，其公式如下。

无符号形式：$L=0$，$U=2n-1$
有符号形式：$L=-2n-1$，$U=2n-1-1$

公式说明：L 用于表示范围的下限，即整型数据所能表示的最小数值；而 U 用于表示范围的上限，即整型数据所能表示的最大数值；n 则表示位长。例如 signed int，即默认的 signed int，其表示的数据范围为 -2^{31}~$2^{31}-1$，即 -2147483648~2147483647。

3.2.2 浮点型

浮点数也称为实型数，也就是数学中所说的小数，浮点型数据可分为两种：单精度的 float 类型和双精度的 double 类型，其主要区别在于精度不同，即小数点后面的精确位数 double 比 float 多，浮点型数据可以有两种表示形式。

（1）小数表示法。

小数表示法将实型常量分为整数部分和小数部分，例如 3.14159、668.88、.678 等。

（2）科学表示法。

科学表示法也称指数表示法，通常表示很大或很小的浮点数，表示方法为在小数后面加 E 或 e 表示指数，指数部分可正可负，但必须是整数，例如 2.8e15、-3.5e-3 等。

浮点型数据在计算机中存储时采用二进制表示，整数部分和小数部分分开表示。整数部分的转换采用除 2 取余法，而小数部分所采用和整数部分相反的方法进行，即"乘 2 取整法"，这里不再讨论。

3.2.3 字符型

C++ 中字符型数据包括普通字符和转义字符。

普通字符是由一对单引号括起来的字符，例如：'z' '*' ' '(空格)。字符型数据中每个字符占一个字节，存储方式按照美国信息交换标准码（American Standard Code for Information Interchange，ASCII）的编码方式，即它的值为所括起来的字符在 ASCII 表中的编码。

转义字符是一种特殊形式的字符常量，是以反斜杠"\"开头，后跟一些字符而组成的字符序列，用来表示一些特殊的含义。在 C++ 语言中的转义字符的所有形式如下所示。

字符形式	整数值	代表符号	字符形式	整数值	代表符号
\a	0x07	响铃	\"	0x22	双引号
\b	0x08	退格	\'	0x27	单引号
\t	0x09	水平制表符	\?	0x3F	问号
\n	0x0A	换行	\\	0x5C	反斜杠字符
\v	0x0B	垂直制表符	\ddd	0ddd	1~3 位八进制数
\r	0x0D	回车	\xhh	0xhh	1~2 位十六进制数

3.2.4　布尔型

布尔型数据的说明符为 bool，其值仅有 true 和 false 两种取值，分别表示逻辑的真和假，布尔型常用于函数返回值、条件语句的判断、宏定义的使用等。整型变量与布尔型变量的对应关系如下。

如果整型值为 0，布尔值为假（false）；

如果整型值为 1，布尔型为真（true）。

对于布尔型数据类型，下面通过一个有关布尔型数据的程序段来加以理解。

```
main()
{
    bool flag = true ;  // 定义 bool 型变量，并赋值为 true
    int num = 1;        // 定义 int 型变量，并赋值为 1
    if(flag == num)     // 判断它们是否相等
        cout<<" 相等哦！ "<<endl;// 输出结果
    else
    cout<<" 不相等哦！ ";
    return 0;
}
```

▶3.3　常量

常量是指内容固定不变的量，无论程序怎样变化执行，它的值都不会变。在实际编程中，常量常用于保存像圆周率之类的常数。常量类型主要有三种形式，其一指用于输出的常量，其二指宏定义字符常量，其三指 const 修饰的值而不能变化的变量（习惯上也叫作常量）。

3.3.1　输出常量

输出常量主要包括以下三种形式。

（1）数值常量

数值常量即数学中的常数，可以为 0、整形、浮点型以及负数，例如 0、88、0.5、87.51、-4、-1.5 等。注意，若是负数，则必须带上符号"-"；若是正数，则"+"号可带可不带。

（2）字符常量

字符常量是字符型数据的具体形式，如 'z' 'A' '7' '+' '&' 等。注意，字符常量以单引号作为分界符，且单引号为英文标点符号，不允许是中文标点符号，但存储和使用时都不包括单引号。

✎注意

数值常量 7 和字符常量 '7' 代表不同的含义，7 表示数的大小，而 '7' 仅仅表示符号。例如，电话号码中的数字，没有大小之分，仅有标识作用。在计算机内存中，7 和 '7' 的存储方式不同。

（3）字符串常量

C++ 语言中的字符串常量是用双引号括起来的字符序列，任何字母、数字、符号和转义字符都可以组成字符串。例如：

- " " 是空串；
- " " 是空格串，而不是空串；
- "a" 是由一个字符 a 构成的字符串；
- "Hello World!" 是由多个字符序列构成的字符串；
- "hello\t\n" 是由多个包括转义字符在内的字符所构成的字符串。

字符串的长度指双引号 "" 内字符的个数，例如 "abcd"，此字符串为 4，字符长度不包括字符串结束符（'\0'），当定义字符串常量时，C++ 语言会自动加上字符结束符，而不需手动添加，存储在计算机内时字符结束符会占用一个字节空间。转义字符是确定字符串长度的一种易错情况，因其包含转义符号，易错将转义符号计入字符串长度。

思考：字符串 "\\\"hey\"\\\n" 的长度是多少？

解答：长度为 8。第 1 个字符为转义形式字符 '\\'，第 2 个字符是转义形式字符 '\"'，3 到 5 为字符 h、e、y，接下来是第 6 个字符 '\"'，第 7 个是转义形式字符 '\\'，最后第 8 个是 '\n'。最终的输出形式为 \"hey\"，然后换行。

📝 **范例 3-1　　学习常量**

（1）在 Code::Blocks 17.12 中，新建名为 "helloconstant" 的【C/C++ Source File】源程序。
（2）在编辑窗口中输入以下代码（代码 3-1.txt）。

```
01  // 范例 3-1
02  //helloconstant 程序
03  // 实现数字、字符、字符串的输出
04  //2017.07.10
05  #include<iostream>
06  using namespace std;
07  int main()
08  {
09      cout<<" 认识 C++ 中常量 "<<endl;
10      cout<<16<<endl; // 在命令行中输出 "16" 并回车
11      cout<<2.5<<endl; // 在命令行中输出 "2.5" 并回车
12      cout<<-56<<endl; // 输出 -56
13      cout<<'l'<<'o'<<'g'<<'\t'<<'\''<<'!'<<'\''<<'\n';
// 输出 3 个字符 l、o、g，然后输出一个制表符、一个单引号'、一个感叹号!、一个单引号'，最后回车换行
14      cout<<"This is a book!"<<endl;        // 在命令行中输出 "This is a book!" 并回车
15      return 0; /// 函数返回 0
16  }
```

【代码详解】

首先介绍一下有关 C++ 语言编程中的常用知识。

endl 的作用是输入一个回车并刷新缓冲区，其中输入回车的功能也可以使用 "\n" 来代替。

因为入口函数使用了 int main()，所以在程序结束时需要返回一个整数，"return 0;" 的作用就体现在此。如果使用 void main()，就不需要加 return 语句。另一方面，"return 0;" 和 "return EXIT_SUCCESS;" 的功能一样，标志程序无错误退出。

【运行结果】

编译、连接、运行程序，即可在命令行中输出各个常量，如下图所示。

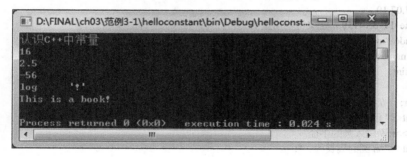

【范例分析】

本例中主要有字符串常量、数值常量、字符常量等简单数据类型。

代码第 09 行、第 14 行使用输出函数来输出显示字符串常量，第 10 行、第 11 行、第 12 行分别直接输出整型、浮点型、负数常量，而第 13 行通过输出字符常量的形式输出了 3 个字符 l、o、g，以及水平制表符 '\t'，因此显示中在 log 和 '!' 之间存在一定距离，接下来通过 '\'' 转义字符输出 '，用 '!' 显示! ，最后又以 '\'' 转义字符输出 '，故显示出 '!。此范例中涉及 3 种常用输出常量，进一步熟悉巩固有关知识。

> ✏️**注意**
>
> 有些字符由于已经被用来做界限符，比如单引号、双引号和反斜杠，所以如果要输出这些字符，就必须使用转义字符。

3.3.2 宏定义的符号常量

#define 预处理命令用来创建符号常量（以符号形式表示的常量）和宏（以符号形式定义的操作）。编程中引用已定义的符号常量，就可以代替相应的常量值，这样会提高程序的通用性和易读性，减少不一致性，减少输入错误，便于修改。

符号常量必须在使用前先定义，其定义的格式为：

#define 符号常量 常量

一般情况下，符号常量定义命令要放在 main 函数 main() 之前，例如：

#define PI 3.14159

意思是用符号 PI 代替 3.14159。在编译之前，系统会自动把所有的 PI 替换成 3.14159，也就是说编译运行时系统中只有 3.14159 而没有符号。

习惯上，只用大写字母和下划线来为符号常量命名，该名称要有一定的意义，即起到"见名知义"的效果，可使得文件具有自注释的特性。

📝 **范例 3-2**　　**符号常量**

（1）在 Code::Blocks 17.12 中，新建名称为"signconstant"的【C/C++ Source File】源程序。
（2）在编辑窗口中输入以下代码（代码 **3-2.txt**）。

```
01 //范例 3-2
02 //signconstant 程序
```

```
03    // 实现宏定义常量的运用
04    //2017.07.10
05    #define  PI  3.14159 // 定义符号常量 PI
06    #include <iostream>
07    using namespace std;
08    int main()
09    {
10        int r;    // 定义一个变量用来存放圆的半径
11        cout<<" 请输入圆的半径：";                 // 提示用户输入圆的半径
12        cin>>r; // 输入圆的半径
13        cout<<" \n 圆的周长为：";
14        cout<<2*PI*r<<endl;          // 计算圆的周长并输出，* 为乘法运算
15        cout<<" \n 圆的面积为：";
16        cout<<PI*r*r<<endl;          // 计算圆的面积并输出
17        return 0;
18    }
```

【运行结果】

编译、连接、运行程序，根据提示输入圆的半径 10，按【Enter】键，程序就会计算圆的周长和面积并输出，如下图所示。

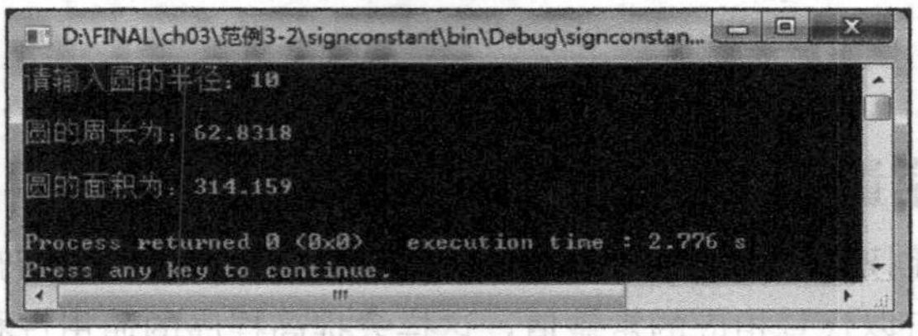

【范例分析】

在这个例子中用到了运算问题，有关这方面的内容将会在后面介绍。由于在程序前面定义了符号常量 PI 的值为 3.14159，因此经过系统预处理，程序在编译之前已经变成如下形式。

```
01  #include <iostream>
02  using namespace std;
03  int main()
04  {
05    int r;
06    cout<<" 请输入圆的半径：";
07    cin>>r;                        // 将输入的半径值赋值给 r
08    cout<<" \n 圆的周长为：";
09    cout<<2*3.14159*r<<endl;             //* 在 C++ 语言中为乘法操作，此为求取周长操作
10    cout<<" \n 圆的面积为：";
11    cout<<3.14159*r*r<<endl;             //* 在 C++ 语言中为乘法操作，此为求取面积操作
12    return 0;
13  }
```

步骤（2）代码第 05 行的 #define 就是预处理命令。C++ 在编译之前首先要对这些命令进行一番处理，在这里就是用真正的常量值取代符号。

在编译时都已经处理成常量，为什么还要定义符号常量。原因有如下两个。

（1）易于输入，易于理解。在程序中输入 PI，可以清楚地与数学公式对应，且每次输入时相应的字符数少一些。

（2）便于修改。此处如果想提高计算精度，如把 PI 的值改为 3.1415926，只需修改预处理中的常量值，那么程序中不管你用到多少次，都会自动跟着修改。

> **注意**
>
> （1）符号常量不同于变量，它的值在其作用域内不能改变，也不能被赋值。（2）习惯上，符号常量名用大写英文标识符，而变量名用小写英文标识符，以示区别。（3）定义符号常量的目的是为了提高程序的可读性，便于程序的调试和修改。因此此定义符号常量名时，应尽量使其表达它所代表的常量的含义。（4）对程序中用双引号括起来的字符串，即使与符号一样，预处理时也不做替换。

3.3.3 const 常量

const 常量又称正规常量，若定义变量时加上关键字 const，则此变量的值在程序运行期间不能改变，这种变量称为常变量（constant variable），它的值只能读而不能修改。

const 定义常量的一般形式如下。

---
const 常量定义格式为：**const 类型名 常量名 = 常量值**

通常，使用 const 定义常量需要遵循一些注意事项，具体如下。

- 必须以 const 开头。
- 类型名为基础类型及其派生类型，可以省略。
- 常量名为标识符。
- 表达式应与常量类型一致。例如下面的语句。

---
const int a=3;　// 用 **const** 来声明这种变量的值不能改变，指定其值始终为 3

在定义常变量时必须同时对它初始化（指定其值），此后它的值不能再改变，且常变量不能出现在赋值号的左边。故上面一行语句不能写成如下形式。

---
const int a;

a=3;　　　　　// 常变量不能被赋值

可以用表达式对常变量初始化，例如：

---
const int b=3+6,c=3*2;　//b 的值被定义为 9，c 的值被定义为 6

思考：变量的值应该是可以变化的，为什么值是固定的量也能称为变量呢？

解答：从计算机实现的角度看，变量的特征是存在一个以变量名命名的存储单元，在一般情况下，存储单元中的内容是可以变化的。对常变量来说，无非在此基础上加上一个限定——在存储单元中的值不允许变化。因此常变量又称只读变量。

常变量是从应用需要的角度而提出的，例如有时要求某些变量的值不允许改变（如函数的参数），此时可用 const 加以限定。除了变量以外，以后还有介绍指针、常对象等。

▶ 3.4 变量

前面已经介绍了常量有关的知识点，知道常量的值是不可变的，从前面的例子中可以看到很多变量的存在，那具体变量是如何定义的？变量如何赋值？变量如何应用？

3.4.1 变量的定义

变量是指程序在运行时其值可以改变的量，C++程序中出现的每个变量都是由用户在程序设计时定义的。C++规定所有的变量必须先定义后使用，变量名必须按照C++语言规定的标识符命名原则命名。还有在同一个函数中变量名不能重复，即使它们是不同的数据类型。

变量名实际上是和计算机内存中的存储单元相对应的，变量有以下几个基本属性。

（1）变量名：一个符合规则的标识符。

（2）变量类型：C++中的数据类型或者是自定义的数据类型。

（3）变量位置：数据的存储空间位置。

（4）变量值：数据存储空间内存放的值。

程序编译时，会给每个变量分配存储空间和位置，程序读取数据的过程其实就是根据变量名查找内存中相应的存储空间，从其内取值的过程。

在C++语言中，定义一个变量的完整格式如下。

存储类别名 数据类型名 变量名 1= 表达式 1，…，变量名 n= 表达式 n；

其中存储类别名有 static、extern、auto 等类别，在后面的学习中会学到。每个变量都有一个变量类型，变量类型告诉C++该变量随后的用法以及保存的类型。定义一个变量的过程实际上就是向内存申请一个符合该数据类型的存储单元空间的过程。因此可以认为变量实质上就是内存某一单元的标识符号，对这个符号的引用，就代表了对相应内存单元的存取操作。定义变量时给出的数据类型一方面是编译系统确定分配存储单元大小的依据，同时也规定了变量的取值范围及可以进行的运算和处理。在C++语言中，定义变量是通过声明语句实现的。

声明语句的功能是定义变量的名称和数据类型，为C++编译系统给该变量分配存储空间提供依据。声明变量的语句格式如下。

类型说明符 变量表；

其中，类型说明符既可以是 int、long、short、unsigned、float、double、char，也可以是构造类型，构造类型在后面会学到。变量表是想要声明的变量的名称列表，C++语言允许在一个类型说明符之后同时说明多个具有相同类型的变量，此时各个变量名之间要用逗号"，"分隔开。例如：

---

double i，b12，a_678；

其中：double 为类型说明；i，b12，a_678 为 3 个变量名，之间用逗号分隔。

思考：变量的声明与变量的定义有什么区别呢？

解答：主要有以下区别。

（1）形式不同：定义比声明多了一个分号，就是一个完整的语句。

（2）其作用的时间不同：声明是在程序的编译期起作用，而定义在程序的编译期起声明作用，在程序的运行期作用是为变量分配内存。

（3）声明一个变量意味着向编译器描述变量的类型，但并不为变量分配存储空间。而定义一个变量意味着在声明变量的同时还要为变量分配存储空间。

3.4.2 变量的赋值

变量的值可以在程序中随时改变，故变量必然可以多次赋值。我们把第一次的赋值行为称为变量的初始化。也可以这么说，变量的初始化是赋值的特殊形式，变量的初始化语句形式如下。

变量类型名 变量名 = 初始值；

例如下面的语句。

```
int a=10;
float b=2.0;
char c='A';
```

另外一种是先定义变量，在要用该变量时再进行赋值运算。

```
int a;
int b;
b=10;   // 这里是通过一个数值赋值
a=b;    // 这里是通过一个变量给另一个变量赋值
```

在变量赋值中，"="被称为赋值运算符，赋值运算符将变量（只可以为单一一个变量名）和一个表达式、一个有确定数值或字符的变量、一个函数调用后的返回值连接起来。赋值操作时需注意应保证左右两边的数据类型相同（除数据类型转换情况），如将 double 类型数值赋值给 char 类型变量，显然不可以。

赋值运算符左边的变量代表一个内存地址值，通过这个内存地址，就可以对内存（变量）进行读写操作，且赋值运算符具有右结合性，故赋值运算时可从右向左读。

下面就通过几个例子，对前面讲到的数据类型和变量定义赋值做一个系统的了解。

通过以下例子巩固对数据类型和变量定义赋值的学习。

下面的程序段中包含两个错误。

```
main()
{
    int  x,y;
    x=1;y=2;z=3;      //z 未定义即被赋值
    sum=x*y-z;        // sum 先使用，后定义
    int sum;
}
```

下面的程序段中包含一个错误。

```
main()
{
    float a;
    int a,x,y;   //a 被定义了两次
    a=x-y;
}
```

注意

通过之前有关标识符的学习可知，在 C++ 中标识符用来定义变量名、函数名、类型名、类名、对象名、数组名、文件名等，只能由字母、数字和下划线等组成，且第一个字符必须是字母或下划线，且不可以是系统的关键字。例如，sum、a、i、num、x1、area、_total 等都是合法的变量名，而 int、float、2A、a!、x 1、100 等都不是合法的变量名。标识符应注意做到"见名知义""常用取简""专用取繁"，习惯上符号常量、宏名等用大写字母，变量、函数名等用小写字母，系统变量则以下划线开头。

范例 3-3　　定义变量并赋值，并在命令行中输出这些变量

（1）在 Code::Blocks 17.12 中，新建名称为"helloVar"的【C/C++ Source File】源程序。
（2）在编辑窗口中输入以下代码（代码 3-3.txt）。

```
01   // 范例 3-3
02   //helloVar 程序
03   // 实现变量的赋值，并运算
04   //2017.07.10
05   #include <iostream>
06   using namespace std;
07   int main()
08   {
09       int  x=5,y;         // 定义两个整型变量 x 和 y，其中 x 被初值 5
10       double r=1.0;       // 定义一个双精度型变量 r 并赋初值 1.0
11       char  a='a';        // 定义字符型变量 a 并赋初值 a
12       y=x+2; //x 加 2 赋值给 y
13       cout<<"x="<<x<<'\t'<<"y="<<y<<'\t'<<"r="<<r<<'\t'<<"a="<<a<<endl;       // 输出结果
14       return 0;
15   }
```

【运行结果】

编译、连接、运行程序，即可在命令行中输出如下图所示的结果。

【范例分析】

首先，已知变量必须先定义后使用，故先定义了 4 个变量，分别为两个整型变量 x 和 y，且 x 被初始化赋值为 5，一个双精度型变量 r 且被赋初值为 1.0，还有一个字符型变量 a 且赋初值为字符 'a'。然后将 y 赋值为 x+2 后的值即 7，然后将这 4 个变量加以输出显示。本范例主要练习了定义并同时初始化变量、先定义变量后赋值、赋值表达式等知识。

📝 范例 3-4　　输入整型数据运算后输出

（1）在 Code::Blocks 17.12 中，新建名称为"PutoutInt"的【C/C++ Source File】源程序。
（2）在编辑窗口中输入以下代码（代码 3-4.txt）。

```
01   // 范例 3-4
02   //PutoutInt 程序
03   // 输入整型数据运算输出
04   //2017.07.10
05   #include <iostream>
06   using namespace std;
07   int main()
08   {
09       short int a;        // 声明一个短整型数据
10       cout << " 请输入一个短整型: ";      // 显示提示内容
11       cin >> a;           // 输入数据赋值给 a
12       cout << " 你输入的是: " << a << endl;        // 输出数据 a 到屏幕
13       return 0;
14   }
```

【运行结果】

编译、连接、运行程序，按照提示分别输入 -32800、-32768、0、32767 和 32800，并按【Enter】键，结果如下图所示。

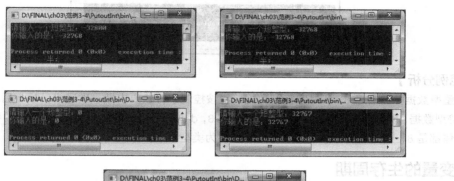

【范例分析】

在这个实例中，先定义了短整型的变量 a，接着输入 a 的值，然后输出其值，程序十分简单，结果却并不简单。这里按照短整型的取值范围进行测试，取 5 个值。具有如下分布。

5 个点代表了所有的情形，可以看出，超限即溢出的情形是不好解释的，其实，不同的编译器有不同的理解方式，大可不必追究太多，但是必须要知道这是一个异常。

范例 3-5　　字符型数据的输出

（1）在 Code::Blocks 17.12 中，新建名称为 "PutoutChaar" 的【C/C++ Source File】源程序。

（2）在编辑窗口中输入以下代码（代码 3-5.txt）。

```
01  // 范例 3-5
02  //PutoutChaar 程序
03  // 字符数据的输出
04  //2017.07.10
05  #include <iostream>
06  using namespace std;
07  int main()
08  {
09      int a = 8;          //定义整型变量 a 并赋初值 8
10      char b = 8;         //定义字符型变量 b 并赋初值 8
11      char c = '8';
12      char d = 7;
13      cout << "a=" << a << " b=" << b;           //输出 a 和 b
14      cout << " c=" << c << " d=" << d <<endl;
15      return 0;
16  }
```

【运行结果】

编译、连接、运行程序，即可在控制台中输出如图所示的结果，并伴随"嘀"的一声。

【范例分析】

a 是整型数据，就显示 8，b 是字符型数据，将按控制字符的要求做一次退格，故 b 后未出现"="，而 c 也是字符型数据，因带有引号，故可以输出 c 的字符 8，d 也是字符型数据，将按控制字符的要求做一次响铃。前三者的值都是 8，但是其显示的结果却不同，只因为类型不同。

3.4.3　变量的生存周期

对象的生存周期限制在其出现的"完整"的表达式中，"完整"的表达式结束了，对象也就销毁了。生存周期是指一个实体定义以后存活的时间的度量。目前的知识还很有限，等到学习了函数、类以后，将进行更深入的讨论，但是务必要明白一个变量并非在任何地方都是可见的，也不是在任何时候都是存在的。

▶ 3.5　数据类型转换

在变量的赋值时曾提到，不同数据类型之间不能相互赋值，也不能参加任何运算。这是不可违背的规则。但是事实却是，可以将浮点值赋值给整型，这是为什么呢？难道前面讲错了吗？

其实这是不矛盾的，为了 C++ 代码的执行效率和安全性以及规范性等，一般要求必须是同种数据类型才能进行赋值和运算，但是这也会带来诸多纠纷和不便，如此一来两者如何协调呢？解决纷争的关键问题是什么？

为了有效解决这一问题，便出现了所谓的类型转换，即将一种数据类型转换为另外一种数据类型。类型转换分为两种形式：隐式转换和显式转换。

01 隐式转换

C++ 中设定了不同数据参与运算时的转换规则，编译器就会悄无声息地进行数据类型的转换，进而计算出最终结果，这就是隐式转换。

数据类型转换如下图所示。

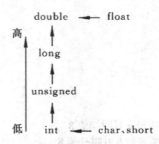

图中标示的是编译器默认的转换顺序，即字符型→短整型→整型→单精度浮点型→双精度浮点型，比如有 char 类型和 int 类型混合运算，则 char 类型自动转换为 int 后再进行运算；又比如有 int 型和 float 类型混合运算，则 int 和 float 自动转换为 double 类型后再进行运算。例如：

```
double d;
d = 2 + 'A' + 1.5F;
```

先计算"="右边的表达式，字符型、整型和单精度 float 类型混合运算，因为有浮点型参与运算，"="

右边表达式的结果是 float 类型。按照数据类型转换顺序，把字符型转换为 double 类型 65.0，2 转换为 2.0，1.5F 转换为 1.5，最后把双精度浮点数 68.5 赋值给变量 d。

　　上述情况都是由低精度类型向高精度类型转换。如果逆向转换，可能会出现丢失数据的危险，编译器会以警告的形式给出提示，例如将浮点型转换为整型，则会直接舍弃小数位。这就是另外一种数据类型转换方式：显式转换。

02 显式转换

　　C++ 提供了以显式的形式强制转换类型的机制，也就是将上面图中的数据类型转换方向反向转换，显式转换语法如下。

（要转换的新的数据类型）被转换的表达式

　　上面介绍的是旧风格的，或者说是 C 语言风格的转换方式，一来它们过于粗鲁，能允许你在任何类型之间进行转换，二来 C 语言风格的类型转换在程序语句中难以识别。C++ 通过引进 4 个新的类型转换操作符克服了 C 风格类型转换的缺点，这 4 个操作符是 static_cast、const_cast、dynamic_cast 和 reinterpret_cast。

　　static_cast 在功能上基本与 C 语言风格的类型转换一样强大，含义也一样，它也有功能上的限制。const_cast 用于类型转换掉表达式的 const 或 volatileness 属性。dynamic_cast 被用于安全地沿着类的继承关系向下进行类型转换。reinterpret_cast 特意用于底层的强制转型。

　　这里以 static_cast 为例说明其用法。

static_cast < 要转换的新的数据类型 > 被转换的表达式

📝 范例 3-6　　C++中的类型转换

　　（1）在 Code::Blocks 17.12 中，新建名称为 "simplesort" 的【C/C++ Source File】源程序。
　　（2）在编辑窗口中输入以下代码（代码 3-6.txt）。

```
01  // 范例 3-6
02  //simplesort 程序
03  // 实现简单的类型转换
04  //2017.07.10
05  #include <iostream>
06  using namespace std;
07  int main()
08  {
09      int firstNumber, secondNumber;       //定义两个整型变量
10      firstNumber = 5; //firstNumber 赋值为 5
11      secondNumber = 28;       //secondNumber 赋值为 28
12      double result = static_cast <double> (firstNumber)/secondNumber;
13      // 定义双精度变量 result 并赋初值，
14      //static_cast <double> 将 firstNumber 强制转换为 double，也可以用语句
15      //double result = (double)firstNumber/secondNumber; 来实现这一功能
16      cout << result << endl ;       // 输出结果
17      return 0;
18  }
```

【代码详解】

　　从功能上看，这是一个简单的程序，实现了两个数的相除运算。
　　第 09~11 行定义了两个整型变量并赋了值。

第 12 行利用 static_cast 实现了强制类型的转换。为了和旧的风格相比较，在第 15 行中写出了 C 语言风格的转换语句。

第 16 行是一个输出语句，用到了标准输出流。

第 17 行是返回语句，将程序控制权回交给系统。

【运行结果】

编译、连接、运行程序，即可在控制台中输出如下图所示的结果。

将代码中第 12 行的强制转换去掉，重新编译、连接、运行程序，结果如下图所示，这是因为进行了整数相除。

【范例分析】

本范例中共用到了两次类型转换：第 1 次在【代码详解】中已经说明，也是重点部分；第 2 次同样是在第 12 行中，实际上，当把 firstNumber 强制转换为 double 后，secondNumber 在和其进行相除的运算中也被强制转换为 double，然后才能得到浮点除法的结果。这一次转换为系统自动进行的，还是因为先前说的那一条铁的原则——不同类型的数据不能进行运算。其转换原则由转换次序决定。

> **✎注意**
>
> 本例中的 **firstNumber** 和 **secondNumber** 自始至终一直没有改变。类型转换不会影响变量本身的值。

📝 范例 3-7　　C++中变量内容的判断与加和

（1）在 **Code::Blocks 17.12** 中，新建名称为 "numCount" 的【C/C++ Source File】源程序。

（2）在编辑窗口中输入以下代码（代码 3-7.txt）。

```
01  // 范例 3-7
02  //numCount 程序
03  // 实现统计一批整型数据中的正负数的个数，并加和，然后求其平均值
04  //2017.07.10
05  #include <iostream>
06  using namespace std;
07  int main()
08  {
09      int  num,count1=0,count2=0;    //定义 3 个整型变量，其中 num 用来接收输入的数值，count1 用
                                       来统计正数个数，count2 用来统计负数个数
```

```
10     double  sum=0.0,ave=0.0;      // 定义存放总和与平均值的两个变量 sum 和 ave
11     cout<<" 请输入若干个正整数，以 0 结束输入 :\n";
12     cin>>num;
13     while(num!=0)      // 当输入的数字不为 0 时进行大括号内的操作，否则直接跳过
14     {
15       sum=sum+num;        // 累加
16       if (num>0)          // 如果输入的数值大于 0，就进行 count1++ 运算
17         count1++;         // 正数个数统计
18       else                // 如果输入的数值小于 0，就进行 count2++ 运算
19         count2++;         // 负数个数统计
20       cin>>num;
21     }
22     if((count1+count2)!=0)   //判断正数之和和负数之和是否等于 0，如果不为 0 就进行如下操作，
                                如果为 0 就进行下方 else 处的操作
23     {
24       ave=sum/(count1+count2);   // 求平均
25       cout<<" 和为: "<<sum<<'\t'<<" 平均值为: "<<ave;
26       cout<<"\n 正整数有 "<<count1<<" 个 .\n"<<" 负整数有 "<<count2<<" 个 .\n";
27     }
28     else                // 如果 count1 和 count2 之和为 0，进行如下操作
29       cout<<" 没有输入有效的数!  ";
30     return 0;
31 }
```

【代码详解】

第 09 行和第 10 行首先定义变量并且赋初值。想一下 sum 和 ave 为什么要定义成 double 型，如果把它们定义成整型，结果会有什么变化呢？

第 12 行先读入一个数，然后才能开始循环，在循环里先累加刚刚读入的数。

第 13 行到第 21 行是循环体，重复做的事情就是累加和判断，若是正整数则 count1 加 1，若是负整数则 count2 加 1。

第 22 行是判断刚才有无计数，如果计数器无计数，那么 count1+count2 则为 0，用累加和去除以 0 会出现错误。由此可看出，在写程序时要尽量考虑周全，否则会发生很多意想不到的错误。

第 24 行至第 26 行计算平均值并输出和显示正整数和负整数的个数。

第 29 行是当没有输入有效数字时给出相应的提示。

> **提示**
>
> 当累加和累乘运算时，运算结果可能会很大，如果定义成整型变量很有可能会超出范围，所以若对结果的范围无法保证不超出整型数的范围，则建议定义成双精度型或长整型。例如，本例的 **sum** 变量，当求平均时，若两整型变量相除，则商自动为整型，如 5/4 结果为 1。为保证精度，故本例把 **sum** 和 **ave** 变量都定义为双精度型。

【运行结果】

单击工具栏中的【Build and run】按钮 ，即可在控制台中运行程序。根据提示在命令行中输入若干整数，按【Enter】键，即可得到如下页图所示的运行结果。

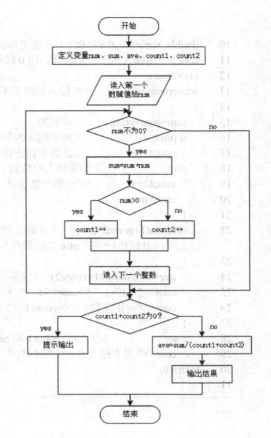

【范例分析】

分析问题中所用到几个变量：读入的整数需要一个整型变量，选用变量 num，总和值变量用 sum 存放，平均值变量用 ave 存放。由于程序读入数据是重复的动作，因此要用到循环语句，但此处循环次数不固定，故适宜用 while 循环，循环结束条件是输入的数据为 0，此时不需要用到循环控制变量。求平均值是用记录除以数的个数，所以还需要两个变量分别存放正整数的个数和负整数的个数，此处选用整型常量 count1 和 count2。

用累加的方法实现求和，即读入一个数就往存放和的变量中加一个。为存放和的这个变量取个名字，即累加器。累加器既然是用来统计总数的，那么在统计前需要给它赋初值为 0。给累加器赋初值 0，称为累加器清零。

举一反三，若一个变量被用来存放几个数的积，则称之为累乘器。累乘器在使用之前必须赋初值 1，这样才不会改变真正的待求的几个数的积。给累乘器赋初值 1，则称为累乘器置 1。此处还要考虑一种特殊情况，就是第 1 个数就是 0，那么就不算平均，所以可以给 ave 赋初值 0。下面是此范例的程序流程图，以助于理解。

【扩展训练】

编写程序，从键盘读入个数不确定的整数，求出读入的数的个数和它们的积，0 不参与计数。当输入 0 时，程序结束。

▶ 3.6 复合数据类型

前面在 3.1 节数据类型中已经学习了整型、浮点型、字符型和布尔型 4 种基本数据类型，这些基本数据类型每个只能存储一个标量值，即单个值。本节将学习复合数据类型，又称构造数据类型，它们的共同特点是每个变量均可以存储多项信息，下面主要介绍一下数组、字符串和结构体 3 种复合数据类型。

3.6.1 数组

在任何一种程序设计语言中，数组都是非常重要的一个数据类型，C++ 中也同样如此。简单地说，数组就是由一些具有相同数据类型元素组成的集合，这些元素在内存中占用一组连续的存储单元，而数组的类型就是这些元素的数据类型。在程序设计语言中，用一个统一的名称标识这一组数据，即数组。

数组按维数可分为一维数组、二维数组和多维数组，统一的数组名代表逻辑上的一组数据，并用数组下标表示各个元素在数组中的位置。需要注意的是：数组下标是从 0 开始而不是 1，这代表数组中的第一个元素的下标是 0，第二个元素的下标是 1，下面通过范例来加以理解，教室第一排坐了 6 个学生，其编号分别为 1、2、3、4、5、6，现将其通过数组定义一个学生数组 student[6]，则如下图所示。

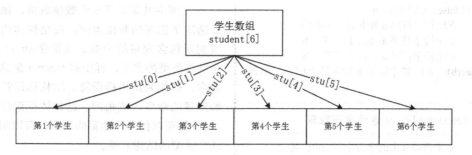

有关数组的声明、引用和具体使用将在第 7 章重点介绍，此处不再过多介绍。

3.6.2 字符串

字符串是指用来存储多个字符的一种数据类型，是字符型数据类型的扩充版，能将多个各种类型字符存入一个标识符中，且以 "\0" 结尾。C++ 支持两种类型的字符串：C 风格字符串和 string 类型。之所以抛弃 char* 的字符串而选用 C++ 标准程序库中的 string 类，是因为它和前者比较起来，不必担心内存是否足够、字符串长度等，而且作为一个类出现，它集成的操作函数能高效、方便地解决问题，满足需要，因此接下来主要介绍 string 字符串的使用。

C++ 中字符串定义的一般形式如下。

string 变量名 ;

字符字符串的初始化与字符型数据有所不同，对比如下。

char ch='a';　　//初始化字符型数据变量 ch 的值为字符 a
string str="abc123!"; //初始化字符串数据变量 str 的值为字符串 abc123!

C 语言中对字符串是依托于字符数组而存在的，对字符串的操作就是对字符数组的操作，二者有一定的区别，此处不再介绍。可见 C 语言中并没有 string 类的数据类型。这也是 C++ 的特点之一。下面通过几个常用字符串操作函数来加深理解，首先定义几个字符串，在函数中举例使用。

string str;
string a="abcdefg";
string b="bbb"

（1）=,assign()　　// 字符串赋以新值

str="abc";　　//将字符串 str 赋值为 abc
str.assign("abc"); // 同上语句

（2）+　　　　// 字符串的串联

str=a+b;　　//将字符串 a、b 串接一起赋值给 str

（3）swap()　　// 交换两个字符串的内容

a.swap(b);　　//将字符串 a 和 b 的值调换

（4）+=,append()　// 在尾部添加字符

str+=a;　　//将字符串 a 串接在字符串 str 后
str.append(a);　// 同上语句

（5）insert()　　// 插入字符

a.insert(1,b);　// 在字符串 a 的第一个字符后插入字符串 b

（6）erase()　　// 删除字符

a.erase(2);　　// 删除字符串 a 第 2 个字符后的所有字符

（7）clear()　　// 删除全部字符

a.clear();　　// 清除字符串 a 中的全部字符

（8）replace()　　// 替换字符

a.replace(1,2,b);　// 将字符串 a 中的第一个字符后的 2 个字符用 b 字符串替代

（9）==,!=,<,<=,>,>=,compare()　// 比较字符串，比较的是字符串首字母的 ASCII 值，若首字母 ASCII 值相等，则比较第二个字符 ASCII 值，以此类推，直到最后一个字符

a==b　　　//比较字符串 a 和 b 是否相同，成立返回

true，否则返回 false，以下均如此

```
a!=b        //比较字符串 a 和 b 是否不相同
a<=b        //比较字符串 a 是否小于等于 b
a>=b        //比较字符串 a 是否大于等于 b
a.compare(b);  //比较字符串 a 和 b 是否相等，相等
```
则返回 0

（10）size(),length()　//返回字符数量

```
a.size();    //字符串 a 中的字符个数，即长度
a.length();  //字符串 a 中的字符个数，即长度
```

（11）empty()　　//判断字符串是否为空

```
a.empty();  //判断字符串 a 是否为空，若为空则返回
```
true，否则 false

（12）data()　　//将内容以字符数组形式返回

```
a.date();
```

（13）substr()　　//返回某个子字符串

```
a.substr(2);     //获取从字符串 a 的第 2 个字符后所
```
有字符为子串
```
a.substr(1,3);   //获取从字符串 a 的第 1 个字符后的 3
```
个字符作为子串

以上每个函数均有多种用法，此处仅选择较常用的加以解释，有兴趣的读者可上网自行搜索。

3.6.3 结构体

在 C++ 中，结构体是一种可以由程序员根据实际情况来自己构造的新数据类型，结构体类型的数据由若干个称为"成员"的数据组成，每一个成员既可以是一个基本数据类型也可以是一个复杂数据类型，因此结构体在实际应用中使用广泛。

每个事物都具有多方面属性特征，如何将同一事物的有关信息集中在一起，进行统一管理呢？结构体可以解决这个问题，下面以教师信息为例，来学习结构体的使用。教师主要包括工号、姓名、性别、年龄、职称等信息。下面定义一个教师结构体。

```
struct teacher
{
    int  id;
    string name;
    char sex;
    int age;
    string title;
};
```

上例中共定义了 5 个数据成员，根据它们的特征选定了相应的数据类型，在结构体的定义中并不限制所包含变量的个数。关键字 struct 用来引出一个结构类型的定义，标识符 teacher 是这个结构体的名字，被称为结构标识符。结构标识符的命名方式和变量的命名方式相同。结构体标识符加上关键字 struct 就可以作为一种新的类型，可以用来声明具有这个类型的结构变量。

结构类型定义的标准格式如下。

```
struct 结构标识符
{
    数据类型 成员 1 的名字；
    数据类型 成员 2 的名字；
    ...
    数据类型 成员 n 的名字；
}
```

利用前面定义的教师结构体，创建该类型的变量如下。

```
struct teacher wang ；  //定义一个名字为 wang 的教师
```
结构体

对结构体进行初始化，以教师结构体为例。

```
wang = {201701," 王凯 ",'m',40," 教授 "};
```

以上两个语句可以合并为如下形式。

```
struct teacher wang = {201701," 王凯 ",'m',40," 教授 "};
```

如上结构体定义后，成员各自代表如下。

```
wang.id=201701;
wang.name=" 王凯 ";
wang.sex='m';
wang.age=40;
wang.title=" 教授 ";
```

在何处定义一个结构体将影响到可以在何处使用它。如果某个结构体是在任何一个函数之外和之前定义的，就可以在任何一个函数里使用这种结构体类型的变量。如果某个结构体是在某个函数或某个程序块之内定义的，就只能在这个函数里使用这种类型的变量。

关键字 typedef 用于为系统固有的或用户已经自定义的数据类型定义一个别名，例如为教师结构体定义一个别名 Teachers，语句如下。

```
typedef struct teacher Teachers;
```

关键字 typedef 定义别名可以在结构体定义后再定义，如上条语句，也可以与结构体定义放在一起，同时命名别名。

```
typedef struct teacher
{
    int  id;
    string name;
    char sex;
    int age;
```

```
    string title;
} Teachers;
```

上述两条语句均指定名称 Teachers 是 struct teacher 的同义字。声称该结构的一些变量时，可采用下列语句。

```
Teachers wang = {201701," 王凯 ",'m',40," 教授 "};
```

下面通过一个范例复习以上内容。

📝 范例 3-8　　结构体知识运用

本例演示教师结构体的使用，首先定义 date 结构体表示出生日期，用其代替 age 成员，然后对其定义并初始化，并将教师信息显示出来。

（1）在 Code::Blocks 17.12 中，新建名称为 "teacherStruct" 的【 C/C++ Source File 】源程序。

（2）在编辑窗口中输入以下代码（代码 3-8.txt）。

```
01  // 范例 3-8
02  //teacherStruct 程序
03  // 结构体知识运用
04  //2017.07.12
05  #include <iostream>
06  using namespace std;
07  struct date            // 定义 date 结构体
08  {
09      int year;          // 成员年份
10      int month;         // 成员月份
11      int day;           // 成员日数
12  };
13  typedef struct teacher    // 定义 teacher 结构体
14  {
15      int  id;           // 成员教师工号
16      string name;       // 成员教师姓名
17      char sex;          // 成员教师性别
18      struct date birthday; // 成员教师出生日期，可以将一个结构体作为另一个结构体的成员
19      string title;      // 成员教师职称
20  } Teachers;            //teacher 结构体的别名 Teachers
21  int main()
22  {
23      Teachers wang = {201701," 王凯 ",'m',{1977,12,21}," 教授 "}; // 定义并初始化结构体
24      cout << " 工号 : " << wang.id<<endl;          // 输出教师相应信息
25      cout << " 姓名 : " << wang.name<<endl;
26      cout << " 性别 : " << wang.sex<<endl;
27      cout << " 出生日期 : " << wang.birthday.year<<" 年 "<<wang.birthday.month<<" 月 "
28      "<<wang.birthday.day<<" 日 "<<endl;
29      cout << " 职称 : " << wang.title<<endl;
30      return 0;
31  }
```

【运行结果】

编译、连接、运行程序，根据提示输入内容，即可在命令行中输出如下图所示的结果。

【范例分析】

编写本程序的步骤如下。

（1）定义结构体 date 用来存储出生日期的三个成员。

（2）定义结构体 teacher，并将 date 结构体作为它的一个成员，说明可以将一个结构体作为另一个结构体的成员。结构体定义的最后将 teacher 结构体起别名为 Teachers。

（3）定义一个教师为 wang，并对其进行初始化。

（4）输出显示教师的工号、姓名、性别、出生日期、职称信息。

▶ 3.7 综合案例

通过下面的一个案例巩固本章所学内容。本案例涉及 C++ 的部分关键字、标识符命名规则，整型、浮点型变量的定义赋值和使用，C++ 中输入输出语句，以及一些数学计算公式等。本案例以贷款支付额为背景，输入贷款利率、年限和总额，通过程序计算月支付金额和总偿还金额，并将它们显示出来。

| 📝 范例 3-9 | 计算贷款支付额 |

本例演示如何编写程序来计算贷款支付额。贷款可以是购车款、学生贷款，或者是房屋抵押贷款。
计算月支付额的公式如下。
月支付额 =（贷款总额 * 月利率）/(1-1/(1+ 月利率) 年数 *12)
不需要知道这个公式是如何推导出来的，只需给定年利率、年数和贷款总额，就能够算出月支付额。
（1）在 Code::Blocks 17.12 中，新建名称为 "computeLoan" 的【C/C++ Source File】源程序。
（2）在编辑窗口中输入以下代码（代码 3-9.txt）。

```
01  // 范例 3-9
02  //computeLoan 程序
03  // 计算贷款支付额
04  //2017.07.12
05  #include <iostream>
06  #include<math.h>                    // 用到其中的函数 pow()
07  using namespace std;
08  int main()
09  {
10      int year;                      // 贷款年数定义为整型
11      double annualRate;             // 定义年利率变量
12      double loanSum;                // 定义贷款总额变量
13      double monthRate;              // 定义月利率变量
14      double totalPay;               // 定义总支付额变量
15      double monthPay;               // 定义月支付额变量
16      cout<<" 请输入年贷款利率，如 4.85: ";
17      cin>>annualRate;               // 输入年利率
18      cout<<" 请输入贷款年数，如 20: ";
19      cin>>year;                     // 输入贷款年数
20      cout<<" 请输入贷款总额，如 200000: ";
21      cin>>loanSum;                  // 输入贷款总额
22      monthRate=annualRate/(12*100); // 计算月利率
```

```
23      monthPay=loanSum*monthRate/(1-1/pow(1+monthRate,year*12));  // 计算月还款
24      totalPay=monthPay*12*year;                                  // 计算还款总额
25      cout<<" 你每月必须偿还："<<monthPay<<" 元！";                // 输出月还款
26      cout<<"\n 你一共需偿还 "<<totalPay<<" 元。!"<<endl;          // 输出还款总额
27      return 0;
28  }
```

【运行结果】

编译、连接、运行程序，根据提示输入内容，即可在命令行中输出如下图所示的结果。

【范例分析】

编写本程序的步骤如下。

（1）提示用户输入年利率、年数和贷款总额。

（2）利用年利率算出月利率。

（3）通过前面给出的公式计算月支付额。

（4）计算总支付额，它是月支付额乘以 12 再乘以年数。

（5）显示月支付额和还款总额。

通过上面的分析，本例需要用到以下变量。

● 年利率：annualRate

● 贷款年数：year

● 贷款总额：loanSum

● 月利率：monthRate

● 总支付额：totalPay

● 月支付额：monthPay

计算 x^y 用到头文件 math.h 中的函数 pow()，函数原型如下。

double pow(double x,double y);

▶ 3.8 疑难解答

问题 1：const 常量和 #define 宏定义均可以定义常量，该如何选择使用哪个？

解答：在 C++ 程序中，const 定义常量更为优越，主要有以下优点。

编译器处理方式不同。宏定义是在预处理阶段展开，而 const 常量是在编译运行阶段进行处理，编译器可以对其进行安全检查，而前者只能进行字符替换，并且在字符替换时可能出现意想不到的错误。

调试工具可以对 const 常量进行调试，而对 #define 只能替换，不具备调试功能。另外，const 常量可以定义数据类型，而宏定义无法实现。

存储方式也不相同，define 仅仅是展开，何处需要就在何处展开，不会分配给它内存，而 const 常量会在内存中分配。

问题 2：C 语言中有 string 型字符串吗？

解答：因为 C 语言中有 <string.h> 头文件，所以让人误以为 C 语言中有 string 型字符串，事实上并不是这样。C 语言中的字符串类型数据仅有 char[ ] 和 char* 两种方式，而 <string.h> 头文件里声明的函数原型也是为了满足对 char 数组的各种操作，如 strcpy、strcat、strcmp 等，故 C 语言中是没有 string 类型的。

问题 3："A" 和 'A' 一样吗？字符和字符串有哪些区别？

解答："A" 和 'A' 不一样，前者是只有一个字符的字符串常量，而后者是字符常量。C++ 规定，在每一个字符串的结尾加一个 "字符串结束标记"，以便系统能据此判断字符串是否结束。字符串结束标记就是 '\0'。所以在计算机内存中 "A" 其实占了两个字符存储位置，一个是字符 'A'，另一个是字符 '\0'。

字符串常量与字符常量的区别如下。

- 书写格式不同。字符常量用 ' '（单引号），而字符串常量用 " "（双引号）。
- 表现形式不同。字符常量是单个字符，字符串常量是一个或多个字符序列。
- 存储方式不同。字符常量占用一个字节，字符串常量占用一个以上的字节（比字符串的长度多一个）。

问题 4：变量初始化时可以连续赋值吗？例如 int a=b=c=1。

解答：不可以，常量可以一行定义并初始化多个常量，但不能连续赋值，可以用以下方式。

```
int a=1,b=1,c=1;
```

在此希望初学编程的读者注意，编程语法和所学的数学语句有所不同。例如 3/4=0.75 这是数学中很普通的一个算式，但在计算机程序里 3/4=0，所以还是希望读者使用时多加注意，以免出错。

问题 5：将一个较高类型的数据转换为较低类型会怎样？

解答：当较低类型的数据转换为较高类型时，一般只是形式上有所改变，而不影响数据的实质内容，而较高类型的数据转换为较低类型时则会造成数据精度丢失。例如，一个 2 米长的木棒，装进长宽均为 1 米的盒子里，显然是装不下的，唯一的办法便是舍弃一部分，较高类型的数据转换为较低类型数据也是如此。

问题 6：在 C++ 中，数值常量大到一定程度，程序就会出现错误，无法正常运行，这是为什么？

解答：C++ 程序中的量既包括常量，也包括变量，在计算机中都要放在一个空间里，这个空间就是常说的内存。你可以把它们想成一个个定好规格的盒子，这些盒子的大小是有限的，所以不能存放无穷大的数据。

第 **4** 章

C++ 运算符和表达式

程序主要是用来完成运算的，因此，避免不了使用运算符，所以在 C++ 中，运算符和表达式就像是数学运算中的公式一样，是必需的。正确、灵活地使用运算符和表达式，需要编程开发者有扎实的基本功。

本章要点（已掌握的在方框中打钩）

□ 运算符
□ 表达式
□ 运算符的优先级
□ 程序实例

程序员可以使用方程和公式解决数学中的问题，也可以使用表达式解决编程中的问题。本章介绍 C++ 各种运算符的使用方法，以及由运算符组成的表达式。

▶ 4.1　C++ 中的运算符和表达式

C++ 中的运算符和表达式是极其丰富的，因此，C++ 的功能表现得十分完善。运算符是告诉编译程序执行特定算术或逻辑操作的符号。C++ 的运算范围很宽，把除了控制语句和输入输出以外的几乎所有基本操作都作为运算符处理，主要分为三大类：算术运算符、关系运算符与逻辑运算符、按位运算符。表达式由运算符、常量及变量构成。C++ 的表达式基本遵循一般代数规则。

4.1.1　运算符

在 C++ 语言中，程序需要对数据进行大量的运算，就必须利用运算符操纵数据。用来表示各种不同运算的符号称为运算符，正是因为有丰富的运算符和表达式，C++ 语言的功能才能十分完善，这也是 C++ 的主要特点之一。

在以往学习的数学知识中，总是少不了加、减、乘、除这样的运算，用符号表示出来就是 "+" "-" "*" 和 "/"。同样在 C++ 中，也免不了进行各种各样的运算，因此也出现了各种类型的运算符。用来对数据进行运算的符号就称为运算符。不同的运算符有不同的运算次序，比如 "*" "/" 的优先级高于 "+" "-" 的优先级。如果表达式中相同的运算符有一个以上，则可从左至右或从右至左计算，称之为结合性。"+" "-" "*" 和 "/" 的结合性都是从左至右的。

下表所示为 C++ 语言中各种运算符的优先级、功能说明以及结合型。

优先级	运算符及功能说明
1	圆括号 () 数组 [] 成员选择 . ->
2	自增 ++ 自减 -- 正 + 负 -
2	取地址 & 取内容 *
2	按位求反 ~ 逻辑求反 !
2	动态存储分配 new,delete
2	强制类型转换 () 类型长度 sizeof
3	乘 * 除 / 取余数 %
4	加 + 减 -
5	左移位 << 右移位 >>
6	小于 < 小于等于 <= 大于 > 大于等于 >=
7	等于 == 不等于 !=
8	按位与 &
9	按位异或 ^
10	按位或	
11	逻辑与 &&
12	逻辑或 ||
13	条件表达式 ? :
14	赋值运算符 = += -= *= /= %=
14	赋值运算符 &= ^= |= >>= <<= &&= ||=
15	逗号表达式 ,

4.1.2　表达式

在了解了运算符的基本知识后，下面简单认识一下什么是表达式，它具有什么特点。

（1）表达式是由运算符、操作数（常量、变量、函数等）和括号按照一定的规则组成的式子。

（2）表达式可以嵌套。

（3）常量、变量和函数是相对比较简单的表达式。

（4）在计算时要考虑运算符的优先级、结合性及数据类型的转换。

（5）每个表达式都有一个值。

（6）在表达式的后边加个分号就是表达式语句。除了控制语句外，几乎都是表达式语句。

（7）计算机中的表达式都要写在一行上。

（8）表达式有算术、赋值、关系、逻辑、条件和逗号等。

▶ 4.2 算术运算符和表达式

和数学中的四则算术运算一样，不同的只是用程序语言来描述。

4.2.1 基本算术运算符

基本算术运算有加法、减法、乘法、除法和取模（求余数）。下表是基本算术运算符说明。

算术运算	运算符号
乘法	*
除法	/
取模	%
加法	+
减法	-

4.2.2 算术运算符和算术表达式

有算术运算符的表达式叫做算术运算表达式。通过下面的举例，详细说明基本算术运算符和表达式的用法。

（1）加、减、乘运算

```
int i,j,k;
i=10;
j=5;
k=i+j*3-1;
```

输出 k 的结果是 24。因为 "*" 的优先级高于 "+" 和 "-"，并且结合性为右结合，所以先计算 j*3，然后算 i 加上 j 与 3 的乘积 15，最后计算减法 -1，得到结果 k=24。

（2）取模运算

```
22%6        //结果是 4
6%3         //结果是 0
3.0%2       //程序报错，% 运算符要求左右必须为
整数
```

取模运算 "%" 要求运算符的两边必须都是整数，任何一边不是整数，程序都会报错。

（3）除法运算

```
7/5         //结果是 1
5/7         //结果是 0
```

当 "/" 运算符用于两个整数相除时，只取商的整数部分，如果商含有小数部分，将被截掉，不进行四舍五入。

（4）浮点除运算

```
10/4.0      //结果是 2.5
4.0/10      //结果是 0.4
```

如果要进行通常意义的除运算，至少应保证除数或被除数中有一个是浮点数或双精度数（double），可以在参加运算的整数值后面补上小数点与 0 作为双精度（double）常量参加运算。

> **注意**
>
> 在使用除法运算时，需要注意有关算术表达式求值溢出时的相关问题的处理。在做除法运算时，若除数为零或实数的运算结果溢出，系统会认为是一个严重的错误而中止程序的运行。而整数运算产生溢出时则不认为是一个错误，但这时运算结果已不正确了。

使用算术运算符需要注意以下 4 个问题。

（1）防止数据长度的溢出。

（2）遵循算术的自然特征，例如禁止除数为 0。

（3）取模运算符 "%" 要求参与运算的两个数均为整数。

（4）"/" 运算符的两个运算对象均为整数时，其结果是整数；如果有一个是浮点型数据，其结果就是浮点数。

4.2.3 自加和自减运算符

自加（++）、自减（--）是 C++ 中使用方便且

效率很高的两个运算符，它们的运算顺序为从右至左，都是单目运算符。自加和自减运算符有前置和后置两种形式，前置是指运算符在操作数的前面，后置是指运算符在操作数的后面。

下面通过几个例子，详细说明自加、自减算术运算符和表达式的用法。

（1）自加和自减单独运算

```
p++;      //++ 后置
--p; //-- 前置
```

无论是前置还是后置，自加和自减运算符的作用都是使操作数的值增加1或减少1，但对由操作数和运算符组成的表达式的值的影响却完全不同。

（2）自加前置运算后直接赋值

```
int i=5;
m=++i;    //i 先加 1 (增值) 后再赋给 x
n=i;//i=6, m=6, n=6
```

这是自加运算符的前置形式，通过运算最终 i、m、n 的值都等于 6。

（3）自加前置运算后再赋值

```
int i=5;
++i;//i 自加 1，值为 6
m=n=i;    //i=6, n=6, m=6
```

这是自加运算符的前置形式，该题目与上题没有太大的区别，只是把上题中的 m=++i 语句拆分成了两句（++i 和 m=i），结果与上题一样。

（4）自加后置运算后直接赋值

```
int i=5;
m=i++;      //i 赋给 m 后再加 1
n=i;//m=5, i=6, n=6
```

这是自加运算符的后置形式，通过运算最终 m=5，而 i 和 n 的值等于 6。

（5）自加后置运算后再赋值

```
int i=5;
i++;
m=n=i;      //i=6, n=6, m=6
```

这是自加运算符的后置形式，该题目也是把 m=i++ 语句拆分成了两句，分别是 i++ 和 m=i，但是运算结果是 i、m、n 的值都等于 6，从中可以分析出前后置运算的异同。

比较上例结果可知，若对某变量自加（自减）而不赋值，结果都是该变量本身自加1或减1；若某变量自加（自减）的同时还要参加其他的运算，则前置运算是先变化后运算，后置运算是先运算后变化。

注意

由于 ++、-- 运算符内含了赋值运算，因此运算对象只能赋值，不能作用于常量和表达式。比如 5++、(m+n)++ 都是不合法的。

范例 4-1　　计算自加和自减表达式的值

（1）在 Code::Blocks 17.12 中，新建名称为"计算自加自减表达式的值"的【C/C++ Source File】源程序。

（2）在代码编辑窗口中输入以下代码（代码 4-1.txt）。

```
01   // 范例 4-1
02   // 测试自加自减表达式的值程序
03   // 区别自加自减前置和后置的区别
04   //2017.7.10
05   #include <iostream>
06   using namespace std;    // 包含头文件所在命名空间
07   int main()
08   {
09       int m=2;          // 定义并初始化 m
10       cout<< m++<<endl;    // 输出 2，++ 后置运算，先输出 2 后，m 再加 1，值改变为 3
11       cout<< m--<<endl;    // 输出 3，-- 后置运算
12       cout<< ++m<<endl;    // 输出 3，++ 前置运算，先进行 m 的加 1 运算，值改变为 3，再输出 3
13       cout<< --m<<endl;    // 输出 2，-- 前置运算
14       cout<< -m++<<endl;   // 输出 -2，++ 后置运算，- 负号和 ++ 运算级别相同，都是右结合的，
                              // 这里负号只影响输出，对 m 没有影响
15       cout<< -m--<<endl;   // 输出 -3，-- 后置运算
16       return 0; }
```

【运行结果】

编译、连接、运行程序，即可在命令行中输出如下图所示的结果。

【范例分析】

按照代码中的注释一步步分析，最终可得出结论，如果是单独的语句，自加自减运算，前置后置没有区别；如果是其他语句的组成部分，则前置运算是先计算后赋值，后置运算是先赋值后计算。

▶4.3 位移运算符和表达式

位移运算是将数据看成二进制数，对其向左或向右移动若干位置的运算。位移运算符分为左移和右移两种，均为双目运算符。第一运算对象是位移对象，第二运算对象是所移的二进制位数。位移时移除的位数全部丢弃，移除的空位与左移还是右移有关。如果是左移，则规定补入的数全部是 0；如果是右移，还与被移位的数据是否带符号有关。若是不带符号，则补入的数全部为 0；若是带符号数，则补入的数全部等于原数最左端位上的原数（原符号位）。

4.3.1 ▶ 位移运算符

位移运算符用于对数据按二进制左移、右移操作，下表为位移运算符。

运算内容	运算符号
左移	<<
右移	>>

4.3.2 ▶ 位移表达式

位移运算符的优先级如下。

算术运算符优先于位移位运算符，优先于关系运算符。位移位运算符是同级别的，结合性是自左向右。

例如，设无符号短整型变量 a 为 0111(对应二进制数为 0000000001001001)。

● a<<3 结果为 01110(对应二进制数为 0000001001001000)。

● a>>4 结果为 04 (对应二进制数为 0000000000000100)。

● 又如，设短整型变量 a 为 -4(对应二进制数为 1111111111111100)。

● a<<3 结果为 -32(对应二进制数为 1111111111100000)。

● a>>4 结果为 -1(对应二进制数为 1111111111111111)。

（1）先说左移。左移就是把一个数的所有位都向左移动若干位，在 C++ 中用 << 运算符。例如：

```
int i = 1;
i = i << 2;  // 把 i 里的值左移 2 位
```

也就是说，1 的二进制是 000……0001(这里 1 前面 0 的个数和 int 的位数有关)，左移 2 位之后变成 000……0100，也就是十进制的 4，所以说左移 1 位相当于乘以 2，那么左移 n 位就是乘以 2 的 n 次方了(有符号数不完全适用，因为左移有可能导致符号变化，下面解释原因)。

需要注意的一个问题是 int 类型最左端的符号位和移位移出去的情况。int 是有符号的整型数，最左端的 1 位是符号位，即 0 正 1 负，那么移位的时候就会出现溢出，例如：

```
int i = 0x40000000; // 十六进制的 40000000，为二进制的 01000000……0000
i = i << 1;
```

那么，i 在左移 1 位之后就会变成 0x80000000，也就是二进制的 100000……0000，符号位被置 1，其他位全是 0，变成了 int 类型所能表示的最小值，32 位的 int 值是 -2147483648，溢出。如果再接着把 i 左移 1 位会出现什么情况呢？ 在 C++ 中采用了丢弃最高位的处理方法，丢弃了 1 之后，i 的值变成了 0。

左移里一个比较特殊的情况是当左移的位数超

过该数值类型的最大位数时，编译器会用左移的位数取模类型的最大位数，然后按余数进行移位，如：

```
int i = 1, j = 0x80000000; // 设 int 为 32 位
i = i << 33;    // 33 % 32 = 1 左移 1 位，i 变成 2
j = j << 33;    // 33 % 32 = 1 左移 1 位 j 变成 0, 最高位被丢弃
```

在编译这段程序的时候编译器会给出一个警告，说左移位数≥类型长度，实际上 i、j 移动的就是 1 位，也就是 33%32 后的余数。总之左移就是丢弃最高位，0 补最低位。

（2）再说右移。右移的概念和左移相反，就是往右边挪动若干位，运算符是 >>。

右移对符号位的处理和左移不同，对于有符号整数来说，比如 int 类型，右移会保持符号位不变，例如：

```
int i = 0x80000000;
i = i >> 1;    //i 的值不会变成 0x40000000, 而会变成 0xc0000000
```

就是说，符号位向右移动后，正数补 0，负数补 1，也就是汇编语言中的算术右移。同样当移动的位数超过类型的长度时，会取余数，然后移动余数个位。

负数 10100110 >>5(假设字长为 8 位)，则得到的是　11111101。

总之，在 C++ 中，左移是逻辑 / 算术左移 (两者完全相同)，右移是算术右移，会保持符号位不变。实际应用中可以根据情况用左 / 右移做快速的乘 / 除运算，这样会比循环效率高很多。

注意

C++ 中的位移运算符 (<< ，>>) 和输入输出流操作中的 (cin>>，cout<<) 符号虽然相同但功能完全不同，原因是 C++ 将操作符 (>>，<<) 进行了重载，用于输入输出流，关于重载后面章节会学习。(>>，<<) 不和 (cin，cout) 一起使用时，依然是位移运算符。

提示

虽然位移运算符效率高，但是容易溢出，不建议初学者使用。

▶4.4　关系运算符和表达式

关系运算也叫比较运算，用来比较两个表达式的大小关系。

4.4.1　关系运算符

在解决许多问题时都需要进行情况判断，C++ 中提供有关系运算符，用于比较运算符两边的值。比较后返回的结果为布尔常量 true 或 false。下表为关系运算符。

表达内容	运算符号	表达内容	运算符号
小于	<	小于等于	<=
大于	>	大于等于	>=
等于	==	不等于	!=

4.4.2　关系表达式

用关系运算符把两个 C++ 操作数连接起来的式子称为关系表达式。这两个操作数可以为常量、变量、算术表达式以及后面讲到的逻辑表达式、赋值表达式和字符表达式等。关系表达式的结果只有两个：1 和 0。

关系表达式成立时值为 1，不成立时值为 0。

下面举例说明关系运算符和表达式的用法。

（1）整数和整数的关系表达式

i=1;
j=2;
k=3;
m=4;
i+j>k+m;

"＞" 运算符的优先级低于 "＋" 运算符，所以先分别求出 i+j 和 k+m 的值，然后进行关系比较，运算结果为 false。

（2）字符和字符的关系表达式

'a'<'b' + 'c' ；

"＜" 右边需要求算术运算和，所以字符 'b' 和 'c' 分别由字符型隐式地转换为整型 98 和 99，求和结果为 197，"＜" 左边的字符型也需要转换为整型 96 才能进行比较，最后整个表达式的值为 true。

（3）关系表达式连用

p>q>=m>n ；

关系运算符优先级相同，所以按照从左至右依次计算。假设 p=1，q=2，m=0，n=4，先计算 p>q 的值为 false，然后计算 false>=m，因为 ">=" 两边的数据类型不一致，布尔类型 false 转换为整型 0，0>=0 比较结果为 true，最后计算 true>4，true 转换为数值型 1，1>4 比较结果为 false，所以整个表达式的结果为 false。

▶4.5 位运算符和表达式

4.5.1 位运算符

位运算是指按二进制进行的运算。在系统软件中，常常需要处理二进制位的问题。C++ 提供了四个位操作运算符。这些运算符只能用于整型操作数，即只能用于带符号或无符号 char、short、int 与 long 类型，位运算符符号如下表。

表达内容	运算符号
位求反	~
位与	&
位或	|
位异或	^

！注意

关系运算符的比较运算是由两个等号 "=="组成的，不要误写为赋值运算符 "="。

若关系运算符的计算结果继续用在表达式中，则 true 与 false 分别当成 1 与 0。关系运算符的操作数可以是任何基本数据类型的数据，但由于实数 (float) 在计算机中只能近似地表示某一个数，由于精度关系，最小分辨率为 0.000001，当存储一个数时，只有六位是准确的，比如存储 0，可能在内存中的值为 0.0000001321，所以一般不能直接进行比较。当需要对两个实数进行 ==、!= 比较时，通常的做法是指定一个极小的精度值，若两个实数的差在这个精度之内，就认为两个实数相等，否则为不等。

对下面两个表达式进行分析。

（1）等于

x==y
应写成
fabs(x−y)<1e−6　　　//1e−6 表示 1 乘 10 的 -6 次方

（2）不等于

x!=y
应写成
fabs(x−y)>1e−6

绝对值函数 fabs(x) 求 double 类型数 x 的绝对值，使用时需要头文件 #include<math.h>。fabs(x−y)<1e−6 表示 x 和 y 的差的绝对值小于 0.000001，说明 x 和 y 的差值已经非常小，可以认为二者相同。

4.5.2 位表达式

按位运算是对字节或字中的实际位进行检测、设置或移位，只适用于字符型和整型变量以及它们的变体，对其他数据类型不适用。

（1）按位与运算

按位与运算符 "&" 是双目运算符，其功能是将参与运算的两数对应的二进制位相与，只有对应的两个二进制位均为 1 时，结果位才为 1，否则为 0，参与运算的数以补码方式出现。

例如，9&5 可写算式如下形式。

00001001 (9 的二进制补码)&00000101 (5 的二进

制补码）　00000001（1 的二进制补码）

可见 9&5=1。

（2）按位或运算

按位或运算符 "|" 是双目运算符。其功能是参与运算的两数各对应的二进位相或。只要对应的两个二进位有一个为 1 时，结果位就为 1。参与运算的两个数均以补码出现。

例如，9|5 可写算式如下形式。

00001001|00000101
00001101（十进制为 13）可见 9|5=13

（3）按位异或运算

按位异或运算符 "^" 是双目运算符。其功能是参与运算的两数各对应的二进位相异或，当两个对应的二进位相异时，结果为 1。参与运算数仍以补

码出现，例如 9^5 可写成如下算式。

00001001^00000101 00001100（十进制为 12）

```cpp
int a=9;
a=a^15;
cout<<"a= "<<a<<endl;
```

（4）求反运算

求反运算符 ~ 为单目运算符，具有右结合性。其功能是对参与运算的数的各二进位按位求反。例如，~ 9 的运算为 ~(0000000000001001)，结果为 1111111111110110。

当进行按位与或时，建议使用十六进制，在程序中 0x01 表示 0000 0001。

所以，字符类型 a 的最高位强制 1 可以这样：a=a|0x80。其他的可以以此类推！

▶ 4.6　逻辑运算符和表达式

什么是逻辑运算？逻辑运算用来判断一件事情是 "成立" 还是 "不成立" 或者是 "真" 还是 "假"，判断的结果只有两个值，用数字表示就是 "1" 和 "0"。其中，"1" 表示该逻辑运算的结果是 "成立" 的，"0" 表示这个逻辑运算式表达的结果 "不成立"。这两个值称为 "逻辑值"。

假如一个房间有两个门——A 门和 B 门。要进房间，可以从 A 门进，也可以从 B 门进。用一句话来说就是 "要进房间去，可以从 A 门进或者从 B 门进"。下面用逻辑符号来表示这一个过程。

能否进房间用符号 C 表示，C 的值为 1 表示可以进房间，为 0 表示进不了房间；A 和 B 的值为 1 时 表示门是开的，为 0 时表示门是关着的，那么：

● 两个房间的门都关着（A、B 均为 0），进不去房间（C 为 0）；
● B 是开着的（A 为 0、B 为 1），可以进去（C 为 1）；
● A 是开着的（A 为 1、B 为 0），可以进去（C 为 1）；
● A 和 B 都是开着的（A、B 均为 1），可以进去（C 为 1）。

4.6.1　逻辑运算符

逻辑运算符用于实现逻辑运算和逻辑的判断，包含 "&&"（逻辑与）、"||"（逻辑或）、"!"（逻辑非）3 种。返回类型是布尔（bool）型。下表为逻辑运算符。

运算符	符号
逻辑非	!
逻辑与	&&
逻辑或	||

4.6.2　逻辑表达式

逻辑运算符把各个表达式连接起来组成一个逻辑表达式，如 a&&b、1||(!x)。逻辑表达式的值也只有两个：0 和 1。0 代表结果为假，1 代表结果为真。

在实际应用逻辑表达式之前，需要明确逻辑运算表达式有哪些，结果是怎么样的。下表列出了逻辑运算关系。

逻辑表达式	结果	逻辑表达式	结果
false && false	false	false && true	false
true && false	false	true && true	true
false || false	false	false || true	true
true || false	true	true || true	true
! false	true	! true	false

逻辑运算符的操作数为 bool 型，当为其他数据类型时，就将其转换成 bool 值参加运算。下面举例说明逻辑运算符和表达式的用法。

假设 m=1，n=2，p=–3，分析下面表达式的结果。

!a 值为 false。

结论：非 0 数求非运算，结果为 false；相反，为 0 的数求非运算，结果为 true。

m && n 值为 true。

结论：&& 两边都是非 0 数值，结果为 true。

m \|\| n 值为 true。

结论：\|\| 两边只要有一边数值不为 0，结果就为 true。

m+p >= n && n 值为 false。

因为"+"的优先级高于">="，所以先计算 m+p（等于 -2），再与 n 比较，-2 大于等于 2 不成立，结果为 false，转换为数值类型 0，最后做逻辑与运算，0 和 n 逻辑与的结果得 false。

注意

"!"是单目运算符，而"&&"和"\|\|"是双目运算符。C++ 对于双目运算符"&&"和"\|\|"可进行短路运算。由于"&&"与"\|\|"表达式按照从左到右的顺序进行计算，如果根据左边的计算结果能得到整个逻辑表达式的结果，右边的计算就不需要进行了，该规则叫作短路运算。

提示

当表示的逻辑关系比较复杂时，用小括号将操作数括起来是一种比较好的方法。

▶ 4.7　条件运算符和表达式

C++ 中唯一的一个三目运算符是条件运算符，是一种功能很强的运算符，它能够实现简单的选择功能，类似于条件语句，故称为条件运算符。条件运算符优先级比较低。用条件运算符将运算分量连接起来的式子称为条件表达式。下表为条件运算符和表达式。

运算符	表达式
条件表达式 ？：	A？B：C

其中，A、B 和 C 分别是 3 个表达式。条件表达式的执行过程如下。

（1）先计算 A。

（2）如果 A 的值为 true(非 0)，返回 B 的值作为整个条件运算表达式的值。

（3）如果 A 的值为 false(0)，返回 C 的值作为整个条件运算表达式的值。

（4）条件运算表达式的返回类型将是 B 和 C 这两个表达式中数据类型高的那种类型。

简单条件表达式如下。

```
a=(x>y ? 12 : 10.0);
```

若 x>y(值为 true)，则将 12 赋给 a，否则 a=10.0，但 a 的类型最后都是 double。

▶ 4.8 赋值运算符和表达式

在前面的程序当中已经接触过赋值运算了。本节介绍赋值运算符和表达式。

4.8.1 赋值运算符

赋值运算符是用来给变量赋值的。它是双目运算符，用来将一个表达式的值送给一个变量。

除了在定义变量时给变量赋初值外，还用于改变变量的值。各赋值运算符如下表所示。

在 C++ 中，赋值运算符有一个基本的运算符（＝）。C++ 允许在赋值运算符 "=" 的前面加上一些其他的运算符，构成复合的赋值运算符。复合赋值运算符共有 10 种，分别为 +=、 - =、*= 、/=、%=、<<=、>>=、&=、^=、!=。

运算符	用法
=	i=j
+= -= *= /= %=	i+=j,i-=j,i*=j,i/=j,i%=j
&= ^= |=	i&=j ,i^=j ,i|=j
>>= <<=	i>>=j ,i<<=j
&&= ||=	i&&=j ,i||=j

C++ 提供的赋值运算符功能是将右表达式（右操作数）的值放到左表达式表示的内存单元中，因此左表达式一般是变量或表示某个地址的表达式，称为左值，在运算中作为地址使用。右表达式在赋值运算中是取其值使用，称为右值。所有的赋值运算左表达式都要求是左值。

4.8.2 赋值表达式

由赋值运算符将一个变量和一个表达式连接起来的式子称为赋值表达式。赋值表达式的一般格式如下。

变量 = 表达式

一般可把赋值语句分为简单赋值语句和复合赋值语句两种。

对赋值表达式求解的过程是将赋值运算符右侧 "表达式" 的值赋给左侧的变量。整个赋值表达式的结果就是被赋值的变量的值。

说明：右侧的表达式可以是任何常量、变量或表达式（只要它能生成一个值就行），但左侧必须是一个明确的、已命名的变量，也就是说，必须有一个物理空间可以存储赋值号右侧的值。例如：

a=5;   //a 的值为 5，整个表达式的值为 5
x=10+y;

（1）简单赋值语句

int i = 100;   // 变量名为 i 的地址中内存数据是 100
char a = 'A', b, c;   // 声明 3 个字符型变量，同时变量 a 赋值为字符 'A'
c = b = a + 1;// 变量 b 的值为 'A'+1，即 65，但是 b 是字符型，66 再转换为字符型数据 'B'
// 变量 c 的值等于变量 b 的值 'B'。

如果 a 的地址是 2000，此时该地址中存放的数据是 'A'；则 b 的地址是 2001，此时该地址中存放的数据是 'B'；c 的地址是 2002，此时该地址中存放的数据也是 'B'。

（2）复合赋值语句

*= 等价于 x=x * y

对赋值运算还有下列几点说明。

（1）复合赋值运算符所表示的表达式不仅比一般赋值运算符表示的表达式简练，而且所生成的目标代码也较少，因此在 C++ 语言程序中应尽量采用复合赋值运算符的形式表示。

（2）赋值运算符 "=" 与数学中的等式形式一样，但含义不同。"=" 在 C++ 中作为赋值运算符，是将 "=" 右边的值赋给左边的变量；而在数学中则表示两边相等。

（3）在 C++ 中还可以连续赋值，赋值运算符具有右结合性，比如 "x=y=2.6;"，赋值运算符是从右至左计算的，所以表达式相当于 x=(y=2.6)，根据优先级，先计算括号里面的赋值语句，再把 y 的值赋给 x。再有 "a=b=3+8;"，按照右结合，先计算 3+8，然后将 11 赋给 b，再将 b 的值 11 赋给 a。

（4）注意 "==" 与 "=" 的区别。例如，a==b<c 等价于 a==(b<c)，作用是判断 a 与 (b<c) 的结果是否相等；a=b<c 等价于 a=(b<c)，作用是将 b<c 的值赋给变量 a。

📋 范例 4-2　　赋值运算

（1）在 Code::Blocks 17.12 中，新建名称为 "赋值运算" 的【C/C++ Source File】源程序。

（2）在代码编辑窗口中输入以下代码（代码 4-2.txt）。

```
01  // 范例 4-2
02  // 赋值运算程序
03  // 实现变量的赋值
04  //2017.7.10
05  #include <iostream>
06  using namespace std;
07  int main()
08  {
09      int i=1,j=2, k=3, m=4, n=2;
10      k+=i;   // 等价 k=k+i
11      m%=j;   // 等价 m=m%j
12      n+=n-=n*n;
13      cout<<"k= "<<k<<" m= "<<m<<" n="<<n<<endl;
14      return 0; }
```

【运行结果】

编译、连接、运行程序，即可在命令行中输出如下图所示的结果。

【范例分析】

n+=n-=n*n 可分解成以下几步进行：第一步 n+=n-=4；第二步 n+=n=n-4 等价于 n=-2 n+=n，这时 n 的值发生了改变，由 2 变为 -2；第三步 n=n+n，n 的最后计算结果为 -4。

▶4.9　逗号运算符和表达式

在 C++ 中，逗号不仅作为函数参数列表的分隔符使用，也作为运算符使用。逗号运算符的功能是把两个表达式连接起来，使之构成一个逗号表达式。逗号运算符在所有运算符中是级别最低的。

逗号运算符使用的一般形式如下。

表达式 1，表达式 2，…，表达式 n；

使用逗号运算符可以将多个表达式组成为一个表达式，逗号表达式的求解过程为先求表达式 1 的值，再求表达式 2 的值……最后求表达式 n 的值。最后整个逗号表达式的值就是表达式 n 的值。它的类型也是最后一个表达式的类型。

在 C++ 程序中，逗号运算符常用来将多个赋值表达式连成一个逗号表达式。

（1）逗号表达式单独运算

假设 i=3，j=5，k=7
求表达式 i=i+j, j=j*k, k=k-i;

表达式依次计算出 i 的值为 8，j 的值为 35，k 的值为 -1。

（2）逗号表达式赋值运算

x=(a=a+b, b=b*c, c=c-a);   // 该表达式的结果等于 -1，即 x 的值为 –1

逗号运算符还用在只允许出现一个表达式而又需要多个表达式才能完成运算的地方，用它将几个表达式连起来组成一个逗号表达式。

提示

在学习中需要区分运算符、表达式和语句的不同。不同类型的操作数赋值时，应尽量进行显式转换，隐式转换容易犯错误。在优先级和结合性上也容易犯错误，通常在表达式中加上圆括号，这样既能够增强程序的安全性，又可以提高程序的可读性。

▶ 4.10 运算符的优先级

C++ 的大多数运算符有不同的优先级，各类运算符还有不同的结合性，可以总结出如下规律。

运算符的优先级按单目、双目、三目、赋值依次降低。单目运算是从右至左的，旨在与右边的数结合在一起形成一个整体，因此优先级高。运算中的 +（正）、-（负）、++、--、逻辑运算中的取反 !、按位运算中的取反 ~，从各类运算中提取到单目运算中。赋值运算之所以优先级低且为右结合，是因为要右边的表达式计算完后才赋值给左边的变量。

优先级最高运算符如下表。

优先级	运算符	名称或名义
1	[]	数组下标
	()	圆括号
	.	成员选择（对象）
	->	成员选择（指针）

单目运算符优先级顺序如下表。

优先级	运算符	名称或名义
2	-	负号运算符
	（类型）	强制类型转换
	++	自增运算符
	--	自减运算符
	*	取值运算符
	&	取地址运算符
	!	逻辑非运算符
	~	按位取反运算符

双目运算符优先级顺序如下表。

优先级	运算符	名称或名义
3	/	除
	*	乘
	%	余数（取模）
4	+	加
	-	减
5	<<	左移
	>>	右移
6	>	大于
	>=	大于等于
	<	小于
	<=	小于等于
7	==	等于
	!=	不等于
8	&	按位与
9	^	按位异或
10			按位或
11	&&	逻辑与
12	||	逻辑或

📝 范例 4-3　　运算符优先级

（1）在 Code::Blocks 17.12 中，新建名称为"运算符优先级"的【C/C++ Source File】源程序。

（2）在代码编辑窗口中输入以下代码（代码 4-3.txt）。

```
01  // 范例 4-3
02  // 运算符优先级
03  //2017.07.10
04  #include<iostream>
05  using namespace std;
06  int main()
07  {
08      int a=1,b=2,c=3;
09      // 显示 abc 的值
10      cout<<"a="<<a<<" b= "<<b<<" c= "<<c<<endl;
11      //计算显示 (1)b+=a+2*c%5 的结果
12      b+=a+2*c%5;// 相当于语句 b=b+a+2*c%5
13      cout<<"(1) b= "<<b<<endl;
14      // 计算显示 (2)a*=b=c=3 的结果
15      a=1,b=2,c=3;
16      a*=b=c=3;// 相当于语句组 c=3;b=a;a=a*b;
17      cout<<"(2) a= "<<a<<" b= "<<b<<" c= "<<c<<endl;
18      //计算显示 (3)a+=b+=c 的结果
19      a=1,b=2,c=3;
20      a+=b+=c;// 相当于语句组 b=b+c; a=a+b
21      cout<<"(3) a= "<<a<<" b= "<<b<<" c= "<<c<<endl;
22      // 计算显示 (4)a-=b=++c+2 的结果
23      a=1,b=2,c=3;
24      a-=b=++c+2;// 相当于语句组 ++c;b=b+c+2;a=a-b;
25      cout<<"(4) a= "<<a<<" b= "<<b<<" c= "<<c<<endl;
26      return 0;
27  }
```

【运行结果】

编译、连接、运行程序，即可在命令行中输出如下图所示的结果。

【范例分析】

在代码第 09 行中，因为运算符 *、% 的优先级相同，且优先级高于运算符 +，所以表达式的计算顺序是 2*c，%5，再计算 b+a，然后 b+a+2*c%5;17 行中的 a+=b+=c; 相当于语句组 b=b+c；a=a+b；前置 ++ 运算优先级高于赋值运算，所以第 24 行 a-=b=++c+2; 相当于语句组 ++c;b=b+c+2;a=a-b;。

▶ 4.11 综合案例

本节通过一个数学问题：判断三条边是否能构成三角形以及如果能，并计算三角形面积的程序，来巩固 C++ 中运算符和表达式的综合应用。首先利用逻辑表达式判断输入的三条边是否构成三角形，然后利用算术运算符进行计算。假设三角形的三条边分别是 a、b、c，已知面积公式为 area=$\sqrt{s(s-a)(s-b)(s-c)}$，其中 s=(a+b+c)/2。需要注意的是开平方用到了数学函数库 "math.h" 提供的 sqrt 函数。本案例中会用到逻辑运算符、算术运算符、关系运算符、赋值运算符等知识点。

程序流程图如下。

📝 范例 4-4	输入三角形的三边长，求三角形面积

（1）在 Code::Blocks 17.12 中，新建名称为 "求三角形面积" 的【C/C++ Source File】源程序。
（2）在代码编辑窗口中输入以下代码（代码 4-4.txt）。

```
01  #include<iostream>
02  #include<math.h>
03  using namespace std;
04  int main()
05  {
06    float a,b,c;
07    float s,area;
08    cin>>a>>b>>c;              // 输入
09    if(a>0&&b>0&&c>0)
10    {
11      if(a+b<=c||b+c<=a||a+c<=b)      // 判断是否构成三角形
12      {
13          cout<<" 这三条边不能构成三角形 "<<endl;
14      }
15
16      else
17      {
18        s= (a+b+c) *1/2.0;
19        area=sqrt(s*(s-a)*(s-b)*(s-c));// 使用公式计算面积值
```

```
20        cout<<"a="<<a<<"b="<<b<<"c="<<c<<"s="<<s<<endl;      // 依次输出各个变量的值
21        cout<<"area="<<area<<endl;
22
23      }
24    }
25    else
26    {
27      cout<<" 这三条边不能构成三角形 "<<endl;
28    }
29    return 0;
30  }
```

【运行结果】

编译、连接、运行程序，在命令行中依次输入三角形的三条边，按【Enter】键即可输出三角形的面积，如下图所示。

【范例分析】

一个完整的程序肯定包含输入、运算和输出三部分。在这道题目中，首先第 08 行使用 cin 标准输入函数分别接收 a、b 和 c，作为三角形的三条边长，然后在程序中第 09~11 行利用两个 for 循环（逻辑运算）判断输入的三边是否构成三角形。第 18~20 行调用数学函数库的开方函数，计算（算术运算）出三角形的面积，最后使用 cout 输出结果。

因为计算三角形面积公式中需要开根号，会用到 sqrt 函数，而 sqrt 包含在 math 文件中，所以头文件中必须加入 #include<math>。

▶4.12 疑难解答

问题 1：如何判断一个浮点数的绝对值是否等于零？

解答：浮点型，由于精度关系，最小分辨率为 0.000001，当存储一个数时，只有六位是准确的，比如存储 0，可能在内存中的值为 0.0000001321，所以判断浮点型的 0 值最好用 fabs(i)<0.000001。

```
01  #include<iostream>
02  #include<math.h>
03  using namespace std;
04  int main()
05  {
06    float x;
07    cin>>x;
08    if(fabs(x)<0.000001)
09    cout<<"yes" <<endl;
10    else
11    cout<<"no" <<endl;
12    return 0;
13  }
```

问题2：避免运算结果溢出的一个方案。

解答：当进行算术运算时，如果运算结果超出变量所能表达的数据范围，就会发生溢出。如果能够利用sizeof运算符计算所占的字节数，就可算出变量的数据范围，从而可以避免可能出现的错误。

问题3：取模函数和取余函数的区别是什么？

解答：通常取模运算（mod）也叫取余运算（rem），它们返回的结果都是余数。rem和mod唯一的区别在于：当x和y的正负号一样的时候，两个函数结果是等同的；当x和y的符号不同时，rem函数结果的符号和x的一样，而mod和y一样。

这是由于这两个函数的生成机制不同，rem函数采用fix函数，而mod函数采用了floor函数（这两个函数是用来取整的，fix函数向0方向舍入，floor函数向无穷小方向舍入）。rem（x，y）命令返回的是x-n.*y，如果y不等于0，其中的n=fix(x./y)，而mod(x,y)返回的是x-n.*y，当y不等于0时，n=floor(x./y)。两个异号整数取模取值规律（当是小数时也是这个运算规律，这一点与C语言的不太一样）是先将两个整数看作正数，再做除法运算。

（1）能整除时，其值为0。

（2）不能整除时，其值为除数×(整商+1)-被除数。

例如：

---

mod(36,-10)=-4

即36除以10的整数商为3，加1后为4；其与除数之积为40；与被减数之差为（40-36=4）；取除数的符号，所以值为-4。

例如：

```
>> mod(5,2)
ans =1              % "除数"是正，"余数"就是正
>> mod(-5,2)
ans =1
>> mod(5,-2)
ans =-1            % "除数"是负，"余数"就是负
>> mod(-5,-2)
ans =-1            % 用rem时，不管"除数"是正是负，"余数"的符号与"被除数"的符号相同
>> rem(5,2)
ans =1             % "被除数"是正，"余数"就是正
>> rem(5,-2);
ans =1
>> rem(-5,2)
ans =-1            % "被除数"是负，"余数"就是负
>> rem(-5,-2)
ans =-1
```

第 **5** 章
程序控制结构和语句

本章将重点介绍 C++ 程序中控制结构、一些简单的文件操作以及如何调试程序。C++ 中的控制结构包括顺序结构、选择结构、循环结构以及 break、continue 和 goto 等转向语句。希望读者能够对这些内容一一熟练掌握。这些结构是 C++ 结构化设计中较为基础和常用的控制手段。此外，读者需要先简单掌握一些基础的文件读取和文件写入操作，并了解一些程序中的常见错误，以便在程序出现运行错误时能够通过调试解决问题。

本章要点（已掌握的在方框中打钩）

☐ 顺序结构
☐ 选择结构
☐ 循环结构
☐ 分支语句
☐ 循环语句
☐ 转向语句
☐ 基本错误
☐ 程序调试

▶5.1　程序流程概述

前面学习的一些 C++ 程序一般都是一些按照语句顺序从上至下逐条执行的。在实际的编程中往往会遇到一些问题，如只有在满足特定条件时才执行，否则不执行或者执行另外一条语句；甚至有时需要多次执行一段语句，而重复地书写这些语句无疑十分影响程序的可读性。

对于这些问题，C++ 提供了十分方便的流程控制语句，利用这些流程控制语句可以按照要求来改变程序的执行流程。

C++ 中的流程控制结构有顺序结构、选择结构和循环结构等。

●顺序结构就是前面提到的大多数程序中的结构，程序按照语句顺序逐条执行。

●选择结构就是对指定的条件进行判断，符合要求执行对应的语句，否则执行相应的语句。

●循环结构就是按照一定的要求或者在满足条件时多次执行一段语句。

在 C++ 中，可以根据程序画出对应的程序流程图。程序流程图可以方便程序员理解程序的结构。流程图将在第 6 章进行详细的解释，这里先对流程图中的常用元素做一个简短的说明。

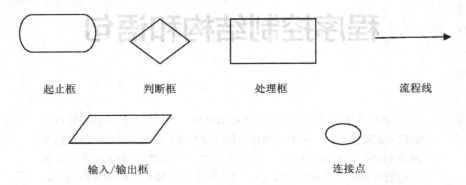

| 起止框 | 判断框 | 处理框 | 流程线 |

| 输入/输出框 | 连接点 |

▶5.2　顺序结构

顺序结构是 C++ 中最简单的最基本的结构之一。C++ 程序一般都是按照顺序结构的方式依次执行相应的语句，但是一般情况下只利用顺序结构很难实现相对复杂的程序。下面是一个只有顺序结构的程序例子。

📋 范例 5-1　　计算圆的面积

控制台输入半径值，计算并显示圆的周长和面积。
（1）在 Code::Blocks 17.12 中，新建名称为 "Circle Area" 的【C/C++ Source File】源文件。
（2）在代码编辑区域输入以下代码（代码 5-1.txt）。

```
01  // 范例 5-1
02  //Circle Area 程序
03  // 对顺序功能进行了解，分别输出圆的面积和周长
04  //2017.07.11
05  #include <iostream>
06  using namespace std;    // 标准库中输入输出流的头文件，cout 就定义在这个头文件里
07  int main( )
08  {
09      double radius,area,girth;
10      cout << " 请输入半径值：";
11      cin >> radius;    // 输入半径
```

```
12      area = 3.1416* radius* radius ;
13      girth=3.1416* radius*2;
14      cout<< "area = " << area <<endl ;        //输出圆的面积
15      cout<<"girth="<<girth<<endl;             //输出圆的周长
16      return 0;
17  }
```

【运行结果】

编译、连接、运行程序，根据提示输入圆的半径值，按【Enter】键即可计算并输出圆的面积，如下图所示。

【范例分析】

程序中采用的是顺序结构，首先定义两个 double 类型的变量 radius 和 area，然后在屏幕上输出"请输入半径值："，然后获得用户从键盘输入的数据，并将其值复制给变量 radius，之后分别计算出周长 girth 和面积 area 的值，最后输出圆的周长和面积。程序的执行过程是按照书写语句一步一步地按顺序执行，直至程序结束。

▶5.3 选择结构与语句

只有顺序结构一般情况下很难完成程序的特定要求，如计算圆面积时，当用户输入的半径为负值时则无法处理。C++ 中可以利用选择结构对给定的条件进行判断，来确定执行哪些语句。因此可以利用选择结构判断用户输入的值为正数时才进行计算圆面积。

C++ 的选择结构一般有 3 种类型：单分支选择结构、双分支选择结构和多分支选择结构。

5.3.1 ▶ 选择结构

选择结构也称分支结构，主要用于解决程序中出现多条执行路径可以选择的问题。C++ 中提供了 3 种分支语句来实现选择结构。

（1）if 单分支选择语句，在某个条件为真时执行一个动作，否则跳过该动作。

（2）if...else 双分支选择语句，在某个条件为真时执行一个动作，否则执行另一个动作。

（3）switch 多分支语句，根据一个整数表达式的值执行许多不同的动作。

后面将具体讲解这些语句的用法。

5.3.2 ▶ 单分支选择结构——if 语句

if 语句的一般形式如下。

---
if(表达式)
　语句；

"表达式"是给定的条件，if 语句首先判定是否满足条件，如果满足条件，就执行"语句"，否则不执行该"语句"。if 语句的具体流程如下所示。

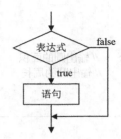

if 语句的功能：对条件表达式求值，若值为真（非 0）则执行它后面的语句，否则跳过后面的语句。若需要执行的语句用单条语句写不下，就用复合语句。下面演示一个具有选择结构 if 的程序例子。

范例 5-2   判断输入的数据是否为奇数

控制台输入一个数值，不能被 2 整除，则为奇数。
（1）在 Code::Blocks 17.12 中，新建名称为 "Judge Odd" 的【C/C++ Source File】源文件。
（2）在代码编辑区域输入以下代码（代码 5-2.txt）。

```
01  // 范例 5-2
02  //Judge Odd 程序
03  // 判断输入的数据是否为奇数
04  //2017.07.11
05  #include <iostream>
06  using namespace std;
07  int main(void)
08  {
09      int num;            // 定义一个整型变量
10      cout << " 请输入一个整数 : "<<endl;
11      cin >>num;              // 从键盘获取输入的数值
12      if(num%2!=0)
13      {
14        cout<<num<<" 是奇数！ "<<endl;
15      }
16      return 0;
17  }
```

【运行结果】

编译、连接、运行程序，根据提示依次输入任意整数，按【Enter】键即可输出这个数是否为奇数，如下图所示。

【范例分析】

此程序是一个简单的 if 选择结构的程序，在执行过程中根据键盘输入的值 num，进入 if 语句中进行判断，满足 if 的条件则进入 if 结构内，输出 num 的提示语句，否则不执行 if 内部语句，退出程序。

5.3.3 双分支选择结构——if…else 语句

if 语句的一个变种是要求指定两个语句。当给定的条件满足时，执行一个语句；当条件不满足时，执行另一个语句。这也被称为 if-else 语句，其一般形式如下。

```
if( 表达式 )
    语句 1；
else
    语句 2；
```

if…else 语句的具体流程如下所示。

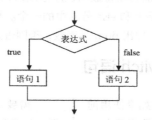

if…else 语句完成的功能：对条件表达式求值，若值为真（非 0）则执行其后的语句 1，否则执行 else 后面的语句 2，即根据条件表达式是否为真分别做不同的处理。

📝 **范例 5-3**　　用 if…else 语句判断奇偶数

控制台输入一个数值，不能被 2 整除为奇数，能被 2 整除为偶数。
（1）在 Code::Blocks 17.12 中，新建名称为 "Judge OddEven" 的【C/C++ Source File】源文件。
（2）在代码编辑区域输入以下代码（代码 5-3.txt）。

```
01  // 范例 5-3
02  //Judge OddEven 程序
03  // 用 if…else 语句判断奇偶数
04  //2017.07.11
05  #include <iostream>
06  using namespace std;
07  int main(void)
08  {
09      int num;
10      cout <<" 请输入一个整数 : "<<endl;
11      cin >> num;
12      if(num%2!=0)
13          cout << num << " 是奇数！  " << endl;
14      else
15          cout << num << " 是偶数！  " << endl;
16      return 0;
17  }
```

【运行结果】

编译、连接、运行程序，根据提示依次输入任意整数，按【Enter】键即可判断出这个数的奇偶性，并输出显示出来，如下图所示。

【范例分析】

此程序运用 if...else 选择结构，将上面判断奇数的程序修改为判断奇偶的程序。if...else 分支可以将两条语句或者两个语句块区分开，程序只会执行 if 和 else 分支中的一个。根据键盘输入的值 num，进入 if 语句中进行判断，满足 if 的条件则进入 if 分支内，输出 num 是奇数，否则进入 else 分支内，输出 num 是偶数。

5.3.4 多分支选择结构——switch 语句

当问题需要处理的分支比较多时，如果使用前面的 if 语句编写起来就十分麻烦，并且不易理解。C++ 中提供了 switch 语句解决此类问题。switch 语句就像多路开关那样，根据表达式的不同取值，选择一个或者多个分支执行。

switch 语句的一般形式如下。

```
switch ( 表达式 ) {
    case 常量表达式 1:
        语句 1;
    ...
    case 常量表达式 n:
        语句 n;
    default:
        语句 n+1;
}
```

switch 语句的执行过程：计算"表达式"的值，然后判断其值和常量表达式 1 的结果对比，结果相同就执行语句 1，否则判断其值与常量表达式 2 的结果对比，按照此方式依次比较下去，直到遇到 break 关键字后退出 switch 结构，如果每个 case 后面的常量表达式都与表达式的值不同，则执行 default 后面的语句 n+1。

需要注意的是表达式的值一般是字符或者整型，且常量表达式的值的类型必须与"表达式"的值的类型相同。

switch 语句的具体流程如下所示。

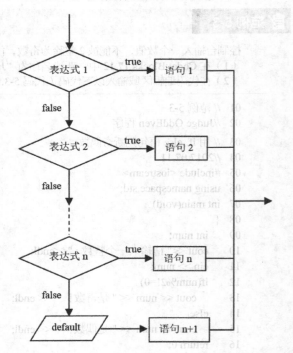

> 📋 提示
>
> 每个 case 表达式后面的 break 语句用来结束 switch 语句的执行，如果某个 case 后面没有 break 语句，则程序运行到此 case 时将按顺序执行，直到遇到 break 语句终止或顺序执行到花括号中的最后一条语句，此时往往会出现意想不到的错误。

📝 **范例 5-4**　　根据一个代表星期几的0到6之间的整数在屏幕上输出它代表的是星期几

控制台输入一个数值，1~6 对应星期一到星期六，0 对应星期日，其余数值为非法输入。

（1）在 Code::Blocks 17.12 中，新建名称为 "Numerical Week" 的【C/C++ Source File】源文件。

（2）在代码编辑区域输入以下代码（代码 5-4.txt）。

```
01  // 范例 5-4
02  //NumericalWeek 程序
03  // 一个代表星期几的 0 到 6 之间的整数，在屏幕上输出它代表的是星期几
04  //2017.07.11
05  # include < iostream>
06  using namespace std;
07  int main( )
08  {
09    int w ; // 定义代表星期的整数变量 w
10    cout << " 请输入代表星期的整数 : ";
11    cin >> w ;          // 从键盘获取数据赋值给变量 w
12    switch ( w ) {      // 根据变量 w 的取值选择执行不同的语句
13      case 0 :        // 当 w 的值为 0 时执行下面的语句
14        cout << " It's Sunday ." << endl ;
15        break ;
16      case 1 :        // 当 w 的值为 1 时执行下面的语句
17        cout << "It's Monday ." << endl ;
18        break ;
19      case 2 :        // 当 w 的值为 2 时执行下面的语句
20        cout << " It's Tuesday ." << endl ;
21        break ;
22      case 3 :        // 当 w 的值为 3 时执行下面的语句
23        cout << " It's Wednesday ." << endl ;
24        break ;
25      case 4 :        // 当 w 的值为 4 时执行下面的语句
26        cout << "It's Thursday ." << endl ;
27        break ;
28      case 5 :        // 当 w 的值为 5 时执行下面的语句
29        cout << "It's Friday ." << endl ;
30        break ;
31      case 6 :        // 当 w 的值为 6 时执行下面的语句
32        cout << " It's Saturday ." << endl ;
33        break ;
34      default : cout << "Invalid data !"   << endl ; // 当 w 取别的值时
35    }
36    return 0;
37  }
```

【运行结果】

编译、连接、运行程序，根据提示输入 "5"（0~6 中的任意一个整数），按【Enter】键即可在命令行中输出如下图所示的结果。

【范例分析】

在本范例中，首先从键盘输入一个整数赋值给变量 w，根据 w 的取值分别执行不同的 case 语句。例如，当用户输入的 w 为 5 时，switch 分支会根据每个 case 后面的值一一与输入的值进行比较，当 case 为 5 时，满足条件，会执行 case 5: 后面的语句：

```
cout << " It' s Friday ." << endl ;
break ;
```

此时会在在屏幕上显示" It's Friday ."。本例中 switch 语句中的每一个 case 的结尾通常有一个 break 语句，意思是当前的 case 后面的值与要求的值相同时，执行完 case 语句就直接退出 switch 多分支结构。

从此例中可以看出当分支较多时，使用 switch 语句比用 if...else 语句要方便简洁许多，因此遇到多分支选择的情况，则应当尽量选用 switch 语句，而避免采用嵌套较深的 if...else 语句。

▶ 5.4 循环结构与语句

循环结构是程序设计中最能发挥计算机特长的程序结构之一。循环语句是在某个条件为真的条件下重复执行某些语句的一种语句。对判断条件称为循环条件，重复执行的语句块称为循环体。

C++ 中的循环语句有以下 3 种类型。

（1）for 语句。

（2）while 语句。

（3）do...while 语句。

5.4.1 循环结构

循环结构是指在满足循环条件时反复执行循环代码块，直到循环条件不能满足为止。C++ 中有 3 种循环语句可用来实现循环结构：while 语句、do...while 语句和 for 语句。这些语句各有各的特点，而且常常可以互相替代。在编程时应根据题意选择最适合的循环语句。下面先来看一个具有循环结构程序的例子。

范例 5-5　计算1~100的整数和

（1）在 Code::Blocks 17.12 中，新建名称为 "Calc Sum" 的【C/C++ Source File】源文件。

（2）在代码编辑区域输入以下代码（代码 5-5.txt）。

```cpp
01  // 范例 5-5
02  //Calc Sum 程序
03  // 计算 1~100 以内的整数和
04  //2017.07.11
05  #include <iostream>
06  using namespace std;
07  int main(void)
08  {
09      int sum = 0;            // 累加和
10      for(int i=1;i<=100;i++)          //i 不能超过 100
11      {
12          sum += i;          //进行累加计算
13      }
14      cout << "1~100 以内的整数和是 : "<<sum<<endl;
15      return 0;
16  }
```

【运行结果】

编译、连接、运行程序，即可计算出 1~100 之内的整数和，并在命令行中输出，如下图所示。

【范例分析】

该范例中包含一个循环结构，执行过程中当满足循环条件时会一直执行循环体内的语句，直到不满足条件时为止。范例中 *i* 从 1 依次开始累加，sum 则计算此前所有 *i* 值的累加和，当 *i* 为 101 时，不满足 *i*<=100 这个循环条件，此时循环终止。若修改判断条件为 *i*<100，程序计算的将是 1~99 的和。

5.4.2 for 语句

接下来先学习 for 语句。

for 语句的一般形式如下。

for (表达式 **1**; 表达式 **2**; 表达式 **3**)
　语句；

for 语句的具体流程如下所示。

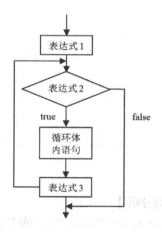

　　for 语句的执行过程：首先计算"表达式 1"（循环初值），且仅计算一次。每一次循环之前计算"表达式 2"（循环条件），如果其结果成立，则执行"语句"（循环体），并计算"表达式 3"（循环增量），否则，循环终止。

　　for 语句有以下几个特点。

　　（1）for 循环通常用于有确定次数的循环。例如，下面的 for 循环语句用于计算整型数 1~n 的和。

```
sum = 0;
for (i = 1; i <= n; ++i)
    sum += i;
```

　　（2）for 语句中的 3 个表达式中的任意一个均可以省略。例如，省略第 1 个和第 3 个表达式。

```
for ( ; i != 0; )
    语句；
```

　　如果把 3 个表达式都省略，则循环条件为 1，循环无限次地进行，即为死循环。

```
for ( ; ; )
    语句；
```

　　（3）for 循环可以有多个循环变量，此时，循环变量的表达式之间用逗号隔开。

```
for (i = 0, j = 0; i + j < n; ++i, ++j)
    语句；
```

　　（4）循环语句能够在另一个循环语句的循环体内，即循环能够被嵌套。例如：

```
for (int i = 1; i <= 3; ++i)
    for (int j = 1; j <= 3; ++j)
        cout << '(' << i << ',' << j << ")";
```

范例 5-6　用for循环语句计算输入10次数值中的奇数和

（1）在 Code::Blocks 17.12 中，新建名称为 "Odd Sum" 的【C/C++ Source File】源文件。
（2）在代码编辑区域输入以下代码（代码 5-6.txt）。

```cpp
01  // 范例 5-6
02  //Odd Sum 程序
03  // 用 for 循环语句计算输入 10 次中的奇数和
04  //2017.07.11
05  #include <iostream>
06  using namespace std;
07  int main()
08  {
09      int num;           //定义整型变量 num
10      int sum=0 ;        //定义整形变量 sum 初始化为 0
11      int count=0;       //定义整型变量 count，用来记录奇数个数
12      cout<<" 请依次输入 10 个整型数据: "<<endl;
13      for(int i=0;i<10;i++)      //设置循环条件，设置 i 的最大值为 10
14      {
15          cin>>num;
16          if(num%2!=0)
17          {
18              sum += num;    //求和
19              count++;
20          }
21      }
22      if(count==0)
23          cout << " 数据中没有奇数！  " <<endl ; //输出结果
24      else
25      {
26          cout<<" 奇数个数为："<<count<<endl;
27          cout<<" 奇数和为: "<<sum;
28      }
29      return 0;
30  }
```

【运行结果】

编译、连接、运行程序，即可判断出每次输入的是否为奇数，并输出其中奇数的个数以及奇数和，如下图所示。

【范例分析】

范例中定义了一个初值为 0 的循环变量 i、$i<10$ 的循环条件、循环增量为 1 的 for 循环体。执行过程中，从 i 为 0 开始，每次判断输入的 num 是否为奇数，是则将 num 累加到 sum 中，并修改记录奇数的个数 count，直到 n 为 10 时，循环条件则终止循环，最后根据 count 的值判断其中是否含义奇数，并将结果输出显示出来。

范例 5-7　用嵌套的for循环方式计算1到100的素数和

素数为除 1 和本身外不被其他整数整除的整数，判断 100 以内所有整数是否为素数，并求其和。
（1）在 Code::Blocks 17.12 中，新建名称为 "Prime Sum" 的【C/C++ Source File】源文件。
（2）在代码编辑区域输入以下代码（代码 5-7.txt）。

```cpp
01  // 范例 5-7
02  //Prime Sum 程序
03  // 用嵌套的 for 循环方式计算 1 到 100 的素数和
04  //2017.07.11
05  #include<iostream>
06  using namespace std;
07  int main()
08  {
09      int sum=0;
10      int count;
11      cout << "1~100 的素数有：";
12      for(int i =2;  i <= 100;  i ++)        // 外循环
13      {
14          count=0;
15          for(int j =2;  j <= i/2;  j++)     // 内循环
16          {
17              if(i%j==0)
18              {
19                  count++;
20                  break;
21              }
22          }
23          if(count==0)
24          {
25              cout<< i <<"   ";
26              sum+=i;
27          }
28      }
29      cout<<"\n";
30      cout<<"1~100 的素数和为："<<sum<<endl;
31      return 0;
32  }
```

【运行结果】

编译、连接、运行程序，即可测试循环执行次数并在命令窗口输出，如下图所示。

【范例分析】

本范例中包含一个嵌套的 for 循环语句，首先

外层循环定义了一个初值为 2 的循环变量 i、$i<=100$ 的循环条件、循环增量为 1 的 for 循环体，在此循环体内又嵌套了一个初值为 j 的循环变量 j、循环条件为 $j <= i/2$、循环增量为 1 的 for 循环体。在执行过程中，外层循环从 i 为 2 开始进入内层 for 循环，当内层循环不满足 $j <=i/2$ 时内层循环终止，返回外层循环。然后 i 值增 1，满足 $i <= 100$，再次进入内层循环。循环往复，直到外层循环不满足 $i<=100$ 时结束循环。

> **🛠️注意**
>
> C++允许在for循环的各个位置使用几乎任何一个表达式，但也有一条不成文的规则，即规定for语句的3个位置只应当用来进行初始化、测试和更新一个计数器变量，而不应挪作他用。

5.4.3 while 语句

while 语句的一般形式如下。

while (表达式)
　语句；

while 语句的具体流程如下所示。

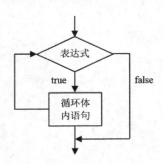

while 语句的执行过程：计算"表达式"的值，如果其值为真，就执行循环体内的"语句"，然后判断表达式的值，为真就继续执行循环体内的"语句"，直到表达式的值为 false 再结束循环。

例如，计算 1~n 之间所有整数的和，利用 while 语句实现如下。

```
int i = 1, sum = 0;
while (i <= n)
    sum += i++;
```

假设 n 为 5，每次循环时循环体内的 i 和 sum 变化如下表所示。

循环次数	i	i<=n	sum +=i++
第 1 次	1	true	sum=0+1
第 2 次	2	true	sum=1+2
第 3 次	3	true	sum=3+3
第 4 次	4	true	sum=6+4
第 5 次	5	true	sum=10+5
第 6 次	6	false	

📝 范例 5-8　　用while循环语句计算从1到100的所有奇数和

（1）在 Code::Blocks 17.12 中，新建名称为"Odd Sum1"的【C/C++ Source File】源文件。
（2）在代码编辑区域输入如下代码（代码 5-8.txt）。

```
01  // 范例 5-8
02  //Odd Sum1 程序
03  // 用 while 循环语句计算 10 次输入中的奇数和
04  //2017.07.11
05  #include <iostream>
06  using namespace std;
07  int main()
08  {
09      int num;            //定义整型变量 num
10      int i = 1,sum=0 ;   // 定义整型变量 i, 初始化为 1,定义整型变量 sum, 初始化为 0
11      int count=0;        //定义整型变量 count，用来记录奇数个数
12      cout<<" 请依次输入 10 个整型数据: "<<endl;
```

```
13    while (i<=10)       // 设置循环条件，设置 i 的最大值为 10
14    {
15        cin>>num;
16        if(num%2!=0)
17        {
18            sum += num;      // 求和
19            count++;
20        }
21        i++;
22    }
23    if(count==0)
24        cout << " 数据中没有奇数！ " <<endl ; // 输出结果
25    else
26    {
27        cout<<" 奇数个数为："<<count<<endl;
28        cout<<" 奇数和为："<<sum;
29    }
30    return 0;
31 }
```

【运行结果】

编译、连接、运行程序，即可判断出每次输入的是否为奇数，并输出其中奇数的个数以及奇数和，如下图所示。

【范例分析】

此范例和范例 5-6 不同的地方在于：范例 5-6 中使用 for 语句定义了 *i* 的初值、范围和循环增量，此范例中则使用 while 语句定义 *i* 的循环条件，可以发现除此之外，两个范例其他部分的代码完全一致。

这两个范例实现的功能是一样的。读者在编程的过程中可以灵活地选择这些语句。

5.4.4 ▶ do…while 语句

do…while 语句类似于 while 语句，但是它先执行循环体，然后检查循环条件。do…while 语句的一般形式为如下。

```
do{
    语句;
}while ( 表达式 );
```

do…while 语句的具体流程如下所示。

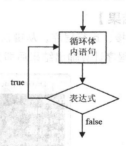

do…while 语句的执行过程：先执行循环体内的语句，然后计算 "表达式" 的值是否为真，为真就再次执行循环体内语句，直到表达式的值为假时结束循环。

对于使用场景而言，do…while 语句比 while 语句使用要少一些；对于循环体要先执行一次等情况而言，do…while 语句就方便许多了。

例如，多次读取一个值，并输出它的平方值，当输入的值为 0 时终止循环。用 do…while 语句实现如下所示。

```
do {
    cin >> n;
    cout << n * n << '\n';
}while (n != 0);
```

范例 5-9　重复从键盘读值并输出它的平方，直到该值为0

从控制台输入数据，计算并显示该数据的平方值，当数据为 0 时程序结束。
（1）在 Code::Blocks 17.12 中，新建名称为 "Square Value" 的【C/C++ Source File】源文件。
（2）在代码编辑区域输入以下代码（代码 5-9.txt）。

```
01  // 范例 5-9
02  //Square Value 程序
03  // 重复从键盘读值，并输出它的平方，直到该值为 0
04  //2017.07.11
05  #include <iostream>
06  using namespace std;
07  int main()
08  {
09      int n;
10      do {
11          cout<<"n=";
12          cin>>n;      // 输入 n 值
13          cout<<"n*n="<<n*n<<endl;  // 输出 n 的平方
14      }while(n!=0); // 当 n=0 时退出
15      return 0;
16  }
```

【运行结果】

编译、连接、运行程序，从键盘上输入任意 1 个数，按【Enter】键即可计算它的平方并输出。当输入的数字为 0 时，程序计算输出结果后即会结束，如下图所示。

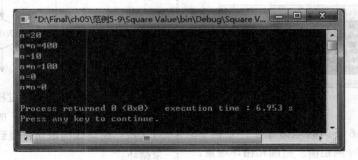

【范例分析】

当从键盘输入 20 时，n 的值为 20，先执行 do...while 的循环语句，再判断 n 是否为 0，n 为 20 不为 0，条件满足则继续循环，以此类推，直到输入为 0 时，循环结束。

▶5.5 转向语句

除了选择语句和循环语句外，C++ 中还提供了改变控制流程的语句，即转向语句。常见的转向语句包括 break 语句、continue 语句和 goto 语句。

break 语句、continue 语句经常用在循环语句 for 语句、while 语句和 do...while 语句中，此外在前面讲解的多分支语句 switch 语句中也经常用到 break 语句。break 语句的作用是终止循环体，即直接跳出循环体执行下面的语句，而 continue 语句的作用是只结束本次循环，即跳过本次循环 continue 的语句，进行下次循环。goto 语句是无条件转移语句，但 goto 语句会破坏程序的结构，所以在程序中应该做到尽量不使用 goto 语句。

5.5.1 break 语句

生活中正在进行某事时，经常会有突发事件导致正在做的事情中断。而在程序中有时需要在满足一个特定的条件时立即终止循环，程序继续执行循环体后面的语句。break 语句就起到中断循环的作用，其可以提前终止循环过程。

接下来分别根据是否使用 break 语句来完成当输入数字为 0 时终止输入的过程。

（1）无 break 语句

```
int sum = 0, number;
cin >> number;
while (number != 0) {
    sum += number;
    cin >> number;
}
```

（2）有 break 语句

```
int sum = 0, number;
while (1) {
    cin >> number;
    if (number == 0)
        break;
    sum += number;
}
```

上面这两段程序都能完成当输入数字为 0 时终

止输入要求，至于到底采用何种方式，取决于程序员的思考。

break 语句只是跳出当前的循环体，而对于嵌套的循环语句，break 语句只是从内层循环跳到外层循环，并不会结束全部的循环。例如：

```
int i = 0, j, sum = 0;
while (i < 5){
    for ( j = 0; j < 5; j++) {
        sum += i + j;
        if ( j == i)
            break;
    }
    i++;
}
```

上面的程序段在 break 语句执行后，程序会结束 for 循环，并转向 for 循环语句的下一个语句，即 while 循环体中的 i++ 语句，继续执行 while 循环语句。

范例 5-10　求10个整数的平方根

从控制台输入 10 个整数，显示每个值的平方根，当输入的数值小于 0 时终止输入。

（1）在 Code::Blocks 17.12 中，新建名称为 "Square Root" 的【C/C++ Source File】源文件。

（2）在代码编辑区域输入以下代码（代码 5-10.txt）。

```
01  // 范例 5-10
02  //Square Root 程序
03  // 从键盘接收 10 个整数，求它们的平方根，遇到负数就终止程序
04  //2017.07.11
05  #include <iostream>
06  #include <math.h>
07  using namespace std;
08  int main( )
09  {
10      int  i = 1,num;
11      double  root ;
12      while( i <= 10 ){
13          cout << " 请输入一个整数 : ";
14          cin >> num ;
15          if ( num < 0 ) // 若 num 是负数则退出循环
16              break ;        //break 退出整个 while 循环
17          root = sqrt(num) ;
```

```
18        cout << root << endl ;
19        i++ ;
20    }
21    return 0;
22  }
```

【运行结果】

编译、连接、运行程序，从键盘上输入任意 1 个整数，按【Enter】键即可计算它的平方根并输出。当输入的数字为负或已输入了 10 个数时，程序就会结束，如下图所示。

```
*D:\Final\ch05\范例5-10\Square Root\bin\Debug\Squar...
请输入一个整数：9
3
请输入一个整数：49
7
请输入一个整数：34
5.83095
请输入一个整数：-3

Process returned 0 (0x0)   execution time : 90.135 s
Press any key to continue.
```

【范例分析】

这个程序有两个出口。每个输入的数在计算其平方根之前都要判断它的正负，若为负数就退出循环，这是第一个出口。另外，整型变量被用来实现计数。i 的初值为 1，每执行一次循环体就将它的值加 1，当它的值为 11 时，表示循环体已经执行了 10 次，于是循环终止。这是第二个出口。这样的程序可读性较差。

5.5.2　continue 语句

生活中当正在进行一系列事情时，突然正在进行的事情由于某种原因不能进行下去而转去做下一

件事。在程序中有时需要程序在满足一个特定条件时跳出本次循环，进行下一次循环。使用 continue 语句可实现该功能，即结束当前循环进入下一次循环。

continue 语句的具体流程如下所示。

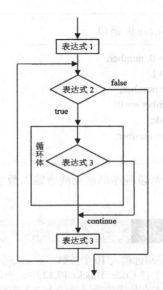

> **注意**
>
> continue 语句用在循环体中，它的作用是忽略循环体中位于它之后的语句，重新回到条件表达式的判断。

📝 **范例 5-11**　　从键盘接收10个整数，求它们的平方根。若遇到负数则忽略并重新输入下一个数据

（1）在 Code::Blocks 17.12 中，新建名称为"Square Root1"的【C/C++ Source File】源文件。
（2）在代码编辑区域输入以下代码（代码 5-11.txt）。

```
01  // 范例 5-11
02  //Square Root1 程序
03  // 从键盘接收 10 个整数，求它们的平方根。若遇到负数则忽略并重新输入下一个数据。
04  //2017.07.11
```

```
05   #include <iostream>
06   #include <math.h >
07   using namespace std;
08   int main( )
09   {
10      int i = 1,num;        // 定义变量 i 和 num
11      double root ;
12      while ( i <= 10 ){ // 定义循环次数为 10，也就是接收 10 个整数
13         cout << " 请输入一个整数：" ;
14         cin >> num ;    // 从键盘输入值赋给变量 num
15         if ( num < 0 ){ // 若 num 是负数则回到循环开始处
16            cout << " 负数，请重新输入正整数 !\n";
17            continue ;    //continue 退出本次循环，重新进行表达式判断
18         }
19         root = sqrt(num) ;
20         cout <<root << endl ;
21         i++ ;
22      }
23      return 0;
24   }
```

【运行结果】

编译、连接、运行程序，从键盘上输入任意 1 个整数，按【Enter】键即可计算它的平方根并输出。
当输入的数字为负数时，程序就会提醒"负数，请重新输入正整数!"。
当输入超过 10 个数字之后，程序就会结束。
结果如下图所示。

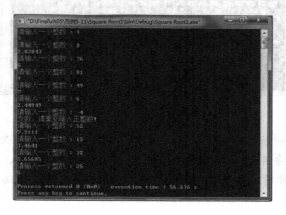

【范例分析】

此范例和范例 5-10 基本一致，只是将范例 5-10 中的一个出口（遇负数就会结束）使用 continue 语句进
行了改变，使之退出当前的循环，转而执行下一个循环（while 循环）。因此当输入负数时，程序就会给出是
负数的提示，并执行输入整数计算平方根的循环。

此范例中的出口：当计数变量 *i* 的值超过 10 时，程序就会结束，这和范例 5-10 是一致的。

5.5.3　goto 语句

goto 语句的作用是使程序执行分支转移到被称为"标号"（label）的目的地。使用 goto 语句时，标号

的位置必须在当前函数内。也就是说，不能使用 goto 从 main 转移到另一个函数的标号上，或反过来。

📝 范例 5-12　用goto语句来显示1～100的数字

（1）在 Code::Blocks 17.12 中，新建名称为"Mark Label"的【C/C++ Source File】源文件。
（2）在代码编辑区域输入以下代码（代码 5-12.txt）。

```
01  // 范例 5-12
02  //Mark Lable 程序
03  // 用 goto 语句来显示 1 ~ 100 的数字
04  //2017.07.11
05  #include <iostream>
06  using namespace std;
07  int main()
08  {
09      int count=1;
10      label:          // 标记 label 标签
11      cout << count++<<" ";
12      if(count <= 100)
13      goto label;          // 如果 count 的值不大于 100，就转到 label 标签处开始执行程序
14      cout<<endl;
15      return 0;
16  }
```

【运行结果】

编译、连接、运行程序，即可在命令行中输出 1~100 的数字，如下图所示。

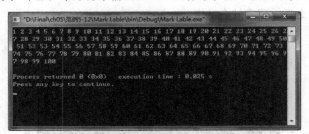

【范例分析】

本范例在程序中利用 label 标记了一个代码行，而后利用 goto 语句将程序在执行中跳转到该行处。

因此程序在执行过程中会首先打印 count 的初值 1，然后 count 值增加 1，而后再次回到 label 位置，打印此时 count 值 2，count 继续增加，直到不满足 if 中的判断条件"count <= 100"时停止此 goto 语句，输出换行，结束程序。

🏹注意

在 C++ 程序中，不建议使用 goto 语句进行跳转。goto 语句会破坏程序的结构化设计，可用 if-else、while 等结构代替，这样有利于提高程序的可读性。

▶ 5.6　简单文件输入输出

编写程序时经常会访问和使用大批量的数据，如果只通过用户操作界面进行交互，必

将非常麻烦而且非常容易导致错误。如果能够将这些数据存入文件中，每次使用时只需从文件中读取出来即可，那这将避免一些错误。接下来将介绍一些简单而又常用的文件读取和写入操作。

5.6.1　文本文件

文本文件又称 ASCII 码文件或字符文件。它是一种典型的顺序文件，存储方式是指以 ASCII 码方式进行存储的，更确切地说，英文、数字等字符存储的是 ASCII 码，而汉字存储的是机内码。文本文件中除了存储文件有效字符信息（包括能用 ASCII 码字符表示的回车、换行等信息）外，不能存储其他任何信息。在文本文件中，每个字节单元的内容为字符的 ASCII 码。

这里介绍使用 ifstream 和 ofstream 来实现对文本文件的输入输出操作。使用 ifstream 和 ofstream 就必须包含头文件 <fstream>，格式为 #include <fstream>。

对文件进行读写需要先打开文件，打开文件的方式有两种。

（1）创建文件流的同时打开文件。语法结构如下。

< 文件流类 > < 文件流对象名 >(< 文件名 >,< 打开方式 >)

文件流可以是 fstream、ifstream 和 ofstream 中的一种。文件流对象名是根据文件流类定义的文件流对象（可以理解为定义了一个特殊类型的变量，相当于变量名）。文件名包括磁盘文件的路径。打开方式包括输入方式、输出方式、追加方式等，写法如 ios:in、ios::out、ios::app 等。具体使用方法会在第 15 章中详细介绍。例如，以输入方式使用相对路径打开文件 test.txt。

---

ofstream outfile("test.txt",ios::out);

（2）利用 open 函数打开磁盘文件。语法结构如下。

< 文件流对象名 >.(< 文件名 >,< 打开方式 >)

用 open 函数打开一个文本文件，例如，以输出方式使用绝对路径打开文件 test.txt。

---

ifstream infile;
infile.open("D:\\test.txt",ios::in);

---

ofstream 默认打开方式是 ios::out，ifstream 默认

打开方式是 ios::in。因此 ifstream 和 ofstream 的打开方式可以省略不写。fstream 无默认打开方式，不能省略。

5.6.2　文件读取

ifstream 读取文件的用法和 "cin" 相似。例如，读取 test.txt 文件中的数据。test.txt 中的内容如下。

I have 3 apples.

读取这些数据可以使用如下代码。

---

ifstream fin;
char ch;
char word1[5],word[8];
int num;
fin.open("test.txt");
fin>>ch>>word1>>num>>word2;

C++ 中还用一种可以直接读取一行的函数 getline()，用法如下。

---

char sentence[21];   // 用字符数组存储文件的一行内容
fin.getline(sentence,20); //20 表示在遇到换行符之前最多允许接收 20 个字符。

---

getline() 还有一种用法如下。

---

string str;
getline(fin,str);   // 将文件的一行内容存入字符串 str 中

5.6.3　文件写入

ofstream 写入文件的用法和 "cout" 相似。例如，将 "I have 3 apples." 写入文件 test.txt 中，则可以使用如下代码。

---

ofstream fout;
fout.open("test.txt");
fout<<"I have 3 apples.";

文件读写完成后应该调用方法关闭。

---

fin.close();
fout.close();

📝 **范例 5-13**　　复制一个文件的内容到另一个文件中去

（1）在 Code::Blocks 17.12 中，新建名称为 "Copy Filedata" 的【C/C++ Source File】源文件。

（2）在代码编辑区域输入以下代码（代码 5-13.txt）。

```
01  // 范例 5-13
02  //Copy Filedata 程序
03  // 复制一个文件的内容到另一个文件中去
04  //2017.07.11
05  #include <fstream>
06  #include <string>
07  #include <iostream>
08  using namespace std;
09  int main()
10  {
11      string str,line;
12      char sname[30],fname[30];
13      cout<<" 请输入要被复制的文件名： "<<endl;
14      cin>>sname;
15      ifstream in(sname);
16      if(!in.fail())              // 有该文件
17      {
18          cout<<" 请输入生成的文件名： "<<endl;
19          cin>>fname;
20          ofstream out(fname);
21          getline(in,str);
22          line=str;
23          while(!in.eof())          // 文件未到结尾
24          {
25              line=line+"\n";
26              getline(in,str);
27              line=line+str;
28          }
29          cout<<" 复制成功！ "<<endl;
30          out<<line;
31          out.close();
32      }
33      else                     // 没有该文件
34      {
35          cout <<" 文件打开失败 " << endl;
36      }
37      in.close();
38      return 0;
39  }
```

【运行结果】

编译、连接、运行程序，从键盘上输入要被复制的完整的文件名，再输入要复制到的文件名，按【Enter】键即可将第一个文件内容复制到文件 2 中。

当输入的文件名不存在或者无法打开时便会提示打开失败。程序结束，运行结果如下图所示。

【范例分析】

在此范例中，使用了 fail() 函数和 eof() 函数，fail() 函数用来判断文件是否可以打开，eof() 函数用来判断是否读到文件结尾处。读取文件时用 getline() 函数按行读取，将读取的信息存入字符串中保存。最后将字符串内容写到新文件中去。

▶5.7 常见错误

在编译 C++ 程序时，想必经常会见到编译器给出错误提示，程序无法运行出结果的问题，有时即使运行出结果也是错误的结果。通常我们可以根据编译器给出的错误提示找到代码中的错误之处，并将其修改过来，当运行结果不正确时可以通过编译器所带的调试功能对代码进行调试分析，根据变量值的变化，找出代码中出现逻辑错误的代码行。善于利用编译器给出的错误提示查找并修改代码，以及利用调试功能对代码进行修改，这能够为开发提供很大的方便。要养成善于发现和总结错误的习惯。

5.7.1 ▶ 语法错误

语法错误违背了 C++ 语法的规定，对这类错误，编译程序一般能给出"出错信息"，并且告诉你在哪一行出错。只要细心，还是可以很快发现并排除的。

运行一个源程序，出现如下错误提示。

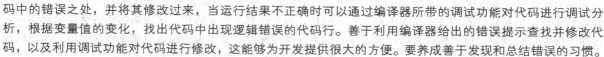

在信息窗口中双击倒数第二条出错信息，在编辑窗口中就会出现红色方块标出程序出错的位置，如上图所示，一般在标志的当前行或上一行可以找到出错语句。

根据错误提示可以发现，错误原因为将变量 *x* 写成了大写的 *X*，进行改正，依次按照上面的步骤逐条查找和修改错误，然后重新编译。依次进行错误的检测，然后进行编译，直到程序无错误和警告为止。

5.7.2 ▶ 逻辑错误

逻辑错误一般是指程序中不存在违反语法规则的地方，即程序编译连接时没有发生错误，但在程序运行后输出的不是预期的值。发生逻辑错误的原因一般是因为程序的编写存在问题或者算法，导致程序在处理数据的方式上没有按照预期的方式进行，最后达到一个错误的结果。

例如，计算 1 到 5 的累加和。

```cpp
01  #include<iostream>
02  using namespace std;
03  int main()
04  {
05      int i;
06      int sum;
07      i=0;sum=0;
08      for(i=0;i<5;i++)
09      {
10          sum=sum+i;
11      }
12      cout<<sum<<endl;
13  }
```

上述程序从语法角度看不存在问题，但在 for 循环语句中定义的限定条件为 i<5，C++ 程序在执行时便会依次从 i=0 开始，多次执行"sum=sum+i;"语句，当 i=5 时，不满足限定条件，然后输出 sum 的值，因此程序运行无误，但实际计算的并不是预期的 1 到 5 的和，而是计算 1 到 4 的和。这里面的错误就是逻辑错误，逻辑不像语法错误可以通过编译直接检查出来，它更加难以察觉。发生逻辑错误时需要程序员通过丰富的程序编写经验以及利用程序调试等手段逐渐找出程序中的这个错误，并将错误之处修改过来。

5.7.3 运行错误

运行错误将在第 19 章异常处理中详细介绍。造成运行错误的原因主要有程序的内存不可以写、进行了错误的输入或者运行结果溢出等。

▶5.8 程序调试

所谓程序调试，是指当程序的工作情况（运行结果）与设计的要求不一致，通常是程序的运行结果不对时，通过一定的科学方法（而不是凭偶然的运气）来检查程序中存在的设计问题。

通过程序调试可以检查并排除程序中的逻辑错误。调试程序有时需要在程序中的某些地方设置一些断点，让程序运行到该位置停下来，有时需要检查某些变量的值，来辅助检查程序中的逻辑错误。

（1）调试程序之前，首先要确认已经设置了【Produce debugging symbols [-g]】选项（可按照如下顺序去找：【Project】➤【Build options】➤【Debug】➤【Compiler Flags】➤【Produce debugging symbols [-g]】），如果该项已经配置，就可以调试程序了，否则前面打钩，单击【OK】按钮设置好。

Project build options　　　　　　　　　□ ✕

pro
　Debug
　Release

Selected compiler
GNU GCC Compiler

Compiler settings | Linker settings | Search directories | Pre/post build steps | Custom variables | "Make" commands

Policy: Append target options to project options

Compiler Flags | Other compiler options | Other resource compiler options | #defines

Target x86 (32bit) [-m32]	☐
Target x86_64 (64bit) [-m64]	☐
Debugging	
Produce debugging symbols [-g]	☑
Profiling	
Profile code when executed [-pg]	☐
Warnings	
Enable all common compiler warnings (overrides many other settings) [-Wall]	☐
Enable Effective-C++ warnings (thanks Scott Meyers) [-Weffc++]	☐
Enable extra compiler warnings [-Wextra]	☐
Enable warnings demanded by strict ISO C and ISO C++ [-pedantic]	☐
Inhibit all warning messages [-w]	☐

NOTE: Right-click to setup or edit compiler flags.

OK　　Cancel

（2）为了查看程序运行中变量值的变化情况，需要打开观察变量的窗口，可用【Debug】➤【Debugging windows】➤【Watches】打开。此时，从 Watches 窗口中可以看到定义的局部变量都是随机值，因为程序尚未执行到给这些变量赋值的语句。

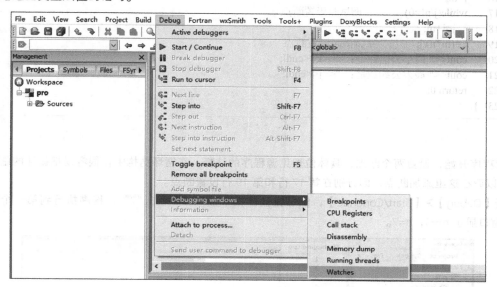

（3）启动调试器：通过【Debug】➤【Toggle breakpoint】先设置断点，然后单击【Start】来启动调试器。

断点：在对应代码处设置断点，程序运行到此处就会停下来，以便检查此刻的运行结果，也可以把光标置于该行代码前，然后再次单击【Run to Cursor】按钮，则程序运行到断点处就会停下来。

删除断点：通过【Debug】➤【Toggle breakpoint】设置断点，在一个断点前再次【Toggle breakpoint】，则该断点被删除。如果想删除所有断点，可以通过【Debug】➤【Remove all breakpoints】。

（4）如果想每次执行一行代码，则选择【Debug】菜单上的【Next line】，如果希望执行的单位更小，可以逐条执行指令【Next instruction】，如果运行到某个程序块（例如调用某个函数）时，选择【Step into】，则运行到该代码块内，如果希望跳出该代码块，则可以选择【Step out】。如果希望终止调试器，选择【Continue】，则调试器会自然运行。下面用一个例子来实际操作一遍。

📝 范例 5-14　　断点调试

（1）在 Code::Blocks 17.12 中，新建名称为"Debuging"的【C/C++ Source File】源文件。
（2）在代码编辑区域输入以下代码（代码 5-14.txt）。

```
01  // 范例 5-14
02  //Debuging 程序
03  // 调试实例
04  //2017.07.11
05  #include<iostream>
06  using namespace std;
07  int main()
08  {
09      int m,n,j,k;
10      do{
11          cout<<"Input m: "<<endl;
12          cin>>m;
13          cout<<"Input n "<<endl;
14          cin>>n;
```

```
15        }while(m<0 ||n<0);
16        j=m;
17        while(j/n!=0)        // 调试时设置断点
18          j=j+m;
19        k=(m*n)/j;          // 调试时设置断点
20        cout<<" 最小公倍数是： "<<k<<endl;
21        cout<<" 最大公约数是： "<<j<<endl;
22        return 0;
23    }
```

调试程序开始，设置两个断点，具体位置见源程序的注释。在循环结构中，很容易把循环的临界值设置错误，所以要在这里添加断点，即分别在第 17 行和第 19 行设置断点。

执行【Debug】➤【Start/Continue】，然后在输出框中输入"3"和"7"，程序执行到第一个断点处，watches 窗口显示 m=3，n=7。

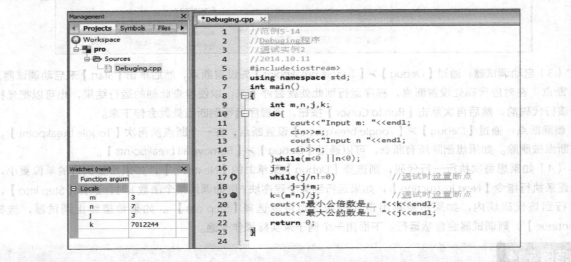

继续单击【Start/Continue】按钮，程序运行到第二个断点处，变量窗口显示最大公约数 j 值是 3，结果显然错误，因为最大公约数的值应该是 1，说明错误出现在第 18 行。

单击【Stop debugger】停止调试，仔细分析程序，发现第 15 行、第 16 行、第 17 行有错误，求取最小公倍数、最大公约数的方法不对，考虑后修改源代码。修改后的代码如下。

```
01 // 范例 5-14
02 //Debuging 程序
03 // 调试实例 2
04 //2017.07.11
05 #include<iostream>
06 using namespace std;
07 int main()
08 {
09   int m,n,j,k,a,b,c;
10   do{
11     cout<<"Input m: "<<endl;
12     cin>>m;
13     cout<<"Input n "<<endl;
14     cin>>n;
```

```
15    }while(m<0 ||n<0);
16    a=m;
17    b=n;
18    while(b!=0)
19    {
20       c=a%b;
21       a=b;
22       b=c;
23    }
24    j=a;
25    k=(m*n)/j;          // 调试时设置断点
26    cout<<" 最小公倍数是 "<<k<<endl;
27    cout<<" 最大公约数是 "<<j<<endl;
28    return 0;
29  }
```

改正错误后，重新编译、连接，然后单击【Start/Continue】重新开始调试，程序运行到第一个断点处，观察变量窗口 *j* 的变化，变量窗口显示的最大公约数 *j* 的值为 1。单击【Stop debuger】按钮，程序调试结束。

▶5.9 综合案例

本节通过编写一个简单的能进行四则运算的简单计算器来把前面学习的选择、循环和转向等语句巩固一下。

四则运算表达式中包括两个 double 型数值数据，以及一个 char 类型的运算符。程序中可以用 switch 语句判断用户输入的运算符是否为加、减、乘、除四种运算符之一。为了能够进行多次操作计算，应该加入 while 或者 for 循环。

📝 范例 5-15　编写一个程序，模拟具有加、减、乘、除4种功能的简单计算器

（1）在 Code::Blocks 17.12 中，新建名称为 "Simple Calculator" 的【C/C++ Source File】源文件。
（2）在代码编辑区域输入以下代码（代码 **5-15.txt**）。

```
01  // 范例 5-15
02  //Simple Calculator 程序
03  // 模拟具有加、减、乘、除 4 种功能的简单计算器
04  //2017.07.12
05  #include <iostream>
06  using namespace std;
07  int main()
08  {
09     double displayed_value;    // 设置显示当前值变量
10     double new_entry;                   // 定义参与运算的另一个变量
11     char command_character;   // 设置命令字符变量，用来代表 +、-、*、/ 运算
12     cout << " 简单计算器程序 " << endl;
13     cout <<" 提示：（number> ）输入数值，（command> ）输入运算符 +、-、*、/ "<<endl;
14     cout << "number>";          // 输出提示信息
15     cin>>displayed_value;
16     cout << "command>";
17     cin >> command_character;          // 输入命令类型如 +、-、*、/、C、Q
18     while (command_character != 'Q'){// 当接收 Q 命令时终止程序运行
19        switch(command_character) {        // 判断 switch 语句的处理命令
20          case 'c':
```

```
21          case 'C':
22              displayed_value = 0; // 当输入命令为 "C" 时，表示清除命令设置当前值为 0
23              break;               // 转向 switch 语句的下一条语句
24          case '+':
25              cout << "number>";              // 当输入命令为 "+" 时，执行如下语句
26              cin >> new_entry;  // 输入一起运算的第二个数
27              displayed_value += new_entry;           // 进行加法运算
28              break;               // 转向 switch 语句的下一条语句
29          case '-':               // 当输入命令为 "-" 时，执行如下语句
30              cout << "number>"; // 输入一起运算的第二个数
31              cin >> new_entry;
32              displayed_value -= new_entry;           // 进行减法运算
33              break;               // 转向 switch 语句的下一条语句
34              case 'x':
35          case 'X':
36          case '*':               // 当输入命令为 "*" 时，执行如下语句
37              cout << "number>";
38              cin >> new_entry;  // 输入一起运算的第二个数
39              displayed_value *= new_entry;           // 进行乘法运算
40              break;               // 转向 switch 语句的下一条语句
41          case '/':               // 当输入命令为 "/" 时，执行如下语句
42              cout << "number>";
43              cin >> new_entry;  // 输入一起运算的第二个数
44              displayed_value /= new_entry;           // 进行除法运算
45              break;               // 转向 switch 语句的下一条语句
46          default:         // 当输入命令为其他字符时，执行如下语句
47              cout << " 无效输入，请重新输入命令类型 !"<<endl;
48              cin.ignore(100,'\n');// 在计数值达到 100 之前忽略提取的字符
49          }                    // 结束 switch 语句
50          cout << "Value : " << displayed_value << endl;
51          cout << "command>";
52          cin >> command_character;        // 输入命令类型如 +、-、*、/、C、Q
53      }                        // 结束 while 循环语句
54      return 0;
55  }
```

【运行结果】

　　编译、连接、运行程序，先输入第一个数值，再从键盘上输入命令类型如 +、-、*、/，然后输入操作的第二个数，按【Enter】键，即可实现简单计算操作。

　　当输入的命令类型为 "C" 时，清除命令；当输入的命令类型为 "Q" 时，终止程序运行；当输入其他字符时，程序就会提醒 "无效输入，请重新输入命令类型！"

【范例分析】

案例中利用选择结构和循环结构完成了一个能完成简单的四则运算的计算器。程序中利用 while 循环结构让程序可以多次进行四则运算，运用 switch 多分支语句来判断用户输入的运算符是否符合规定，以及是哪种运算符。case 分支中根据输入的运算符的不同分别对应执行不同的运算以及显示不同的操作提示。程序中善加利用循环结构和选择结构可以完成一些非常复杂的功能，但要注意程序设计的逻辑性，避免逻辑错误的发生。

▶ 5.10　疑难解答

问题 1：while 语句和 do...while 语句的区别是什么？

解答：while 先判断条件是否为真，为真则进入循环体；do...while 先进入循环体，执行后判断条件是否为真，为真则继续循环。

问题 2：本章提到的三个转向语句在用法上有什么不同之处？效果差异如何？

解答：break 语句直接结束循环，在 switch 语句中会直接结束 switch 结构。continue 语句会结束本次循环，进入下一次循环，即 continue 后面的语句不再被执行。goto 会直接跳转到标记处，但是 goto 语句会破坏程序的结构，也会导致一些错误，而且 goto 语句完全可以用其他选择和循环结构替代，因此不推荐使用 goto 语句。例如，在 for 中依次输出 1~10，加入 break 和 continue 的效果如下所示。

```cpp
#include <iostream>
using namespace std;
int main()
{
  int i;
  for(i=1;i<=10;i++)
  {
    if(i==8)
      break;
    if(i==3)
      continue;
    cout<<i<<" ";
  }
  return 0;
}
```

上面程序的结果显示为 1 2 4 5 6 7。

根据结果可以看出当 i 等于 3 时，并未执行输出语句，而是进入了下一次循环中，说明 continue 会跳过本次循环后续语句进入下次循环中。break 则是直接结束循环，由结果显示到 7 便可得出。

问题 3：switch 中的一个 case 分支未加 break，对结果会造成怎样的影响？

解答：一个简单的 switch 例子如下所示。

```cpp
#include <iostream>
using namespace std;
int main()
{
    int i;
    cin>>i;
    switch()
    {
        case 1:
        case 3:
            cout<<"a";
        case 5:
            cout<<"b";
            break;
        case 6:
            cout<<"c";
            break;
        default :
            cout<<"d";
    }
    return 0;
}
```

运行结果：当输入的 i 为 1 或 3 时，结果均为 ab；当输入的 i 为 5 时，结果为 b；当输入的 i 为 6 时，结果为 c，其他输出为 d。

可以看出 case 1 和 case 3 语句后面均没有 break，一直执行到 case 5 中才结束输出。因此，当 case 分支中没有加 break 时将进入下一个分支 case 中去，直到遇到 break 才会结束 switch 语句。

第 **6** 章

程序设计的灵魂
——算法与流程图

图灵奖获得者 Nicklaus Wirth 提出"算法 + 数据结构 = 程序"，这也成为编程界的共识，那么何为算法呢？

算法（Algorithm）是指解题方案准确而完整的描述，是一系列解决问题的清晰指令，算法代表着用系统的方法描述解决问题的策略机制。面对编程问题，应首先确定解题思路，并描述出解题步骤，进而根据步骤一步步编写代码，这便是算法的设计与实现。可见算法是程序设计的灵魂，而程序设计语言则是实现算法的工具。本章将介绍算法基础及几种描述方式。

本章要点（已掌握的在方框中打钩）

□ 算法的概念
□ 算法的特性
□ 流程图的组成元素
□ 流程图的绘制
□ 用流程图表示算法
□ 用 N-S 图表示算法
□ 用伪代码表示算法

▶6.1 算法基础

当遇到问题时，不是立即去着手解决，应先分析问题，理清问题的来龙去脉，将思考步骤进行记录，然后根据步骤有条不紊地去施行。同理，编程时也应该理清思路，设计好解决问题的步骤，进而去编码以实现。

6.1.1 算法的概念

算法被公认是计算机科学的基石。通俗地讲，算法是解决问题的方法或思路，进一步说，算法是为了解决一个特定的问题而采取的确定的、有限的、按照一定次序进行的、缺一不可的执行步骤。现实生活中关于算法的实例不胜枚举，如一道菜谱、洗衣机的操作指南等，还有数学上的四则运算法则、算盘的口诀等。详细举例，比如生活中如何煮方便面。描述如下：第一步，打开饮水机，烧热水；第二步，打开桶装方便面，并根据个人口味将调料放入桶中；第三步，待水烧开，向方便面中加入适量的水；第四步，盖上桶盖，等待三分钟，方便面便煮好了。通过这四步有条不紊地进行，便可以完成煮方便面的工作，对于煮方便面的描述就是一个算法。

算法是解决问题的办法，同一个问题可以有多种不同的解决办法，相当于有不同的算法去解决问题。

例如，计算 1 到 100 的和，则有以下两种解决办法。

（1）设计算法：利用循环，将 s 先赋值为 0，然后从 1 到 100 不断循环累加到 s 中即可。

（2）数学公式算法：直接套用等差数列求和公式 S=(1+100)×100/2。

虽然两个算法都能解决问题，但却有优劣之分，若只考虑本问题的解决，显然第 2 种算法简洁一些，且更加高效。所以，为了有效地解决问题，不仅要得到问题的解决方法——算法，还要在众多算法中考虑算法的质量，好的算法除了满足基本 5 个重要属性外（下节讲到），还要具备下列特性。

（1）正确性（correctness）：算法能满足具体问题的需求，即对于任何合法的输入，算法都会得出正确的结果。显然，一个算法必须正确才有存在的意义。

（2）健壮性（robustness）：算法对非法输入的抵抗能力，即对于错误的输入，应能识别并做出处理，而不是产生错误动作或瘫痪。

（3）可理解性（comprehensibility）：算法容易理解和实现。算法首先是为了人的阅读和交流，其次是为了程序的实现，因此，算法要易于被人理解、易于转换为程序。难以看懂的算法可能会隐藏一些不易发现的逻辑错误。

（4）抽象分级（abstract hierarchy）：如果算法的操作步骤太多，就会增加算法的理解难度，因此，必须用抽象分级来组织算法表达的思想，即可以将某些求解步骤抽象为一个较抽象的处理，而不用描述相应的处理细节。

另外，不是所有的算法都适合在计算机上执行，能够在计算机上执行的算法就是计算机算法。计算机算法可以分成两大类 数值运算算法（例如求方程根、定积分等）和非数值运算算法（例如人事管理、学生成绩管理等）。

6.1.2 算法的特性

算法作为对问题处理过程的精确描述，必须满足下列 5 个重要特性。

（1）输入（input）：一个算法有零个或多个输入（算法可以没有输入），这些输入通常取自于某个特定的对象集合。

（2）输出（output）：一个算法有一个或多个输出（算法必须要有输出），通常输出与输入之间有着某种特定的关系。

（3）有穷性（finiteness）： 一个算法必须总是（对任何合法的输入）在执行有穷步之后结束，且每一步都在有穷时间内完成。

（4）确定性（determinism）：算法中的每一条指令必须有确切的含义，不存在二义性。并且，在任何情况下，对于相同的输入只能得出相同的输出。

（5）可行性（feasibility）：算法描述的操作可以通过已经实现的基本操作执行有限次来实现。

6.1.3 算法举例 1——排序

排序是在编程过程中经常使用的功能，为更深一步了解算法，此处通过一个简单的排序输出程序来说明算法与算法的实现。

范例 6-1　将输入的 3 个整数 x、y、z 按从大到小的次序输出

第一步：描述算法的执行步骤，及将求解过程描述出来。
（1）从键盘输入整数 x、y、z。
（2）比较 x 和 y 的大小，如果 x 比 y 小，交换 x 和 y 的值。
（3）比较 x 和 z 的大小，如果 x 比 z 小，交换 x 和 z 的值。
（4）比较 y 和 z 的大小，如果 y 比 z 小，交换 y 和 z 的值。
（5）输出 x、y、z。

第二步：通过已经写好的算法描述，使用 C++ 基本编程基础即可实现算法。
（1）在 Code::Blocks 17.12 中，新建名为 "simplesort" 的【C/C++ Source File】源程序。
（2）在编辑窗口输入以下代码（代码 6-1.txt）。

```
01  // 范例 6-1
02  //simplesort 程序
03  // 排序
04  //2017.07.12
05  #include <iostream>
06  using namespace std;
07  int main()
08  {
09      int x,y,z;                          // 定义三个整型变量 x、y、z
10      int temp;                           // 定义一个中间整型变量 temp
11      cout<<" 从键盘输入三个整数：";        // 输出提示信息
12      cin>>x>>y>>z;                        // 定义三个整型变量 x、y、z
13      if(x<y)
14      {
15          temp=x;
16          x=y;
17          y=temp;
18      }      // 交换 x 与 y 的值
19      if(x<z)
20      {
21          temp=x;
22          x=z;
23          z=temp;
24      }      // 交换 x 与 z 的值
25      if(y<z)
26      {
27          temp=y;
28          y=z;
29          z=temp;
30      }      // 交换 y 与 z 的值
31      cout<<"\n 输入的三个数从大到小依次为：\n";
32      cout<<x<<'\t'<<y<<'\t'<<z<<endl;
33      return 0;
34  }
```

【代码详解】

首先，程序中进行数据的输入，从键盘中读入三个整数 x、y、z 的值，然后比较前两个变量 x、y 的值谁大谁小，如果 $x<y$，则执行 "temp=x;" "x=y；" "y=temp;" 来交换 x 与 y 的值，否则不做处理。交换值的过程可以简单理解为，把 x 和 y 想象成两个桶，一个装着油，一个装着水，要互换两个桶里的东西，这个时候要借助一个空桶 temp。先把 x 桶里的油倒进空桶 temp，再把 y 桶的水倒进 x 桶里，最后把 temp 桶里的油倒进 y 桶，油和水就交换完了。这便是常量值交换的过程。

接下来，比较 $x<z$ 和 $y<z$ 的值大小，实现思想和比较 $x<y$ 相同，最后可以看出经过前两个 if 语句的比较，x 中存放着三个中最大的值，第三个 if 用于确定第二大的值赋值给 y。然后将它们依次输出，便可以实现从大到小依次输出各个值。

> **注意**
>
> 三条赋值语句的顺序一定不能乱，且 "=" 前后也不能颠倒。如果写成 "temp=x;" "y=x；" "y=temp;"，那么 x 桶里就什么也没有了。而程序中的 **temp** 为中间变量，在程序中起辅助的作用，通常用来暂存其他变量，起中间过渡作用。

【运行结果】

编译、连接、运行程序，在命令行中输入任意三个整数，按【Enter】键即可将三个整数按照从大到小的顺序输出，如下图所示。

【范例分析】

算法的描述既可以十分简略也可以十分具体，当算法描述比较详细时，程序员更容易编写出满足预期构想的代码，而且算法与实现基本是一一呼应的，但不完全严格对照，比如变量的定义、中间变量的引用等。例如本例中对于比较值大小并实现交换，简单地说就是比较并交换值，如果具体描述，则可以将比较和交换的过程描述出来，这样更加清晰明了。

6.1.4 算法举例 2——求和

在讲解同一问题可能有多种算法的实现方式时，曾提到计算 1 到 100 的和，现在通过代码实际编写一个有关简单求和的程序，以助于理解算法与算法的实现。

> **范例 6-2   设计一个算法，从键盘读入一组整数并计算其和，输入0则表示输入结束**
>
> 第一步：描述算法的执行步骤，即将求解过程描述出来。
> （1）sum 用来存放数的总和，首先给 sum 赋值 0。
> （2）输入一个整数 num。
> （3）如果 num 为 0 则转到步骤（7），否则执行下面的步骤。
> （4）sum=sum+num。
> （5）读入下一个数赋值给 num。
> （6）转到步骤（3）。
> （7）输出结果。
> 第二步：通过已经写好的算法描述，使用 C++ 基本编程基础即可实现算法。
> （1）在 Code::Blocks 17.12 中，新建名称为 "simplesum" 的【C/C++ Source File】源程序。

（2）在编辑窗口中输入以下代码（代码 **6-2.txt**）。

```
01  // 范例 6-2
02  //simplesum
03  // 从键盘读入一组整数并计算其和，输入 0 则表示输入结束
04  //2017.07.12
05  #include <iostream>
06  using namespace std;
07  int main()
08  {
09    int sum=0,num;
10    cout<<" 请从键盘输入整数，以 0 结束输入: \n";        // 提示输入数据
11    cin>>num;
12    while(num!=0)    // 当 num 不等于 0 时循环
13    {
14      sum=sum+num;              // 把读入的整数累加
15      cin>>num;        // 继续读入数据
16    }
17    cout<<"\n 和为: "<<sum<<endl;      // 输出结果
18    return 0;            //main 函数返回 0
19  }
```

【代码详解】

首先，将需要累加的值从键盘输入，并且规定以 0 作为表示代表输入的结束。在常量定义时，第 09 行 sum=0 是保证变量的初始值为 0，因为 C++ 在定义变量时，实际上是在计算机内存中申请一片存储空间存放变量的值，这个空间中可能有某些数据，为避免出现错误，故必须赋初值 0。

然后通过 while 循环将输入的值不断累加到 sum 中，直到输入的值为 0，代表不再输入，最后将累加结果输出到屏幕以显示。

【运行结果】

编译、连接、运行程序。输入几个整数后，以输入 "0" 作为结束，按【Enter】键后，即可计算出这些整数的和并输出，如下图所示。

【范例分析】

思考一下如何在加数个数不确定的情况下实现累加或累乘等循环操作？

解答：首先，可以确定的是，这种情况下不适合用计数循环。通过本范例，你肯定已经知道解决方案，可以定义标记值来代表输入的结束以结束循环操作。例如，程序中使用了 0 作为输入的结束标志，因此有必要在循环开始之前先读入一个数。在循环体中先把前面读入的数加进累加器，然后接着读数。另外，表示输入结束的特定输入值，如本例中的 0，也称为标志值。

▶6.2 流程图基础

如何准确高效地描述算法的实现过程是一个很重要的问题，由于我们思考解决问题的过

程一般都是像爬楼梯一样，一步步进行，一环扣一环，因此可以采用流程图来描述算法的实现，因为它形象直观、容易理解，也容易掌握，比如下面的流程图。

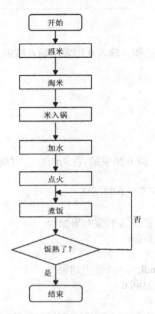

此流程图描述了煮米饭的过程，步骤依次为舀米、淘米、米入锅、加水、点火，煮饭反复进行直到饭煮熟。描述过程清晰易懂，很容易根据步骤一步步实现。

6.2.1 流程图中的元素及含义

流程图作为广泛使用的描述算法以及过程设计的方法，又称为程序框图，它由一些有特定意义的图形框、流程线以及简要的文字说明构成，并能清晰明确地表示程序的运行过程。常见流程图符号及含义见下表。

图形符号	名称	含义
起止框	起止框	表示算法的开始与结束
判断框	判断框	代表条件判断以决定如何进行后面的操作，用于分支与循环结构中
处理框	处理框	表示算法的操作
流程线	流程线	表示控制流动方向
输入/输出框	输入/输出框	用于描述数据的输入输出，也可以用处理框代替
连接点	连接点	连接断开的流程线。当流程图较大，流程线可能因跨越两页而中断，则用连接点连接

除以上常用的图形符号外，还有一些其他的图形符号，这里不再赘述。

6.2.2 流程图的绘制

前面学习了流程图的元素及含义，下面介绍一下如何绘制流程图。

程序流程图是一种用规定的图形、指向线及文字说明来准确表示算法的图形，具有直观、形象的特点，能清楚地展现算法的逻辑结构。首先，流程图的每一个框代表一个动作，即算法的一道工序，流程线则表示两相邻工序之间的衔接关系，其有向且方向用于指示工序进展的方向。

有关流程图的具体画法规则如下。

（1）使用标准的框图符号。

（2）根据算法步骤，框图一般按从上到下、从左到右的方向画。

（3）除判断框外，大多数程序框图的符号只有一个退出点，而判断框是具有超过一个退出点的唯一符号。

（4）程序框图大多数只有一个进入点。

常用的绘制流程图的工具有很多，简单且使用广泛的是 Word，其本身内置了流程图绘图工具。

Word 中的自选图形绘制工具中包含了流程图的基本图形。

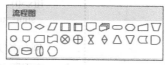

在 Word 2013 中绘制流程图的具体步骤如下。

（1）选择【插入】➤【形状】菜单项，弹出【形状】下拉工具栏，单击【流程图】按钮，在弹出的列表中单击相应的图形。

（2）鼠标指针变成十字形状，然后在文本编辑框合适的位置处拖曳鼠标指针即可绘制图形。

（3）在流程图图形上单击鼠标右键，在弹出的快捷菜单中选择【添加文字】菜单项，输入要添加的文字，然后在图形外任意处单击即可。

```
流程图
```

（4）按照上述步骤依次绘制其他图形。

> **📖提示**
>
> 除了用 **Word** 绘制流程图外，还有一些专业的流程图绘制工具，如 **Visio** 等。Visio 中集合了更多流程图的图形符号，绘制更加方便。

▶6.3 如何表示一个算法

算法设计者在构思和设计了一个算法后，必须清楚准确地将所设计的求解步骤记录下来，即表示算法。常用的表示方法有自然语言、流程图、N-S 图、伪代码以及 PAD 图等。本节将详细介绍这几种表示方法。

6.3.1 用自然语言表示算法

自然语言描述算法是指用生活中使用的语言描述算法步骤，可以是汉语、英语或别的语言。

用自然语言描述算法的优点是容易书写、容易理解，但缺点也很明显，具体如下。

（1）容易出现二义性，导致算法不满足确定性。

（2）自然语言的语句一般较长，导致算法通常很冗长。

（3）抽象级别较高，不便转换为计算机程序。

因此，自然语言通常用来粗略地描述算法的基本思想。

6.3.2 用流程图表示算法

用流程图描述算法是最常见的方法之一，它采用一组规定的图形符号（详细见6.2.1）来表示算法的流程，主要优点是直观易懂、能随意表示控制流程。在结构化程序设计中，常使用3种结构，分别是顺序结构、分支结构和循环结构。那么，描述算法的各种方法也应能描述这3种结构，在流程图中怎么描述这3种结构呢？

01 顺序结构流程图

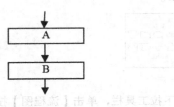

此流程图表示依次执行语句 A 和语句 B，即语句 A 和语句 B 先后都被执行。如下列程序段。

```
{
    x=8;
    y=x;
    sum=x+y;
}
```

以上程序段用流程图描述如下。

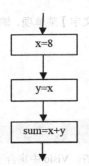

02 单分支选择结构流程图

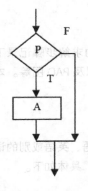

此流程图表示当条件判断结果为 T 时则执行语句 A，否则为 F 即什么都不做，直接转到下面的流程。

也就是有选择地执行语句 A，如下列程序段。

```
if(x>0)
    sum=sum+x;
```

例如输入的数 x 是正数就加到 sum 中，否则不加，流程图如下。

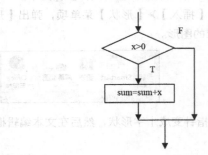

03 双分支选择结构流程图

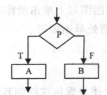

此流程图中，p 在此表示条件，根据 p 判断接下来是执行语句 A 还是执行语句 B。

如判断一个数 x 是奇数还是偶数的流程图如下。

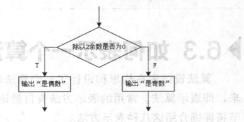

编程实现的代码如下。

```
if(x%2==0)    // 判断 x 是否能被 2 整除
    cout<<x<<" 是偶数"; // 条件满足，输出"是偶数"
else
    cout<<x<<" 是奇数"; // 条件不满足，输出"是奇数"
```

注意

　　在这里，*x%2* 表示 *x* 除以 2 的余数，意思是 *x* 除以 2 的余数为 0，表示 *x* 是偶数，否则 *x* 是奇数。在选择结构中，无论条件 P 是否满足，都只能选择执行一个分支，不可能两个分支都被执行到，即语句 A 和语句 B 只能执行其一。

04 多分支选择结构流程图

　　选择结构还有一种扩展，就是多分支 switch 语句。流程图如下。

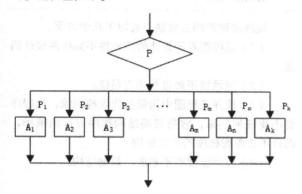

　　根据条件 p 的取值情况选择执行不同的语句。在此，p_1、p_2、p_3、p_m、p_n、p_k 表示 p 的不同取值，A_1、A_2、A_3、A_m、A_n、A_k 表示不同的语句。

05 while 型循环结构流程图

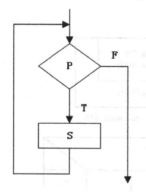

　　while 型循环也叫当型循环，表示当条件 P 满足时执行循环体 S，不满足时退出循环。

　　这种循环结构是先判断循环条件是否满足，再选择是否执行循环体，如果循环条件不满足，那么循环体可能一次也不被执行。

　　例如，依次输入 10 个数，求和，流程图如下。

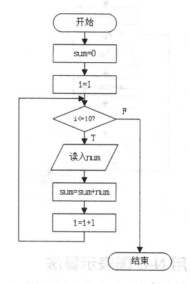

　　对应的程序段如下。

```
sum=0;
i=1;
while(i<=10)
   {
  cin>>num;
sum=sum+num;
  i=i+1;
   }
```

06 do...while 型循环结构流程图

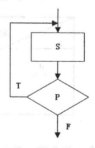

　　do...while 型循环也叫直到型循环，表示先执行循环体，再判断条件 P 是否满足，当条件 P 满足时执行循环体 S，不满足时退出循环，即执行循环体直到循环条件不再满足为止。这种循环结构是先执行循环体，再判断循环条件是否满足，因此循环体至少被执行一次。

上面的求和的例子也可以改用 do...while 型循环，流程图如下。

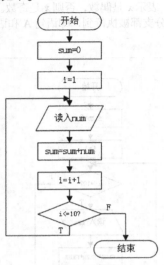

对应的程序段如下。

```
sum=0;
i=1;
do
{
    cin>>num;
    sum=sum+num;
    i=i+1;
}
while(i<=10);
```

程序流程图的主要缺点有以下几个方面。

（1）流程图表示算法的严密性不如程序设计语言。

（2）灵活性不如自然语言易懂。

（3）程序流程图中用箭头代表控制流，故程序员不受任何约束，容易忽略结构程序设计的精神，而且不去考虑程序的全局结构。

（4）程序流程图不易表示数据结构。

6.3.3 用 N-S 图表示算法

N-S 图也被称为盒图或 CHAPIN 图。1973 年，美国学者 I.Nassi 和 B.Shneiderman 提出了一种在流程图中完全去掉流程线，全部算法写在一个矩形阵内，在框内还可以包含其他框的流程图形式，没有指向箭头，严格限制一个处理到另一个处理的转移。用 N-S 图描述的一定是结构化算法，即由一些基本的框组成一个大的框，这种流程图又称为 N-S 结构流程图（以两个人的名字的头一个字母组成）。

下面采用 N-S 图描述 3 种基本结构的形式。

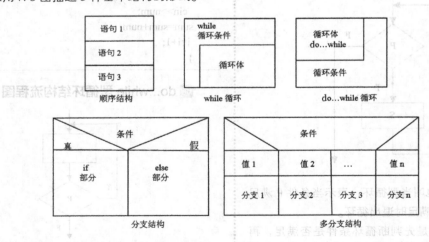

比如从键盘输入两个数，在屏幕上输出其中较小的数。

其算法描述如下。

（1）申请两个存储单元分别用 *a*、*b* 表示，存放数据。

（2）读入两个数据，分别存入 *a*、*b* 中。

（3）比较 *a* 和 *b* 的值，如果 *a*>*b*，就输出 *b* 的值，否则输出 *a* 的值。

对应的 N-S 图如下图所示。

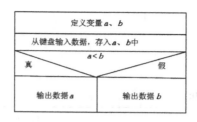

N-S 图描述算法的特点如下。

（1）功能域明确。

（2）很容易确定局部和全局数据的作用域。

（3）不能任意转移控制。

（4）很容易表示嵌套关系及模块的层次关系。

（5）强化了设计人员结构化设计方法的思维。

不足之处：利用 N-S 图描述算法时，若想修改算法会比较困难。

6.3.4 用伪代码表示算法

伪代码（pseudo-code）是介于自然语言和程序设计语言之间的方法，它采用某一程序设计语言的基本语法，操作指令可以结合自然语言来设计。至于算法中自然语言的成分有多少，取决于算法的抽象分级，抽象级别高的伪代码自然语言就多一点。伪代码不是一种实际的编码语言，但在表达能力上类似于编程语言，同时极小化了描述算法不必要的技术细节，是比较合适的描述算法的方法，被称为"算法语言"或"第一语言"。用伪代码描述算法的优点是伪代码程序不能在计算机上实际执行，但是严谨的伪代码描述很容易转换为相应的某种语言程序。

例如，猴子吃桃问题：有一堆不知数目的桃子，猴子第 1 天吃掉一半，又多吃了一个，第 2 天照此方法，吃掉剩下桃子的一半又多一个，天天如此，到第 11 天早上，猴子发现只剩一个桃子了，问这堆桃子原来有多少个？

假设第 1 天有 peach1 个桃子，第 2 天有 peach2 个桃子，…，第 9 天有 peach9 个，第 10 天是 peach10 个，第 11 天是 peach11 个。由于现在只知道第 11 天的桃子数 peach11，因此可以借助第 11 天的桃子数 peach11 求得第 10 天的桃子数，计算公式是 peach10=2*(peach11+1)。采用同样的方法，可以由第 10 天推出第 9 天的桃子数：peach9=2*(peach10+1)，…，由第 2 天推出第 1 天的桃子数：peach1=2*(peach2+1)。可以看出，peach1、peach2、peach3…peach11 之间存在这样一个关系：

Peach(i)=2*（peach(i+1)+1），i=10,9,8,7,…,1

这就是本题的数学模型。此外，上述 10 个步骤的计算在形式上是完全一致的，不同的只是变量 peach 的下标而已。由此可以利用循环的处理方法，并统一采用 peach0 表示前一天的桃子数，用 peach1 表示后一天的桃子数。用伪代码来描述此算法的形式如下。

（1）peach1=1｛第 10 天的桃子数，peach1 的初始值｝，i=10｛计数器的初值为 10｝；

（2）peach0=2*（peach1+1）｛计算当天的桃子数｝；

（3）peach1=peach0；｛将当天的桃子数作为下一次计算的初值｝；

（4）i=i-1。

（5）若 i>=1，继续循环执行(2)；

（6）输出 peach0 的值。

其中（2）~（5）是反复地循环执行。

这样的算法已经可以很方便地转换成相应的程序语句了。对应的代码段如下。

```
peach1=1;
```

```
i=10;
do
{
    peach0=2*（peach1+1）;
    peach1=peach0;
    i=i-1
}while(i>=1);
cout<<" 原来的桃子数为: "<<peach0;
```

伪代码描述算法的优点如下。

（1）简洁易懂、修改算法比较容易。

（2）易于转换为采用的计算机语言。

（3）采用结构化语言提供的结构化控制过程。

不足之处：不直观，且错误不易排查。

6.3.5 用 PAD 图表示算法

PAD 是问题分析图（Problem Analysis Diagram）的英文缩写，是 1974 年由日本的二村良彦等人提出的又一种主要用于描述软件详细设计的图形表示工具。与方框图一样，PAD 图也只能描述结构化程序允许使用的几种基本结果。它用二维树型结构的图表示程序的控制流，以 PAD 图为基础，遵循机械的走树（Tree Walk)规则就能方便地编写出程序。与流程图、N-S 图相比，流程图和 N-S 图都是自上而下的顺序描述，而 PAD 图除了自上而下外，还有从左向右地展开，是使用二维树型结构图表示程序的控制流。PAD 图可以较容易地转换为程序代码。

PAD 图描述算法的优点如下。

（1）结构清晰，结构化程度高。

（2）直观易懂，利于阅读算法。

（3）支持自顶向下、逐步求精的过程。

（4）既可用于表示程序逻辑，又可用于描述数据结构。

不足之处：不如流程图易于执行。

下面采用 PAD 图描述 3 种基本结构的形式。

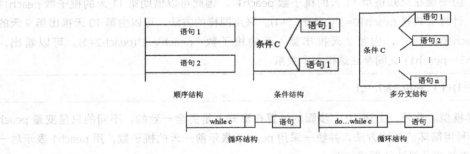

顺序结构　　　条件结构　　　多分支结构

循环结构　　　循环结构

此处 C 代表条件。下图是猴子吃桃问题的 PAD 图。

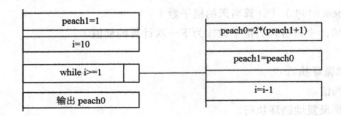

▶ 6.4 结构化算法

程序设计是伴随着计算机应用和程序设计语言的发展而兴起的，是使用和开发计算机的重要方法。在程序设计中，面对复杂程度较高的问题时，若想直接编写程序是不现实的，必须先从问题描述入手，然后经过对解题算法的分析，程序的编写、调试和运行等一系列过程，最终得到解决问题的计算机应用程序，这个过程就叫作程序设计。具体步骤如下。

01 方案确定

程序是以数据处理的方式解决客观世界中的具体问题，因此，进行程序设计首先应该将实际问题描述出来，形成一个抽象的、具有一般性的问题，给出问题的抽象模型，然后制定解决该模型所代表问题的算法。这个模型精确地阐述了模型本身所涉及的各种概念、已知条件、所求结果，以及已知条件与所求结果之间的联系等各方面的信息。模型是进一步确定解决所代表问题的算法的基础。模型和算法的结合将给出问题的解决方案。

02 算法描述

具体的解决方案确定后，接下来需要对所采用的算法进行描述。算法的初步描述可以采用前文介绍的任何一种方式，这些描述方式比较简单明确，能够比较明显地展示程序设计思想，是进行程序调试的重要参考。

03 编写程序

使用计算机系统提供的某种程序设计语言，根据上述算法描述，将已设计好的算法表达出来，使非形式化的算法转变为形式化的由程序设计语言表达的算法，这个过程称为编写程序，也通常简称为编程。程序的编写过程需要反复调试才能得到可以运行且结果“正确”的程序。

04 程序测试

程序编写完成必须经过科学的、严格的测试，才能最大限度地保证程序的正确性。同时，通过测试可以对程序的性能做出评估。

通过上述过程可以看到，程序设计过程是算法、数据结构和程序设计语言相统一的过程。问题和算法的最初描述，无论是在描述形式上还是描述内容上，离最终以计算机语言描述的算法（程序）还有相当大的差距。如何从问题描述入手构造解决问题的算法，如何快速合理地设计出结构和风格良好的高效程序，这些将涉及多方面的理论和技术，因此形成了计算机科学的一个重要分支——程序设计方法学。对于一个规模不是很大的问题，程序设计的核心是算法设计和数据结构设计，只要成功地构造出解决问题的高效算法和数据结构，则完成剩下的任务已经不存在太大的困难。遗憾的是许多人并没有意识到这一点，而是过度注重编程，忽视了算法和数据结构在程序设计中的重要性。如果问题规模大、功能复杂，则有必要将问题分解成功能相对单一的小模块分别实现。这时，程序组织结构和层次设计越来越显示出重要性，程序设计方法将起到重要作用。程序设计过程实际上成为算法、数据结构以及程序设计方法学三个方面相统一的过程，这三个方面又称为程序设计三要素。

结构化程序设计方法的概念最早是由 E.W.Dijkstra 提出的。1965 年他在一次会议上指出：“可以从高级语言中取消 goto 语句”“程序的质量与程序中所包含的 goto 语句的数量成反比”。1966 年 Bohm 和 Jacopini 证明了，只用 3 种基本的控制结构就能实现任何单入口单出口的程序。这 3 种基本结构就是顺序结构、选择结构和循环结构。

结构化程序的经典定义：如果一个程序的代码块仅仅通过顺序、选择和循环这 3 种基本控制结构进行连接，并且每个代码块只有一个入口和一个出口，则称这个程序是结构化的。

上述经典定义过于狭隘了，结构化程序设计本质上并不是无 goto 语句的编程方法，而是一种使程序代码容易阅读、容易理解的编程方法。因此，下述的结构化程序设计的定义可能更全面一些。

结构化程序设计是尽可能少用 goto 语句的程序设计方法。建议仅在检测出错误时再使用 goto 语句，而且应该总是使用前向 goto 语句。

　　虽然从理论上说只用上述三种基本控制结构就可以实现任何单入口单出口的程序，但是为了实际使用方便起见，常常还允许使用 do…while 和多分支两种控制结构。

　　结构化程序的结构简单清晰，模块化强，描述方式贴近人们习惯的推理式思维方式。因此可读性强，在软件重用性、软件维护等方面都有所进步，在大型软件开发，尤其是大型科学与工程运算软件的开发中发挥了重要作用。因此到目前为止，仍有许多应用程序的开发采用结构化程序设计技术和方法。即使在目前流行的面向对象软件的开发中，也不能完全脱离结构化程序设计。

▶6.5　综合案例

　　通过本实例巩固本章所学的算法有关知识，主要涉及算法概念、特性的理解。范例分析部分还涉及流程图的画法，如何用自然语言表示算法，如何使用 N-S 图、PAD 图描述算法等多个知识点，从各个方面解析此案例，加深读者对算法的理解并掌握如何表示算法的方法。本案例以工资提成为背景，通过不同营业额的提成不同来形成多种情况，用分支结构分析、计算实现要求。

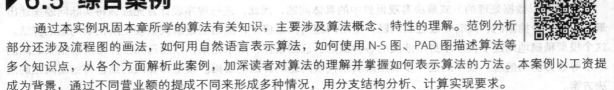

范例 6-3	假如你在一家商店做销售工作。收入包括基本工资和提成，年基本工资为5000元，下表用于确定提成。你的目标是一年挣50000元。编写一个程序，求出能够挣50000元的最小销售量

销售额	提成
0.01 元 ~5000 元	8%
5000.01 元 ~10000 元	10%
10000.01 元以上	12%

　　（1）在 Code::Blocks17.12 中，新建名称为 "findSales" 的【C/C++ Source File】源程序。
　　（2）在编辑窗口输入以下代码（代码 6-3.txt）。

```
01  //范例 6-3
02  //findSales 程序
03  // 挣到 50000 元前提下的最小销售量
04  //2017.07.12
05  #include <iostream>
06  using namespace std;
07  #define CSS 45000                                    //定义必须完成的提成为常量
08  #define INITIAL_SALES 0.01                           //定义初始销售额为常量
09  int main()
10  {
11      double salesAmount;                              //定义变量存放销售额
12      double commission=0;                             //定义变量存放提成
13      salesAmount=INITIAL_SALES;                       //给销售额变量赋初始值
14      do{
15          salesAmount=salesAmount+0.01;                //销售额增加 0.01 元
16          if(salesAmount>=10000.01)                    //销售额如果大于 10000.01 元
17              commission=5000*0.08+5000*0.1+(salesAmount-10000)*0.12;    // 前 5000 元提成 8%，
中间 5000 元提成 10%，多于 10000.01 元的提成 12%
18          else if(salesAmount>=5000.01)                //销售额如果小于 10000.01，大于 5000.01 元
19              commission=5000*0.08+(salesAmount-5000)*0.1;    //前 5000 元提
成 8%，多于 5000.01 元的提成 10%
20          else                                         //销售额如果小于 5000.01 元
21              commission=salesAmount*0.08;             //提成 8%
22      }while (commission<CSS);
```

```
23      cout<<" 为了一年挣 "<<CSS+5000<<" 元，你必须完成的销售额为： "<<salesAmount<<" 元。
"<<endl;
        //输出结果
24      return 0;
25    }
```

【代码详解】

第 12 行给提成变量赋初值为 0 可以不做，但有一种特例，若只想挣 5000 元，即把常量 CSS 定义为 0，则初值就有必要了。当然在这种极端的情况下，此处的循环要变为 while 循环才合适。

第 19 行隐含的条件是销售额 salesAmount<10000.01。

同理，第 21 行隐含的条件是销售额 salesAmount<5000.01。

第 23 行中间 "<<CSS+5000" 是为了使程序更通用。假如你修改提成常量 CSS 为 25000，则提示输出自动改变，比较灵活。

【运行结果】

编译、连接、运行程序，即可在命令行中输出如下图所示的结果。

【范例分析】

基本工资是 5000 元，要在一年挣 50000 元，提成必须有 45000 元。45000 元需要多大的销售额呢？如果知道销售额，提成计算如下。

如果销售额不少于 10000.01 元，提成为 5000*0.08+5000*0.1+（销售额 -10000）*0.12；如果销售额不少于 5000.01 元且少于 10000.01 元，提成为 5000*0.08+（销售额 -5000）*0.1；否则，提成为销售额 *0.08。

定义一个变量 salesAmount 用来存放销售额，commission 用来存放提成，显然两个都应该是实型

（double）。

上述描述变为如下程序片段。

```
if(salesAmount>=10000.01)
commission=5000*0.08+5000*0.1+（salesAmount
-10000）*0.12;
else if (salesAmount >=5000.01)
commission=5000*0.08+（salesAmount -5000）*0.1;
else
commission= salesAmount *0.08;
```

可以设目标提成 45000 元为一个常量 CSS，这样若想年收入为其他金额时，只需改动这个常量定义，即可轻松算出你必须完成的销售额。

要求的是满足最小的销售额，用什么办法计算呢？只能一点一点尝试。从 0.01 元的销售额开始求提成，若提成小于 45000 元，则销售额增加 0.01 元，然后再求提成。重复这个过程直到提成大于 45000 元为止。对人来说这是一个枯燥的过程，而对计算机来说正是它的长处所在。

这里可以简化一下计算机的工作，一眼就能看出没有必要从 0.01 元的销售额开始尝试，所以还可以设一个尝试的初始销售额常量 INITIAL_SALES。

这个思想可以用下面的循环表示。

```
设目标提成 CSS 为一个常量；
给定一个初始的销售额 salesAmount；
do{
  给销售额 salesAmount 增加 0.01；
从现有的 salesAmount 计算提成 commission；
}while (commission<CSS);
```

算法流程图如下所示。

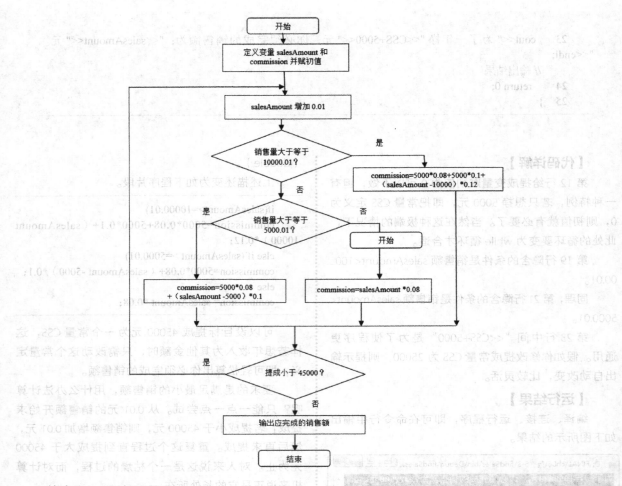

算法的 N-S 图如下所示。

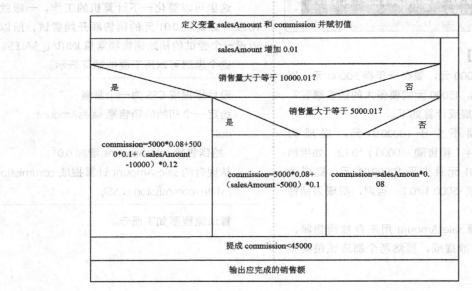

可以看出，同一个算法，用 N-S 图描述比用流程图要紧凑得多。

下面再给出本例的 PAD 图。

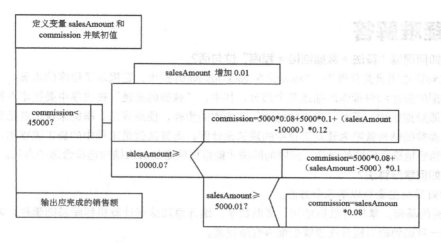

PAD 图层次清楚，版面也比较紧凑。

本例不仅综合应用了常量的定义以及使用技巧、变量的定义及应用技巧，还举例说明解题思路的层次，一点一点分解一个复杂的问题，直到解决问题。

> **注意**
>
> 本例用 do...while 循环对递增的 salesAmount 反复计算 commission。当 commission 大于或等于常数 CSS 时，终止循环。这样的方法其实就是尝试法，第 1 个满足条件的 salesAmount 一定就是最小的。可以为 INITIAL_SALES 估计较高的值（比如 **25000**），以便改进效率。

思考：如果按照下面的代码，先计算 commission，后增加 salesAmount，会出现什么错误？

```
do{
    if(salesAmount>=10000.01)
    commission=5000*0.08+5000*0.1+(salesAmount-10000)*0.12;
    else if(salesAmount>=5000.01)
    commission=5000*0.08+(salesAmount-5000)*0.1;
    else
    commission=salesAmount*0.08;
    salesAmount=salesAmount+0.01;
    }while (commission<45000);
```

解答：这个修改是错误的，因为到循环结束时，salesAmount 比达到 commission 所要求的量多 0.01。这是循环中比较常见的错误。

【拓展训练】

重写本例，使程序更加通用，要求从键盘输入想完成的提成。为了改进算法的效率，对销售额的初始值也要求用户根据实际情况从键盘输入（拓展代码 6-3.txt）。

运行结果如下图所示。

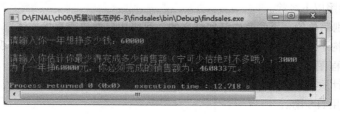

▶6.6　疑难解答

问题 1：如何理解"算法 + 数据结构 = 程序"这句话？

解答：这句话由图灵奖获得者、Pascal 之父 Nicklaus Wirth 提出，它揭示了程序的本质。程序包括对数据的描述和对操作的描述两个部分，其中，"数据的描述"在程序中要指定数据的类型和数据的组织形式，即数据结构；而对"操作的描述"即操作的步骤，便是算法。举例来说，若把编写程序比作建造一座建筑，那数据结构就喻为建筑工程中的建筑设计图，而算法就是工程中的施工流程图，数据结构与算法相互依托，恰当地确立问题的结构，问题的解决才能根据确定的层次结构选择合适的办法。

问题 2：如何学好算法？

解答：学好算法主要有以下几个方面。

（1）扎实的基础。掌握好数据结构、离散数学、编译原理这些计算机科学基础学科，才能写出高水平的程序，否则一旦遇到能力提升瓶颈就很难再有所提高。

（2）良好的编码风格。注意养成良好的习惯，将使你的代码更容易理解、思路更加清晰，以利于后期的修改完善。

（3）多学习、多和他人交流。多花些时间掌握好常用算法的思想和实现，在此基础之上去接受新的知识和方法，多与他人交流，倾听他人见解会有所收益。

（4）丰富的想象力。不要拘泥于固定的思维方式，开阔的思维对程序员来说至关重要。最简单的是最好的。简单的方法更易被人理解、实现和维护。

（5）韧性和毅力。算法学习的成功将带来无比喜悦，但过程是无比的枯燥乏味，也许一个小问题需要你重复上百遍去尝试，坚持在此时便至关重要。

问题 3：常用的绘图工具有哪些？

解答：常用的绘图工具如下。

（1）Miscrosoft Visio。很常用的一款流程图绘制软件，用起来也比较简单，拥有微软办公软件的操作风格，很容易上手，可以很方便地绘制各种工作中需要的示意图、流程图、组织结构图等，是较常用的一款绘图软件。

（2）ProcessOn 是一个免费在线专业作图工具，支持多人在线协作，当前已提供了面向企业用户群体的流程图系列、面向 UI 设计师和产品经理的原型图系列和面向程序员群体的 UML 图系列，以及一些基本常用图的制作。

（3）RFFlow 是一款功能强大、非常容易使用的流程图、组织系统图和其他许多图形的设计软件，可迅速地为文档、展演活动或网页创建专业级的各色图表。RFFlow 程序编制精巧，功能集中实用，易于学习掌握，主要用于程序框图、数据流程图设计。

（4）Gliffy 包括免费的基础版本和收费的高级版本，可以绘制流程图、原型线框图、UML 图、BPMN 图（Business Process Modeling Notation 业务流程建模与标注）、维恩图、组织架构图、网络拓扑图、网站结构图、泳道图、时序图等常用图形，能够帮助用户快速、清晰地表达想法。

（5）百度脑图。比较简单的在线脑图工具，支持思维导图、组织结构图、目录组织图、逻辑结构图和鱼骨头图绘制，支持在线云盘保存。（支持在线操作，可以把完成的或未完成的作品直接保存在网盘中，存储和使用起来比较方便，随时随地。）

问题 4：如何选择合适的算法表示方法？

解答：读者可以参照以下经验。

（1）对于问题特别简单的、不会产生任何歧义的，可采用自然语言直接描述。

（2）对于算法结构不是特别复杂，对结构化程序设计要求不高，仅需形象直观、容易理解，表示规则统一的，可选择程序流程图进行表示。

（3）对于算法设计质量要求较高、结构化设计思想较强、算法思路基本确定、后期不做过多修改、直观而可读性强的，可采用 N-S 图。

（4）算法要求利于理解、可转化为程序设计语言、对算法形象直观性要求较低的，可采用伪代码表示。

第

7

章

相同类型的数值表达
——数组

计算机的强大威力在相当程度上来源于它可以让人对大量数据进行处理。数组可以保存任意数量的数据，而其中的数据是通过数值索引的。只需要敲几下键盘，就可以创建出任意规模的数组数据结构。通过使用各种循环，只需要很少的代码就可以高效地对数据结构进行处理。循环与数组，可以把程序变得强大又实用。本章介绍数组的定义、数组中元素的存取和数组的初始化。

本章要点（已掌握的在方框中打钩）

□ 一维数组

□ 二维数组

□ 多维数组

▶ 7.1 数组是什么

假如编写一个程序，用它分析歌唱比赛上的三位选手的得分，需要把评委给的分保存下来以便于对它们进行统计分析，于是会使用 double 类型。

```
double score1,score2,score3;
double score[3];
```

若是选手特别多，则这种方式会十分麻烦。如果能够输入 score 并告诉 C++ 替自己声明变量，将会更好。于是，声明一个数组就可以轻松实现：

可以看出数组的使用使程序变得更加简洁。C++ 专门提供了"数组"，可以定义一个以"索引"作为识别的数据类型，可以用来处理大批量数据的问题。数组是一个具有单一数据类型对象的集合。数组中的每一个数据都是数组中的一个元素，而且每一个元素都属于同一种数据类型。

数组分为一维数组、二维数组和三维及以上的数组。通常把二维数组称为矩阵，三维及以上的数组称为多维数组。下面开始介绍这几种数组的用法。

7.1.1 ▶ 一维数组

一维数组是一个单一数据类型对象的集合。由于其中的单个对象没有被命名，因此若想要访问到其中的单个对象，可以通过它在数组中的位置来访问，此方式可被称作下标访问或索引访问。例如：

```
int x[5];    //x 是一个整型数组，它包含 x[0]、x[1]、x[2]、x[3]、x[4] 共 5 个元素
float y[5];  //y 是一个浮点型数组，它包含 y[0]、y[1]、y[2]、y[3]、y[4] 共 5 个元素
```

> ✎注意
>
> 一维数组在内存中存储时是连续的，数组必须先定义后使用。

7.1.2 ▶ 一维数组的声明和定义

一维数组的语法格式如下。

数据类型名 数组名 [常量表达式];

参数说明如下。

（1）"数据类型名"表明这个数组中元素的类型。

（2）"数组名"就是该数组的名字，其命名规则遵循变量的命名规则。

（3）"常量表达式"用来表示数组中元素的个数，必须是一个整数，不能是变量，也就是表明数组的大小不可以动态定义。

（4）从数组定义的格式可看出，数组是用其他类型创建的，不只是将某种东西声明为数组，它必须是特定类型的数组。没有通用的数组类型，但是存在很多特定的数组类型，如 int、float 数组。例如：

```
int a[6];    //定义了一个整型数组，数组名为 a，该数组中有 6 个元素，都是 int 类型
float b[10]; //定义了一个名为 b 的 float 型数组，该数组中有 10 个元素，都是 float 型
```

（5）数组名的命名规则与变量名相同，如上面的 a、b 都是合法的数组名称。

（6）在定义数组时，需指定数组的大小即元素的个数。

（7）数组定义是具有编译确定意义的操作，它分配固定大小的空间，就像变量的定义一样明确。因此元素个数必须是由编译时就能够确定的"常量表达式"来表示。例如：

```
int s=40;
```

int a[s];	// 错误：元素的个数必须是常量

又如：

int a['c'];	// 正确，'c' 为字符常量，等价于 int a[99]

下面的定义也正确。

const int n=40;	// 定义一个整型常量 n
int array[n];	// 正确，相当于 int array[40];

7.1.3 一维数组的初始化

初始化一维数组的方法有以下两种，一种是定义时初始化，另一种是先定义后赋值。
（1）定义时初始化
格式如下。

类型说明符 数组名 [常量表达式]={ 表达式 1，2，3，…，n};

例如：

int a[3]={1,2,4};   // 即 a[0]=1,a[1]=2,a[2]=4

> ✏️**注意**
>
> 花括号中的初始值个数不能多于数组的长度，不能通过逗号的方式省略。

若声明、初始化一个数组，代码如 int a[6]={1,3,5,7,9,10};，其存储结构是怎样的呢？

分析：这个数组为一个长度为 6 的整型数组，初始化后，元素 a[0]=1，a[1]=3，a[2]=5，a[3]=7，a[4]=9，a[5]=10。注意，下标要从 0 开始。其存储结构如下图所示。

数组 a	
a[0]	1
a[1]	3
a[2]	5
a[3]	7
a[4]	9
a[5]	10

编译器将会在内存中开辟长度为 6 的区域，假设整型数据占 2 个字节，该数据的起始地址是 6000，上述数组的内存分配如下表所示。

内存地址	内容	内存地址	内容
6000	1	6006	7
6002	3	6008	9
6004	5	6010	10

从上表可看出，数组的元素在内存中按顺序依次存放，地址是连续的，这是因为计算机的内存是一维的。
（2）先定义后赋值
数组在定义时直接进行初始化赋值，可以用一个大括号全部赋值。但是，先定义再赋值的情况下，数组就无法再用大括号进行整体赋值了。此时，需要一一赋值。

int v[4];
v[4]={2,4,6,8};   // 错误
v[0]=2;v[1]=4;v[2]=6;v[3]=8;   // 正确

这里有两点注意事项。

（1）省略元素时，有如下几种情况。

```
int v2[8]={2,4,6,};        // 错误，不能以逗号方式省略
int v3[8]={};              // 错误，初始值不能为空
int v4[8]={11};            // 正确，第 1 个元素值为 11，其余 7 个元素值都为 0
```

（2）如果初始化数组时初值全部给出，这时可以不指定数组长度。

```
int v5[]={10,12,13,14,25,56,57,58};      // 等价于下面的语句
int v5[8]={10,12,13,14,25,56,57,58};
```

7.1.4　一维数组元素的引用

因为数组是一种构造类型，数组包含很多数组元素，不能对数组进行整体的运算，只能单个地使用数组元素。数组元素在使用时，就像一个普通的变量一样，只不过数组元素的类型都是同一个类型而已。

一维数组元素的引用方式如下。

```
数组名 [ 下标 ];
```

说明如下。

（1）下标表示在数组元素中的位置。下标为 0，表示是数组元素的第一个值。与定义一维数组不同，这里的下标可以为整型常量、变量，也可以是字符表达式，若为浮点数，则自动取整。

```
a[i],a[3.1],a[1],a[i-j]
```

（2）数组元素的下标从 0 开始。系统不会自动检查下标是否越界，因此在编写程序时，必须检查数组的下标，以防止越界。若定义数组 q[5]，则数组元素为 q[0]，q[1]，…，q[4]，显然 q[5] 不属于数组 q 的元素，编程时使用 q[5] 就会导致错误。

（3）数组元素相当于变量，所以对变量的一切操作都可以应用到数组元素上。

（4）注意区分定义数组时用到的 "数组名 [常量表达式]" 和使用数组元素时用到的 "数组名 [下标]"，例如：

```
int m[10],temp;      // 定义数组 m 长度为 10
temp=m[4];           // 使用数组 m 中序号为 4 的元素的值，此时 4 不代表数组长度
```

在 C++ 中，无法整体引用一个数组，只能引用数组的元素。一个数组元素其实就是一个变量名，代表内存中的一个存储单元，且一个数组是占用一段连续的存储空间。例如：

```
int array[5]={1,2,3,4,5};
cout<<array[5]; // 错误，无法输出 array 中的第 5 个元素的值
```

📝 范例 7-1　　定义一个一维数组，给数组元素赋值并输出各个元素的值

（1）在 Code::Blocks 17.12 中，新建名称为 "UseArray" 的【C/C++ Source File】源程序。
（2）在代码编辑窗口中输入以下代码（代码 7-1.txt）。

```
01  // 范例 7-1
02  // 数组元素赋值并输出各个元素的值
03  // 实现 "数组元素赋值并输出各个元素的值"
04  //2017.07.13
```

```
05    #include<iostream>
06    using namespace std;
07    int main()
08    {
09      int array[6],i;         // 定义一维数组 array，包含 6 个元素
10      for(i=0;i<6;i++)        // 用 for 循环给每个元素赋值
11          array[i]=6-i;
12      for(i=0;i<6;i++)        // 用 for 循环输出每个元素的值
13          cout<<array[i]<<" ";
14      return 0;
15    }
```

【运行结果】

编译、连接、运行程序，即可在命令行中输出如下图所示的结果。

【范例分析】

第 09 行定义了一个长度为 6 的整型数组 array 和一个整型变量 *i*。第 1 个 for 循环语句是给数组中的每个元素赋值，*i* 的初值设为 0，用来保证和数组的下标从 0 开始是一致的，循环的条件判断是 *i*<6 即 *i*<=5。第 2 个 for 循环语句是遍历并输出每个元素的值。

▶7.2 二维数组

二维数组是具有两个下标的数组，其原理与一维数组相似，都是存储数据，存储方式也是按内存的字节顺序存储的；不同的是，一维数组只有一个下标。在实际应用中，经常会遇见一些问题，不能用一维数组来解决。例如，把 3 个学生的 4 门成绩按照 3 行 4 列的方式输出。一共 3 行，表示 3 个学生；一共 4 列，分别是每个学生的 4 门成绩。此时，二维数组可以很简洁地解决这个问题。代码如下所示。

int a[3][4];

以上代码就定义了一个 3 行 4 列的二维数组，其二维数组可以理解为定义了 3 个一维数组。

int a[0][3],a[1][3],a[2][3];

可以把 a[0]、a[1]、a[2] 看作是一维数组名。这种方法在数组初始化和用指针表示时比较方便，以后会使用到。也可以把二维数组看作一个表格，以二维数组定义 a[3][4] 为例，对应的表格如下图所示。

	0	1	2	3
0	a[0][0]	a[0][1]	a[0][2]	a[0][3]
1	a[1][0]	a[1][1]	a[1][2]	a[1][3]
2	a[2][0]	a[2][1]	a[2][2]	a[2][3]

📣注意

C++ 中二维数组中的元素是按照行优先的顺序来存储的，存储时先存放第 1 行的所有元素，再存放第 2 行的所有元素，以此类推。

7.2.1 ▶ 二维数组的定义

二维数组分为行与列，定义的一般形式如下。

数据类型名 数组名 [常量表达式 1][常量表达式 2];

说明：

（1）"数组名"是自己在使用时命名的，命名规则与变量的命名规则相同，但是"数组名"不能与同一程序中的变量名字相同。

（2）"常量表达式"必须是常量，可以是整型常量表达式，也可以是整型符号常量。

（3）"常量表达式 1"表示行数，即二维数组中有几行，"常量表达式 2"表示列数，即二维数组中有几列，故两个常量表达式的乘积即是元素的总个数。

int b[5][6]; // 定义了一个名为 b 的 **int** 型二维数组，5 行 6 列，共 30 个元素
double c[2][3]; // 定义了一个名为 c 的 **double** 型二维数组，2 行 3 列，共 6 个元素
float d[3][3]; // 定义了一个名为 d 的 **float** 型二维数组，3 行 3 列，共 9 个元素

📣注意

定义二维数组时，数组名后有两对"[ ]"，如下定义是错误的。

int e[5,6];   // 错误，不能将行数和列数写在一对"[ ]"中

（4）数组的行下标和列下标都从 0 开始，以 int f[2][4] 为例，二维数组 f 中的 8 个元素分别为 f[0][0]、f[0][1]、f[0][2]、f[0][3]、f[1][0]、f[1][1]、f[1][2]、f[1][3]，假设数组 f 在内存中存储的初始地址是 2500，由于定义的 int 型占用 2 个字节，因此存储状态如下图所示。

2500	f[0][0]
2502	f[0][1]
2504	f[0][2]
2506	f[0][3]
2508	f[1][0]
2510	f[1][1]
2512	f[1][2]
2514	f[1][3]

7.2.2 ▶ 二维数组的初始化

二维数组初始化的方法也有两种：一种是数组定义时初始化；另一种是先定义数组，然后对数组元素一一赋值。

（1）定义时初始化

方法①：分行赋初值进行初始化。

基本格式如下。

数据类型名 数组名 [常量表达式 1] [常量表达式 2]={{ 第 0 行赋值 },{ 第 1 行赋值 },{ 第 2 行赋值 }…{ 第 n 行赋值 }};

例如：

int a[2][3]= {{9,7,5},{8,4,6}};

经过定义后的值如下。

a[0][0]=9,a[0][1]=7,a[0][2]=5,a[1][0]=8,a[1][1]=4,a[1][2]=6

说明：

如果给出二维数组的全部初值，那么定义数组时可以省略第一维的长度。

int a[][3]= {{1,3},{5,2}}; // 等价于下面的语句
int a[2][3]= {{1,3},{5,2}};

经过定义后的值如下。

a[0][0]=1,a[0][1]=3,a[0][2]=0,a[1][0]=5,a[1][1]=2,a[1][2]=0

编译系统根据赋值的行数来测定第一维的大小。上例有 2 行赋值，则第一维的大小为 2。再根据第二维大小推算。

方法②：按元素在内存中的排列顺序初始化赋值。

数据类型名 数组名 [常量表达式 1] [常量表达式 2]={ 表达式 1, 表达式 2… 表达式 n };

例如：

int v[2][3]= {1,3,5,2,4,6};

经过定义后的值如下。

v[0][0]=1,v[0][1]=3,v[0][2]=5,v[1][0]=2,v[1][1]=4,v[1][2]=6

如果初值个数较多，就没有第 1 种赋值方法表达清晰了。

（2）先定义后赋值

先定义后赋值的情况下，数组无法再用大括号整体赋值，此时需要一一赋值。

方法①：对每个元素赋值。

```
int a[2][3];
a[2][3]={1,2,3,4,5,6};   //错误
a[0][0]=1,a[0][1]=2,a[0][2]=3,a[1][0]=4,a[1][1]=5,a[1][2]=6; //正确
```

方法②：循环语句进行赋值。

```
int a[2][3],i,j;
```

```
for(i=0;i<2;i++)
  for(j=0;j<3;j++)
    scanf("%d",&a[i]);
```

注意

（1）在对二维数组进行初始化时，大括号中列出的初值个数不能多于数组元素中的个数，但是允许少于数组元素中的个数。如果初始化时提供的初值少于数组元素的个数，系统就会自动给未赋初值的元素赋上初值 0，这点和一维数组的初始化一样。

（2）不能跳过某一个元素而给后面的元素赋初值。下面的初始化方法都是错误的。

```
int a[3][3]={{1,,3},{0},{1,2}};   // 错误，a[0][1] 还没有初值，不能给 a[0][2] 赋初值
int b[3][3]={{1,2,3},{},{1,2}}; // 错误，不能跳过第 2 行元素给第 3 行元素赋初值
```

范例 7-2　定义两个2行3列的二维数组，初始化后输出每个元素的值

（1）在 Code::Blocks 17.12 中，新建名称为"Init_Array"的【 C/C++ Source File 】源程序。
（2）在编辑窗口中输入以下代码（代码 7-2.txt ）。

```
01  // 范例 7-2
02  // 定义两个 2 行 3 列的二维数组，初始化后输出每个元素的值
03  // 实现"两个 2 行 3 列的二维数组，初始化后输出每个元素的值"
04  //2017.07.13
05  #include<iostream>
06  using namespace std;
07  int main()
08  {
09    int Array_A[2][3]= {{2,5,6},{3,7,8}};         //定义数组 Array_A 并初始化
10    double Array_B[2][3]= {{1.3,2.8,3.3},{3.6,8.6,7.6}};    //定义数组 Array_B 并初始化
11    int i,j;
12    for(i=0;i<2;i++)  //输出数组 Array_A 中元素的值
13      for(j=0;j<3;j++)
14        cout<<Array_A[i][j]<<" ";
15    cout<<endl;
16    for(i=0;i<2;i++)                //输出数组 Array_B 中元素的值
17      for(j=0;j<3;j++)
18        cout<<Array_B[i][j]<<" ";
19    cout<<endl;
20    return 0;
21  }
```

【 运行结果 】
编译、连接、运行程序，即可在命令行中输出如下图所示的结果。

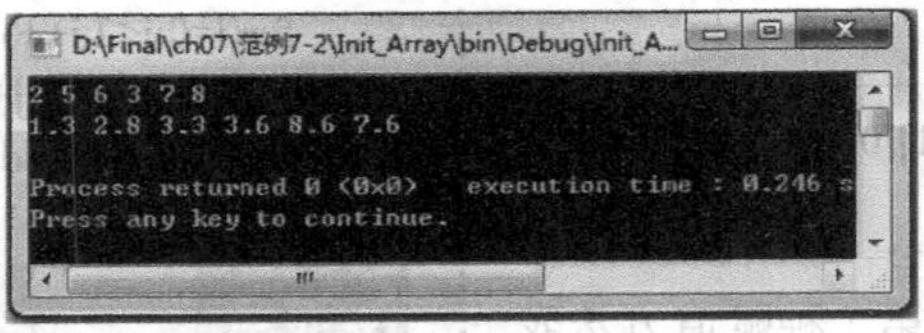

【范例分析】

本范例中分别定义了一个 int 型二维数组和一个 double 型二维数组，都是 2 行 3 列。两个数组分别进行了初始化，然后利用 for 循环来输出各个数组中的每一个元素的值。

7.2.3　存取二维数组元素

引用二维数组的格式如下。

数组名 [下标 1][下标 2]

"下标 1" 代表数组中的行，"下标 2" 代表数组中的列。两个取值都是从 0 开始，到数组定义中的"常量表达式 -1"。例如：

---

int m[3][4];　// 定义了一个 3 行 4 列的二维整型数组 m
m[2][4]=2;　　// 错误，下标已经出界

📝 范例 7-3　　定义一个3行4列的二维数组，赋值后输出每个元素的值

（1）在 Code::Blocks 17.12 中，新建名称为 "Use2_Array" 的【C/C++ Source File】源程序。
（2）在编辑窗口中输入以下代码（代码 7-3.txt）。

```
01  // 范例 7-3
02  // 定义一个 3 行 4 列的二维数组，赋值后输出每个元素的值
03  // 实现"一个 3 行 4 列的二维数组，赋值后输出每个元素的值"
04  //2017.07.13
05  #include<iostream>
06  using namespace std;
07  int main()
08  {
09      int m[3][4]= {1,2,3,4,5,6,7,8,9,8,7,6};// 定义一个二维数组 m 并赋值
10      cout<<" 数组 m 中的元素为 : "<<endl;
11      for(int i=0;i<3;i++)                // 用双重循环遍历数组中的元素
12      {
13          for(int j=0;j<4;j++)
14              cout<<m[i][j]<<"  ";
15          cout<<endl;    // 输出一行后换行
16      }
17      return 0;
18  }
```

【运行结果】

编译、连接、运行程序，即可在命令行中输出如下图所示的结果。

【范例分析】

在输入或输出二维数组元素时使用循环的嵌套，用一个循环控制行的变化，用另一个循环控制列的变化。循环变量的初值都为 0，如本范例代码中的第 11 行和第 13 行。

7.2.4 二维数组元素的引用

二维数组也是通过下标来访问元素的，下面通过如下范例体会使用二维数组的简洁性。

范例 7-4　一个学习小组有 3 个人，每个人有 3 门课的考试成绩，求全组分科的平均成绩，其中成绩由用户从键盘输入

（1）在 Code::Blocks 17.12 中，新建名称为"Score"的【C/C++ Source File】源程序。
（2）在编辑窗口中输入以下代码（代码 7-4.txt）。

```
01  // 范例 7-4
02  // 全组分科的平均成绩
03  // 实现"全组分科的平均成绩"
04  //2017.07.13
05  #include<iostream>
06  using namespace std;
07  int main()
08  {
09      int stu[3][3];      // 定义二维数组 stu[3][3] 存放 3 个人 3 门课的成绩
10      int i,j,sum;
11      for(i=0;i<3;i++)
12      {
13          cout<<" 第 "<<i+1<<" 门学科 "<<endl;
14          for(j=0;j<3;j++)
15          {
16      cout<<" 请输入第 "<<j+1<<" 个学生成绩 ";
17              cin>>stu[i][j];
18          }
19          cout<<endl;
20      }
21      cout<<" 三门课程的平均分分别为： "<<endl;
22      for(i=0;i<3;i++)
23      {
24          sum=0;
25          for(j=0;j<3;j++)
26          {
27              sum+=stu[i][j];
28          }
29          cout<<" 第 "<<i+1<<" 门学科平均成绩 "<<sum/3<<endl;
30      }
31      return 0;
32  }
```

【运行结果】

编译、连接、运行程序，即可在命令行中输出如下图所示的结果。

【范例分析】

第 09 行代码用二维数组定义，存放 3 个人 3 门课的成绩。接着用 for 循环输入每门每个学生的成绩。

▶7.3　多维数组

多维数组与前面介绍的二维数组类似，按行变化存储。

例如，定义一个名为 a 的三维数组。

---

int a[2][3][4];　　　//a 是一个三维数组

该数组中共有 2×3×4=24 个元素。可以把该三维数组 a 看作一个含有两个元素的一维数组，每一个元素又是一个含有 3×4 个元素的二维数组。例如，可以把三维数组 a 看作两张表，每个表中包含 3 行 4 列，两个表一共包含 24 个元素，如下图所示。

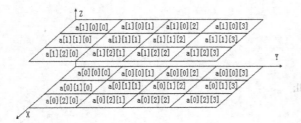

随着数组维数的增加，数组中元素的个数呈几何级数增长，这会受到内存容量的限制，使用起来比较复杂，所以一般三维以上的数组就很少使用了。

> **注意**
>
> 多维数组的赋值，可按行列方式或全部一起赋值，不允许像二维数组一样只用一个行方式赋值。例如：
>
> int a[2][3][4]={ {{1,2,3,4},{5,6,7,8},{9,10,11,12}}, {{13,14,15,16},{17,18,19,20},{21,22,23,24}} };// 正确
>
> int a[][3][4]={1,2,3,4,5,6,7,8,9,10,11,12,13,14,15, 16,17,18,19,20,21,22,23,24};// 正确
>
> int a[2][3][4]={ {{1,2,3,4},{5,6,7,8},{9,10,11,12} ,{13,14,15,16},{17,18,19,20},{21,22,23,24}} };
> // 错误，缺少分成两行的大括号

▶7.4　综合案例

本节通过一个综合范例来学习数组的应用。

冒泡排序的基本思想是（以 n 个数为例，按照由小到大排序）：将 n 个数据中每相邻的两个数进行比较，将较小的数往前移，经过这一趟比较之后找出最大的数，放在该组数据的最后面；同理，将剩下的 n-1 个数据中每相邻的两个数进行比较，将较小的数往前移，经过第 2 趟比较之后找出第 2 大的数，显然 n 个数据排序共需要 n-1 趟比较。在第 1 趟比较中共需比较 n-1 次，第 2 趟需要比较 n-2 次，则第 j 趟需要比较 n-j 次。

以 5 个数据 20、16、12、10、8 排序为例，第 1 趟比较如下图所示。

原始数据	20	16	12	10	8
第一次比较	20	16	12	10	8
第二次比较	16	20	12	10	8
第三次比较	16	12	20	10	8
第四次比较	16	12	10	20	8
结果	16	12	10	8	20

经过这一趟两两比较之后已找出最大的数 20，中间一共进行了 4 次两两比较。下一趟比较只需要考虑剩下的 4 个数 16、12、10 和 8，经过第 2 趟比较可以找出来第 2 大的数 16，中间一共进行了 3 次两两比较……第 4 趟进行一次比较。

如下范例对数字排序、去重，用到数组的冒泡排序算法、数组声明与定义、数组引用等知识点。

范例 7-5 从键盘输入10个整型数字，若重复，则不输出，并将剩余数字按照从小到大的顺序依次输出，各整数之间用空格隔开

（1）在 Code::Blocks 17.12 中，新建名称为"Sort"的【C/C++ Source Files】源文件。
（2）在代码编辑窗口中输入以下代码（代码 7-5.txt）。

```
01  // 范例 7-5
02  // 排序应用程序
03  // 实现"排序应用"
04  //2017.07.13
05  #include<iostream>
06  using namespace std;
07  int main()
08  {
09    int i,j,t,sort[10];
10    cout<<" 请输入 10 个整数: "<<endl;
11    for(i=0;i<10;i++) // 利用循环输入 10 个整数
12    {
13      cin>>sort[i];
14    }
15    for(i=1;i<=9;i++)        // 冒泡排序，10 个数需要比较 9 趟
16    {
17      for(j=0;j<10-i;j++) // 第 i 趟，需要两两比较 10-i 次
18      if(sort[j]>sort[j+1])    // 前一个元素大于后一个元素
19      {
20        t=sort[j];// 交换两个元素
21        sort[j]=sort[j+1];
22        sort[j+1]=t;    // 交换完成
23      }
24    }
25    cout<<" 去重后，排序之后的顺序为: "<<endl;
26    for(i=1;i<10;i++)       // 扫描数组
27    {
28      if(sort[i]!=sort[i-1])// 两两不重复则输出；若后边的与前一个数重复，则前边那个数不输出
```

```
29        {
30          cout<<sort[i-1]<<" ";
31        }
32      }
33      cout<<sort[i-1]; // 输出最后一个元素
34      return 0;
35    }
```

【运行结果】

编译、连接、运行程序，即可在命令行中输出如下图所示的结果。

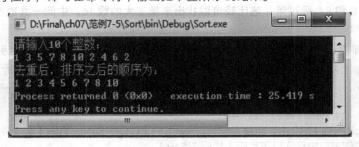

【范例分析】

本题中，先用冒泡排序法。第 11 行至第 14 行利用 for 循环从键盘输入 10 个整数，需要比较 9 趟。第 15 行代码中的 for 循环控制比较的趟数，第 17 行代码中的 for 循环的作用是控制第 i 趟比较的次数。第 20 行至第 22 行交换两个整数。排序完成后，开始去重，数组元素的下标从 0 开始，注意数组不要越界。利用 if 语句，若前后不重复，则输出；若前后有重复，则前者不输出。由于在判断是否重复时没有输出最后一个数，因此要单独输出。

▶7.5 疑难解答

问题 1：如下对数组初始化的方法是否正确？

（1）nt array[4];

array={1,2,3,4};

（2）int c[ ]={1,2};

解答：

（1）这种初始化的方式错误。数组只在初始化时才可以用初始值列表。正确方式如下。

int array[4]={1,2,3,4};

（2）这种初始化的方式错误。当数组长度与初始元素个数不等时，数组长度不能省去不写。

问题 2：数组元素的下标从 0 开始，阅读以下程序，结果会是什么？

```
#include<iostream>
using namespace std;
```

```
int main()
{
    int a[4]={2,3,5,1};
    int i;
    for(i=0;i<4;i++)
    {
        cout<<a[i]<<"   ";
    }
    cout<<endl;
    cout<<" 最后一个数是 :"<<a[i-1]<<endl;
    return 0;
}
```

解答：结果是 1。数组元素的下标从 0 开始，对其数组初始化，即 a[0]=2，a[1]=3，a[2]=5，a[3]=1。for 循环结束后，由于 i++，i 会变为 5，若想输出最后一个数，即输出 a[i-1]。若写成 a[i]，则数组越界。

第 **8** 章

第 **8** 章

函数

在前面的章节中，已经提到过函数是 C++ 程序的基本组成部分。C++ 程序中一定要包含一个 main 函数以及任意个数的其他函数。本章将正式介绍 C++ 函数方面的知识。学习本章后读者将深入了解函数的概念，学到函数的创建方法以及了解如何使用创建的函数。本章在讲述函数的创建与使用后，会利用实例使读者了解到多个函数之间的相互调用方式，以及利用函数调用将复杂的功能拆分为一个一个函数来实现。

另外，本章还会介绍函数相关的知识，如函数参数、内联函数、递归函数以及重载函数等知识点，希望读者能够通过认真学习——掌握。

本章要点（已掌握的在方框中打钩）

☐ 函数概述
☐ 函数定义与声明
☐ 函数的调用
☐ 局部变量和全局变量
☐ 变量的存储类别
☐ 内部函数和外部函数

▶8.1 函数的作用与分类

函数是一些程序段和语句的集合，它就像一个箱子一样，只要将数据"装"进去，就能实现相应的功能，得出所需的结果。程序员无须知道内部工作原理，只须知道给它传递怎样的数据，而它又将产生怎样的结果即可。有了函数，程序将更加易懂。

8.1.1 函数的作用

定义函数和使用函数可以为程序提供极大的便利，我们可以随时按照需求不限次地调用函数，函数的存在对于 C++ 有诸多的重要意义。

（1）函数能增强程序的可读性。如果把所有需要完成的功能一起写在 main 函数中，那么一整块的代码读起来会有很大的困难，让人分不清程序中每一段的代码到底在完成什么功能。只用 main 函数且在变量名不能相同的规定下，势必会导致使用大量变量名，这就导致阅读代码更加困难。如果根据不同功能的划分定义不同的函数，然后通过函数名就能简单清晰地了解到每个函数的功能。某个函数的代码被修改时，其他的函数则不会受到影响。

（2）函数能提高团队开发的效率。假定编写一个功能复杂的程序，如果把所有的功能都编写在 main 函数中，并且由于不同的人对于问题的解决方式不同，因此这些工作就只能交给一个人完成。只靠一个人或者少数人是非常难以完成这个项目的。同样的，利用函数对功能进行划分，每个功能分别交给不同的人实现，而每个函数都不用去管内部实现过程，只要保证能够完成特定的功能即可，最后通过函数之间的相互调用将程序结构组织起来就完成了此项目，能够为项目开发节省很多时间，提高开发效率。

（3）函数能够保障数据的安全性。只使用 main 函数时，程序中的变量就全部相当于全局变量，那么在程序中任意位置都可以访问或修改它们。数据可以随意修改会导致很多安全性问题，同时会给程序的调试带来很多麻烦。根据功能对函数划分，每个函数内部的数据互不影响的特性被称为函数的黑盒特性。

下面是一个没有使用函数的数字累加程序的例子。

📝 范例 8-1　　输出1到100数字的总和

（1）在 Code::Blocks 17.12 中，新建名称为"Integer Sum"的【C/C++ Source File】文件。
（2）在代码编辑窗口输入以下代码（代码 8-1.txt）。

```
01  // 范例 8-1
02  //Integer Sum 程序
03  // 输出 1 到 100 数字的总和
04  //2017.07.14
05  #include <iostream>
06  using namespace std;
07  int main()//main 函数
08  {
09      int i,i_sum=0;    // 声明变量
10      for(i=1;i<=100;i++)
11      i_sum+=i;         // 循环计算 1~100 的和
12      cout<<"1 到 100 的和为 " <<i_sum<<endl;    //输出和并换行
13      return 0;         // 返回结束程序
14  }
```

【运行结果】

编译、连接、运行程序，即可在命令行中输出如下图所示的结果。

【范例分析】

在这个程序中，输出"1 到 100 的和为 5050"。在步骤（2）中的代码通过循环计算求出 1~100 的和，使用 cout 流对象输出"1 到 100 的和为 5050"，该对象是 iostream 类中的一个对象。如果去掉了第 05 行"iostream."的代码，就会提示错误。

8.1.2 函数的分类

在同一个 C++ 程序中可以包含多个函数，但只能有一个 main 函数，而且 C++ 程序总是从 main 函数开始执行的。在程序运行的过程中，由 main 函数再调用其他函数，其他函数之间也可以互相调用。调用其他函数的函数称为主调函数，被其他函数调用的函数称为被调函数。

从用户使用的角度来说，C++ 中的函数主要有系统函数和用户自定义函数两种。系统函数即库函数，是指由编译器提供的，用户可以直接拿来使用的函数。用户自定义函数是指用户根据程序功能的需要自己编写的函数。

> **注意**
>
> 不同的编译器提供的库函数的数量和功能可能有所不同。使用系统函数时，需要使用 #include 命令包含相应的头文件。

根据函数是否有返回值可将函数分为有返回值函数和无返回值函数。

例 1：有返回值的函数。main() 就是一个有返回值的函数。

```
01  #include <iostream>
02  using namespace std;
03  int main()           //main 前的 int 表示返回值为整型
04  {
05      int x;
06      cin>>x;
07      return 0;
08  }
```

例 2：无返回值的函数。下面例子中的 Show() 函数返回值为 void，即 Show() 为无返回值函数。

```
01  #include <iostream>
02  using namespace std;
03  int main()
04  {
05      int a;
06      cin>>a;
07      Show(a);
08      return 0;
09  }
```

```
10  void Swap(int i)   //用户自定义函数,这里的
        Swap 的没有返回值
11  {
12      cout<<"输入的值为："<<i;
13  }
```

根据主调和被调函数之间的传送可分为有参函数和无参函数。

例 3：

```
01  #include <iostream>
02  using namespace std;
03  int main()
04  {
05      int a,b;
06      void Swap(int,int);  // 函数原型声明，也可以表
        示为：void Swap(int i，int j)，在下面将讲到使用
07      cout<<"请输入两个整数："；
08      cin>>a>>b;
09      Swap(a,b);
10  cout<<"在 main() 函数中：a="<<a<<",b="<<b<<
endl;
11      return 0;
12  }
13  void Swap(int i,int j)  //用户自定义函数,这里的
        Swap 的没有返回值
```

```
14  {
15      int t;
16      t=i;
17      i=j;
18      j=t;
19      cout<<" 在 Swap() 函数中：i="<<i<<",j="<<j<<endl;
20  }
```

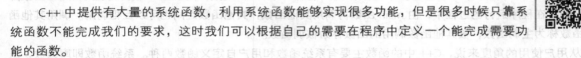

本例中有两个函数：main 函数 main()（也是 Swap() 函数的主调函数）和被调函数 Swap()。当执行到函数调用 Swap(a，b) 时，此时执行流程转向被调函数 Swap()，形参 i 和 j 分配了不同于实参 a 和 b 的内存空间，并接收了实参 a 和 b 传递过来的值，实参 a 传递给形参 i，b 传递给 j。在被调函数 Swap() 利用一个同类型的辅助变量来实现 i 和 j 的交换，但实参 a 和 b 的值并没有改变，原因就是实参和形参占用不同的内存空间。

▶ 8.2 函数的定义与声明

C++ 中提供有大量的系统函数，利用系统函数能够实现很多功能，但是很多时候只靠系统函数不能完成我们的要求，这时我们可以根据自己的需要在程序中定义一个能完成需要功能的函数。

8.2.1 函数的定义

C++ 程序中可以根据需要定义自己需要的函数，但 C++ 不允许函数嵌套定义，即在函数定义中再定义一个函数是非法的。

函数的定义由返回类型、函数名、参数列表和函数体组成。根据函数是否需要进行参数传递，函数的定义又可分为有参函数和无参函数的定义。

定义的格式如下。

```
函数类型 函数名 ( 形式参数表 )
{
    若干语句；          // 函数体
}
```

函数类型是指函数返回值的数据类型。函数名应符合标识符的命名规则。形式参数表中可以根据需要定义任意个数的参数，每个参数之间用逗号隔开。形式参数简称形参，根据形参的有无、返回值的有无可将函数分为四类。

（1）有参且有返回值。例如：

```
int max(int i,int j)    // 函数首部，函数值为整型，有两个整型参数，求出两个数的大数
{
    int z;              // 函数体中的声明部分
    z=i>j?i:j;          // 将 x 和 y 中的大者赋值给变量 z
    return(z);          // 将 z 的值作为返回值返回调用点
}
```

（2）有参但无返回值。例如：

```
void swap(int x,int y)    // 函数首部，函数值为空，有两个整型参数，实现 x 和 y 的交换
{
    int t;              // 函数体中的声明部分
    t=x;                // 将 x 赋值给
    x=y;                // 将 y 赋值给 x
    y=t;                // 将 t 赋值给 y，没有 return 语句
}
```

（3）无参但有返回值。例如：

```
char getc( )        // 函数首部，函数值为字符型，无参数，从键盘上输入一个字符
{
    char x;         // 函数体中的声明部分
    cin>>x;         // 从键盘上输入一个字符
    return x;       // 将 x 的值作为返回值返回调用点
}
```

（4）无参且无返回值。例如：

```
void mess( )        // 函数首部，函数值为空，没有参数，输出一个字符串
{
    cout<<" 你好，欢迎学习 C++!";
}
```

8.2.2　函数的声明

　　一般情况下，函数定义之后还需要对函数进行声明才能调用。C++ 程序一般都是顺序执行的，被调函数定义在主调函数之前，则主调函数可以找到被调函数，从而可以调用成功，但如果将被调函数放在主调函数后面，主调函数将因为找不到被调函数而发生错误。当被调函数定义在主调函数之后时，可以在主调函数前对被调函数进行声明。函数声明会保证函数能够正确调用，不管函数定义的位置在哪，只需在调用前进行声明，就能调用成功。为了增加程序的可读性，一般将函数的声明放在 main 函数的前面。

　　声明的格式如下。

函数类型　函数名 (形式参数表);

　　函数的声明要和函数定义时的函数类型、函数名和参数类型一致，但形参名可以省略，而且还可以不相同。例如，对 max 函数和 print 函数的声明如下。

```
int max (int i,int j); 或者 int max(int ,int );    // 它们的作用完全一样
int print()                 ;// 这里 print 函数不需要传入参数
```

　　对于库函数通常在头文件中声明，在编程时，若要使用某个头文件中的库函数，则必须先将这个头文件包含到程序中。

```
#include<cmath>
  …
double x=sqrt(5.0);         // 用 sqrt 函数求 5.0 的平方根，并将结果赋值给变量 x
  …
```

▶ 8.3　函数的参数和返回值

　　调用函数时需要按照函数定义的参数列表对应传递参数，传递的每个参数的数据类型要求要与定义的相同。函数调用后会有一个函数的返回值，是调用函数后所得的结果。

8.3.1　函数的参数

C++ 中函数的参数分为形式参数（形参）和实际参数（实参）两种。

01 形式参数

在定义函数时，函数名后面参数列表被称为形参列表，形参列表中包括的参数被称为形参，即形式参数。

形式参数主要有以下特点。

（1）被调函数的参数列表不为空时，主调函数和被调函数之间通过形参实现数据传递。

（2）函数的形参在函数被调用时由系统分配内存，用于接收主调函数传递来的实际参数。

02 实际参数

在主调函数中调用一个函数时，函数名后面的参数或表达式称为实际参数。实际参数主要有以下特点。

（1）函数调用时实参的类型应与形参的类型一一对应或者兼容。

（2）实参应有确定值，可为常量、变量或表达式。

（3）函数调用时系统才为形参分配内存，与实参占用不同的内存，即使形参和实参同名也不会混淆。函数调用结束时，形参所占内存即被释放。

如下所示定义一个 max() 函数，用来求取两个数中的最大值。

```
int max （int a,int b) //——a，b 为形参
{
    return  a>b?a:b;
}
int main()
{
    int res,x,y;
    cout<<" 请输入两个整数 ";
    cin>>x>>y;
    res=max(x,y); //——x,y 为实参；
    cout<<" 两个整数中最大值为："<<res<<endl;
    return 0;
}
```

max() 函数定义时使用参数 a、b，即假设参数为 a、b 时，函数中应该按照函数体内语句执行。当 main() 函数中调用 max() 函数时，函数 max() 将 a、b 改为等于 x、y 的值再进行处理。

8.3.2 函数的返回值

一般主调函数调用被调函数后得到一个具体的函数值，被称为函数的返回值。函数返回值具有不同的数据类型，一般由定义函数时的函数类型指定。返回值类型可以是除函数之外的任何有效的 C++ 数据类型，包括构造的数据类型、指针等。

对函数返回值的说明如下。

（1）有返回值的函数只能有一个返回值，通过 return 语句返回具体的值。

（2）无返回值的函数类型应定义为 void，否则将返回一个不确定的值。

（3）函数中可以通过多个 return 语句来达到根据传入参数返回不同值的效果，但同时只有一个 return 起作用，即在遇到第 1 个 return 语句便退出函数。若无 return 语句，待函数体内语句执行完毕后，返回主调函数。

（4）return 语句写法有两种：带有括号的表达式，无括号的表达式，如 "return(z);" 或者 "return z;"。return 语句对于有无返回值的函数表示形式不同。

（1）对有返回值的函数，形式如下。

return 表达式；

（2）对无返回值的函数，形式如下。

return ；

对于 return 语句后面带有表达式的形式则先计算表达式的值，表达式的值若与函数类型不同，则尝试强

制将表达式的类型转为函数类型，成功将值返回给主调函数，否则程序会编译出错。

　　对于无返回值函数可以不使用 return 语句，函数内语句执行完毕便会返回主调函数，当被调函数在一定条件下需要提前返回时可以使用 return 语句回到主调函数。

　　函数是独立完成某个功能的模块，函数与函数之间通过相互调用，传递参数获得返回值的方式进行联系。函数的参数和返回值是该函数对内、对外联系的窗口，称为接口。

▶8.4　函数的调用

　　自定义函数在完成定义和声明后，就可以直接通过访问函数名以及传入相应的参数来使用，此过程被称为函数的调用。因此只了解函数完成的功能，以及函数名、参数列表的参数个数及数据类型、返回值类型等，就可以据此使用对应的函数。

　　无返回值的函数调用格式如下。

函数名 (实参表);

　　有返回值的函数调用格式如下。

变量名 = 函数名 (实参表);

　　调用函数时，实参的个数、顺序、类型必须与函数定义的形参表一致。无参函数，实参表为空。

8.4.1　函数调用的方式

　　根据函数在程序中的用途，函数调用主要有 3 种方式。

　　（1）函数语句：将函数调用作为一条语句，利用函数实现特定的操作，而不在乎函数的返回值，主要针对于无返回值的函数。

max(33,36);

　　（2）函数表达式：将函数作为一个表达式，将函数返回值赋值给相应的变量。

int i = max(33,36);

　　（3）函数参数：函数调用作为一个函数的参数。

int i = max(33,max(36,56));

📝 范例 8-2　　求出2个或3个数中的最大值

　　通过控制台输入 2 个整数，计算出最大值，再输入一个整数，计算并输出 3 个数中的最大值。
　　（1）在 Code::Blocks 17.12 中，新建名称为 "Num Max" 的【C/C++ Source Files】文件。
　　（2）在代码编辑窗口中输入以下代码（代码 8-2.txt）。

```
01  // 范例 8-2
02  //Num Max 程序
03  // 求出 2 个或 3 个数中的最大值
04  //2017.07.14
05  #include <iostream>        // 包含输入、输出头文件
06  using namespace std;
```

```
07    int max(int m,int n) //定义 max 函数
08    {
09        return m>n?m:n; // 返回两者中的大数
10    }
11    int main() //main 函数
12    {
13        int a,b,c,z;            // 声明变量
14        cout<<" 输入两个整数： "<<endl;
15        cin>>a>>b;             // 输入两个变量的值
16        max(a,b);             // 调用函数语句
17        z=max(a,b);          // 函数表达式
18        cout<<" 两个数中的最大值： "<<z<<'\n';        // 输出结果
19        cout<<" 请输入第三个数 :"<<endl;
20        cin>>c; // 输入变量的值
21        z=max(max(a,b),c);           // 函数参数
22        cout<<" 三个数中的最大值： "<<z<<'\n';        // 输出大数
23        return 0;
24    }
```

【运行结果】

　　编译、连接、运行程序。在命令行中根据提示输入任意两个整数，按【Enter】键即可输出两个数中的最大值，再根据提示输入任意第三个整数，按【Enter】键即可输出三个数中的最大值，如下图所示。

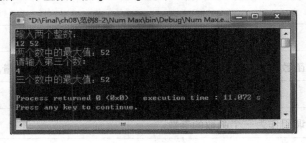

【范例分析】

　　范例中依次使用了三种函数调用方式："max(a,b);" "z=max(a,b);" 和 "z=max(max(a,b),c);"。语句 "max(a,b);" 调用 max 函数，但没有使用该函数返回值。"z=max(a,b);" 中的 "max(a,b)" 将返回的大数赋值给变量 z。"z=max(max(a,b),c);" 中的 "max(a,b)" 返回的大数作为外层 max 函数的第 1 个实参。

8.4.2　参数传递方式

　　函数调用时，实参和形参之间需要进行数据的传递。参数传递方式一般有下面两种。

01 按值传递

　　按值传递也称传值，形参为普通变量，实参为表达式或变量，实参向形参赋值。

　　特点：调用函数时，实参向形参赋值，系统为形参分配存储空间，进行存储实参传递的数据。因此形参和实参拥有不同的存储空间，形参的改变不会影响到实参的值。函数调用结束，形参的存储空间被系统回收。

　　优点：函数调用对其外界的变量无影响，函数安全性和独立性强。

范例 8-3　　函数调用中参数按值传递

（1）在 Code::Blocks 17.12 中，新建名称为"Value Trans"的【C/C++ Source Files】文件。
（2）在代码编辑窗口中输入以下代码（代码 8-3.txt）。

```
01   // 范例 8-3
02   //Value Trans 程序
03   // 函数调用中参数按值传递
04   //2017.07.14
05   #include <iostream>              // 包含输入、输出头文件
06   using namespace std;
07   void swap(float x,float y)       // 仅交换形参 x 和 y
08   {
09     cout<<" swap() 交换前：x="<<x<<"\ty="<<y<<'\n';      // 输出 x 和 y 的值
10     float t=x;x=y;y=t; // 实现 x 与 y 的交换
11     cout<<" swap() 交换后：x="<<x<<"\ty="<<y<<'\n';      // 输出 x 和 y 的值
12   }
13   int main( )
14   {
15     float a=40,b=70;  // 声明变量
16     cout<<"main() 调用前 :a="<<a<<"\tb="<<b<<'\n';       // 输出 a 和 b 的值
17     swap(a,b);                // 调用 swap 函数
18     cout<<"main() 调用后 :a="<<a<<"\tb="<<b<<'\n';       // 输出 a 和 b 的值
19     return 0;
20   }
```

【运行结果】

编译、连接、运行程序，即可在命令行中输出如下图所示的结果。

【范例分析】

范例程序中调用 swap 函数，将实参 a 的值传给 x，将实参 b 的值传给 y，在 swap 函数中实现 x 和 y 的交换，但是形参 x 和 y 只在 swap 函数中存在，swap 函数执行完毕后，形参 x 和 y 即被系统回收。实参 a、b 由于与形参 x、y 的数据存储空间不同，即使形参 x 与 y 互相交换其值，返回 main 函数后，a、b 并不受此影响，其值没有发生互换。

02 按引用传递

按引用传递又称传引用，引用相当于给变量起个别名，改变引用变量的值会导致原变量值的改变。C++ 中使用引用符"&"定义引用变量。例如：

```
int i;
int &ai=i;      // 定义 int 型引用 ai 是变量 i 的别名
ai=15;          // 此时 i 的值也为 15
i=100;          // 此时 ai 的值也为 100
```

使用引用变量应注意以下几点。

（1）定义引用变量时，应同时进行初始化，使其关联一个类型相同的具体变量。

（2）引用变量与某变量关联后就不能再与其他变量进行关联。

（3）引用变量一般用作函数的形参和返回值。

按引用方式调用函数：形参为引用型变量，实参是变量为引用型形参初始化。

特点：参数传递后，形参等同于实参，形参发生改变，实参也随着发生变化。函数调用时，形参不需单独分配空间，与实参共用同一块存储空间。

优点：高效地传递参数，避免了传值方式中的数值复制重新构造，引用传递实际上是传地址。使用引用形式可以一次性达到修改多个实参变量值的目的。

📝 范例 8-4　函数调用交换两个变量的值

（1）在 Code::Blocks 17.12 中，新建名称为 "Exchange Num" 的【C/C++ Source Files】文件。

（2）在代码编辑窗口中输入以下代码（代码 8-4.txt）。

```
01  // 范例 8-4
02  //Exchange Num 程序
03  // 交换两个变量的值
04  //2017.07.14
05  #include <iostream>
06  using namespace std;
07  void swap(float &x,float &y) // 仅交换形参 x 和 y
08  {
09      cout<<" swap() 交换前：x="<<x<<"\ty="<<y<<'\n';      //输出 x 和 y 的值
10      float t=x;x=y;y=t;// 实现 x 与 y 的交换
11      cout<<" swap() 交换后：x="<<x<<"\ty="<<y<<'\n';      //输出 x 和 y 的值
12  }
13  int main( )
14  {
15      float a=40,b=70; // 声明变量
16      cout<<"main() 调用前 :a="<<a<<"\tb="<<b<<'\n';      //输出 a 和 b 的值
17      swap(a,b);                         // 调用 swap 函数
18      cout<<"main() 调用后 :a="<<a<<"\tb="<<b<<'\n';      //输出 a 和 b 的值
19      return 0;
20  }
```

【运行结果】

编译、连接、运行程序，即可在命令行中输出如下图所示的结果。

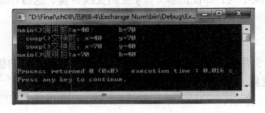

【范例分析】

函数 swap 参数列表中定义了两个引用变量 x、y。main 函数调用 swap 函数时，将实参 a、b 与形参 x、y 关联。在 swap 函数中对 x 和 y 进行交换，那么 a 和 b 的值也发生互换。

对比范例 8-3 可以发现，在采用按值传递时，函数调用前后参数 a、b 的值未发生改变，而在按引用传递方式时函数调用后参数 a、b 的值发生了互换。由此可知按值传递修改形参实参不变，而按引用传递修改形参也就修改了实参的值。

8.4.3 函数的嵌套调用

C++ 语言不允许在一个函数的定义中再定义另一个函数，即不允许函数的嵌套定义，但允许在一个函数的定义中调用另一个函数，即允许函数的嵌套调用。

例如，在 main 函数中可以调用函数 A 和函数 B，而函数 A 和 B 又可以调用其他函数，这就是函数的嵌套调用。在程序中实现函数嵌套调用时，需要注意的是，在调用函数之前，需要对每一个被调用的函数做声明（除非定义在前，调用在后）。

范例 8-5　　计算 $1^k+2^k+3^k+\cdots+n^k$

从控制台输入 n，k，计算 1 到 n 的 k 次幂之和。

（1）在 Code::Blocks 17.12 中，新建名称为 "Power Num" 的【C/C++ Source Files】文件。

（2）在代码编辑窗口中输入以下代码（代码 8-5.txt）。

```
01  // 范例 8-5
02  //Power Sum 程序
03  // 计算 1^k+2^k+3^k+…+n^k
04  //2017.07.14
05  #include "iostream" // 预处理命令
06  using namespace std;
07  int powers(int n,int k)         // 计算 n 的 k 次方
08  {
09    long m=1;          // 声明变量
10    for(int i=1;i<=k;i++)  m*=n;// m 为 n 的 k 次幂
11    return m;   // 返回结果
12  }
13  int sump(int k,int n)           // 计算 1^k+2^k+3^k+…+n^k
14  {
15    long sum=0;         // 声明变量
16    for(int i=1;i<=n;i++)
17    sum+=powers(i,k);          // 调用 powers 函数，sum 做累加器
18    return sum;        // 返回结果
19  }
20  int main( )
21  {
22    int k=4,n=10;      // 声明变量
23    cout<<" 从 1 到 "<<n<<" 的 "<<k<<" 次幂 =" <<sump(k,n)<<endl; // 调用 sump 函数并输出结果
24    return 0;
25  }
```

【运行结果】

编译、连接、运行程序，即可在命令行中输出如下图所示的结果。

【范例分析】

　　在主程序中调用 sump 函数，在 sump 函数中又调用 powers 函数，如下图所示。powers 函数被反复调用了 10 次，sump 函数被调用了 1 次。

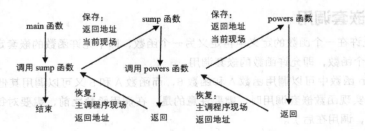

8.4.4　递归调用

　　递归函数就是函数体中通过直接或者间接的方式调用本身的函数。递归函数调用自身的过程被称为函数的递归调用。在数学学习的数列中，可以通过递推式以及首项的值依次推导出后面各项的值。递归调用由首项进入，通过一级一级调用找到最后一项，并得出其值，然后一级一级返回得出首项的值，即递归函数的最终返回值。

　　递归调用包括直接递归调用和间接递归调用两种形式。

　　（1）直接调用本函数。如下例，调用函数 f，而函数 f 再次调用函数 f 本身。

```
int f(int x)
{
    int y,z;
    z=f(y);
    return (2*z);
}
```

　　（2）间接调用本函数。如下例，在调用 f1 函数的过程中要调用 f2 函数，而在调用 f2 函数的过程中又调用 f1 函数。

```
int f1(int a)
{
    int b;
    b=f2(a+1);
}
int f2(int s)
{
    int c;
    c=f1(s-1);
}
```

　　在递归调用中，主调函数又是被调函数。执行递归函数将反复调用其自身。每调用一次就进入新的一层。

　　递归算法的实质是将原有的问题拆解出跟一个原问题相似的新问题，一层一层拆解，直到产生的新问题可以解决。再一层一层返回求出原问题的值，这是有限的递归调用。只有有限的递归才有意义，无限递归调用相当于死循环，没有实际意义。

　　递归的过程有以下两个阶段。

　　（1）递推：将原有问题不断地分解为新的问题，逐渐从未知向已知推进，最终达到已知的条件，即递归结束的条件，这时递推阶段结束。例如，求 10!，可以进行如下分解。

$$10! = 9! *10$$
$$9! = 8! *9$$
$$\cdots$$
$$2! = 1! *2$$
$$1! = 1$$

　　（2）回归：从已知的条件出发，按照递推的逆过程，逐一求值回归，最后达到递推的开始处，结束回归阶段，完成递归调用。

$$1! = 1$$
$$2! = 1! *2$$
$$\cdots$$
$$9! = 8! *9$$
$$10! = 9! *10$$

范例 8-6　求10的阶乘

（1）在 Code::Blocks 17.12 中，新建名称为"Ten Factor"的【C/C++ Source Files】文件。
（2）在代码编辑窗口中输入以下代码（代码 8-6.txt）。

```
01  // 范例 8-6
02  //Ten Factor 程序
03  // 求 10！
04  //2017.07.14
05  #include <iostream>          // 预处理命令
06  using namespace std;
07  int fun(int n)          // 定义函数 fun
08  {
09    int z;
10    if(n>1)
11      z=fun(n-1)*n; // 直接调用本身，由 fun（n）转换为 fun（n-1）
12    else
13      z=1; //n<=1 时退出返回到 main 函数
14    return z;
15  }
16  int main( )
17  {
18    int i=10, k=1;        // 声明变量
19    k=fun(10);           // 调用 fun 函数，并把结果赋值给 k
20    cout<<"10!="<<k<<endl;  // 输出 k 的值
21    return 0;
22  }
```

【运行结果】

编译、连接、运行程序，即可在命令行中输出如下图所示的结果。

```
■ *D:\Final\ch08\范例8-6\Ten Factor\bin\Debug\Ten Factor...

10!=3628800

Process returned 0 (0x0)   execution time : 0.013 s
Press any key to continue.
```

【范例分析】

在 fun 函数中，当 $n>1$ 时 fun 函数又调用自身，这是函数的递归调用，fun 函数通过递归方式一层一层地调用，直到 $n=1$ 时得出 z 的值，然后一层一层返回，得出 fun 函数的返回值。执行过程如下图所示。

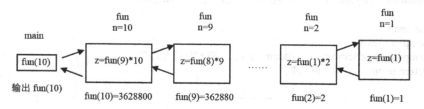

8.4.5　函数的重载

在 C 语言中，每个函数必须有一个唯一的名字，这样就必须记住每一个函数的名字。例如，求最大值的函数，由于处理的数据类型不同，因此要定义不同的函数名。

```
int max1(int,int);
int max2(int ,int ,int);
double max3(double,double);
```

这几个函数都是求最大值的，但必须用不同的函数名，确实很麻烦。

在 C++ 中允许多个同名函数存在，但同名函数的各个参数必须不同：形参个数不同，或者形参个数相同，但参数类型有所不同。这就是函数的重载。

📋 范例 8-7　　调用重载函数

（1）在 Code::Blocks 17.12 中，新建名称为 "Overload Max" 的【C/C++ Source Files】文件。
（2）在代码编辑窗口中输入以下代码（代码 8-7.txt）。

```
01  // 范例 8-7
02  //Overload Max 程序
03  // 调用重载函数
04  //2017.07.14
05  #include <iostream>
06  using namespace std;
07  int max(int,int);      // 声明 max 函数，有两个 int 参数
08  double max(double,double);   // 声明 max 函数，有两个 double 参数
09  int max(int,int,int);  // 声明 max 函数，有三个 int 参数
10  int main( )
11  {
12      int i=5,j=9,k=10,p=0;        // 声明变量
13      double m=33.4,n=8.9,q=0;
14      p=max(i,j);       // 调用 max 函数，实参为两个 int 类型
15      cout<<i<<","<<j<<" 两个数中的大数 "<<p<<endl;
16      p=max(i,j,k);      // 调用 max 函数，实参为三个 int 类型
17      cout<<i<<","<<j<<","<<k<<" 三个数中的大数 "<<p<<endl;
18      q=max(m,n);       // 调用 max 函数，实参为两个 double 类型
19      cout<<m<<","<<n<<" 两个数中的大数 "<<q<<endl;
20      return 0;
21  }
22  int max(int x,int y)  // 函数的定义，有两个 int 参数
23  {
24      return x>y?x:y;    // 返回大数
25  }
26  double max(double x,double y)         // 函数的定义，有两个 double 参数
27  {
28      return x>y?x:y;    // 返回大数
29  }
30  int max(int x,int y,int z)      // 函数的定义，有三个 int 参数
31  {
32      int temp;
33      temp=x>y?x:y;
34      temp=temp>z?temp:z;        //temp 为 x、y 和 z 中最大的数
35      return temp;       // 返回大数
36  }
```

【运行结果】

编译、连接、运行程序，即可在命令行中输出如下图所示的结果。

【范例分析】

范例程序中重载了三个 max 函数，分别对两个整型数据、两个浮点型数据或者三个整型数据计算出最大值。程序会根据传递的参数类型和个数确定调用哪个 max 函数。

使用函数重载时需要注意：只有功能相近的函数才有必要重载。互不相干的函数使用函数重载只会造成混乱，降低程序的可读性。重载函数的参数列表必须不同，而返回值不作为判断是否为重载函数的条件。

合理地使用函数重载可以方便用户对功能相近的函数进行调用，减轻用户对函数名的记忆负担，能够提高程序的可读性。

8.4.6 带默认值的函数

在函数调用时，形参值一般是由实参值决定的。对于参数列表中不太重要的参数，或者大多数情况下参数都是某值时，C++ 允许为这种形参设置一个默认值。

01 函数的声明

函数的默认值一般在函数声明中提供，当声明中定义的有默认值时，函数定义时不允许再指定默认值。如果函数只有定义，就可以在函数定义中为参数指定默认值。

📝 范例 8-8　　使用带默认值的函数输出三维坐标

（1）在 Code::Blocks 17.12 中，新建名称为 "Threedimens coordinate" 的【C/C++ Source Files】文件。
（2）在代码编辑窗口中输入以下代码（代码 8-8.txt）。

```
01  // 范例 8-8
02  //Threedimens coordinate 程序
03  // 使用带默认值的函数输出三维坐标
04  //2017.07.14
05  #include <iostream>
06  using namespace std;
07  void point(int x,int y=0,int z=0)          // 定义函数，y 和 z 带默认参数
08  {
09      cout<<"("<<x<<","<<y<<","<<z<<")"<<endl;
10  }
11  int main( )
12  {
13      int x,y,z;              // 声明变量
14      cout<<" 输入 X 坐标、Y 坐标和 Z 坐标值: "<<endl;
15      cin>>x>>y>>z;
16      point(x);              // 调用 point 函数，有一个参数
17      point(x,y);            // 调用 point 函数，有两个参数
18      point(x,y,z);          // 调用 point 函数，有三个参数
19      return 0;
20  }
```

【运行结果】

编译、连接、运行程序。在命令行中根据提示输入任意三个数据，按【Enter】键即可输出三个不同的三维坐标值，如下图所示。

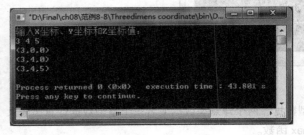

【范例分析】

范例中定义了一个带有默认值的 point 函数。在对 point 函数进行的三次调用中，依次使用 y 和 z 的默认值、使用 z 的默认值以及不使用默认值的方式对 point 传入不同个数的参数，完成多个坐标点的输出显示。

02 带默认值的形参顺序规定

实参与形参的结合是从左至右进行的。因此指定默认值的参数必须放在形参表列中的最右端，否则会出错，当调用函数时，实参只能从左往右依次传递参数。

例如，point 函数正确声明为 "void point(int x,int y=0,int z=0);" 而 不 能 写 为 "void point(int =0,int,int =0);" 或者 "void point(int =0,int =0,int);"。

在调用 point 函数时，具体形式如下。

```
point( x );         // 正确
point(x , y);       // 正确
point(x , y , z);   // 正确
point( );           // 错误，x 没有参数值
point(x , , z);     // 错误，只能从右向左进行匹配
```

03 默认参数与函数重载

利用带默认值的函数可以传入个数不同的参数，相当于多个简单的函数合为一个。对于带有默认值的函数不能对其进行重载，重载函数的参数中也不能带有默认值。因为当函数重载和默认参数同时存在时，传入参数个数不同，程序就无法判定调用的是重载函数还是带默认值的函数，会导致出现二义性，程序无法执行。例如：

```
void point(int x , int y);
void point(int x , int y=0,int z=0);
point(x,y);         // 系统无法判定调用的是第一行的函
                    数还是第二行的函数
```

04 默认值的限定

形参设置的默认值可以是全局变量、全局常量或者一个函数表达式。默认值不能是局部变量，因为带默认值的函数调用是在编译时确定的，而局部变量的位置与值在编译时是不能确定的。

▶8.5 局部变量和全局变量

程序中不同变量作用的不同范围称为作用域（Scope）。作用域就是变量的有效范围。作用域包括文件作用域、函数作用域、块作用域和函数原型作用域。其中文件作用域是全局的，其他三者是局部的。

全局变量是指定义在函数体外，作用于整个程序的变量。定义在函数体内或者块中的变量则为局部变量。程序中的变量在内存中分布的区域被程序分为了 4 个区域：代码区、全局数据区、堆区和栈区。

（1）代码区：存放程序的代码，即程序中的各个函数代码块。

（2）全局数据区：存放程序的全局数据和静态数据。

（3）堆区：存放程序的动态数据。

（4）栈区：存放程序的局部数据，即各个函数中的数据。

各个区域在内存中的位置如下图所示。

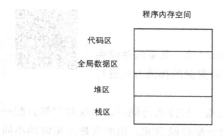

程序内存空间

代码区

全局数据区

堆区

栈区

8.5.1 局部变量

在函数内或在块内定义的变量，只在该函数或块的范围内有效，即只有在本函数内或块内才能使用，在此之外是不能使用这些变量的，这种变量称为局部变量。程序执行到该局部变量块时，系统自动为局部变量分配内存，在退出该块时，系统自动回收该块局部变量占用的内存。

局部变量的类型修饰符是 auto，表示该变量在栈中分配空间，但习惯上都省略 auto。

```
char f1(int x, int y)    //x、y 在函数 f1 范围有效
{
  int i,j;   //i、j 在函数 f1 有效
  …
}
int main( )    //m、n 在 main 函数范围有效
{
  int m,n;
  …
  {
    int i,j;//i、j 在块中有效
    …
  }
}
```

对于局部变量的使用需要注意以下几点。

（1）main 函数中定义的变量也属于局部变量，其只在主函数中使用，而 main 函数不能使用其他函数中定义的变量。

（2）不同函数中定义的同样名称的变量，在内存中占用不同存储空间，属于不同的变量，它们之间没有关系，互不影响。

（3）在语句块中定义的变量，它的作用域为在此语句块之后的代码段。

（4）函数的形式参数是局部变量，只在函数体内有效。

（5）在函数声明中出现的形参名，其作用范围只在本行的括号内。编译系统会忽略函数声明中的形参名，因此函数声明时一般只写形参类型。

（6）同一作用域的变量不允许重名，不同作用域的变量是可以重名的。不同作用域的局部变量同名的处理规则是：内层变量在其作用域内，将屏蔽其外层作用域的同名变量。

8.5.2 全局变量

全局变量是指定义在函数体外，在整个程序都起作用的变量。全局变量存放在内存的全局数据区。若程序中定义的全局变量没有进行初始化，则系统会自动对其赋初值，数值型变量值为 0，char 类型为空，bool 类型为 0。例如：

```
int i=10;      // 全局变量
int main()
  {
    int j=i;
    …
    return 0;
  }
void func()
  {
    int s;
    s = i;
    …
  }
```

上述代码定义了一个全局变量 i，变量 i 在程序的所有位置都是有效的。main 函数中可以访问全局变量 i，因为在程序运行 main 函数之前全局变量 i 就已经被系统创建成功了。使用全局变量的作用是增加函数间数据联系的渠道。

使用全局变量需要注意以下几点。

（1）全局变量在整个程序的执行中会一直占用某个存储单元，直到运行结束。

（2）所有函数中都可以对全局变量进行修改，程序的安全性会因此降低，程序会更容易发生错误。

（3）与全局变量同名的局部变量在其作用域中会屏蔽该全局变量。如果需要访问该全局变量可以在变量名前加入作用域运算符 "::" 访问全局变量。例如：

```
int i=5;       // 全局变量 i
int main(void)
  {
    int i=10,j=15;
    ::i=::i+2;    // 全局变量 i
    j=::i + i;    // 全局变量 i、局部变量 i 和 j
    cout<<"::i="<<::i;    // 全局变量 i
    cout<<",i="<<i<<",j="<<j<<'\n';// 局部变量 i 和 j
  }
```

▶8.6 变量的存储类别

每个变量都有生命期，也称存储期，指的是变量在内存中存在的时间。变量的存储类别是指数据在内存中存储的方式，根据不同变量所具有的不同生命期对变量的存储方式进行划分。引入存储类别是为了提高内存的使用效率。

变量的存储类别一般包括静态存储和动态存储两种。静态存储是指在程序运行期间，系统对变量分配一个固定的存储空间。动态存储是在程序运行期间，系统对变量动态地分配存储空间。根据变量作用域的不同将变量划分为局部变量和全局变量，根据变量存储类别的不同将变量分为自动 (auto) 变量、静态类型 (static) 变量、寄存器 (register) 变量和外部 (extern) 变量。

01 自动变量

自动变量，只在定义时才被创建，在定义它们的函数返回时系统回收变量所占存储空间。自动变量存储空间的分配和回收都是由系统自动完成的。一般情况下，不做专门说明的局部变量均为自动变量。可以用关键字 auto 对自动变量进行说明。例如：

```
void f(void)
{
    int x;         // 默认为：auto int x;
    auto int y;
}
```

02 静态类型变量

静态类型变量，是指用 static 修饰的局部变量。静态变量的存储类别为静态存储。静态类型变量在程序开始执行时获得所分配的内存，生命期为程序运行的整个周期，作用域是定义静态变量的函数体或语句块中，是局部的。函数调用完毕后静态变量不会被立即销毁，在下次访问该函数时，静态变量为上次函数执行结束后保留的值。

📝 范例 8-9   静态变量的使用

（1）在 Code::Blocks 17.12 中，新建名称为 "Static Variable" 的【C/C++ Source Files】文件。
（2）在代码编辑窗口中输入以下代码（代码 8-9.txt）。

```
01  // 范例 8-9
02  //Static Variable 程序
03  // 静态变量的使用
04  //2017.07.14
05  #include <iostream>
06  using namespace std;
07  void fun(int a)       // 定义 fun 函数，无返回值
08  {
09      cout<<" 第 "<<a+1<<" 次调用 "<<endl;
10      auto int x=0;      // 定义 x 为自动变量
11      static int y=0;    // 定义 y 为静态局部变量
12      x=x+1; //x 加 1
13      y=y+1; //y 加 1
14      cout<<" 自动变量 "<<"x="<<x<<endl;
15      cout<<" 静态变量 "<<"y="<<y<<endl;
16  }
17  int main( )
```

```
18  {
19      int i;    // 声明变量
20      for(i=0;i<3;i++)  // 循环 3 次
21      fun(i);  // 调用 fun 函数
22      return 0;
23  }
```

【运行结果】

编译、连接、运行程序，即可在命令行中输出如下图所示的结果。

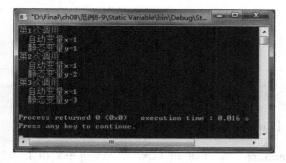

【范例分析】

范例中函数 fun 定义了一个自动变量 *x* 和一个静态变量 *y*。main 函数中 3 次调用 fun 函数，自动变量 *x* 每次都会重新定义和并初始化为 0，累加后输出都是 1，静态变量 *y* 的值每次都是在原来的基础上进行累加，因此 3 次分别输出 1、2 和 3。

03 寄存器变量

用 register 修饰的局部变量是寄存器变量。使用寄存器变量的目的是将声明的变量存入 CPU 的寄存器内，而不是内存。程序使用该变量时，CPU 直接从寄存器取出进行运算，不必再到内存中去存取，从而提高了执行的效率。另外，如果系统寄存器已经被其他数据占据，寄存器变量就会自动转为 atuo 变量。

对寄存器变量的说明如下。

（1）寄存器变量主要用作循环变量，存放临时值。

（2）静态变量和全局变量不能定义为寄存器变量。

（3）有的编译系统把寄存器变量作为自动变量来处理，有的编译系统则会限制定义寄存器变量的个数。

在程序中定义寄存器变量对编译系统只是建议性（而不是强制性）的。当今的优化编译系统能够识别使用频繁的变量，自动将这些变量放在寄存器中。

04 外部变量

外部类型变量，是用 extern 修饰的全局变量，主要用于下列两种情况。

（1）同一文件中，全局变量使用在前，定义在后。

（2）多文件组成一个程序时，一个源程序文件中定义的全局变量要被其他若干个源程序文件引用时。例如：

```
file1.cpp
int main()
int b=5;
{
    …
    extern int a,b;
    a=3;
    b=10;
    cout<<"file1.cpp---a="<<a<<endl;
    cout<<"ile2.cpp---b="<<b<<endl;
    return 0;
}
int a=5;
…
```

▶ 8.7 内部函数和外部函数

变量有其作用域，会决定变量的使用范围。函数同样有"作用范围"，决定函数是否能被其他文件中的函数调用。根据作用范围的不同，可以将函数分为内部函数和外部函数两类。

01 内部函数

内部函数是指只能被本文件中的其他函数进行调用的函数。在定义内部函数时，需要在函数名和函数类型的前面加 static，因此内部函数又称静态函数。因为内部函数只能被所在文件中的函数调用，所以在不同的文件中同名的内部函数互不干扰。

格式如下。

static 类型标识符 函数名 (形参表)；

例如：

static int fun(int a,int b)；

02 外部函数

外部函数是函数的默认类型，没有用 static 修饰的函数均为外部函数，也可以用关键字 extern 进行说明。外部函数除了可以被本文件中的函数调用外，还可以被其他源文件中的函数调用，但在需要调用外部函数的其他文件中，先用 extern 对该函数进行说明。

格式如下。

extern 函数名 (形参表)；

📝 范例 8-10   外部函数的使用

（1）在 Code::Blocks 17.12 中，单击【project】➢【Console application】➢【C++】，新建名称为"Exam8_10"的项目文件。

（2）在工作区【Workspace】视图中，重命名"main.cpp"为"Ex8_10_1.cpp"，双击【Ex8_10_1.cpp】，在代码编辑窗口中输入以下代码（代码 8-10-1.txt）。

```
01  // 范例 8-10
02  //Ex8_10_1 程序
03  // 外部函数的使用
04  //2017.07.14
05  #include <iostream>
06  using namespace std;
07  int main()
08  {
09      extern int fun(int i);        // 声明为外部函数
10      extern int a;        // 声明为外部变量
11      cout<<" 输入整数 n: ";
12      cin>>a; // 输入变量的值
13      long s=0;
14      s=fun(a);            // 调用外部函数
15      cout<<a<<"!="<<s<<endl;
16      return 0;
17  }
```

（3）该项目有多个源程序文件，创建方法是新建名称为"Exam8_10_2.cpp"的【C/C++ Source Files】文件，并勾选添加到当前工程。

（4）在代码编辑窗口输入以下代码（代码 8-10-2.txt）。

```
01  // 范例 8-10
02  //Ex8_10_2 程序
03  // 外部函数的使用
04  //2017.07.14
05  #include <iostream>
```

```
06    using namespace std;
07    int a=0;    // 全局变量
08    int fun(int n)        // 定义函数
09    {
10      int s=1; // 声明变量
11      for(int i=1;i<=n;i++)
12        s*=i;   // 求 n 的阶乘
13      return s;// 返回 n 的阶乘值
14    }
```

【运行结果】

编译、连接、运行程序。在命令行中根据提示输入任意一个整数，按【Enter】键即可输出这个数的阶乘，如下图所示。

【范例分析】

在 file1 中要使用 file2 中的函数，所以要将 fun 函数声明为外部函数。全局变量 a 是在 file2 中定义的，所以在 file1 中使用时要将 a 声明为外部变量。

▶8.8　内联函数

一般函数在调用时都需要进行保存寄存器、参数传递、在调用结束后恢复寄存器等操作，因此在调用函数时会产生一些额外的时间开销。对于那些函数体小、执行时间短但又频繁使用的函数来说，这种额外的时间开销无疑会非常影响程序执行效率。

内联函数在编译时将函数体嵌入到每个内联函数调用处，在调用时可以进入函数体执行，因此内联函数会省去函数调用的额外开销。它以增加程序代码的存储开销为代价来减少程序执行的时间开销，这是一种以空间换时间的方式。只有简单、频繁调用的函数才有必要说明为内联函数。

内联函数的定义如下。

---

inline 类型标识符 函数名 (形参表)
{
　函数体
}

使用内联函数时需要注意以下几点。

（1）内联函数中不能包含循环语句和 switch 语句。

（2）内联函数必须在调用之前声明或者定义。

（3）内联函数不能指定抛掷异常的类型。

（4）函数用 inline 修饰只是向编译器提出了内联请求，编译器是否将其作为内联函数来处理由编译器决定。

范例 8-11   使用内联函数求10个数中的最大数

（1）在 Code::Blocks 17.12 中，新建名称为 "Inline Max" 的【C/C++ Source Files】文件。
（2）在代码编辑窗口中输入以下代码（代码 8-11.txt）。

```
01  // 范例 8-11
02  //Inline Max 程序
03  // 使用内联函数求 10 个数中的最大数
04  //2017.07.14
05  #include <iostream>
06  using namespace std;
07  inline int max(int ,int);        // 声明内联函数
08  int main()
09  {
10      int a[10],i;        // 声明数组和变量
11      cout<<" 输入 10 个数据: "<<endl;
12      for(i=0;i<10;i++){        // 循环 10 次
13        cin>>a[i];
14      }        // 为元素输入数据
15      int temp=a[0];    //temp 保存第 1 个元素的值
16      for( i=0;i<10;i++)        // 循环 10 次
17      {
18        temp=max(temp,a[i]);
19      }        // 调用 max 函数
20      cout<<"10 个数据中的最大数为: "<<temp<<endl;
21      return 0;
22  }
23  inline int max(int x,int y)    // 即使没有 inline，仍然视为内联函数
24  {
25      return x>=y?x:y; // 返回大数
26  }
```

【运行结果】

编译、连接、运行程序。在命令行中根据提示输入任意 10 个数据，按【Enter】键即可输出 10 个数中的最大数，如下图所示。

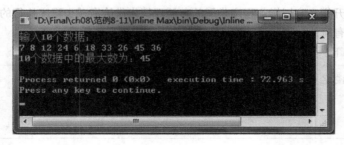

【范例分析】

在函数前面使用关键字 inline 修饰，该函数就变成了内联函数。该内联函数调用了 10 次，每次取得两个数中的大数。

▶ 8.9　编译预处理

预处理程序又称为预处理器，包含在编译器中。预处理程序首先读源文件。预处理的输出是"翻译单元"，是存放在内存中的临时文件。编译器接受预处理的输出，并将源代码转换成包含机器语言指令的目标文件。

预处理程序对源文件进行第 1 次处理，它处理的是预处理命令，文件包含命令、宏定义命令和条件编译命令（见2.1.1 节中的预处理命令）。

01 文件包含命令的编译预处理

C++ 程序提供了 #include 命令，用于实现文件包含的操作。它有下面两种形式。

（1）#include ＜文件名＞。

（2）#include "文件名"。

对于第 1 种形式，C++ 预处理程序会到系统指定的文件包含目录中搜索文件，并把它嵌入当前文件中。

对于第 2 种形式，C++ 预处理程序会先在当前文件所在目录中进行搜索，找不到后再到系统指定的文件包含目录中进行搜索。

02 宏定义命令的编译预处理

C++ 程序提供了 #define 指令，用来进行宏定义，包括不带参数的宏定义和带参数的宏定义两种方式。

不带参数的宏定义形式如下。

#define 标识符 字符串

例如：

#define PI 3.1415926

带参数的宏定义形式如下。

#define 宏名（参数表）字符串

例如：

#define Sum(a,b) a+b
　　S=Sum(1,2);

对于不带参数的宏定义命令，C++ 预处理程序在编译时，将宏名替换成指定字符串，该过程称为"宏展开"。C++ 预处理程序对于宏定义命令只做字符替换，不为其分配内存空间。

对带有参数的宏定义命令，C++ 预处理程序在编译时，将带参数的宏名替换为指定字符串，参数按照宏定义中指定的字符序列从左到右进行替换，调用时将形参替换为对应的实参，如 Sum 将 Sum(1,2) 替换为"1+2"。

📝 范例 8-12　带参数的宏定义

（1）在 Code::Blocks 17.12 中，新建名称为 "Define" 的【C/C++ Source File】源文件。

（2）在代码编辑窗口中输入以下代码（代码 8-12.txt）。

```
01  // 范例 8-12
02  //Define 程序
03  // 带参数的宏定义
04  //2017.07.14
05  #include<iostream>
06  using namespace std;
07  #define PI 3.14
08  #define Area(r)  PI*r*r
```

```
09  int main()
10  {
11    float x,area;
12    cout<<" 请输入半径 :";
13    cin>>x;
14    area=Area(x);
15    cout<<"x="<<x<<",area"<<area<<endl;
16    return 0;
17  }
```

【运行结果】

编译、连接、运行程序，即可在命令行中输出如下图所示的结果。

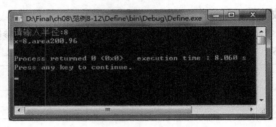

【范例分析】

范例中第 07 行是一个不带参数的宏定义，第 08 行是一个带有参数的宏定义。在编译预处理中，第 14 行的语句"area=Area(x)；"宏展开的结果为"area=3.14*x*x；"。

使用带参数的宏定义时需注意以下两点。

（1）定义带参数的宏时，宏名与后面的左括号"（"之间不能有空格，否则将空格以后的字符统统都作为宏体的内容进行替换。例如，若有 #define Area (r) PI*r*r，则 Area 是一个不带参数的宏名，它代表字符序列"(r) PI*r*r"。

（2）为了保证宏展开的正确性，通常将宏体中的参数以及宏体本身都用圆括号括起来。

带参数的宏与有参函数的比较如下。

（1）带参数的宏定义时有点像函数，在调用时，形参与实参一一对应，与函数调用的方式相似，但不是函数，它们有本质上的区别。

（2）函数调用时，要先求出实参表达式的值，然后代入形参，而使用带参的宏只是进行简单的字符串替换。

（3）函数调用要为形参分配内存单元，而宏调用则不涉及，不进行值的传递处理，也没有"返回值"的概念。

（4）函数定义时，形参和实参的类型要一致；而宏不存在类型问题，只是简单的字符串替换。

（5）函数的 return 只能返回一个值，而宏可以设法得到 n 个结果。

（6）宏替换对所有的宏名展开，使源程序增长，而函数调用却不会使程序增长。

（7）宏替换不占运行时间，只占编译时间。

> **注意**
>
> 在 C 语言中，#difine 用来建立常量，或者定义带参数的宏。在 C++ 语言中，仍然保留了这些特征，但是经常使用 const 语句代替不带参数的宏，而使用 inline 内联函数代替带参数的宏。

03 条件编译的编译预处理

C++ 通过使用条件编译使同一源程序在不同的编译条件下得到不同的目标代码。

C++ 提供的条件编译命令有以下四种形式。

（1）第 1 种格式如下。

```
# ifdef   标识符
    程序段 1
[# else
    程序段 2   ]
# endif
```

对于该命令，C++ 预处理程序判断指定的标识符是否已经被 #define 定义过，定义过则只编译程序段 1，否则编译程序段 2。

（2）第 2 种格式如下。

```
# ifndef   标识符
    程序段 1
[# else
    程序段 2   ]
# endif
```

对于该命令，C++ 预处理程序判断标识符是否没有被 #define 命令定义过，没被定义过则编译程序段 1，否则就编译程序段 2。

范例 8-13　条件编译命令的使用

（1）在 Code::Blocks 17.12 中，新建名称为 "Compile Command" 的【C/C++Source File】文件。
（2）在代码编辑窗口中输入以下代码（代码 8-13.txt）。

```
01  // 范例 8-13
02  //Compile Command 程序
03  // 条件编译命令的使用
04  //2017.07.14
05  #include <iostream>
06  using namespace std;
07  int main( )
08  {
09    #ifdef PI        //如果定义了 PI
10    cout<<"PI="<<PI<<endl;  //输出 PI 的值
11    #else   //没有定义 PI 时
12    #define PI 4     //定义 PI=4
13    #endif
14    cout<<"PI="<<PI<<endl;
15    #undef PI        //撤销 PI 的宏定义
16    return 0;
17  }
```

【运行结果】

编译、连接、运行程序，即可在命令行中输出如下图所示的结果。

【范例分析】

范例程序中先判断 PI 是否已被宏定义，已经被定义时输出 PI 宏定义的值，没有定义时则将 PI 宏定义为 4，然后利用 undef 命令撤销宏定义。

（3）第 3 种格式如下。

```
# if    表达式 1
    程序段 1
[#elif   表达式 2
    程序段 2]
#endif
```

对于该命令，C++ 预处理程序判断指定的表达式（整型常量表达式）的值是否为真或非零，为真或非零时编译程序段 1，否则编译程序段 2。

（4）第 4 种格式如下。

```
# if    表达式 1
    程序段 1
#elif   表达式 2
    程序段 2
#elif   表达式 3
    程序段 3
...
[# else
    程序段 n+1]
# endif
```

对于该命令，C++ 预处理程序判断表达式 1 的值是否为真，为真则编译程序段 1；否则，判断表达式 2 的值是否为真，为真则编译程序段 2……直到所有表达式值都为假时，再编译程序段 n+1。

📝 范例 8-14　　输入一行字符，根据需要设置条件编译，使之能将其中的字母字符全改为大写或小写字母，而其他字符不变，然后输出

（1）在 Code::Blocks 17.12 中，新建名称为 "Exchange Char" 的【C/C++ Source Files】文件。
（2）在代码编辑窗口中输入以下代码（代码 8-14.txt）。

```
01  // 范例 8-14
02  /Exchange Char 程序
03  // 字符改变
04  //2017.07.14
05  #include<iostream>
06  using namespace std;
07  #include<stdio.h>
08  #define flag        //A
09  int  main()
10  {
```

```
11    char ch;
12    ch=getchar();
13    while(ch!='\n')
14    {
15      #ifdef flag
16      if(ch>='a'&&ch<='z')ch-=32;  //B
17      #else
18      if(ch>='A'&&ch<='Z')ch+=32;  //C
19      #endif
20      cout<<ch;
21      ch=getchar();
22    }
23    cout<<endl;
24    return 0;
25  }
```

【运行结果】

编译、连接、运行程序，即可在命令行中输出如下图所示的结果。

【范例分析】

本例的行 A 定义了一个宏 flag，因此在对条件编译 #ifdef 命令进行预处理时，是对行 B 进行编译，运行时使小写字母字符全变为大写。如果去掉行 A 内容，则对行 C 进行编译，使大写全部变为小写。

▶8.10 综合案例

本节通过一个综合实例来巩固函数、变量的类型以及预处理命令等知识。

求两个数的最大公约数和最小公倍数，可以用辗转相除法求取。辗转相除法求最大公约数的方法：先用小的一个数除大的一个数，得第一个余数；再用第一个余数除小的一个数，得第二个余数；又用第二个余数除第一个余数，得第三个余数……这样逐次用后一个数去除前一个余数，直到余数是 0 为止。最后一个除数就是所求的最大公约数。再根据两个数的最大公约数和最小公倍数的乘积等于这两个数的乘积，可求出最小公倍数。

本案例通过函数的调用和全局变量的使用实现了求最大公约数和最小公倍数。流程图如下图所示。

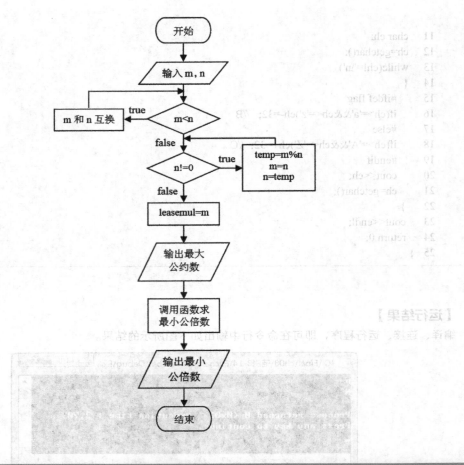

11　char ch;
12　ch=getchar();
13　while(ch!='\n')
14　{
15　#ifdef flag
16　if(ch>='a'&&ch<='z'||ch>='A'
17　else
18　if(ch>='A'&&ch<='Z'||ch>
19　#endif
20　cout<<ch;
21　ch=getchar();
22　}
23　cout<<endl;
24　return 0;
25　}

📋 范例 8-15　　编程实现计算两个数的最大公约数和最小公倍数

（1）在 Code::Blocks 17.12 中，新建名称为 "Divisor Multiple" 的【C/C++ Source Files】源文件。
（2）在代码编辑窗口中输入以下代码（代码 8-15.txt）。

```
01  // 范例 8-15
02  // 求最大公约数和最小公倍数的程序
03  // 求最大公约数和最小公倍数
04  //2017.07.14
05  #include <iostream>
06  using namespace std;
07  int leasemul;          // 定义全局变量
08  void mul(int m,int n)
09  {
10     int temp;           // 定义局部变量
11     if(m<n)
12     {
13        mul(n,m);        // 函数的嵌套调用
14     }
15     else
16     {
17        while(n!=0)      // 不为 0 则循环
18        {
```

```
19        temp=m%n; // 取余数
20        m=n;
21        n=temp;
22      }
23      leasemul=m;   // 设置全局变量的值
24    }
25  }
26  int  divisor(int m,int n)
27  {
28    int temp=m*n;     //m 与 n 的积
29    temp=temp/leasemul;      // 引用全局变量
30    return temp;      // 返回全局变量的值
31  }
32  int main( )
33  {
34    int m,n;// 定义局部变量
35    cout<<" 输入两个数据: ";
36    cin>>m>>n;        // 输入两个数据
37    mul(m,n);         // 调用函数
38    cout<<m<<" 与 "<<n<<" 最大公约数是 ";
39    cout<<leasemul<<endl;       // 使用全局变量
40    int j=divisor(m,n);        // 调用函数求最小公倍数
41    cout<<m<<" 与 "<<n<<" 最小公倍数是 "<<j<<endl;
42    return 0;
43  }
```

【代码详解】

第 13 行中的 "mul(n,m);" 语句是函数递归调用的形式，相当于 n 与 m 的交换，确保了 m 大于或等于 n，这样就可以使用辗转法求出最大公约数。

【运行结果】

编译、连接、运行程序，即可在命令行中输出如下图所示的结果。

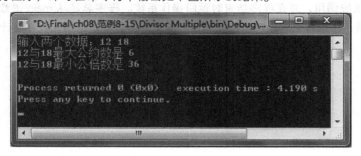

【范例分析】

程序调用 mul 函数求出最大公约数，并使用全局变量 leasemul 保存。使用 divisor 函数求出最小公倍数，并用 return 返回结果。

▶ 8.11 疑难解答

问题 1：函数声明和函数定义有何区别？

解答：函数的声明是在调用该函数前说明函数类型和参数类型。函数的定义是由语句来描述函数的功能。C++ 要求函数在被调用之前，应当让编译器知道该函数的原型，以便编译器利用函数原型提供的信息去检查调用的合法性。对于标准库函数，用 #include 宏命令将其声明在头文件中。对于用户自定义的函数，先定义后调用的函数可以不用声明，但后定义先调用的函数必须声明。

问题 2：调用函数，传递函数参数时需要注意什么问题？

解答：参数传递时，需要遵守的规则是——形参和实参个数必须相同，形参和实参之间的数据类型必须相同，形参和实参的顺序必须一一对应。如果与函数中的参数列表不同，则编译器会报错，在函数重载中也会提出，参数列表不同的函数会被编译器识别为不同的函数。

根据传递方式的不同参数传递可分为值传递和引用传递。当不希望被调用函数修改原数据内容，只是进行一些功能操作时，应使用值传递方式。值传递，可以防止原数据被修改，例如：

```cpp
#include <iostream>
using namespace std;
void change(int m)
{
    m++;
}
int main()
{
    int m=3;    // 声明变量
    change(m);
    cout<<m;
    return 0;
}
```

输出结果：3。

由输出结果可以看出值传递并没有改变参数的值。

问题 3：main 函数和子函数有何关系？

解答：C++ 程序是函数的集合，由一个 main 函数 main() 和若干个子函数构成。main 函数 main() 是一个特殊的函数，由操作系统调用，并在程序结束时返回操作系统。程序总是从 main 函数开始执行，main 函数再分别调用其他子函数，子函数之间也可以相互调用。这里的函数就是结构化程序设计方法中的模块。

第 **9** 章

内存的快捷方式
——指针

指针就是内存地址，访问不同的指针就是访问内存中不同地址中的数据。指针并不是用来存储数据的，而是用来存储数据在内存中的地址，它是内存数据的快捷方式。通过这个快捷方式，即使不知道这个数据的变量名，也可以操作它正确地使用指针以提高程序的执行效率。认真学习本章，深刻领会指针的用法，将会给你的程序开发带来巨大的帮助。

本章要点（已掌握的在方框中打钩）

☐ 指针概念
☐ 指针和数组
☐ 指针和函数
☐ const 指针
☐ 特殊指针

▶9.1 指针概述

简单地说，指针就是指向内存中某个位置的地址。在现实生活中，指针的概念也比较常见。例如，酒店每个房间都有门牌号代表房间的位置，这就是指针，而这个门牌号就是指针变量，用于存储指针。

在 C++ 中，指针是内存数据的快捷方式。通过这个快捷方式，即使不知道这个数据的变量名，也可以操作它正确地使用指针。

要正确使用指针，就要先了解指针到底是什么，而要了解指针是什么，则需要知道计算机内存是怎么被划分的。

怎么建立起来指针和变量的联系？ 本节通过几个具体的例子，说明如何正确使用指针，以及在使用过程中需要注意的问题。

9.1.1 计算机内存地址

在介绍指针之前，先让我来讲一讲计算机内存与地址。计算机内存可以看作一辆火车，我们知道火车有很多节车厢，每一节车厢都有车厢编号（坐过火车的人都知道），每一节车厢就可比喻为计算机的一块内存，车厢里面有座位号，通过座位号就可以唯一确定一个座位，座位号就好比这一个内存块的偏移量，通过它可以唯一确定数据存储的位置。

> **注意**
>
> 内存中的每个位置由一个独一无二的地址标识，内存中的每个位置都包含一个值。

现在举例说明内存中的数据存储。表中第 1 行表示内存中实际存储的数据，第 2 行表示内存单元的地址。

内存地址	10000	10004	10006	10008	10012	10016
变量	110	-1	变量 i	变量 j	10000	10008

不同的计算机使用不同的复杂方式对内存进行编号，通常，程序员不需要了解给定的变量具体地址，编译器会处理细节问题，你只需要使用操作运算符 &，就会返回一个对象在内存中的地址。

这里变量 i 的地址是 10006，变量 j 的地址是 10008（Code::Blocks 17.12 中整型占 4 个字节）。变量 i 的地址可以通过 &i 表达式获得，& 是取地址运算符。

指针是一种复合型的数据类型，基于该类型声明的变量称为指针变量，该变量存放在内存中的某个地址，与其他数据类型一样，使用指针之前也必须先定义指针变量。

9.1.2 定义指针和取出指针指向地址中的数据

前面已经知道每一个数据是有地址的，通过地址就可以找到所需的内存空间，所以通常把这个记录地址的标识符称为指针。它相当于旅馆中的房间号。在地址所对应的内存空间中存放数据，就好比旅馆各个房间中居住的旅客。

定义指针的形式如下。

类型名 * 标识符;

例如：

int * p1; // 定义一个指向整型的指针，名字是 p1

char * **p2;**//定义一个指向字符的指针，名字是 **p2**

在定义指针变量时需要注意以下两点。

（1）如果有 int *p，指针变量名是 p ，而不是 * p。

（2）在定义指针变量时必须明确其指向的数据类型。

前面已经学会定义一个指针，知道指针变量存储的是一个数据的地址。知道一个指针，就知道这个数据地址，那么怎么把这个地址中的数据取出来呢？在 C++ 中通过在指针变量前加 * 的方法来取地址中的数据（这种操作叫解引用）。

9.1.3　初始化指针和指针赋值

和其他变量一样，定义一个指针后，在使用此指针前，必须给它赋一个合法的值。指针可以在声明或者赋值语句中初始化，一般来说，C++ 在定义指针的同时初始化指针，形式如下。

数据类型 * 指针名 = 地址名；

例如：

int *p=&a;

其中变量 *a* 必须是 int 类型。

同时，也可以将指针赋初值给另一个指针变量，即把一个已经赋值的指针赋给一个指针。此时这两个指针指向同一个变量的内存地址。

例如：

int a,*p=&a;　　//a 前面的取地址运算一定不可以少

int *q=p;　　　// 这里 p 的指针指向的地址赋值给 q，这里 p 就是地址名

指针赋值：

int a;

int *p;

int *q=&a;

p=&a; 等价于 q=p;

当把一个变量的内存地址作为初始值赋给指针时，该变量必须在指针初始化之前做说明，因为变量只有在说明之后才被分配一定的内存地址。此外，进行指针变量赋值时，该变量的数据类型必须与指针的数据类型一致，因此不可以进行不同数据类型的数据地址给指针赋值。下列一些例子就是错误的赋值方式。

char s;

folat *p;

p=&s;// 不可以将一个字符类型的数据的地址赋值给一个浮点型的指针 p；

p=2;// 不可以将常量赋值给指针，只可以是地址

下面就通过几个例子对指针加深理解。

📝 范例 9-1　　通过指针变量访问整型变量

（1）在 Code::Blocks 17.12 中，新建名为 " 通过指针变量访问整型变量 " 的【 C/C++ Source File 】源程序。

（2）创建完成后，输入以下代码（代码 **9-1.txt**）。

```
01   // 范例 9-1
02   // 通过指针变量访问整型变量的程序
03   // 实现 " 通过指针变量访问整型变量 "
04   //2017.7.15
```

```
05    #include<iostream>
06    using namespace std;
07    int main()
08    {
09      int a;
10      int *p1=&a,*p2=&a;
11      p1=&a;
12      cout<<"p1="<<p1<<endl;
13      cout<<"p2="<<p2<<endl;
14      return 0;
15    }
```

【运行结果】

编译、连接、运行程序，即可在命令行中输出如下图所示的结果。

【范例分析】

指针变量 p1、p2 都指向变量 a，所以输出的变量 p1、p2 的值相同，通过这个例子可以清楚地看到指针变量中存储的内容就是数据的地址。

📋 范例 9-2   通过指针变量访问整型变量

（1）在 Code::Blocks 17.12 中，新建名为"通过指针变量访问整型变量"的【C/C++ Source File】源程序。

（2）创建完成后，输入以下代码（代码 9-2.txt）。

```
01   // 范例 9-2
02   // 通过指针变量访问整型变量的程序
03   // 实现 " 通过指针变量访问整型变量"
04   //2017.7.15
05   #include <iostream>
06   using namespace std;// 包含标准输入输出头文件
07   int main ( )
08   {
09     int m=1,n=2;
10     int *p1, *p2;
11     p1=&m;           // 把变量 m 的地址赋给 p1
12     p2=&n; // 把变量 n 的地址赋给 p2
13     cout<<"m="<<m<<" "<<" n="<<n<<endl;        // 输出结果，输出 m 和 n 的值
14     cout<<"m="<<*p1<<" "<<" n="<<*p2<<endl;    // 输出指针 p1 和 p2 指向地址的值
15     return 0;
16   }
```

【运行结果】

编译、连接、运行程序，即可在命令行中输出如下图所示的结果。

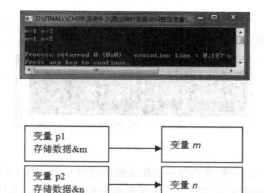

【范例分析】

```
┌─────────────────┐        ┌─────────────┐
│ 变量 p1          │───────▶│ 变量 m      │
│ 存储数据&m       │        │             │
├─────────────────┤        ├─────────────┤
│ 变量 p2          │───────▶│ 变量 n      │
│ 存储数据&n       │        │             │
└─────────────────┘        └─────────────┘
```

把变量 *m*、*n* 和 p1、p2 在图中表示出来。

初始化 p1=&m 后，p1 指向 *m*，也就是 p1 中储存着变量 *m* 的地址，这样输出的 *p1 值就是变量 *m* 的值。p2 同理。

9.1.4 指针的运算

大家已经知道了关于变量的运算方法，那么指针变量自身又是怎么运算的呢？指针的运算就是地址的运算。基于这个特点，指针运算不同于普通变量，只允许有限的几种运算。除了可以对指针赋值外，指针的运算还包括移动指针、两个指针相加减、指针与指针或指针与地址之间进行比较等。

指针的算法运算包括指针与整数的运算和指针与指针的运算。指针与整数的运算意义与通常的数值加减运算的意义是不一样的，下面我们就先来看看指针与整数的运算、指针之间的运算。

例如，p+n，p-n，p++，p--，++p，--p 等，其中 n 是整数。

将指针 p 加上或者减去一个整数 n，表示 p 向地址增加或减小的方向移动 n 个元素单元，从而得到一个新的地址，使得能够访问新地址中的数据。每个数据单元的字节数取决于指针的数据类型。

📝 范例 9-3　　指针变量自身的运算

（1）在 Code::Blocks 17.12 中，新建名称为"指针变量自身的运算"的【C/C++ Source File】源程序。

（2）创建完成后，输入以下代码（代码 **9-3.txt**）。

```
01  // 范例 9-3
02  // 指针变量自身的运算程序
03  // 实现"指针变量自身的运算"
04  //2017.7.15
05  #include <iostream>
06  using namespace std;
07  int main()
08  {
09      int *p1,*p2,a=1,b=10;          // 定义变量
10      p1=&a; //p1 指向变量 a
11      p2=&b; //p2 指向变量 b
12      cout<<" 以 p1 变量所储存的值为地址的变量的值为 "<<*p1<<endl;
13      cout<<" 以 p2 变量所储存的值为地址的变量的值为 "<<*p2<<endl;
14      cout<<" 以 p1-1 变量所储存的值为地址的变量的值为 "<<*(p1-1)<<endl;
15      cout<<" 以 p1 变量所储存的值为地址的变量的值减一后为 "<<*p1-1<<endl;
16      return 0;
17  }
```

【运行结果】

编译、连接、运行程序，即可在命令行中输出如下图所示的结果。

【范例分析】

a 和 b 依次被赋值为 1 和 10，它们在内存中占用连续的存储单元，且 a 和 b 在栈中是向低地址扩展的存储空间（注意这里是栈，如果换成堆就不同了，堆是向高地址扩展的），又因为 int 类型在内存中占用 4 个字节，所以 a 的地址比 b 的地址大 4 个字节。

指针变量是指向 int 类型的，所以 "p1-1" 表示 a 的地址减少 4 个字节后的地址，也就是 p2 所指向的变量 b，所以 "*(p1-1)" 的值是 10，而 "*p-1" 表示 "a-1"，所以其值为 0。

▶9.2　指针和数组

在上一节中，通过典型范例详细地讲解了指针和单个变量的使用。而在实际程序中，数组的使用是非常普遍的。掌握了指针变量后，下一步挖掘指针和数组的关系。根据数组占据内存中连续的存储区域这样一个性质，使用指针将使我们操作数组元素的手段更加丰富。如何建立起指针和数组的关系，又如何使用这样的指针，本节将做介绍。

9.2.1　指针和一维数组

单个变量有地址，其实数组就是一系列的连续地址，所以可以通过定义指针，再加上指针运算来实现指针和数组之间的联系。定义一个指向数组元素的指针变量的方法，与指向变量的指针变量相同。

> **📋提示**
>
> 对于一个数组来说，数组的名称就是这个数组的首地址。同时还应该知道数组名就是一个指针变量。

例如：

```
int array[10]; // 定义 array 为包含 10 个整型数据的数组
int *p;        // 定义 p 为指向整型变量的指针变量
对该指针变量赋值：
p=&array[0]; 或者 p=array;
```

p 指向数组 array 的第一个元素，如下图所示。

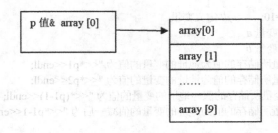

如果想让 p 指针指向下一个元素，怎么做呢？只需要将指针向后移动一个地址就可以了，即 p+1，这样 p 就指向第二个元素。同理，可以将指针指向第三个元素、第四个元素。

既然可以指向数组中的每一个元素，就可以通过指针对数组中的元素进行操作。可以通过 *(p+i) 和 *

（array+i）来获得数组中第 i+1 个数据，还可以通过 array[i] 和 p[i] 来获得数组中的数据。

范例 9-4　使用数组指针访问数组元素

定义一个数组存储随机数字，通过指针 p 指向这个数组，利用指针 p 的变化来统计其中 1、3、5 的个数。

（1）在 Code::Blocks 17.12 中，新建名称为"使用数组指针访问数组元素"的【C/C++ Source File】源程序。

（2）创建完成后，输入以下代码（代码 9-4.txt）。

```cpp
01  // 范例 9-4
02  // 使用数组指针访问数组元素的程序
03  // 实现"使用数组指针访问数组元素"
04  //2017.7.15
05  #include<iostream>
06  using namespace std;
07  int main()
08  {
09      char a[15]="1352460357589";    // 定义一个字符串数组
10      char *p=a;                     // 定义指针指向数组首地址
11      int c1,c3,c5;
12      c1=c3=c5=0;
13      while(*p)                      // 如果指针指向的内容不为空
14      {
15          f(*p=='1') c1++;
16          else if(*p=='3') c3++;
17          else if(*p=='5') c5++;
18          p++;
19      }
20      cout<<c1<<" "<<c3<<" "<<c5<<endl;
21      return 0;
22  }
```

【运行结果】

编译、连接、运行程序、按【Enter】键即可在命令行中输出如下图所示的结果。

【范例分析】

范例中，p=a 表示指针变量 p 被初始化为 a 的首地址，也就是指针 p 指向 a 数组首个元素 a[0]；while（*p）表示指针 p 指向的内容不为空，也就是直到访问到数组最后一个元素。if(*p=='1') 表示如果以指针变量 p 所存储的内容位地址的变量值为 1，则 c1++；16、17 行同上，因此最后结果为 1 2 3。

范例 9-5　循环输出数组中的值（拓展代码9-4.txt）

（1）在 Code::Blocks 17.12 中，新建名为"循环输出数组中的值"的【C/C++ Source File】源程序。

（2）创建完成后，输入以下代码（代码 9-5.txt）。

```
01  // 范例 9-5
```

```
02    // 循环输出数组中的值
03    //2017.7.15
04    #include<iostream>
05    using namespace std;
06    int main()
07    {
08        int a[5]={3,6,9,12,15};
09        int *p=a;
10        for(int i=0;i<5;i++)
11        {cout<<"    "<<*(p+i);
12        }
13        cout<<endl;
14        for(int i=0;i<5;i++)
15        {cout<<"    "<<*(a+i);
16        }
17        cout<<endl;
18        return 0;
19    }
```

【运行结果】

编译、连接、运行程序，按【Enter】键即可在命令行中输出如下图所示的结果。

【范例分析】

此段代码中的 " *(p+i) " 和 " *(a+i) " 等价于 a[i]，表示输入和输出数组中第 i+1 个数据。

9.2.2　指针和二维数组

在 C++ 中，二维数组的书面表达就是数组的数组。为了表述方便才叫二维数组。二维数组元素值在内存中是按行的顺序存放的。数组的每一个元素都是一个数组，即先存储二维数组的第一行数据，再存储第二行数据，以此类推。可以把它看成一个特殊的一维数组。因此，与一维数组类似，可用指针变量来访问二维数组元素。可以像使用一维数组一样，对二维数组进行操作，但是那样操作使用麻烦。在 C++ 中有关于二维数组的单独操作方法。

要学习指针和二维数组的关系，必须明确一些概念，即二维数组行首地址、行地址、元素地址。

01 二维数组的行首地址

二维数组各元素按行排列可写成如下所示的矩阵形式，比如将第 i 行中的元素 a[i][0]、a[i][1]、a[i][n] 组成一维数组 a[i] (i=0, …, n)。

a[0]=(a[0][0], …, a[0][n])
a[m]=(a[m][0],a[m][1],a[m][n])

因为数组名可用来表示数组的首地址，所以一维数组名 a[i] 可表示一维数组 (a[i][0]，a[i][1]，…，a[i][n]) 的首地址 &a[i][0]，即可表示第 i 行元素的首地址。因此，二维数组 a 中第 i 行首地址（第 i 行第 0 列元素的地址）

可用 a[i] 表示。

一维数组的第 i 个元素地址可表示为：数组名 +i。因此一维数组 a[i] 中第 j 个元素 a[i][j] 地址可表示为 a[i]+j，即二维数组 a 中第 i 行第 j 列元素 a[i][j] 的地址可用 a[i]+j 来表示，而元素 a[i][j] 的值为 *(a[i]+j)。

02 二维数组的行地址

为了区别数组指针与指向一维数组的指针，C++ 引入了行地址的概念，并规定二维数组 a 中第 i 行地址用 a+i 或 &a[i] 表示，行地址的值与行首地址的值是相同的，即：

a+i=&a[i]=a[i]=&a[i][0]

但两者类型不同，所以行地址 a+i 与 &a[i] 只能用于指向一维数组的指针变量，而不能用于普通指针变量，例如：

int a[3][3];
int *p=a+0;

编译第二条指令时将会出错，编译系统提示用户 p 与 a+0 的类型不同。如果要将行地址赋数组指针变量，就必须用强制类型转换，例如：

int *p=(int *) (a+0);

二维数组名 a 可用于表示二维数组的首地址，但 C++ 规定该首地址并不是二维数组中第 0 行第 0 列的地址 (a ≠ a[0][0])，而是第 0 行的行地址，即 a=a+0=&a[0]。

03 二维数组的元素地址

因为 a[i]=*&a[i]= *(a+i)，所以 *(a+i) 可以表示第 i 行的首地址。二维数组第 i 行首地址有三种表示方法，即 a[i]、*(a+i)、&a[i][0]。

由此可推知，第 i 行第 j 列元素 a[i][j] 的地址有 4 种表示方法。

a[i]+j 、*(a+i)+j、&a[i][0]+j、&a[i][j]

第 i 行第 j 列元素 a[i][j] 值也有 4 种表示方法。

*(a[i]+j) 、 *(*(a+i)+j)、 *(&a[i][0]+j)、a[i][j]

现将二维数组有关行地址、行首地址、元素地址、元素值的各种表示方式总结归纳一下，比如二维数组 a 的行地址、行首地址、元素地址、元素值的各种表示方式如下。

第 i 行行地址：a+i、&a[i]
第 i 行首地址 (第 i 行第 0 列地址)：a[i]、*(a+i)、 &a[i][0]
元素 a[i][j] 的地址：a[i]+j、*(a+i)+j、&a[i][0]+j、&a[i][j]
第 i 行第 j 列元素值：*(a[i]+j)、 *(*(a+i)+j)、 *(&a[i][0]+j)、a[i][j]

📝 范例 9-6　　使用数组指针访问二维数组元素

（1）在 Code::Blocks 17.12 中，新建名为 "使用数组指针访问二维数组元素" 的【C/C++ Source File】源程序。
（2）在代码编辑区输入以下代码（代码 9-6.txt）。

```
01  // 范例 9-6
02  // 使用数组指针访问二维数组元素的程序
```

```
03    // 实现"使用数组指针访问二维数组元素"
04    //2017.7.15
05    #include <iostream>
06    using namespace std;
07    int main()
08    {
09      int a[2][3]={1,2,3,4,5,6};      // 定义 2 行 3 列数组 a, 并初始化
10      int *p,i,j;
11      p=a[0]; //p 指向数组 a 的首地址
12      for(i=0;i<2;i++)    // 外层循环控制数组的行数
13      {
14        for(j=0;j<3;j++)  // 内层循环控制数组的列数
15        {
16          cout<<*(p+3*i+j)<<" "; // 指针 p 逐步后移, 访问数组每一个元素
17        }
18      cout<<endl;
19      }
20      return 0;
21    }
```

【运行结果】

编译、连接、运行程序, 即可在命令行中输出如下图所示的结果。

【范例分析】

首先指针 p 指向 a[0], 也就是数组 a 的第 0 行的首地址, 其实就是 a[0][0] 的地址, p=a[0] 等价于 p=&a[0][0], 但是这里不能写成 p=a, 为什么? 因为 a 是一个二维数组名, 相当于指针的指针。下面来分析一下这么说的原因, 从值的角度来说, a 的值就是 a[0][0] 的地址值, 但是从概念的角度来说, a 等价于 &a[0], 说明 a 是 a[0] 的指针, 而 a[0] 等价于 &a[0][0], 说明 a[0] 是元素 a[0][0] 的指针, 从而得出 a 是指针的指针的结论。而 p 是指向整型变量的指针, 两者在概念上不是同级的, 所以即使 p 的值等于 a 的值, 表达式也不能写成 p=a。因为数组 a 是由 2 行 3 列组成的, 所以 "3*i+j" 表示第 i 行第 j 列元素对应的下标, "*(p+3*i+j)" 相当于 p[i][j], 也就是数组 a[i][j]。

9.2.3 指针和字符数组

前面已经介绍了指针和数值型元素组成的数组, 本小节介绍指针和字符串的关系。

C++ 中许多字符串的操作都是由指向字符数组的指针及指针的运算来实现的。对字符串来说一般都是严格顺序存取, 使用指针可以打破这种存取方式, 使字符串的处理更加灵活, 按照之前学过的方法, 要输出一个字符数组, 需要使用循环, 依次遍历输出数组中的每一个字符。现在掌握了指针的原理和使用方法, 就可以不再定义字符数组, 而使用字符指针来实现。

定义字符指针如下。

char *p="how are you? ";   // 存储在字符数组中的字符串不能够直接支持字符串间的赋值和连接

❗注意

该语句定义了一个字符型指针 p，指向一个字符数组。需要注意的是，该数组的最后一个元素应该是字符串结束标记 "\0"，而不是 "how are you?" 中的最后一个字符 "?"。

可以利用一些系统函数查询字符串的长度、字符串间的复制和比较。

已经学习过这些字符串复制函数 char *strcpy(char *str1,char *str2) 了，如果能够更深入了解类似字符串复制这些函数内部究竟是怎么实现的，这对于编写程序是非常有益处的。下面就以字符串复制函数为例，说明其实现的过程。

📝 范例 9-7　字符串复制函数功能实现方法

（1）在 Code::Blocks 17.12 中，新建名称为"字符串复制函数功能实现方法"的【C/C++ Source File】源程序。

（2）创建完成后，输入以下代码（代码 9-7.txt）。

```
01  // 范例 9-7
02  // 字符串复制函数功能实现方法的程序
03  // 实现"字符串复制函数功能实现方法"
04  //2017.7.15
05  void copystr(char *str1,char *str2)        //形参为两个字符指针变量
06  {
07    while(*str2!='\0')   // 只要 str2 没有结束就循环
08    *str1++=*str2++;  // 自加后置运算，先把 str2 赋值给 str1，然后二者都后移一位
09    *str1='\0' ;        // 在 str1 最后添加字符串结束标识符
10  }
11  //main 函数
12  #include <iostream>
13  using namespace std;// 包含标准输入输出头文件
14  int main()
15  {
16    char a[10];        // 定义字符数组 a
17    char b[4]="abc";   // 定义数组 b 并初始化
18    copystr(a,b);
19    cout<<"a= "<<a<<endl;
20    return 0;
21  }
```

【运行结果】

编译、连接、运行程序，即可在命令行中输出如下图所示的结果。

【范例分析】

a 初始化为包含 10 个元素的字符数组，b 初始化为字符串 "abc"，因为系统会自动在字符串结合添加 "\0"，所以 b 初始化为含有 4 个字符。

copystr 函数中 str1 指向一个字符串首地址，str2 指向另一个字符串首地址；每个字符串都是以 "\0" 为结束符的，所以使用 "*str2!='\0'" 作为结束判断条件；"str1=*str2" 表示把 str2 所指向的单元格的内容复制到 str1 所指向的单元格，"str1++,str2++" 表示两个指针同步向后移动一位。

9.2.4 字符指针和字符数组对比

掌握了字符指针的使用方法，那么字符数组和字符指针变量到底有何区别？简单来说，有以下两个显著的不同点。

（1）赋值方法不同。对于字符数组，只能对各个元素赋值，不能以下办法对字符数组赋值。

```
char str[20];
str="hello word";
```

对于字符指针变量，则可采用下面的方法赋值。

```
char * arr;
arr ="hello word?";
```

字符指针变量赋初值。

```
char * arr ="hello c++";
等价于
char * arr;
arr ="hello c++";
```

对数组声明时，初始化只能按照下面的方式进行。

```
char str[20]={"hello c++"};
```

（2）指针变量的值是可以改变的，但是字符数组名是不可以改变的，举例如下。

```
字符指针
char *arr="hello c++";          //这是正确的赋值，指针变量
arr = arr +1;
字符数组
char str[20]={"how c++"}        //这是错误的赋值，字符数组名
str = str +1;
```

9.2.5 指向指针的指针

前面已经知道指针实际上也是有地址的，所以可以定义一个指向指针数据的指针变量。

```
char **p;
```

p 的前面有两个 * 号，* 运算符是右结合，**p 相当于 *(*p)，表示指针变量 p 是指向一个字符指针变量的。

📝 范例 9-8　　指向指针的指针

（1）在 Code::Blocks 17.12 中，新建名为 "指向指针的指针" 的【C/C++ Source File】源程序。
（2）创建完成后，输入以下代码（代码 9-8.txt）。

```
01  // 范例 9-8
02  // 指向指针的指针的程序
03  // 实现 "指向指针的指针"
```

```
04  //2017.7.15
05  #include <iostream>
06  using namespace std;              // 包含标准输入输出头文件
07  int main()
08  {
09    char *array[]={"abc","12345","language"};    // 初始化指针数组 array，每个元素都是一个字符指
针
10    char **p;
11    int i;
12    for(i=0;i<3;i++)
13    {
14      p=array+i;        // 指针 p 指向 array+i 所指向的字符串的首地址
15      cout<<*p<<endl;          // 输出数组中的每一个字符串
16    }
17    return 0;
18  }
```

【运行结果】

编译、连接、运行程序，即可在命令行中输出如下图所示的结果。

【范例分析】

array 是指针数组，也就是 array 的每个元素都是指针。本例中 array 的每一个元素都是字符指针，比如 array[0] 是一个指向字符数组 "abc" 的指针，即 "array+i" 等价于 &array[i]，也就是每个字符数组首字符的地址。array[i] 已经是指针类型，那么 "array+i" 就是指针的指针，跟 p 的类型一致，所以 "p=array+i, *p" 等价于 *(array+i)，也等价于 array[i]，即第 i 个字符串的首地址，对应输出每一个字符串。

9.2.6　指针数组和数组指针

范例 9-7 程序中提到了指针数组这个概念，在前面用到了另外一个概念，即数组指针，二者是一回事吗？不是的！

什么是指针数组？指针数组是指数组由指针类型的元素组成。比如 int *p[10]，这里的数组 p 是由 10 个指向整型元素的指针组成的，比如 p[0] 就是一个指针变量，它的使用跟一般的指针用法一样，无非是这些指针有同一个名字，需要使用下标来区分。

例如下面的定义。

```
char *p[2];
char arr[2][20];
p[0]=arr[0];
p[1]=arr[1];
```

存储形式如下图所示。

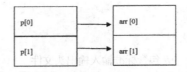

所有元素都是指针的数组称为指针数组。指针数组提供了多个可以存放地址的空间，常用于多维数组的处理。

数组指针，比如 int (*p)[25]，指针 p 用来指向含有 25 个元素的整型数组，具体应如何理解，可以参考前面指针和数组章节的相关范例。

▶9.3 指针和函数

函数和变量一样也是有地址的，通过使用指针可以方便地访问函数，本节讲解指针和函数的关系。

9.3.1 函数指针

函数指针是指向函数的指针变量。因而"函数指针"本身首先应是指针变量，只不过该指针变量指向函数。这正如用指针变量可指向整型变量、字符型、数组一样，这里是指向函数。如前所述，C++ 在编译时，每一个函数都有一个入口地址，该入口地址就是函数指针所指向的地址。

函数指针变量常用的用途之一就是把指针作为参数传递到其他函数。指向函数的指针也可以作为参数，以实现函数地址的传递，这样就能够在被调用的函数中使用实参函数。

📝 范例 9-9   指向函数的指针

（1）在 Code::Blocks 17.12 中，新建名称为"指向函数的指针"的【C/C++ Source File】源程序。

（2）创建完成后，输入以下代码（代码 9-9.txt）。

```
01  // 范例 9-9
02  // 指向函数的指针程序
03  // 实现"指向函数的指针"
04  //2017.7.15
05  #include <iostream>
06  using namespace std;
07  int max(int x,int y) // 求 x 和 y 中的最大值
08  {
09    int z;
10    if(x>y)
11     z=x;
12    else
13     z=y;
14    return z;        //z 中存储的是比较后的最大值
15  }
16  int  main()
17  {
18    int (*p)(int,int);   //p 是指向有两个整型参数函数的整型指针
19    int a,b,c;
20    p=max; //p 指向函数 max
21    cin>>a>>b;
22    c=(*p)(a,b);      // 调用 p 等价调用函数 max
23    cout<<"a="<<a<<" b="<<b<<" c="<<c<<endl;
24    return 0;
25  }
```

【运行结果】

编译、连接、运行程序，即可在命令行中输出如下图所示的结果。

【范例分析】

int (*p)(int,int) 用来定义 p 是一个指向函数的指针变量，该函数有两个整型参数，函数值为整型。

c=(*p)(a,b) 说明 p 确切指向函数 max，相当于调用了 max 函数，实参为 a、b，把返回值赋值给 c。

> **注意**
>
> 　*p 两侧的括号不可省略，表示 p 先与 * 结合，是指针变量，再与后面的 ( ) 结合，表示此指针变量指向函数，这个函数值 (函数的返回值) 是整型的。如果写成 **int*p(int,int)**，由于 ( ) 的优先级高于 *，它就成了声明一个函数 P(这个函数的返回值是指向整型变量的指针)。

　　赋值语句 p=max; 的作用是将函数max()的入口地址赋给指针变量p。与数组名代表数组首元素地址类似，函数名代表该函数的入口地址。这时 p 就是指向函数 max() 的指针变量，此时 p 和 max() 都指向函数开头，调用 *p 就是调用 max() 函数。但是 p 作为指向函数的指针变量，它只能指向函数入口处，而不可能指向函数中间的某一处指令处，因此不能用 *(p + 1) 来表示指向下一条指令。

9.3.2 返回指针的函数

函数可以返回数值型、字符型、布尔型等数据，可以返回指针型的数据叫做返回指针值的函数。

定义形式为：

类型名 * 函数名 (参数表列);

例如：

char *max(char *x, char *y);

📝 范例 9-10　返回指针的函数

（1）在 Code::Blocks 17.12 中，新建名称为"返回指针的函数"的【C/C++ Source File】源程序。

（2）创建完成后，输入以下代码（代码 9-10.txt）。

```
01  // 范例 9-10
02  // 返回指针的函数程序
03  // 实现"返回指针的函数"
04  //2017.7.15
05  #include<iostream>
06  using namespace std;
07  char *s(char *q,char b)
08  {
09      while(*q!=b&&*q!=0)
10          q++;
11      if(*q==b)
12          return q;
```

```
13     else
14         return NULL;
15   }
16   int main()
17   {
18       char a[15],b;
19       char *k=a;
20       cin>>a;
21       cin>>b;
22       if(*s(a,b)==b)
23           cout<<s(a,b)-k+1<<endl;      // 输出 b 在数组中的位置
24       else
25           cout<<" 未找到 "<<endl;
26       return 0;
27   }
```

【运行结果】

编译、连接、运行程序，即可在命令行中输出如下图所示的结果。

【范例分析】

函数 s() 要求输入的参数是字符串指针和一个字符，所以按照要求调用了 s(a,b)；如果字符 b 在字符串 a 中，则函数返回指向 b 的指针 p，若 b 不在字符串中则返回 NULL。main 函数中输出查询后的结果。

📝 范例 9-11   返回指针的函数和数组指针

（1）在 Code::Blocks 17.12 中，新建名称为"返回指针的函数和数组指针"的【C/C++ Source File】源程序。

（2）创建完成后，输入以下代码（代码 9-11.txt）。

```
01   // 范例 9-11
02   // 返回指针的函数和数组指针的程序
03   // 实现"返回指针的函数和数组指针"
04   //2017.7.15
05   #include <iostream>
06   using namespace std;
07   int *find(int (*p)[2],int num) // 第 1 个参数是数组指针，第 2 个参数是要查找的序号
08   {
09       int *point;
10       point=*(p+num); //point 指向 p 的第 num 行的行首
11       return point;
12   }
13   int  main()
14   {
```

```
15    int value[3][2]={{70,80},{80,90},{90,100}};    // 三行两列
16    int *p;
17    int num,i;
18    cout<<" 请输入要查找的序号 :"<<endl;
19    cin>>num;
20    p=find(value,num); // 实参为 value 数组的第 0 行的首地址和要查找的序号，返回第 num 行首地址
21    cout<<" 序号 "<<num<<" 的成绩分别是" <<endl;
22    for(i=0;i<2;i++)
23        cout<<*(p+i)<<endl;        // 依次输出第 num 行的每个元素
24    return 0;
25    }
```

【运行结果】

编译、连接、运行程序，即可在命令行中输出如下图所示的结果。

【范例分析】

第 07 行 "int *find(int (*p)[2],int num)" 表示 find 函数返回的数据类型是整型指针。它的第 1 个参数是数组指针，第 2 个参数是要查找的序号。这里的数组指针在本章前面的范例中已经讲解过了，在这里 (*p)[2] 表示 p 指向一个含有两个元素的一维数组的首地址。

第 10 行 "point=*(p+num);" 表示 point 指向 p 的第 num 行的行首，原因是指针 p 所指向的数据类型是一个整型数组，而不是某一个整型变量，所以 "p+1" 相当于指针 p 向后移动了一个整型数组的大小单元，这和数组的概念一致，所以可以认为 "p+num" 就是表示 p 指向了第 num 行第 0 列元素的地址。point 是指针，而 "p+num" 是指针的指针。为了保证赋值号两边的类型一致，在这里写成 "point=*(p+num)"，表示 point 指向 p 的第 num 行的行首。

第 20 行 "p=find(value,num);" 表示 find 函数的实参为 value 数组的第 0 行的首地址和要查找的序号，返回第 num 行首地址，p 指向 value 数组第 num 行的首地址。

第 23 行 "cout<<*(p+i)<<endl;" 表示依次输出第 num 行的每个元素。因为 "p+i" 表示的是数组 value 第 num 行第 i 列的地址，再取 "*" 号后，表示的就是第 num 行第 i 列元素的值。

9.3.3　指针与传递数组的函数

调用函数时，传递数组是很常见的，那么如何将数组作为函数的参数呢？本小节通过具体的例子来分析。

📝 **范例 9-12**　求一维数组array中的最大值

（1）在 Code::Blocks 17.12 中，新建名称为"求一维数组 array 中的最大值"的【C/C++ Source File】源程序。

（2）创建完成后，输入以下代码（代码 9-12.txt）。

01　//范例 9-12

```
02  // 求一维数组 array 中的最大值的程序
03  // 实现"求一维数组 array 中的最大值"
04  //2017.7.15
05  #include <iostream>
06  using namespace std;
07  int max(int x[ ],int n)    // 函数 max 的一个参数是整型数组，另一个是整数，表示数组元素的个数
08  {
09      int i,m;
10      m=x[0];              //m 首先赋值 x[0]
11      for(i=1;i<n;i++)  // 使用选择法，把 x 中的 大值存储在 m 中
12        if (m<x[i])
13          m=x[i];
14        return m;
15  }
16  int  main()
17  {
18      int i,array[10]={ 1,2,3,4,5,6,7,8,9,0};
19      cout<<"The array is:"<<endl;
20      for(i=0;i<10;i++)
21        cout<<array[i]<<",";
22      cout<<endl;
23      cout<<"The max is:"<<endl;
24      cout<< max (array,10)<<endl;
25      return 0;
26  }
```

【运行结果】

编译、连接、运行程序，即可在命令行中输出如下图所示的结果。

【范例分析】

函数 max 的一个参数是整型数组，另一个是整数，表示数组元素的个数，求这个数组中的最大值。

调用 max (array,10) 时，把数组名作为参数传递给函数 max(int x[ ],int n) 的形参数组 x，因为数组是引用数据类型，所以数组 x 的地址就是数组 array 的地址。

▶9.4 const 指针

const 是一个 C++ 的关键字，它限定一个变量不允许被改变。使用 const 在一定程度上可以提高程序的安全性和可靠性，那么指针的类型的数据能不能也使用 const 呢？答案是肯定的，但是关键字 const 使用在指针类型的前面或者后面是不一样的。

下面通过一个例子来说明它们的区别。

```
const int * p1;
int * const p2;
```

p1 是一个指向整型常量的指针，该指针指向的值是不能改变的。

p2 也是一个指向整型常量的指针，它指向的整数是可以改变的，但是 p2 这个指针不能指向其他的变量。

```
*p1 =d; // 不可行（d 是已经声明过的整型）
但指针本身的值是可变的：
p1=& d; // 可行（d 是已经声明过的整型）
```

使用 const 修饰符应该注意以下内容。

const 除了用来声明函数参数、函数返回值或类成员（以后会讲到）之外，在声明符号常量时必须进行初始化，并且其值在程序运行期间不能修改。

若用来初始化符号常量的表达式中包含有变量，则此符号常量不能再作为数组的下标使用。例如：

```
int a=10; const int N=2*a; int array[N]; // 错误的表达
方式，除非 a 是一个符号常量。
```

const 和指针在一起使用时，可以限制对指针值（指针的指向）或指针指向对象的内容进行修改，可分为以下 3 种情况。

（1）指向常量的指针变量
指针常量的指针变量的一般定义形式如下。

const 数据类型 * 指针变量名或数据类型 const * 指针变量名

例如：

```
const char *p1;
p1="hello";
```

赋值如下。

```
p1[2]='e' ; // 错误，指针指向的对象是一个常量，不
能被修改
p1="word" ; // 正确，可以修改指针变量 p1 的值
```

> **注意**
>
> 指针变量指向的对象的值不能被修改，而指针变量的值则可以。

（2）指向变量的指针常量
指向变量的指针常量的一般形式如下。

数据类型 *const 指针常量名 = 表达式；

例如：

```
char aryy[]="word" ;
```

```
char * const p2=arry; //p2 是一常量，定义时必须初
始化
```

赋值如下。

```
p2[3]='s' ; // 正确，指针 p2 指向的对象是一个变量
p2='hello' ; // 错误，p2 是一个常量
```

> **注意**
>
> 指针常量的值不能被修改，而指针常量指向的对象的值则可以。

（3）指向常量的指针常量
指向常量的指针常量定义的一般形式如下。

const 数据类型 *const 指针常量名 = 表达式；或
数据类型 const *const 指针常量名 = 表达式；

例如：

```
char arr[]="dsfddsf" ;
const char * const p3=arrr;
```

赋值如下。

```
p3[5]='e' ; // 错误，指针常量指向的对象是一个常量
p3="sdfdfs" ; // 错误，p3 是一个常量
```

> **注意**
>
> 指针常量的值和指针常量指向对象的值均不能被修改。

不能使一个非 const 型指针（指向变量的指针）指向一个 const 型数据，否则，无形中修改了该 const 型数据的值。例如：

```
const int a=10;
int *p=&a;    // 错误
*p=20;       // 如果允许，则此语句将改变常量 a 的值
```

因此，为了保证常量的只读性，常量的地址只能赋给指向常量的指针。

在调用函数时，为了防止由于偶然因素修改了实参的值，可以在被调函数的参数表中将不允许被修改的参数说明为 const。这是 const 修饰符非常重要的应用。

例如，通过一个函数 IntAdd（）求出整型数组 intarr[20] 中指定个数的元素之和，则相应的函数原型为 "long IntAdd(const int *parr,int n);"。

范例 9-13   const指针应用

（1）在 Code::Blocks 17.12 中，新建名称为 "const 指针应用" 的【C/C++ Source File】源程序。
（2）创建完成后，输入以下代码（代码 9-13.txt）。

```
01  // 范例 9-13
02  // const 指针应用程序
03  // 实现 "const 指针应用"
04  //2017.7.15
05  #include <iostream>
06  using namespace std;// 包含标准输入输出头文件
07  int   main()
08  {
09      int a=1;
10      int b=2;
11      int c=3;
12      const int *p1 = 0;
13      p1=&a;
14      a=0;    // 正确的
15      //*p1=0; 这是错误的，不能通过修改 p1 修改 a
16      int * const p2=&b;          // 初始化 p2 时需要指定 p2 的指向
17      *p2=0; // 正确的
18      //p2=&c; 这是错误的，p2 不能再指向其他的变量
19      return 0;
20  }
```

【运行结果】

编译、连接、运行程序，输出的结果如下图所示。

【范例分析】

若取消第 15 行和第 18 行的注释再次运行该程序，程序将无法通过编译。

范例中 p1 是指向整型常量的指针，指向变量 a，该指针指向的值是不可以改变的。通过 p1 是不能改变变量 a 的值的。

p2 也是一个指向整型常量的指针，它指向的整数是可以改变的，但是 p2 这个指针不能指向其他的变量（第 18 行）。范例中 p2 初始化时就需要明确其指向，它指向了变量 b，可以通过 p2 改变变量 b 的值，但是不能改变 p2 的指向，如范例中再次赋值 p2 指向变量 c。

▶9.5 特殊的指针

9.5.1 void 指针类型

void 指针类型是什么？void 指针类型可以用来指向一个抽象的类型的数据，在将它的值赋给另一个指针变量时，要进行强制类型转换，使之适合于被赋值的变量的类型。参考指针的定义和使用，所定义指针的数据类型同指针所指的数据类型是一致的，所分配给指针的地址也必须跟指针类型一样。

例如：

```
int i;
float f;
int* exf;
float* test;
then
exf=&i;
```

int 类型指针指向 int 变量的地址空间，所以是对的。

```
exf=&f;
```

如果写成上面的语句就会产生错误。因为 int 类型的指针指向的是一块 float 变量的地址空间。同样，如果试图把 float 类型的指针指向一块 int 类型的地址空间，也是错误的，例如：

```
test=&i;
```

void 类型指针是可以用来指向任何数据类型的特殊指针。

使用前面的例子，手动声明一个 void 类型指针。

```
void* sample;
```

在前面的例子中，如果定义一个 void 类型指针去指向一个 float 变量的地址空间，是完全正确的。

```
sample=&f;
```

同样，如果把这个 void 类型指针去指向一个 int 类型的地址空间，也是正确的。

```
sample=&i;
```

void 指针类型还可以通过强制类型转换使用。

```
char *p1;
void *p2;
…
p1=(char *)p2;//（char *）表示强制转换，强制将空
```
指针转换成字符型指针

同样可以使用 (void *)p1 将 p1 转换成 void * 类型。

```
p1=(void *)p2;
```

也可以将一个函数定义为 void * 类型。例如：

```
void * fun(char ch1,char ch2);
```

表示函数 fun 返回的是一个地址，它指向空类型。若需要引用此地址，则需要根据情况对之进行

类型转换，若对该函数调用得到的地址要进行以下转换。

```
p1=(char *)fun(ch1,ch2);
```

void（类型）指针是一种特殊的指针，它足够灵巧地指向任何数据类型的地址空间。当然它也具有一定的局限：

在要取得指针所指地址空间的数据的时候使用的是 "*" 操作符，程序员必须清楚了解到对于 void 指针不能使用这种方式来取得指针所指的内容。因为直接取内容是不允许的，必须把 void 指针转换成其他任何 valid 数据类型的指针，比如 char、int、float 等类型的指针，之后才能使用 "*" 取出指针的内容。这就是所谓的类型转换的概念。

9.5.2　空指针

空指针是一个特殊的指针值。空指针的概念不同于前面所说的 void 指针。空指针是任何数据类型指针的一种，并且使用 0 作为初始值，当然这个不是强制性的。其表明空指针并未指向任何一块合法的 (valid) 地址空间。

下面通过具体的例子来说明空指针类型的含义和用法。

（1）赋 0 值：这是唯一的允许不经转换就赋给指针的数值。

```
P=0;
```

（2）赋 NULL 值：NULL 值往往等于 0，两者等价。

```
P=NULL;
```

空指针确保它和任何非空指针进行比较都不会相等，因此经常作为函数发生异常时的返回值使用。另外，对于链表来说，也经常在数据的末尾放上一个空指针来提示："请注意，后面已经没有元素了哦。"

空指针常常用来初始化指针，避免野指针的出现。但是直接使用空指针也是很危险的。例如，语句 "cout<<*point<<endl"，如果 point 是空指针，程序就会异常退出。因此，不能对空指针进行 "*" 操作。

> **注意**
>
> （1）void 指针是无类型指针，它只是说明还没有对被指向的内存单元进行格式化解释。
> （2）野指针表示指针声明后没有初始化，没有指向特定的内存单元。
> （3）在数组、字符串、链表等处理中，有时并不清楚被处理的对象确切有多少个可以用。

判断指针是否为空来看控制遍历结束。

范例 9-14　空指针应用

（1）在 Code::Blocks 17.12 中，新建名称为"空指针应用"的【C/C++ Source File】源程序。
（2）创建完成后，输入以下代码（代码 9-14.txt）。

```
01  // 范例 9-14
02  // 空指针应用程序
03  // 实现"空指针应用"
04  //2017.7.15
05  #include<iostream>
06  using namespace std;
07  int main()
08  {
09      int *p=0;        // 置空，也可以是 int *p=NULL
10      cout<<p<<endl;   // 输出地址
11      p=new int;       // 申请内存空间
12      cout<<p<<endl;   // 输出地址
13      delete p;        // 释放
14      p=0;             // 置空
15  return 0; }
```

【运行结果】

编译、连接、运行程序，输出的结果如下图所示。

【范例分析】

在上述代码中定义了一个指针 p，它被初始化为空，然后申请内存单元，输出地址，释放空间。程序的最后一定要对 p 置空，否则会出现指针悬挂。由于 p 被初始为空指针，所以申请地址前其地址为 0。申请成功后，p 得到了一个从 0x3e65a0 开始的 4 字节单元。

▶9.6　综合案例

本节通过一个学生成绩输入和排序的程序范例，巩固指针的综合应用。在这个案例中创建一个学生类，成员变量包括英语成绩、计算机成绩、总成绩。成员函数包括获取函数、展示函数、返回总成绩函数、定义一个排序函数。在主程序中输入三个学生成绩，进行排序，输出排序后的结果。本案例涉及数组指针、指针和函数等知识点。

流程图如下所示。

范例 9-15　学生成绩输入和排序

（1）在 Code::Blocks 17.12 中，新建名称为"学生成绩排序"的【C/C++ Source File】源程序。

（2）创建完成后，输入以下代码（代码 9-15.txt）。

```
01  #include<iostream>
02  using namespace std;
03  class student
04  {
05    int english,computer,total;
06    public:
07    void getscore();
08    void display();
09    int retotal()
10      {
11        return total;
12      }
13  };
14  void student::getscore()
15  {
16    cout<<" 输入英语成绩 :";
17    cin>>english;
18    cout<<" 输入计算机成绩 : ';
19    cin>>computer;
20    total=english+computer;
21  }
22  void student::display()
23  {
24    cout<< 英语 ="<<english<<" 计算机 =" <<computer<<" 总分 ="<<total<<endl;
25  }
26  void sort(student **p1,student **p2)
27  {
28    if((*p1)->retotal()<(*p2)->retotal()) {
29      student *tmp=*p1;
30      *p1=*p2;
31      *p2=tmp;
32    }
33  }
34  int main()
35  {
36    student *A[3];
37    for(int j=0;j<3;j++)
38    {
39      A[j]=new student;
40      cout<<" 学生 "<<j+1<<endl; A[j]->getscore();
41    }
42    int i ;
43    for(j=0;j<2;j++)
44      for(i=0;i<2;i++)
45        sort(A+i,A+i+1);
46    cout<<endl<<" 排序结果如下： "<<endl; for(i=0;i<3;i++)
47      A[i]->display();
48    return 0;
49  }
```

【运行结果】

编译、连接、运行程序，即可输出如下图所示的结果。

【范例分析】

main 函数定义了一个 student 类型的指针数组，包含 3 个元素。每个元素是一个学生对象的地址，调用学生类的获取函数输入成绩。sort 函数参数为双重指针，main 函数中调用 sort 函数，参数为 A 学生对象地址。sort 函数通过变换指针指向来调换顺序，最后在 main 函数中输出结果。

▶ 9.7 疑难解答

问题1：字符数组和字符串的区别是什么？

解答：字符数组是指元素是字符的数组，字符串是最后一个字符为 "0" 的字符数组，即字符串有结束符 "0"。下面通过一个实例演示字符串和字符数组的区别。

```
01  #include<iostream>
02  using namespace std;
03  void main()
04  {
05      cout<<"hello c++"<<endl;
06      static char str1[]={"hello c++"};// 实际上是以 '\0' 结束的特殊字符型数组
07      cout<<str1<<endl;
08      char str2[12]={'h','e','l','l','o',' ','c','+','+','\0'};// 字符型数组
09      cout<<str2<<endl;
10  }
```

问题2：字符数组和字符串如何相互转换？

解答：把一个 char 数组转换成一个 string。

```
char *tamp1;
string tamp2;
tamp2=tamp2.insert(0,tamp1);
```

把一个 string 转换到一个 char 数组。

```
char tamp1[];
string tamp2;
strncpy(tamp1,tamp2.c_str(),tamp2.length());
```

问题3：C++ 中引用指针有什么好处？

解答：通俗地说，指针就是地址，意思是通过它能找到以它为地址的内存单元。正确灵活地运用它，可以有效地表示复杂的数据结构；能动态分配内存；方便地使用字符串；有效且方便地使用数组；在调用函数时能获得一个以上的结果；能直接处理内存单元地址等。另外，在很多时候特别是对象的数据量太大时，程序员就会用指针来做形参，只需要传递一个地址就行，可以大大地提高效率，这对设计系统软件是非常必要的。

第

10

第 章

输入和输出

输入和输出是用户与计算机交互的方式。C++ 提供了一套面向对象的输入、输出系统，即输入、输出流类库。新的输入、输出系统提供了一个更容易使用、灵活、可扩展的系统。

本章要点（已掌握的在方框中打钩）

□ 标准输入输出
□ 标准格式输出流
□ 常用的输入输出函数
□ 随机数发生器函数
□ 字符串操作

▶10.1 标准输入输出

C++ 的输入输出功能不仅支持 C 语言的输入输出系统，也可以由 iostream 库提供，iostream 是一个利用继承实现的面向对象的层次结构，是由 C++ 标准库的组件提供的。它支持数据类型的输入和输出，也支持文件的输入和输出。

在介绍运算符前，首先简单了解一下流的概念。输入输出是一种数据传送操作，可看作字符序列在主机和外设之间的流动。C++ 中将数据从一个对象到另一个数据对象的流动抽象为"流"。流具有方向性：流既可以表示数据从内存中传送到某个设备，即与输出设备相联系的流称为输出流，也可以表示数据从某个设备传送给内存中的变量，即与输入设备相联系的流称为输入流。

这些流的定义在头文件 iostream 中。流通过重载运算符 ">>" 执行输入操作，通过 "<<" 执行输出操作。在头文件后，加上自定义命名空间 "using namespace std;" 语句，可以使之后编写程序时输入输出十分简洁。

```
#include <iostream>
using namespace std;
```

输入和输出操作是由 istream 输入流和 ostream 输出流类提供的。iostream 是从这两个类派生的，允许双向输入和输出。常用的标准输出流对象有 cout、cerr、clog，标准输入流对象有 cin。其中，cerr 和 clog 是标准错误信息输出流，标准流对象都是在 <iostream> 中预先声明好的。

（1）cin：与标准输入设备相关联。

（2）cout：与标准输出设备相关联。

（3）cerr：与标准错误输出设备相关联（非缓冲方式）。

（4）clog：与标准错误输出设备相关联（缓冲方式）。

> **✍注意**
>
> 默认情况下，指定的标准输出设备是显示终端，标准输入设备是键盘。在任何情况下，指定的标准错误输出设备总是显示终端。cerr 与 clog 都是用来输出错误信息的，两者的区别是：cerr 没有被缓冲，故发送给它的任何内容都会立即输出；clog 被缓冲，只有当缓冲区满时才进行输出。

10.1.1 输入操作符 >>

输入操作主要通过操作符 ">>" 和 cin 一起使用。cin 能正确识别并接收用户输入的数据。如下范例通过循环的方法读入若干整数数据，直到读入的数据不合法，程序终止。

📋 范例 10-1　标准输入 cin 示例（循环地输入若干整数，若不是整数则停止读入）

（1）在 Code::Blocks 17.12 中，新建名称为 "num" 的【C/C++ Source File】源程序。

（2）在代码编辑窗口输入以下代码（代码 10-1.txt）。

```
01  // 范例 10-1
02  // 标准输入 cin 示例程序
03  // 实现 "标准输入 cin 示例"
04  //2017.07.16
05  #include <iostream>
06  using namespace std; // 标准命名空间
07  int main()
08  {
09      int i;
10      while ( cin>>i )   // 循环输入整数 i
```

```
11     ;        //空语句
12     return 0;
13   }
```

【运行结果】

编译、连接、运行程序，即可在命令行中输出如下图所示的结果。

【范例分析】

读入一个数据，若成功，则把该值复制到变量 *i* 中，若失败，则终止程序。失败一般有如下两种情况。

（1）读到了文件的结束，已经正确地读完文件中所有的值。

（2）读入了一个无效的数据，比如要求输入一个整数，却输入了一个小数（如 1.5），或者输入了一个字符串（如 "abcde"），这样就会停止读入。

10.1.2 输出操作符 <<

最常用的输出方法是 cout 与操作符 "<<" 配合使用。

例如：

```
cout<<" Hello World !  \n";
```

输出结果如下。

```
Hello World !
```

输出操作符可以接收任何已经定义好的数据类型的参数，如 int、char* 和 string 等数据类型。任何一个表达式和函数，只要它们的计算结果是 cout 能够输出的数据类型就可以接收。

范例 10-2 **使用 "cout" 和 "<<" 在命令行中输出字符串 "abcde" 的长度**

（1）在 Code::Blocks 17.12 中，新建名为 "len" 的【C/C++ Source File】源程序。

（2）在代码编辑窗口输入以下代码（代码 10-2.txt）。

```
01   // 范例 10-2
02   //标准输出 cout 示例程序
03   // 实现 "标准输出 cout 示例"
04   //2017.07.16
05   #include <iostream>
06   #include <cstring> // 字符串函数头文件
07   using namespace std;        // 标准命名空间
08   int main()
```

```
09    {
10        cout<<" 字符串 \"abcde\" 的长度是 \n";            // 输出字符串
11        cout<<strlen("abcde");        // 函数
12        cout<<endl;
13        return 0;
14    }
```

【运行结果】

编译、连接、运行程序，即可在命令行中输出如下图所示的结果。

【范例分析】

第 10 行代码 cout 输出字符串，字符串带有转义符 "\" " 和 "\n"；第 11 行代码 cout 输出函数；第 12 行代码 cout 回车换行，endl 与 "\n" 一样产生一个换行符，但当被用于有缓冲区的流时，它还会清空缓冲区。在大多数情况下，cout 是无缓冲区的流，因此可用转义符 "\n" 与 endl 来显示一个换行。若想更简练，可以把本范例中输出的内容连接成一条语句，代码如下。

```
01    #include <iostream>
02    #include <string>   // 字符串函数头文件
03    using namespace std;  // 标准命名空间
04    int main()
05    {
06        cout<<" 字符串 \"abcde\" 的长度是：\n" <<strlen("abcde")<<endl;
07        return 0;
08    }
```

📋 范例 10-3   标准输入和输出示例

（1）在 Code::Blocks17.12 中，新建名称为 "out" 的【C/C++ Source File】源程序。
（2）在代码编辑窗口输入以下代码（代码 10-3.txt）。

```
01    // 范例 10-3
02    // 标准输入和输出示例程序
03    // 实现 "标准输入和输出示例"
04    //2017.07.16
05    #include <iostream>
06    #include <string>   // 字符串函数头文件
07    using namespace std;          // 标准命名空间
08    int main()
09    {
```

```
10        string ss;
11        char *p="abc";   // 字符指针
12        int i;
13        cout<<"Hello World"<<endl;
14        cin>>i;            // 输入 i 值
15        cout<<"i=\t"<<i<<endl;    // 表达式中的 "\t" 表示横向跳格
16        cout<<p<<endl; // 输入字符指针 p 所指向的字符串
17        cin>>ss;
18        if (ss.empty()==true)       // 判断输入字符串是否为空
19        cerr<<"string ss is empty"<<endl;
20        return 0;
21    }
```

【运行结果】

编译、连接、运行程序，即可在命令行中输出如下图所示的结果。

【范例分析】

第 06 行使用字符串函数头文件。第 07 行定义了命名空间。第 11 行定义了一个字符数组指针，指针 p 指向字符串 "abc" 的首地址。在第 15 行代码中，"\" 是转义符，"t" 是制表符，"\t" 表示下一个制表符位置。第 16 行代码输出 p 指向的字符串，若要显示指针 p 的值，可以采用格式 "cout<<(void*)p" 调用 "operator<<(const void*)" 成员函数，该函数以只读方式显示指针的值。第 17 行代码输入字符串 ss。第 18 行代码判断 ss 是否为空，若为空，"ss.empty()" 的返回值为 true，就执行第 19 行代码，在屏幕上输出 "string ss is empty" 语句。

▶10.2 标准格式输出流

C++ 语言中的所有流都是相同的，但文件可以不同。使用流以后，程序用流统一对各种计算机设备和文件进行操作，使程序与设备、文件无关，提高程序设计的通用与灵活性。

每个 C++ 流都有自己的数据格式状态标志，用于反映该流的当前状态。可以有左对齐、右对齐输出、进制转换等。

10.2.1 常用的格式流

下面是常用的流状态。

格式状态标志	含义	输入 / 输出
left	输出时左对齐，必要时在右边显示填充字符	输出
right	输出时右对齐，必要时在左边显示填充字符	输出
internal	输出时两端对齐	输出
dec	十进制数方式读写	输入 / 输出

格式状态标志	含义	输入/输出
oct	八进制数方式读写	输入/输出
hex	十六进制数方式读写	输入/输出
fixed	定点数格式输出	输出
scientfic	科学计数法显示浮点数	输出
skipws	跳过输入中的空白字符	输入
showpos	在整数和零前显示"+"号	输出
showbase	输出时显示基数指示符，十六进制整数前加 0x，八进制整数前加 0	输出
showpoint	浮点输出，即使小数点后都是零也加小数点	输出

常用的取消流状态的操作有 noshowpos、noshowbase、noshowpoint。

注意

> dec、oct 和 hex 以及 left 和 right 是彼此对立的，设置一个另一个就自动取消了。

范例 10-4   常用流状态

（1）在 Code::Blocks 17.12 中，新建名称为"status"的【C/C++ Source File】源程序。
（2）在代码编辑窗口输入以下代码（代码 10-4.txt）。

```
01  // 范例 10-4
02  // 常用流状态程序
03  // 实现"常用流状态"
04  //2017.07.16
05  #include <iostream>
06  #include <string>
07  using namespace std;
08  int main()
09  {
10      cout<<showpos<<123<<noshowpos<<endl; //输出 123 前面的"+"号，再取消该状态
11      cout<<hex<<18<<" "<<showbase<<12<<noshowbase<<endl;      // 输出十六进制标志"0x"
12      cout<<123.00<<" "<<showpoint<<123.00<<noshowpoint<<endl; //输出小数点后的零
13      cout<<fixed<<123.456<<endl;           // 定点数格式输出
14      cout<<scientific<<123.456<<endl;      // 科学计数法输出
15      return 0;
16  }
```

【运行结果】

编译、连接、运行程序，即可在命令行中输出如下图所示的结果。

【范例分析】

　　如果需要按照一定的格式输出，需要设置该流状态，但是该流状态会一直保持，除非取消。或者按照第 06 行的形式手动取消，或者按照第 10 行的形式由程序自动取消。

10.2.2 **有参数的常用流**

　　本小节介绍一个头文件 iomanip 的用处，在这个头文件下，可以使用一些流状态，如控制输出值的宽度、控制输出精度的流操作。需要注意的是，有些输出函数可以与流输出符连用，有些不能。

　　（1）不能与流输出符 << 连用。下面的 3 个有参数的流状态需要与 cout 绑定一起调用，不能与输出符 << 连用。

```
fill( char )      // 设置填充字符，默认为右对齐，即左填充。若无参数则用于获取当前宽度内的填充字符
precision( int )        // 设置有效位数。若无参数则用于获取当前实数的有效位数
width( int )      // 设置显示宽，它是一次性操作的，第 2 次再使用将无效，默认值为 width(0)，即仅显示数值。若无
参数则获取当前输出数据时的宽度
```

　　使用这些函数时要使用如下形式。

```
cout.width(10);
cout.fill('x');
cout<<345;
```

　　输出结果如下。

```
xx345
```

　　（2）与流输出符 << 连用。

```
setfill(char)   // 设置填充字符
setprecision(int)        // 设置有效位数
setw(int)       // 设置显示宽度
```

　　使用这些函数时要使用如下形式。

```
cout<<setw(5)<<setfill('x')<<345<<endl;
d=9.87654;
n=4;
cout<<setprecision (n)<<d<<endl; // 设置精度输出
```

　　输出结果如下。

```
xx345
9.876
```

　　若 n=0 或 1，输出 9；若 n=2，输出 9.8；如果 n=3，输出 9.87；若 n=5，输出 9.8765。

▶ **10.3 其他输入输出使用的函数**

　　下表为一些常用的输入输出函数。

函数名称	用法
cin.get()	若参数为 (字符变量名)：用来接收字符 若参数为 (字符数组名接收字符数目)：接收一行字符串，可接收空格
cin.getline(m,n)	接收 n 个字符到 m 中，最后一个为 '\0'，可接收空格并输出
getline(cin.str)	接收一个字符串，可接收空格并输出，需要有头文件 cstring

函数名称	用法
gets(m)	接收一个字符
getchar()	ch = getchar(); 接收一个字符，不能写成 getchar(ch);
putchar()	向终端输出一个字符。其一般形式为 putchar（c）
puts( )	参数为 s: 其中 s 为字符串变量 (字符串数组名或字符串指针)，作用与 printf("%s\n", s) 相同
putch( )	int putch(char ch)，其中参数 ch 为要输出的字符。在当前光标处向文本屏幕输出字符 ch，然后光标自动右移一个字符位置。 返回值：如果输出成功，函数返回该字符；否则返回 EOF

▶10.4 随机数发生器函数

C++ 标准函数库提供有一个随机数发生器——rand 函数，它返回 [0，MAX] 之间均匀分布的伪随机整数。rand 函数不接受参数，默认以 1 为种子（起始值）。如果要产生 0~10 的 10 个整数，可以表达为 "int n= rand() % 11;"。如果要产生 1~10，则为 "int n= 1 + rand() % 10"。可得出一条结论，"a + rand() % (b-a+1)" 表示 [a，b] 之间的一个随机整数。如果要得到 [0，1] 的小数，则可先取得 0~10 的整数，然后除以 10 即可，其他情况以此类推。产生 [a，b] 之间随机数的公式为：n = a + rand() % (b-a+1)。

随机数发生器总是以相同的种子开始，所以形成的伪随机数列也相同，失去了随机意义。这种设计的目的是便于程序的调试。

另一个函数 srand 可以指定不同的数（无符号整数）为种子。若种子相同，则伪随机数列也相同。解决方法是让用户输入种子，但是仍然不理想，比较理想的是用变化的数（比如时间）来作为随机数生成器的种子。种子不同，所产生的随机数也不同。

📝 **范例 10-5　产生10个随机数，设定随机数范围并输出**

（1）在 Code::Blocks 17.12 中，新建名称为 "random" 的【C/C++ Source File】源程序。
（2）在代码编辑窗口输入以下代码（代码 10-5.txt）。

```
01  // 范例 10-5
02  // 生成随机数程序
03  // 实现"生成随机数"
04  //2017.07.16
05  #include <iostream>
06  #include <cstdlib>
07  #include <ctime>
08  #define MAX 100
09  using namespace std;
10  int main()
11  {
12      srand( ( unsigned)time( NULL ) );      // 随机数播种函数
13      for (int i=0;i<10;i++)               // 产生 10 个随机数
14      cout<<rand()%MAX<<endl;              // 设定随机数范围并输出
15      return 0;
16  }
```

【运行结果】

编译、连接、运行程序，即可在命令行中输出如下图所示的结果。

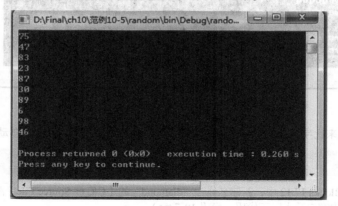

【范例分析】

第 12 行利用 srand() 函数产生一个以当前时间开始的随机种子。接着使用 for 循环语句确定产生随机数的个数，利用 rand() 函数确定范围。MAX 是最大值，"rand()%MAX" 产生的随机范围就是 [0，MAX-1]。

▶ 10.5　字符串操作

若想读取字符串，可以按照 C 语言字符串数组的形式，也可以使用 string 类型。使用 string 类型的好处是字符串相关的内存可以被自动管理，而 C 语言字符串需要先声明足够大的存储空间才能读入字符串。string 类型最大的特点就是易于管理。

📋 范例 10-6　　输入、输出字符串，回车为结束标志

（1）在 Code::Blocks 17.12 中，新建名称为 "useString" 的【C/C++ Source File】源程序。

（2）在代码编辑窗口输入以下代码（代码 10-6.txt）。

```
01  // 范例 10-6
02  // 使用字符串
03  // 实现 "使用字符串"
04  //2017.07.16
05  #include <iostream>
06  #include <string>
07  using namespace std;
08  int main()
09  {
10      string str;          // 定义字符串类型变量
11      cin>>str;            // 输入字符串，回车为结束标志
12      cout<<str<<endl; // 输出
13      return 0;
14  }
```

【运行结果】

编译、连接、运行程序，即可在命令行中输出如下图所示的结果。

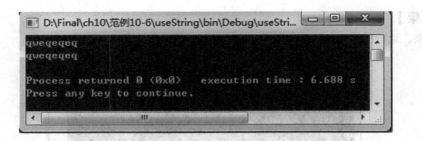

【范例分析】

字符串函数使用起来比字符指针简单、好用，不需要设置存储空间，系统会自动开辟。

范例 10-7   输出菱形

（1）在 Code::Blocks 17.12 中，新建名称为"diamond"的【C/C++ Source File】源程序。
（2）在代码编辑窗口输入以下代码（代码 10-7.txt）。

```
01  // 范例 10-7
02  // 输出菱形程序
03  // 实现"输出菱形"
04  //2017.07.16
05  #include <iostream>
06  #include <iomanip>
07  #include <string>
08  using namespace std;
09  int main()
10  {
11    char c;
12    cin.get(c);          // 获取输入字符
13    int i;
14    for(i=0;i<10;i++)
15    {
16      cout<<string(9-i,' ')<<string(i,c);      // 输出空格字符串和 i 个字符 c
17      if(i>=1)          //string 的第 1 个参数不能为负数
18        cout<<string(i-1,c)<<endl;
19      else
20        cout<<endl;
21    }
22    for(i=9;i>=0;i--)
23    {
24      cout<<string(9-i,' ')<<string(i,c);
25      if(i>=1)
26        cout<<string(i-1,c)<<endl;
27      else
28        cout<<endl;
29    }
30    return 0;
31  }
```

【运行结果】

编译、连接、运行程序，即可在命令行中输出如下图所示的结果。

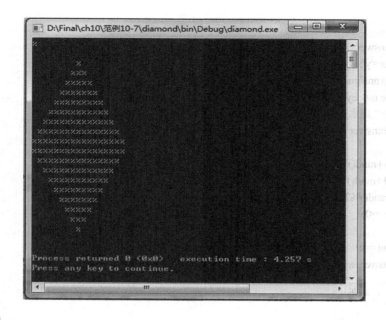

【范例分析】

程序的第 12 行利用输入函数 cin.get() 获得了字符。前 9 行使用 for() 循环语句，利用字符串 string 的用法，n 个字符 c 初始化字符串 s=string(int n,char c)，然后使用流状态输出字符。后 9 行同前 9 行的方法一样，即可得到菱形。

▶10.6 综合案例

本节通过一个小学生算术的游戏，来学习 C++ 中输入和输出的综合应用。本范例用到了标准输入输出方法、随机数发生器、while 循环、if else 语句等知识点。

📝 范例 10-8	算术游戏。随机生成10以内的3个加减运算表达式，根据输入的结果进行评判，输出最终得分，并选择是否继续游戏

（1）在 Code::Blocks 16.01 中，新建名称为"game"的【C/C++ Source File】源程序。
(2) 在代码编辑窗口输入以下代码（代码 **10-8.txt**）。

```
01  // 范例 10-8
02  // 输出
03  // 实现
04  //2017.07.16
05  #include<iostream>
06  #include<cstdlib>
07  #include<ctime>
08  #include<cmath>
09  using namespace std;
10  int main()
11  {
12      int a,b,c,tanswer,answer1;
13      int tcon=3,tryanswer=2,rightsum=0;
```

```
14    char answer;
15    answer='y';
16    srand((unsigned) time(NULL));
17    double money;
18    cout<<" 算术运算游戏 "<<endl;
19    while(answer=='y')
20    {
21      a=1+rand()%10;
22      b=1+rand()%10;
23      c=rand()%2;
24      if(c==0)
25      {
26        cout<<a<<'+'<<b<<'='<<endl;
27        tanswer=a+b;
28 }
29 else
30 {
31 cout<<a<<'-'<<b<<'='<<endl;
32        tanswer=a-b;
33      }
34      cout<<" 请输入您的答案 :\n";
35      cin>>answer1;
36      while(answer1!=tanswer)
37      {
38        cout<<" 结果错误，再想想 \n";
39        cin>>answer1;
40 tryanswer--;
41        if(tryanswer<=0)
42        {
43          cout<<" 又错了！算了，别灰心，下一题吧。 "<<endl;
44          break;
45        }
46 }
47      tryanswer=2;
48      if(answer1==tanswer)
49      {
50        cout<<" 恭喜您，答对了！  "<<endl;
51        rightsum++;
52      }
53      tcon--;
54      if(tcon<=0)
55      {
56      cout<<" 游戏结束了！看看您的正确率吧 "<<endl;
57      break;
58      }
59    }
```

```
60      cout<<" 您的正确率为 "<<100*rightsum/3<<'%'<<endl;
61      return 0;
62  }
```

【运行结果】

编译、连接、运行程序，即可在命令行中输出如下图所示的结果。

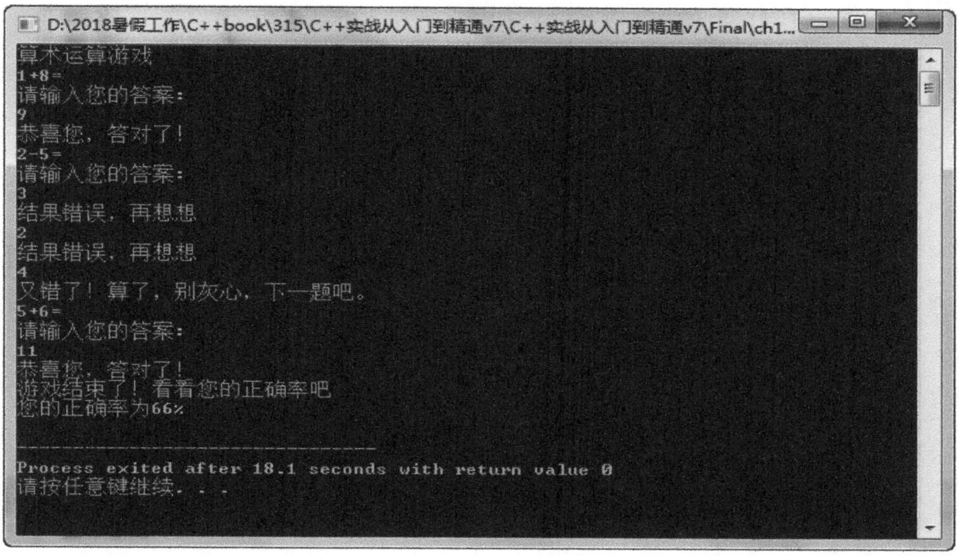

【范例分析】

第 16 行利用了随记数发生器知识点，利用 srand 随机数播种函数，在第 21 行、第 22 行利用 rand 设定随机数的范围，10 以内的数值。接着利用 while 循环，对输入的结果进行检查，此容错处理更实际，提供了 3 次回答的机会，仍然失败则进行下一题的计算。if ...else 语句判断次数，计数到 0 后利用 break，跳出当前循环体。第 57 行利用 break 语句跳出最外层 while 循环，控制游戏结束，输出正确率。

▶10.7　疑难解答

问题 1: C 语言中 I/O 库能够完成程序的输入输出，为什么还要引入 C++ 的输入输出流呢？

解答：因为 I/O 库存在如下缺陷。

● 即使只用了解释程序的一个功能，也要全部装载。

● printf() 函数是在运行期间解释。若在编译期间分析格式字符串里的变量，根据不用类型调用各自的函数处理，则运行会很快，有助于用户发现错误。

● 对于 C++，printf 不能被扩展，用户不能通过重载函数对其扩展。

问题 2: C++ 中，cin、cin.get() 和 cin.getline() 的区别是什么？

解答: cin 遇到空格、回车或者制表符就会结束输入，这样就导致了我们不能输入一个带有空格的字符串。cin.get()、cin.getline() 都表示每次读取一行字符串输入，但是随后 cin.getline() 将丢弃换行符，而 cin.get() 则将换行符保留在输入序列中。

问题 3: 为什么伪随机数发生器需要种子？

解答：因为计算机的逻辑计算都是确定的，实际上没有办法产生真正的随机数，所以计算机里的随机数都是对某个"初始数"进行某种迭代运算而产生的，如每次取三角函数结果的第 N 位等，用于得到模拟的随机序列，因此称为伪随机数。那个初始数就是"种子"。

问题 4：C++ 中能使用 random 函数吗？

解答：C++ 中不能使用 random() 函数。random 函数不是 ANSI C 标准，不能在 gcc、vc 等编译器下编译通过，可改用 C++ 下的 rand 函数来实现。

第 II 篇

核心技术

第 11 章

面向对象编程基础
——类和对象

在前面的章节中，编写的程序是由一个个函数组成的，属于结构化编程。从本章开始，将带领读者学习和对象有关的概念，让读者初步了解面向对象编程的思想和方法。从本章开始，编写的程序将由一个个对象组成。通过本章的学习，读者将了解类和对象的概念，学会类的定义和应用，掌握友元函数概念等。

本章要点（已掌握的在方框中打钩）

□ 类与对象概念
□ 类的定义和应用
□ 友元的概念和相关应用
□ this 指针

▶11.1 类与对象概述

生活中有各种各样的事物，如人、动物、工厂、汽车、植物、建筑物、割草机、计算机等，在 C++ 中将这些称为对象。对象多种多样，各种对象的属性也不相同。有的对象有固定的形状，有的对象没有固定的形状；有的对象有生命，有的对象没有生命；有的对象可见，有的对象不可见；有的对象会飞，有的对象会跑；有的对象很高级，有的对象很原始……各个对象都有自己的行为，例如球的滚动、弹跳和缩小，婴儿的啼哭、睡眠、走路和眨眼，汽车的加速、刹车和转弯……同时，各个对象可能也有一些共同之处，至少它们都是现实世界的组成部分。

人们是通过研究对象的属性和观察它们的行为而认识对象的。可以把对象分成很多类，每一大类中又可分成若干小类，也就是说，类是可以分层的。同一类的对象具有许多相同的属性和行为，不同类的对象可能具有相同的属性和类似的行为。例如，婴儿和成人、人和猩猩、小汽车和卡车等都有共同之处，类是对对象的抽象。

在 C++ 中，用类来描述对象。类是从现实世界抽象出来的。在真实世界中，同是人类的张三和李四，有许多共同点，但也有许多不同点。当用 C++ 描述时，相同类的对象具有相同的属性和行为，它把对象分为两个部分：数据（相当于属性）和对数据的操作（相当于行为）。

现实世界可以分解为一个个的对象，解决现实世界问题的计算机程序也有与此相对应的功能，由一个个对象组成的程序就称为面向对象的程序，编写面向对象程序的过程就称为面向对象的程序设计（Object-Oriented Programming，OOP）。使用 OOP 技术能够将许多现实的问题归纳成为一个简单解。支持 OOP 的语言很多，C++ 是应用较为广泛的一种。OOP 有 4 个主要特点，即抽象、封装、继承和多态，C++ 中的类对象体现了抽象和封装的特点。

先从变量的定义讲起，假定在 main 函数中定义了一个整型变量 nInteger。

```
int main()
{
    int nInteger;
    return 0;
}
```

在 main 函数中为 nInteger 分配栈内存，保存变量 nInteger 的值，并在 main 返回时释放该内存。在面向对象的程序设计中，nInteger 也称为对象。所谓对象，就是一个内存区，它存储某种类型的数值，变量就是有名的对象。对象除了可以用上述定义的方法来创建外，也可以用 new 表达式创建，还可以是应用程序运行时临时创建的，例如，在函数调用和返回时均会创建临时对象。

对象是有类型的，例如上面定义的 nInteger 对象就是整型的。一个类型可以定义许多对象，一个对象有一个确定的类型。例如，可以这么说：int 型变量是 int 类型的实例，以后也常说对象是类的实例。

实际上，所说的类，并非仅指 C++ 中那些基本的数据类型。C++ 中引入了 class 关键字来定义类，它也是一种数据类型。类是 C++ 支持面向对象的程序设计的基础，它支持数据的封装、隐藏等。类与前面学习过的结构类似，实际上 C++ 中也可以用 struct 关键字来定义类（不建议使用）。

在 C 语言的结构中，结构体中只有数据成员。在 C++ 的类中除了可以定义数据成员外，还可以定义对这些数据成员（或对象）操作的函数，也正是这些函数实现了对对象的操作。

▍11.1.1 类的声明与定义

C++ 中类的定义包括类的声明和类的实现。类的声明相当于函数声明，其中对类中的数据成员和成员函数进行了说明。类的实现相当于函数实现，其中包括对数据成员进行的操作以及完成一些成员函数的实现。

类定义的一般形式如下。

```
class <类名>              // 类的声明
{
[public | protected | private]:
    <数据成员的说明>
[public | protected | private]:
```

```
<成员函数的说明>
};
<各成员函数的实现>              // 类的实现
```

类定义的首部由关键字 class 和用户定义的类名组成。类名的命名规则与一般标识符的命名规则相同，但也可能存在附加的命名规则，微软公司提供的 MFC 类库中的类名均以大写字母 C 开头。类定义中被花括号括起来的部分称为类体，类体主要是定义的一些类成员，包括成员函数和数据成员。

> **注意**
>
> 类的定义和声明本质上也属于一条语句，因此在类定义结束的花括号后面带有一个分号，不加分号会引起编译错误。

类中定义了两种类型的成员。

（1）数据成员：指定该类对象的内部表示。

（2）成员函数：指定该类的操作。

为了设置类成员的使用范围，可以对类成员设置以下 3 种不同的访问权限符。

（1）public：公有成员访问权限符，访问范围最广，既可以被本类中的成员函数访问，也可以被类的作用域内的其他函数访问。

（2）private：私有成员访问权限符，访问范围最小，只能被该类中的成员函数访问，类外的其他函数则不能访问（友元类除外，友元类将在后续章节中介绍）。

（3）protected：保护成员访问权限符，成员只能被该类的成员函数或派生类的成员函数访问（基类和派生类的概念将在后续章节中介绍）。

> **注意**
>
> 在类的定义中如果不加访问权限符，就默认为私有成员（private）。在同一个类中，同一访问权限符如 public 可以出现多次，即一个类体可以包含多个被 public、private 或 protected 修饰的部分，但应尽可能地使每种权限符只出现一次。每个权限符在遇到下一个权限符时失效。

通常情况下将数据成员变量定义为 private，而将大多数成员函数定义为 public，少数定义为 private。私有的数据成员一般可以通过定义 set 和 get 函数进行设置和获取成员变量。公有的成员函数可在类外被访问，私有的成员函数为工具函数，一般为公有的成员提供一些帮助。为数据成员和成员函数设置合适的访问权限可以提高程序的效率。

私有的成员与公有的成员在程序中的次序无关紧要。C++ 中推荐将公有的成员函数放在前面。在只想知道如何使用一个类的对象时，通过了解公有成员函数即可知晓类对象的使用方法。

在一个较大的项目中，通常将类的接口和类的实现进行分离。一般将类的接口保存为一个头文件，方便其他文件引用，而将类的实现也进行单独保存。

类成员函数实现的一般形式如下。

```
返回类型 类名 :: 函数名 ( 形参表 )
{
    函数体
}
```

下面是一个具体的例子。

```
void  Cdate :: SetDate( int y, int m, int d )
{
    year=y;
    month=m;
    day=d;
}
```

如上所示，类成员函数在实现时需要在函数名前加入 "<类名>::" 的样式。双冒号 "::" 是域运算符，用于类的成员函数定义，表示这个成员函数是属于哪个类的。该运算符的使用格式如下。

```
类名 :: 函数名 ( 参数表 )
```

下面是关于类的声明和定义的一个例子。

📝 范例 11-1　关于日期类声明和定义的例子

（1）在 Code::Blocks 17.12 中，新建名称为 "Cdate Class" 的【C/C++ Source File】源文件。

（2）在代码编辑区域输入以下代码（代码 11-1.txt）。

```
01  //范例 11-1
02  //Cdate Class 程序
```

```
03   // 实现 "年、月、日" 的输出
04   //2017.07.17
05   #include <iostream>
06   using namespace std;
07   class Cdate
08   {
09     public: // 下面定义 3 个公有成员均为成员函数
10       void SetDate(int y, int m, int d);    // 设置日期，用它使对象（变量）获取数值
11       int IsLeapYear( );         // 用来判断是否闰年的函数
12       void Print( );    // 用来将年、月、日的具体值输出
13     private:
14       int  year, month, day;  // 定义 3 个 int 型变量 year 、 month 、 day 的私有成员
15   };
16   // 下面为日期类的实现部分
17   void Cdate::SetDate(int y, int m, int d)    // 设置日期使对象获取数据
18   {
19     year=y;  // 私有成员变量 year 获取数值
20     month=m;       // 私有成员变量 month 获取数值
21     day=d;   // 私有成员变量 day 获取数值
22   }
23   int Cdate::IsLeapYear( )      // 判断闰年的成员函数的实现
24   {
25     return (year %4 ==0&& year %100 != 0) ||( year %400==0); // 若为闰年则返回 1
26   }
27   void  Cdate::Print( )    // 用来将年、月、日的具体值输出
28   {
29     cout<<year<<","<<month<<","<<day<<endl;
30   }
31   int main()
32   {
33     int rn;           // 定义一个整型变量 rn，用来接收判断闰年函数的返回值
34     Cdate date1;        // 声明对象
35     date1.SetDate(2004, 12, 30);        // 给对象 date1 的成员函数赋值
36     rn = date1.IsLeapYear();      // 判断闰年的成员函数返回值赋给 rn
37     if (rn==1)
38       cout<<" 闰年 "<<endl;     // 输出信息
39     date1.Print();      // 调用对象的成员函数返回具体的年、月、日值
40     return 0;
41   }
```

【运行结果】

编译、连接、运行程序。通过在 main 函数中调用对象成员函数进行赋值、输出，即可得到是否为闰年和具体的年、月、日，如下图所示。

【范例分析】

范例中声明了一个类 Cdate，类中包含了 3 个私有数据成员（用来保存日期的年、月、日），以及 3 个公有方法。在 main 函数中，上述程序使用该类定义了一个对象 date1。关于对象的定义，后面会具体讲解。

Cdate 类中定义了私有和公有两类成员，其数据成员都为私有，这是出于封装的目的，不希望直接访问数据成员，而是通过所提供的公有函数访问。例 如 通 过 函 数 SetDate() 设 置 日 期，通 过 函 数 IsLeapYear() 判断是否是闰年，通过函数 Print() 输出具体的年、月、日数值。

11.1.2 对象的定义和使用

对象是类的一个实例，借用变量的概念，类相当于定义了一个特殊的数据类型，对象则是定义了这个特殊数据类型的特殊变量。在定义对象之前，一定要先定义好类。对象定义格式如下。

类名 对象名表；

例如：

Cdate date1, date2, *Pdate, data[31];

其中：Cdate 为类名，date1 和 date2 为一般对象名，*Pdate 为指向对象的指针，data 为对象数组的数组名。

一个对象的成员就是该对象的类的成员，包含数据成员和成员函数。

一般对象的数据成员表示格式如下。

对象名 . 数据成员名

一般对象的成员函数表示格式如下。

对象名 . 成员函数名 (参数表)

例 如，date 的 数 据 成 员 为 date1.year, date1.month, date1.day，分别表示 Cdate 类的对象 date1 的 year 成员、month 成员和 day 成员。date1 的成员函数为 date1.SetDate(int y, int m, int d);，表示 Cdate 类的对象 date1 的 SetDate( ) 成员函数。"." 为成员选择符，这里通过成员选择符访问对象的成员。

成员函数也可以通过指向对象的指针调用，调用形式如下。

指向对象的指针→成员函数名 (实参表)

例如，Pdate → Print()，表示 Cdate 类的指针对象 Pdate 的 Print() 成员函数。

📋 范例 11-2 　使用对象完成计算矩形面积的例子

（1）在 Code::Blocks 17.12 中，新建名称为 "Rectangle Area" 的【C/C++ Source File】源文件。
（2）在代码编辑区域输入以下代码（代码 11-2.txt）。

```
01  // 范例 11-2
02  //Rectangle Area 程序
03  // 实现面积的输出
04  //2017.07.18
05  #include <iostream>
06  using namespace std;
07  // 下面为类的声明部分
08  class Carea
09  {
10    private:
11      double x, y;    // 声明两个私有变量 x 和 y
12    public:
13      void set_values (double a,double b);// 声明设置矩形长宽值的函数，用来为私有变量赋值
14      double area();   // 声明计算面积的成员函数
15  };
16  // 下面为矩形面积类的实现部分
17  void Carea::set_values (double a, double b)
18  {
```

```
19      // 设置长宽值，使对象获取数据
20      x = a;  // 私有变量 x 获取数据
21      y = b;  // 私有变量 y 获取数据
22  }
23  double Carea::area ()
24  {
25      return (x*y);       // 通过函数值返回面积
26  }
27  int main ()
28  {
29      Carea rect1, rect2;           // 声明两个对象 rect1 和 rect2
30      double length,width;
31      cout<<" 请输入第 1 个矩形的长和宽: "<<endl;
32      cin>>length>>width;
33      rect1.set_values (length,width);       // 为对象 rect1 的成员函数的参数赋值
34      cout<<" 请输入第 2 个矩形的长和宽: "<<endl;
35      cin>>length>>width;
36      rect2.set_values (length,width);       // 为对象 rect2 的成员函数的参数赋值
37      cout << "rect1 area: " << rect1.area() << endl;
38      cout << "rect2 area: " << rect2.area() << endl;
39      return 0;
40  }
```

【运行结果】

编译、连接、运行程序。在 main 函数中声明两个对象，对成员函数的参数赋值，获取长宽值，并调用求矩形面积的成员函数，将两个对象 rect1 和 rect2 的面积值输出，如下图所示。

```
*D:\FINAL\ch11\范例11-2\Rectangle Area\bin\Debug\Rec...

请输入第1个矩形的长和宽:
5.2 6.3
请输入第2个矩形的长和宽:
2.0 3.0
rect1 area: 32.76
rect2 area: 6

Process returned 0 (0x0)   execution time : 11.802 s
Press any key to continue.
```

【范例分析】

范例中定义了一个类 Carea，并且将类接口和类的方式分离开来，类中定义了两个公有成员函数和两个私有成员变量。main 函数中定义了 Carea 类的两个实例化对象 rect1 和 rect2，通过用户输入的参数依次调用两个对象中计算面积的成员函数。根据结果可以看到调用函数 rect1.area() 与调用函数 rect2.area() 所得到的结果是不一样的，这是因为每一个 class Carea 的对象都拥有自己的变量 x 和 y 以及自己的函数 set_values() 和 area()。

▶11.2 构造函数

和变量一样，对象创建后也需要进行初始化。对象的初始化过程是通过调用定义的或者内置的构造函数实现的。

构造函数是 C++ 中定义的一种专门用来初始化对象的特殊函数。构造函数的名字与类名完全相同，没有

返回值和返回类型，因此，函数名前不应该写返回值类型，void 也不能写。当对象被创建时，构造函数会被自动调用来初始化对象。

对象在生成过程中通常需要初始化变量或分配动态内存，以便能够操作。如果程序中没有对数据成员进行初始化而直接进行调用，可能会返回不确定的值。

为了使数据成员没有被初始化而直接被调用，用户必须通过自定义的构造函数来保证每个对象被正确地初始化，在不定义有参构造函数时要提前调用相关 set 函数设置数据成员的值。构造函数可以分为有参构造函数和无参构造函数两种形式。

下面是一个简单的类，显式定义一个无参构造函数和一个有参构造函数。

```
class Tree
{
    int left;
    int right;
    public:
    Tree(){};    // 无参构造函数
```

```
    Tree(int a,int b){
        left=a; right=b;
    }
};
// 当用该类定义对象时：
void f()
{
    Tree t1;      // 调用无参构造方法创建对象 t1
    Tree t2(2,3); // 调用有参构造方法创建对象 t2
    //……
}
```

当对象利用无参构造函数进行定义时，定义形式和定义变量相似，对象名后面不需要加"()"。与定义普通变量不同的地方是当对象被创建时，会自动调用其构造函数。当对象利用无参构造函数进行定义时，需要在对象名后面对照构造函数的参数列表添加参数。如上述的 Tree (int,int) 的构造函数带两个整型参数，创建 Tree 对象时必须指定两个参数。

综上所述，构造函数是一种有着特殊名字、在对象创建时被自动调用的函数，功能是完成类的初始化。下面将实现包含一个有参构造函数的 Carea。

📖 **范例 11-3　使用构造函数的例子**

（1）在 Code::Blocks 17.12 中，新建名称为"Constructor Application"的【C/C++ Source File】源文件。
（2）在代码编辑区域输入以下代码（代码 11-3.txt）。

```
01  // 范例 11-3
02  //Constructor Application 程序
03  // 实现对象 rect1 和 rect2 的面积值输出
04  //2017.07.17
05  #include <iostream>
06  using namespace std;
07  class Carea{
08      private:
09          int width, height;
10      public:
11          Carea(int,int);              // 构造函数声明
12          int area ();                 // 计算面积的成员函数的声明
13  };
14  // 以下为构造函数的定义
15  Carea::Carea (int a, int b) {
16      width = a;
17      height = b;
18  }
19  int Carea::area () {                 // 计算面积的成员函数的实现
20      return (width*height);           // 通过函数值返回面积
21  }
```

```
22   int main () {
23       Carea rect1 (3,4);         // 创建 rect1 对象并调用构造函数进行初始化
24       Carea rect2 (5,6);         // 创建 rect2 对象并调用构造函数进行初始化
25       cout << "rect1 area: " << rect1.area() << endl;      // 输出面积值
26       cout << "rect2 area: " << rect2.area() << endl;      // 输出面积值
27       return 0;
28   }
```

【运行结果】

编译、连接、运行程序。在 main 函数中创建两个对象并调用构造函数进行初始化来获取长宽值，之后调用求矩形面积的成员 e 函数，即可将两个对象 rect1 和 rect2 的面积值输出，如下图所示。

【范例分析】

本范例与范例 11-2 中的实现方式有所不同——将函数 set_values 中的内容放在了 class 的构造函数中。在 class 实例生成的时候由系统自动调用构造函数，由构造函数完成参数的初始化操作。

```
Carea rect1 (3,4);
Carea rectb (5,6);
```

调用构造函数完成对象的初始化操作后就可以使用该对象了。最后通过调用对象中的成员函数 area() 计算面积并将结果输出显示。

范例 11-4　调用构造函数输出学生的学号、姓名和性别

（1）在 Code::Blocks 17.12 中，新建名称为 "Constructor Application1" 的【C/C++ Source File】源文件。
（2）在代码编辑区域输入以下代码（代码 11-4.txt）。

```
01   // 范例 11-4
02   //Constructor Application1 程序
03   // 实现学生的学号、姓名和性别输出
04   //2017.07.17
05   #include <iostream>
06   #include <string>
07   #include <cstring>
08   using namespace std;
09   class Stud{         // 声明一个类
10       private:// 私有部分
11           int num;
12           char name[10];
13           char sex;
14       public: // 公有部分
15           Stud();         // 构造函数
```

```
16        void display(); // 成员函数
17   };
18   Stud::Stud()          // 构造函数定义, 函数名与类名相同
19   {
20       num=10010;        // 给数据赋初值
21       strcpy(name, "suxl");
22       sex='F';
23   }
24   void Stud::display()            // 定义成员函数, 输出对象的数据
25   {
26       cout<<"学号: "<<num<<endl;
27       cout<<"姓名: "<<name<<endl;
28       cout<<"性别: "<<sex<<endl;
29   }
30   int main()
31   {
32       Stud stud1;       // 定义对象 stud1 时自动执行构造函数
33       stud1.display();  // 从对象外面调用 display() 函数
34       return 0;
35   }
```

【运行结果】

编译、连接、运行程序。在 main 函数中定义对象 stud1 时自动调用构造函数进行初始化, 然后在对象外部调用 display 函数将学生的学号、姓名和性别输出到命令行窗口, 如下图所示。

```
学号: 10010
姓名: suxl
性别: F

Process returned 0 (0x0)   execution time : 0.015 s
Press any key to continue.
```

【范例分析】

范例中先声明一个学生类 Stud, 类中包括学号、姓名、性别 3 个私有数据成员以及用来显示学生信息的成员函数 display()。在 main 函数中通过无参构造函数定义了一个学生类的实例化对象 stud1, 通过成员运算符调用成员函数 display() 输出学生信息。

从输出中可以看到, 学生信息正是无参构造函数中对数据成员进行初始化的信息, 由此可以想到, 程序中自动执行了该无参构造函数完成对数据成员的初始化。需要注意的是, 对象的数据成员是私有的, 因此不能在对象外, 调用 stud1.num 等输出信息。必须通过调用公有成员函数 display() 显示对象中的数据信息。

▶11.3　析构函数

构造函数的主要功能是在创建对象时对对象进行初始化操作。与构造函数不同的是, 析构函数一般在程序结束前完成对对象的销毁工作。例如, 在定义对象时使用了 new 对对 象分配存储空间, 则应在析构函数中使用 delete 释放该空间。析构函数和构造函数相同的是析构函数同样与类同名, 只不过要在名字前加入 "~" 符号进行表示, 析构函数同样没有返回值和返回类型, 也是被系统自

动调用地完成工作。

　　若一个对象中含有指针数据成员，该指针数据成员指向某一个内存块。通常需要在析构函数中将该指针指向的内存块释放，然后销毁对象。

　　如下所示，Set 类中 elems 指针指向一个动态数组，这时应该定义一个析构函数并在析构函数中释放 elems 指向的内存块。

```
class Set
{
  public:
    Set (const int size);
    ~Set(void) {delete elems;}      // 析构函数
    //...
  private:
    int *elems;  // 指向一个动态数组
    //…
};
```

下面通过一个例子分析一下析构函数是如何工作的。

```
int main(void)
{
    Set s(10);
    //...
    return 0;
}
```

当创建 set 类的一个实例化对象 s 时，会先调用构造函数，为对象 s 中的数据成员分配空间以及初始化。例如，对 elems 数据成员分配内存及初始化。在程序结束前，系统调用 s 的析构函数，释放为 elems 分配的内存。析构函数不能像其他成员函数一样被直接调用，只能由系统自动调用。

　　当对象被动态分配内存空间时应主动定义一个析构函数完成对对象空间的释放。构造函数为对象中的数据成员完成初始化操作，因此构造函数必不可少，而析构函数在程序中同样起着相当重要的作用。如果程序中的内存在使用完后没有得到释放，就很容易造成内存泄漏，会导致应用程序运行效率降低，甚至操作系统崩溃，所以要学会利用析构函数释放系统占用的资源。

> **注意**
>
> 　　对象的析构函数在对象销毁前被调用，不同对象的析构函数调用顺序与其作用域有关。自动对象在离开其作用域时便调用其析构函数，动态对象在使用 delete 运算符时调用其析构函数，全局对象在程序运行结束时才调用其析构函数。当作用域相同时，析构函数的调用顺序与构造函数的调用顺序相反。

范例 11-5　使用析构函数的例子

构造函数中初始化 *width 和 *height 两个指针变量，分配空间；析构函数中释放这两个空间。
（1）在 Code::Blocks 17.12 中，新建名称为 "Destructor Application" 的【C/C++ Source File】源文件。
（2）在代码编辑区域输入以下代码（代码 11-5.txt）。

```
01  // 范例 11-5
02  //Destructor Application 程序
03  // 析构函数的使用
04  //2017.07.17
05  #include <iostream>
06  using namespace std;
07  class Carea {
08      int * width, * height;      //默认为私有变量
09    public:
10      Carea (int,int);  // 构造函数的声明
11      ~Carea ();        // 析构函数的声明
12      int area ( );     // 计算面积的成员函数
13    };
14  // 以下为构造函数的定义
15  Carea::Carea (int a, int b) {
16      width = new int; // 定义一个整型指针变量 width
```

```
17        height = new int; // 定义一个整型指针变量 height
18        *width = a;        // 把参数 a 的值赋给指针变量 width
19        *height = b;       // 把参数 b 的值赋给指针变量 height
20    }
21    // 以下为析构函数的定义
22    Carea::~Carea () {
23        delete width;      // 释放指针变量 width 占用的内存资源
24        delete height;     // 释放指针变量 height 占用的内存资源
25        cout<<" 释放对象占用的内存资源 "<<endl;// 调用析构函数的信息提示
26    }
27    int Carea::area () {   // 计算面积的成员函数的实现
28        return ((*width)*(*height));// 通过函数值返回面积
29    }
30    int main () {
31        Carea rect1 (3,4), rect2 (5,6);
32        cout << "rect1 area: " << rect1.area() << endl;
33        cout << "rect2 area: "<< rect2.area() << endl;
34        return 0;
35    }
```

【运行结果】

编译、连接、运行程序。在 main 函数中创建对象 rect1、rect2 并调用构造函数进行初始化来获取长宽值，之后分别调用求矩形面积的成员函数，即可将两个对象 rect1 和 rect2 的面积值输出。然后调用 rect2 和 rect1 的析构函数释放对象占用的资源，输出信息提示，如下图所示。

【范例分析】

本范例中定义了一个类 Carea，在类中声明了该类的一个无参构造函数和一个析构函数，在类外对此构造函数和析构函数进行了实现。main 函数中创建该类的两个对象 rect1 和 rect2，分别调用构造函数进行初始化。然后调用成员函数 area() 分别计算面积，然后程序输出结果。从结果中可以看到，在之后程序中输出了析构函数中编写的语句。由此可以看出在程序结束前会自动调用各个对象的析构函数。系统自动调用析构函数的目的是释放对象占用的资源并销毁对象。

范例 11-6   析构函数的调用次序例子

（1）在 Code::Blocks 17.12 中，新建名称为 "Destructor Order" 的【C/C++ Source File】源文件。
（2）在代码编辑区域输入以下代码（代码 11-6.txt）。

```
01    // 范例 11-6
02    //Destructor Order 程序
03    // 析构函数的调用（二）
04    //2017.07.17
05    #include <iostream>
06    using namespace std;
```

```
07   class Test // 定义类
08   {
09     private:// 私有变量
10       int num;
11     public:
12       Test(int a)      // 定义构造函数
13       {
14         num = a;
15         cout<<" 第 "<<num<<" 个 Test 对象的构造函数被调用 "<<endl;
16       }
17       ~Test()          // 定义析构函数
18       {
19         cout<<" 第 "<<num<<" 个 Test 对象的析构函数被调用 "<<endl;
20       }
21   };
22   int main()
23   {
24     cout<<" 进入 main() 函数 "<<endl;
25     Test t[4] = {0,1,2,3};        // 定义 4 个对象，分别以 0、1、2、3 赋给构造函数的形参 a
26     cout<<"main() 函数在运行中 "<<endl;
27     cout<<" 退出 main() 函数 "<<endl;
28     return 0;
29   }
```

【运行结果】

编译、连接、运行程序。在 main 函数中创建 4 个对象，即 t[0]、t[1]、t[2] 和 t[3]，按创建的顺序分别调用各自的构造函数进行初始化，并输出信息；之后返回 main 函数，当程序结束时按创建对象相反的顺序依次调用析构函数并输出信息，如下图所示。

【范例分析】

范例中首先定义了一个 Test 类，在类中定义的有该类的构造函数和析构函数，并在其中添加输出语句，用以显示自身调用情况。main 函数中创建了 4 个该类的对象，最后通过运行结果可以看到每个对象调用构造函数和析构函数的情况。运行结果显示析构函数与构造函数二者的调用次序相反，即最先构造的对象最后被析构，最后构造的对象最先被析构。

▶ 11.4　静态成员

前面已经提到过静态变量，就是在声明变量前加上 static。静态类成员也是用 static 来进行修饰的成员。一般情况下访问类成员都是通过对象来访问的，而不能通过类名直接访问。如果将类成员定义为静态成员则允许使用类名直接访问。静态成员定义格式如下所示。

```
static 数据类型 属性名称；
```

静态成员函数的声明格式如下所示。

```
static 返回类型 函数名 ( 参数列表 )；
```

例如：

```
class Book
{
    public:
    static double price;  // 定义一个静态数据成员
    int pages;
    public:
    static void OutputPrice();  // 定义一个静态成员函数
};
```

对于静态数据成员，通常要在类体外进行初始化。例如：

```
double Book::price=32.5;    // 初始化静态数据成员
```

对于静态成员，不仅可以通过对象访问，还可以直接使用类名访问。例如：

```
int main()
{
    Book book;
    cout<<Book::price<<endl;  // 通过类名访问静态成员
    cout<<book.price<<endl;   // 通过对象访问静态成员
    return 0;
}
```

类的静态成员函数只能访问类的静态数据成员，而不能访问普通的数据成员。例如：

```
void Book::OutputPrice()
{
    cout<<price<<endl;  // 静态成员函数访问静态成员
    cout<<pages<<endl;  // 非法访问，无法访问非静态数据成员
}
```

▶ 11.5 友元

为了使类中被设为私有及保护的成员能被其他类或其他函数进行访问，C++ 引入了友元的概念。友元可以是一个普通函数或一个类。将一个函数定义为一个类的友元函数时，可以通过该友元函数访问该类中的私有成员。如果将一个类定义为另一个类的友元类，则该类中的所有函数相当于另一个类的友元函数。

11.5.1 友元成员

若一个类的成员函数是另一个类的友元函数，则称这个成员函数为友元成员。通过友元成员函数，不仅可以访问自己所在类对象中的私有和公有成员，还可以访问由关键字 friend 声明语句所在的类对象中的私有和公有成员，可以使两个类相互访问，从而共同完成某个任务。例如，设类 B 的成员函数 BMemberFun 是类 A 的友元函数，那么友元成员的定义格式如下。

```
class  A
{
    friend  void  B::BMemberFun(A&);        // 友元函数是另一个类 B 的成员函数
    public:
    …
}
```

📝 **范例 11-7   友元成员的应用**

（1）在 Code::Blocks 17.12 中，新建名称为 "Friend Member" 的工程。
（2）新建一个 "X.h" 头文件，定义一个 X 类（代码 11-7-1.txt）。

```
01  #ifndef X_H
```

```
02  #define X_H
03  #include<iostream>
04  #include<string>
05  using namespace std;           //字符串头文件
06  class Y;      //为向前引用
07  class X       //定义类X
08  {
09      int x;
10      char *strx;            //定义私有成员
11      public:
12      X(int a,char *str)   //定义构造函数
13      {
14        x=a;
15        strx=new char[strlen(str)+1]; //分配空间
16        strcpy(strx,str);            //调用字符串复制函数
17      }
18      void show(Y &ob);            //声明公有成员函数
19  };
20  #endif
```

（3）新建一个"Y.h"头文件，定义一个 Y 类（代码 11-7-2.txt）。

```
01  #ifndef Y_H
02  #define Y_H
03  #include"X.h"
04  class Y              //定义类Y
05  {
06      int y;
07      char *stry;
08      public:
09      Y(int b,char *str) //定义构造函数
10      {
11        y=b;
12        stry=new char[strlen(str)+1];
13        strcpy(stry,str);
14      }
15      friend void X::show(Y &ob)          //声明友元成员
16      {
17        cout << "the string of X is: "<< strx << endl;
18        cout << "the string of Y is: " << ob.stry << endl;
19      }
20  };
21  #endif
```

（4）主程序"Friend Member.cpp"的构建（代码 11-7-3.txt）。

```
01  // 范例 11-7
02  //Friend Member 程序
03  // 友元成员的应用
04  //2017.07.17
05  #include"X.h"
06  #include"Y.h"
```

```
07    int main()
08    {
09      X a(10, "stringx");          // 创建类 X 的对象
10      Y b(10, "stringy");          // 创建类 Y 的对象
11      a.show(b);
12      return 0;
13    }
```

【运行结果】

编译、连接、运行程序。类 X 的成员函数在类 Y 中被说明为友元 show() 成员函数时，该函数对类 X 的私有成员 strx 和类 Y 的私有成员 stry 都可以访问，因此输出如下图所示的结果。

【范例分析】

范例中定义了两个类：X 类和 Y 类。而类 X 的 show() 成员函数是类 Y 中的友元函数。通过程序代码可以看出通过 show() 既可以访问类 X 的私有成员 strx，也可以访问类 Y 的私有成员 stry。一个类的成员函数作为另一个类的友元函数时，必须先定义这个类，因此在类 X 中可以看到类 X 中引用了类 Y 的一个对象，但是类 Y 定义在类 X 之后，需要在类 X 中加入 "class Y;" 语句，用来先引用类 Y。

11.5.2 友元函数

一般情况下，一个普通函数或一个类的成员函数要访问另一个类中的数据成员时，必须通过访问那个类、利用那个类的公有 get 函数来获取，而当需要多次进行访问时，这种间接访问的方式会严重影响访问效率。C++ 允许在一个类中把一个普通函数或一个类的成员函数声明为它的友元函数。被声明为一个类的友元函数可以直接访问该类的私有或保护成员。使用类的友元函数直接访问时能够大大提高访问效率。

声明友元函数的语句以保留字 friend 开始，后面跟一个函数或类的声明。在 C++ 中，将普通函数声明为友元函数的一般形式如下。

friend 数据类型 友元函数名 (参数表);

范例 11-8 友元函数的应用

（1）在 Code::Blocks 17.12 中，新建名称为 "Friend Function" 的工程。
（2）新建一个 "CPoint.h" 头文件，定义一个 CPoint 类（代码 11-8-1.txt）。

```
01    #include <iostream>
02    using namespace std;
03    class CPoint                    // 定义类
04    {
05      public:
06        CPoint( unsigned x, unsigned y ){      // 定义构造函数
07          m_x = x;
08          m_y = y;      // 初始化成员
09        }
10        void  Print(){   // 定义成员函数
11          cout << "Point(" << m_x << ", " << m_y << ")"<< endl;// 通过成员变量输出参数值
12        }
```

```
13        friend  CPoint  Inflate(CPoint &pt, int nOffset);          // 声明一个友元函数
14    private:
15        unsigned m_x, m_y;          // 定义私有成员变量
16    };
```

（3）新建一个"CPoint.cpp"文件，定义一个友元函数（代码 11-8-2.txt）。

```
01  #include "CPoint.h"
02  CPoint Inflate ( CPoint &pt, int nOffset )          // 友元函数的定义
03  {
04      CPoint ptTemp = pt;
05      ptTemp.m_x += nOffset;     // 直接改变私有数据成员 m_x 的值
06      ptTemp.m_y += nOffset;     // 直接改变私有数据成员 m_y 的值
07      return ptTemp;             // 返回修改过私有成员值的类对象
08  }
```

（4）主程序"Friend Function.cpp"的构建（代码 11-8-3.txt）。

```
01  // 范例 11-8
02  //Friend Function 程序
03  // 友元函数的应用 ( 二 )
04  //2017.07.17
05  #include <iostream>
06  #include "CPoint.h"
07  using namespace std;
08  int main()
09  {
10      CPoint pt( 10, 20 );       // 创建对象并调用构造函数初始化
11      pt.Print();                // 输出修改前的类对象 pt 私有变量值
12      pt = Inflate(pt, 3);       // 调用友元函数
13      pt.Print();                // 输出修改后的类对象 pt 私有变量值
14      return 0;
15  }
```

【运行结果】

编译、连接、运行程序。在 main 函数中创建对象 pt，调用构造函数进行初始化来获取点坐标并输出，之后调用友元函数修改坐标值，然后调用输出的成员函数输出修改后的坐标值，如下图所示。

【范例分析】

本范例中定义了一个表示坐标点的类 Cpoint，在类中声明了一个友元函数 inflate() 用于修改该类中的数据成员。在类的外部对该函数进行了定义。在 main 函数中创建了类 Cpoint 的一个对象 pt。然后调用友元函

数 inflate() 完成了对对象 pt 中的数据成员的修改。在友元函数中可以看到该对象可以访问对象 pt 中的数据成员，进而直接对其完成了修改。

一般来说，使用友元函数应注意以下几个问题。

（1）友元函数的说明要以关键字 friend 开头，一般将友元函数放在类的定义中。友元函数的说明不受类中访问权限符的限制，因此友元函数可以出现在类的任何地方。

（2）友元函数不是类的成员，因而不能直接引用对象成员的名字，也不能通过 this 指针引用对象的成员，而必须在参数列表中传递该类的对象，进而通过对象名或对象指针来引用该对象的成员。

（3）当一个函数需要访问多个类时，应该把这个函数同时定义为这些类的友元函数，并且友元函数的参数列表中需要同时传递要引用的多个类的对象。这样，友元函数才能一起访问到这些类的数据。

11.5.3 友元类

一个函数可以定义为一个类的友元函数，一个类同样可以作为另一个类的友元，这时称这种类为另一个类的友元类。当类 A 作为类 B 的友元类时，类 A 的所有成员函数都是类 B 的友元函数，即类 A 中的所有成员函数都可以直接访问类 B 中的私有和保护成员。

将类 A 定义为类 B 的一个友元类。

```
class B
{
  friend class A ;    // 说明类 A 是类 B 的友元类
};
```

说明类 A 是类 B 的友元类的语句既可以放在类 B 的公有部分，也可以放在类 B 的私有部分。

📋 范例 11-9   友元类的应用

（1）在 Code::Blocks 17.12 中，新建名称为"Friend Class"的工程。
（2）新建一个"X.h"头文件，定义一个 X 类（代码 11-9-1.txt）。

```
01  #ifndef X_H
02  #define X_H
03  #include<iostream>
04  using namespace std;
05  class X        // 定义类 X
06  {
07    private:        // 定义私有成员
08      int x;
09      static int y;
10      friend class Y; // 声明类 Y 为类 X 的友元类
11    public:
12      // 定义公有成员函数
13      void set(int a){
14        x = a;
15      }
16      void print()
17      {
18        cout<<"x="<<x<<","<<"y="<<y<<endl;
19      }
20  };
21  #endif
```

（3）新建一个"Y.h"头文件，定义一个 Y 类（代码 11-9-2.txt）。

```
01  #ifndef Y_H
02  #define Y_H
03  #include"X.h"
04  class Y        // 定义类 Y
05  {
06      private:
07          X a;  // 私有成员
08      public:
09          Y(int m,int n)  // 定义构造函数
10          {
11              a.x=m;      // 初始化私有变量 x 的值
12              X::y=n;     // 初始化私有变量 y 的值
13          }
14          void print();  // 声明友元成员
15  };
16  #endif
```

（4）新建一个"Y.cpp"文件（代码 11-9-3.txt）。

```
01  #include"Y.h"
02  int X::y=1;
03  void Y::print()       // 定义友元成员
04  {
05      cout<<"x="<<a.x<<",";
06      cout<<"y="<<X::y<<endl;
07  }
```

（5）主程序"Friend Class.cpp"的构建（代码 11-9-4.txt）。

```
01  // 范例 11-9
02  //Friend Class 程序
03  // 友元类的应用
04  //2017.07.17
05  #include"X.h"
06  #include"Y.h"
07  int main()
08  {
09      X b;        // 创建类 X 的对象 b
10      b.set(5);       // 调用对象 b 的成员函数进行赋值
11      b.print();      // 调用对象 b 的成员函数输出值
12      Y c(6,9);       // 创建类 Y 的对象 c，并进行初始化
13      c.print();      // 调用友元成员进行输出
14      b.print();      // 调用对象 b 的成员函数进行输出
15      return 0;
16  }
```

【运行结果】

编译、连接、运行程序。首先调用 b 的成员函数进行输出，然后使用友元类的对象 c 调用成员函数进行输出，最后调用对象 b 的成员函数进行输出，结果如下图所示。

【范例分析】

本范例中定义了 X 和 Y 两个类。其中，类 Y 为类 X 的一个友元类，因此类 Y 的成员函数可以访问类 X 的任意成员和函数，因此在类 Y 的成员函数 print() 中可以直接访问类 X 的私有成员变量 y 并将其输出。从程序的执行结果可看出，Y 类的对象 c 改变了 X 类的静态成员 y 之后，将保存其值，X 类的对象 b 中 y 成员的值是改变后的值。由此可见，Y 类对象与 X 类对象共用了静态成员 y。

程序中，在 X 类中说明了类 Y 是它的友元类，因此在 Y 类的成员函数中两次引用了 X 类的私有成员 a.x。友元的关系不是互相的，将类 Y 定义为类 X 的一个友元类，而类 X 不加再次说明时不是类 Y 的友元类，因此可以在类 Y 中访问类 X 中的私有数据，而类 X 则不能访问类 Y 中的私有数据。

▶ 11.6 this 指针

在类外的代码中引用类的数据成员时，总要在表达式中指定类的特定实例。在类成员函数中引用成员变量时，该如何实现呢？如下所示，如何在类 A 中的 test() 函数中将成员变量 a 打印出来？

```
class A
{
  public:
  int a;
  public:
  void test()
  {
    // 打印 a 的值
  }
};
```

在这里除了可以直接打印 a 的值，也可以使用 this 指针访问 a，用法为 this->a。this 指针是一个隐藏的特殊指针，名字始终是 this，用来存储对象实例的地址。因此在类内部可以用 this 指针调用数据成员以及成员函数。

📋 范例11-10　　this指针的应用

（1）在 Code::Blocks 17.12 中，新建名称为 "ThisPointer" 的【 C/C++ Source File 】源文件。
（2）在代码编辑区域输入以下代码（代码 **11-10.txt**）。

```
01  // 范例 11-10
02  // ThisPointer 程序
03  //this 指针的应用
04  //2017.07.17
05  include <iostream>
06  using namespace std;
07  class Test
08  {
09    private:
10      int num;
```

```
11    public:
12      Test(int n)
13      {
14        num=n;
15      }
16      void print() const          //隐式和显式使用 this 指针
17      {
18        cout<<"num = "<<num<<endl;
19        cout<<"this->num = "<<this->num<<endl;
20        cout<<"(*this).num = "<<(*this).num<<endl;
21      }
22    };
23    int main()
24    {
25      Test test(20);
26      test.print();
27      return 0;
28    }
```

【运行结果】

编译、连接、运行程序，程序将显示结果输出到屏幕上，如下图所示。

【范例分析】

本范例中使用了 3 种方式打印数据成员 num，第 18 行中隐式使用 this 指针打印 num，输出时只指出成员的名称；第 19 行使用 this 关键字加上箭头运算符 (->) 访问 num；第 20 行则使用 *this 加上圆点运算符（.）访问 num。*this 与圆点运算符（.）一起使用时，由于圆点运算符（.）的优先级高于'*'，所以 *this 需要加上括号。

▶11.7 综合案例

本节通过一个综合应用的例子来学习一下类的设计和对象的使用。

创建一个银行账户交易类，账户中包括的数据成员有存取日期、存取金额、余额、累计余额等，还应有进行存入和取出处理以及打印账户往来信息的成员函数。一个账户类中涉及多次往来，每次往来的日期、金额、余额都会发生变化。要记录每次往来的信息，则类中除累计余额外的其他数据成员都应该定义为数组等存储结构。

范例11-11   设计一个Bank类，实现银行某账号的资金往来账目管理，包括建账号、存入、取出等

（1）在 Code::Blocks 17.12 中，新建名称为"Bank Class"的工程。

（2）新建一个"Bank.h"头文件，定义一个 Bank 类（代码 11-11-1.txt）。

```cpp
01  #include<iostream>
02  #include<string>    // 包含字符串头文件
03  #define Max 100
04  using namespace std;         // 数值元素个数最大值
05  class Bank         // 定义类
06  {
07     int top;
08     char date[Max][10];       // 日期
09     int money[Max];  // 存取金额
10     int rest[Max];   // 余额
11     static int sum;  // 累计余额
12     public:
13     Bank(){          // 构造函数
14       top=0;
15     }
16     void bankin(char d[],int m)   // 处理存入账成员函数
17     {
18       strcpy(date[top],d);        // 传递日期值
19       money[top]=m;               // 存账金额
20       sum=sum+m;    // 计算余额
21       rest[top]=sum; // 余额值赋给数值元素
22       top++;         // 数值元素下标增加 1
23     }
24     void bankout(char d[],int m)    // 处理取出账成员函数
25     {
26       strcpy(date[top],d);        // 传递日期值
27       money[top]=-m;              // 取账金额
28       sum=sum-m;    // 计算余额
29       rest[top]=sum; // 余额值赋给数值元素
30       top++;         // 数值元素下标增加 1
31     }
32     void disp();     // 打印明细成员函数
33  };
```

（3）新建一个"Bank.cpp"文件（代码 11-11-2.txt）。

```cpp
01  #include"Bank.h"
02  int Bank::sum=0;   // 初始化静态变量为 0
03  void Bank::disp()
04  {
05     int i;
06     cout<<(" 日期 ......... 存入 ......... 取出 ......... 余额 \n");
07     for(i=0;i<top;i++)          // 打印明细表
08     {
09       cout<<date[i];
10       if(money[i]<0)
11         cout<<"....................."<<-money[i]<<"..........";
```

```
12          else
13              cout<<"......"<<money[i]<<".....................";
14          cout<<rest[i]<<endl;
15      }
16  }
```

（4）主程序 "Bank Class.cpp" 的构建（代码 11-11-3.txt）。

```
01  // 范例 11-11
02  //Bank Class 程序
03  // 设计一个 Bank 类，实现银行某账号的资金往来账目管理
04  //2017.07.17
05  #include<iostream>
06  #include<string>      // 包含字符串头文件
07  #define Max 100
08  #include"Bank.h"
09  using namespace std;
10  int main()
11  {
12      Bank obj;            // 创建对象
13      obj.bankin("2001.2.5",1000);        // 调用对象的存入账成员函数
14      obj.bankin("2001.3.2",2000);        // 调用对象的存入账成员函数
15      obj.bankout("2001.4.1",500);        // 调用对象的取出账成员函数
16      obj.bankout("2001.4.5",800);        // 调用对象的取出账成员函数
17      obj.disp();          // 调用对象的打印明细成员函数
18      return 0;
19  }
```

【运行结果】

编译、连接、运行程序。首先调用对象的存入账函数和取出账函数进行参数赋值，然后调用对象的打印明细表进行输出，结果如下图所示。

【范例分析】

本范例中定义了类 Bank，在类 Bank 中定义了三个成员函数和一个构造函数，三个成员函数分别完成了存入账、取出账和打印明细表的功能，构造函数用来初始化数组下标为 0。

程序中，先分别调用存入账成员函数两次，每次的结果记录在数值变量中，然后调用取出账成员函数两次，每次的结果也记录在数值变量中，最后调用对象的打印明细成员函数将相应的数组元素值输出。

▶11.8　疑难解答

问题 1：构造函数和析构函数何时被调用？

解答：构造函数和析构函数调用发生的顺序由执行过程进入和离开对象实例化的作用域的顺序决定。一般而言，析构函数的调用顺序与相应的构造函数的调用顺序相反。但是，对象的存储类别可以改变调用析构函数的顺序。如下程序演示了不同程序存储类别的 Test 类的对象在几种作用域中调用构造函数和析构函数的顺序。

```
01  #include <iostream>
02  #include <cstdlib>
03  using namespace std;
04  class Test{
05  private:
06      int num;
07  public:
08      Test(int n){
09      num=n;
10      cout<<"constructor runs: "<<num<<endl;
11      }
12      ~Test();
13      {
14      cout<<"destructor runs: "<<num<<endl;
15      }
16  };
17  Test one(1);
18  void Stest()
19  {
20      cout<<"Stest start!"<<endl;
21      Test two(2);
22      static Test three(3);
23      cout<<"Stest end!"<<endl;
24  }
25  int main()
26  {
27          cout<<"main start!"<<endl;
28      Test four(4);
29      static Test five(5);
30      stest();
31      cout<<"main end!"<<endl;
32      return 0;
33  }
```

运行结果如下。

```
constructor runs:1
main start!
constructor runs:4
constructor runs:5
Stest start!
```

```
constructor runs:2
constructor runs:3
Stest end!
destructor runs:2
main end!
destructor runs:4
destructor runs:3
destructor runs:5
```

由运行结果可以看出程序先执行全局对象的构造函数，在 main 函数中依次调用各个对象的构造函数。在调用析构函数时，先执行普通对象的析构函数，再执行静态对象（static 修饰的对象）的析构函数。普通对象的析构函数执行顺序按照作用域进行，一般而言，调用顺序与构造函数调用的顺序相反。

问题 2：对于构造函数应该怎样认识？

解答：对于构造函数应有以下几点认识。

（1）默认构造函数分为有用和无用的两种。无用的默认构造函数就是一个空函数，什么操作也不做，而有用的默认构造函数是可以初始化成员的函数。

（2）对构造函数的需求也分为两种：一种是编译器需求，另一种是程序的需求。

● 程序需求构造函数时，就是要程序员自定义构造函数来显示初始化类的数据成员。

● 编辑器的需求也分两种：一种是无用的空的构造函数，另一种是编辑器自己合成的有用的构造函数。

问题 3：友元函数和成员函数的区别有哪些？用法上有何不同？

解答：首先要友元函数的用途，友元函数是为了使其他类的成员函数来访问该类的私有变量，主要用于两个类共享数据。

友元函数和成员函数区别如下。

（1）成员函数有 this 指针，友元函数没有。

（2）友元函数不能被继承。

（3）成员函数需要通过对象调用，而友元函数调用时则不通过对象调用。

（4）友元函数可以放在类中任意位置。当分离类的接口和类的实现时，类的实现中友元函数的函数名前不用加"类名::"的形式。

第 12 章

C++ 中的空间应用
——命名空间

在 C++ 中，变量、函数等都有命名。随着工程增大，此种命名互相冲突的可能性会变大。使用命名空间，就相当于一个文件夹，可以很好地控制命名的作用域。本章介绍 C++ 中的文件夹——命名空间的相关知识，其主要包括命名空间的定义和使用，以及类和命名空间的关系等。

本章要点（已掌握的在方框中打钩）

☐ 命名空间的定义
☐ using 声明
☐ using 指令
☐ 类和命名空间的关系
☐ 作用域

▶12.1 命名空间的定义

在之前的学习中，经常会看见"using namespace std"这样的代码，若无此行语句，运行可能会发生错误。其中的 namespace 是命名空间，本节详细讲述命名空间的定义与使用。

12.1.1 命名空间的概念

假如一班有个学生叫"张三"，二班也有个学生叫"张三"，但是他们不属于一个班级。直接使用名字的时候，便会发生冲突。

若想正确区分两个班级中的学生，可以定义命名空间，用来区分两个学生。命名空间是为解决 C++ 中的变量、函数的命名冲突而引入的一种机制，主要思路是将变量定义在一个不同名字的命名空间中。

12.1.2 命名空间的定义

命名空间用关键字 namespace 来定义，格式如下。

```
namespace 命名空间名
{
    命名空间声明内容
}
```

说明：

（1）namespace 是定义命名空间所必需的关键字。

（2）命名空间名是用户自己指定的命名空间的名字。

（3）声明内容可以包含变量、常量、结构体、类、模板和命名空间等。

例如，定义一个名为 sample 的命名空间如下。

```
namespace sample        // 定义一个命名空间 sample
{
    void print();       // 命名空间 sample 中的成员函数 print()
    int i;
}
```

下面定义两个命名空间（两者有相同的成员函数），通过不同的调用方式来调用两个命名空间的相同函数。

📝 **范例 12-1**　　定义两个命名空间nsA和nsB，它们有相同的成员函数print()

（1）在 Code::Blocks 17.12 中，新建名称为"Namespace"的【C/C++ Source File】源程序。

（2）在代码编辑窗口中输入以下代码（代码 12-1.txt）。

```
01  // 范例 12-1
02  //Namespace 程序
03  // 命名空间的应用
04  //2017.07.18
05  #include <iostream>
06  using namespace std;        //using 指令，引入标准 C++ 库命名空间 std
07  namespace nsA               // 定义一个命名空间 nsA
08  {
09      void print()     // 命名空间 nsA 中的成员函数 print()
10      {
11          cout<<" 调用 nsA 中的函数 print()"<<endl;
12      }
```

```
13      }
14  namespace nsB        // 定义一个命名空间 nsB
15  {
16      void print()     // 命名空间 nsB 中的成员函数 print()
17      {
18          cout<<" 调用 nsB 中的函数 print()"<<endl;
19      }
20  }
21  int main()
22  {
23      nsA::print();    // 调用命名空间 nsA 中的函数 print()，其中 "::" 是作用域解析运算符
24      nsB::print();    // 调用命名空间 nsB 中的函数 print()
25      return 0;
26  }
```

【运行结果】

编译、连接、运行程序，即可在命令行中输出如下图所示的结果。

【范例分析】

定义了两个命名空间 nsA 和 nsB，分别定义了同名的成员函数 print()。在 main 函数中，在调用成员函数时，为区分函数所在的命名空间，需要加上命名空间限制符，第 23 行代码说明调用的是 nsA 中的 print()。第 24 行代码说明调用了 nsB 中的 print()。

【拓展训练】

命名空间还可以嵌套定义，比如在命名空间 nsA 中定义命名空间 nsB 的代码如下。

```
namespace nsA
{
  void print()  //nsA 中的成员函数 print()
  {
  cout<<" 调用 nsA 中的函数 print()"<<endl;
  }
  namespace nsB          // 嵌套定义命名空间 nsB
  {
    void print()         //nsB 中的成员函数 print()
    {
        cout<<" 调用 nsB 中的函数 print()"<<endl;
    }
  }
}
```

> **注意**
>
> 可以在命名空间的定义中定义子命名空间，但不能在命名空间的定义中声明另一个嵌套的子命名空间，否则编译器报错。

▶12.2 命名空间成员的使用

本节讲述如何用简洁的方式来使用命名空间的成员。

12.2.1 using 声明

using 声明同其他声明的行为一样也有一个作用域，它引入的名字从该声明开始直到其所在的域结束都是可见的。using 声明可以出现在全局域和任意命名空间中，也可以出现在局部域中。

using 声明的格式如下。

---

using Stu::CStudent; //声明其后出现的 **CStudent** 是命名空间 **Student** 中的 **Cstudent**

说明，在程序中，如果上面的引用使用 CStudent 成员，就不必再用命名空间限定了，直接引用 CStudent 即可。

例如，在上面的 using 声明后，在程序中出现 CStudent 就是隐含地指 stu:CStudent。

若在上边的 using 语句之后有如下语句。

CStudent student("zhang"); // 此处 **CStudent** 相当于 **Stu::CStudent**

上边的语句相当于如下语句。

Stu::CStudent student("zhang");

命名空间 std 是最常用的命名空间之一，std 是 standard（标准）的缩写形式，表示命名空间中存放的是与标准库有关的内容。标准头文件中的各种类、函数、对象和类模板等都被包含在此命名空间中。

using 声明可以明确指定在程序中用到的命名空间中的名字，但每个名字都需要一个 using 声明。一个 using 声明一次只能作用于一个命名空间成员，如果希望使用命名空间中的几个名字，就必须为要用到的每个名字都提供一个 using 声明，例如：

```
#include <string>
#include <iostream>
using std::cin; //using 声明，表明要引用标准库 std 中的成员 cin
using std::string;          //using 声明，表明要引用标准库 std 中的成员 string
int main()
{
    string s;    // 正确，string 已经声明，可以直接使用
    cin >> s;    // 正确，cin 已经声明，可以直接使用
    cout << s;   // 错误，cout 未声明，无法直接使用
    std::cout << s;          // 正确，通过全名引用 cout
    return 0;
};
```

12.2.2 using 指令

using 指令可以用来简化对命名空间中的名称的使用。格式如下。

---

using namespace 命名空间名 ;

C++ 提供了此语句，可实现一次引入命名空间中全部成员的目的。因为有 using 指令，使得所指定的整个命名空间中的所有成员都直接可用。

在 using 指令中，关键字 using 后面必须跟关键字 namespace，而且最后必须为命名空间名。在 using 声明中，关键字 using 后面没有关键字 namespace，并且最后必须为命名空间的成员名。

12.2.1 节的代码可以改写成以下形式。

```
#include <string>
#include <iostream>
using namespace std; //using 指令，表明命名空间 std 中的所有成员都可直接引用
int main()
{
    string s;  // 正确，string 是 std 的成员，可以直接使用
    cin >> s; // 正确，cin 是 std 的成员，可以直接使用
    cout << s; // 正确，cout 是 std 的成员，可以直接使用
    return 0;
};
```

> **注意**
>
> 语句 using namespace 只在其被声明的语句块内有效（一个语句块是指在一对花括号 {} 内的一组指令），如果 using namespace 是在全局范围内被声明的，则在所有代码中都有效。

如果想在一段程序中使用一个命名空间，而在另一段程序中使用另一个命名空间，实现方法如下范例所示，用到了命名空间的定义、using 声明与指令等知识点。

范例 12-2　若有两个命名空间，请观察using指令的作用域

（1）在 Code::Blocks 17.12 中，新建名称为 "UsingNamespace" 的【C/C++ Source File】源程序。

（2）在代码编辑窗口中输入以下代码（代码 12-2.txt）。

```
01  // 范例 12-2
02  //UsingNamespace 程序
03  //using 指令的作用域
04  //2017.07.18
05  #include <iostream>
06  using namespace std;            //using 指令，全局范围内声明的
07  namespace nsA      // 定义一个命名空间 nsA
08  {
09      int var = 124;    // 命名空间 nsA 中的成员 var
10  }
11  namespace nsB               // 定义一个命名空间 nsB
12  {
13      double var = 3.45635;     // 命名空间 nsB 中的成员 var
14  }
15  int main()
16  {
17      {
18          using namespace nsA; //using 指令，本语句块内使用 nsA
19          cout <<"nsA 中的 var= "<< var << endl;             // 输出 nsA 中的变量 var
20      }
21      {
22          using namespace nsB; //using 指令，本语句块内使用 nsB
23          cout << "nsB 中的 var= "<< var << endl;            // 输出 nsB 中的变量 var
24      }
25      return 0;
26  }
```

【运行结果】

编译、连接、运行程序，即可在命令行中输出如下图所示的结果。

【范例分析】

3 个地方使用了 using 指令。第 06 行中的 "using namespace std" 声明了全局的命名空间 std，从而使 "cout" 可以直接使用。第 18 行 "using namespace nsA" 表明在第 17~20 行花括号的代码段内使用命名空间 nsA，因此第 19 行中的变量 var 是属于 nsA 的，故输出 124。第 22 行 "using namespace nsB" 表明在第 21~24 行花括号的代码段内使用命名空间 nsB，因此第 23 行中的 var 是 nsB 中定义的，故输出 3.45635。

> ⚡**注意**
>
> 第 **17** 行、第 **20** 行、第 **21** 行、第 **24** 行的花括号是不能省略的，它限定了 using 指令的范围，避免了冲突。如果不加限定，则在 **main** 函数中命名空间 **nsA** 和 **nsB** 都有效，这样就会导致它们的同名变量 **var** 冲突，而必须使用域操作符 "**::**" 来指定是使用哪个命名空间中的变量。

▶ 12.3 类和命名空间的关系

命名空间是类的一种组织管理方式。命名空间就像文件夹，类就像文件。在计算机中，若把所有文件放在一个目录下，将十分不利于管理，命名空间的思路就是根据所需将相关的类放在一个命名空间中，分类管理。

正如在计算机中，在不同的文件夹中允许两个不同内容、名字相同的文件存在。命名空间允许为两个不同的类使用相同的类名称，只要它们分属于不同的命名空间。有时使用命名空间调用会比较方便。写了一个类，把它放在一个命名空间里，这样在其他程序需要的时候，就可以通过"命名空间＋类名"的方式调用它，无须重复写这样一个类。

📝 **范例 12-3**　将两个同名类放在不同的命名空间中

（1）在 Code::Blocks 17.12 中，新建名称为 "NamespaceClass" 的【C/C++ Source File】源程序。
（2）在代码编辑窗口中输入以下代码（代码 12-3.txt）。

```
01  // 范例 12-3
02  //NamespaceClass 程序
03  // 将两个同名类放在不同的命名空间中
04  //2017.07.18
05  #include <iostream>
06  using namespace std;          //using 指令，表明使用了标准库 std
07  namespace nsA     // 定义一个命名空间 nsA
08  {
09     class myClass  // 命名空间 nsA 中的成员类 myClass
10     {
11       public:      // 定义一个公有函数
12       void print()
13       {
14         cout<<" 调用命名空间 nsA 中类 myClass 的函数 print()."<<endl;
```

```
15          }
16      };
17    }
18    namespace nsB           // 定义一个命名空间 nsB
19    {
20      class myClass        // 命名空间 nsB 中的成员类 myClass
21      {
22        public:            // 定义一个公有函数
23            void print()
24            {
25              cout<<" 调用命名空间 nsA 中类 myClass 的函数 print()."<<endl;
26            }
27      };
28    }
29    int main(int argc, char* argv[])
30    {
31      nsA::myClass ca;                // 声明一个 nsA 中类 myclass 的实例 ca
32      ca.print();          // 调用类实例 ca 中的 print()，输出结果
33      nsB::myClass cb;                // 声明一个 nsB 中类 myClass 的实例 cb
34      cb.print();          // 调用类实例 cb 中的 print()，输出结果
35      return 0;
36    }
```

【运行结果】

编译、连接、运行程序，即可在命令行中输出如下图所示的结果。

【范例分析】

第 07 行、第 18 行代码定义了两个命名空间 nsA 和 nsB，分别在其中定义了同名的类 myClass，类中又有同名函数 print()。第 31 行代码说明 ca 是命名空间 nsA 中类 myClass 的一个实例，第 33 行代码说明 cb 是命名空间 nsB 中类 myClass 的一个实例。

> **注意**
>
> 命名空间始终是公共的，在声明时，**private** 或 **public** 这些修饰符都不能用，不能使用任何访问修饰符。

▶12.4　自定义命名空间

命名空间是为了避免成员的名称冲突。命名空间取很短时，可能发生名称冲突，名字取很长时，则使用时非常不方便。C++ 为此提供了一种解决方案，即命名空间别名。

格式如下。

namespace 别名 = 命名空间名；

例如，为长名字 a_very_long_namespace_name 取一个别名，代码如下。

```
namespace name = a_very_long_namespace_name;
```

一个命名空间可以有多个别名，这些别名及原来的名称都是等价的。

C++ 引入命名空间，可以避免成员的名称发生冲突，还可以使代码保持局部性，从而保护代码。若要保护代码不想被别处所用，则可以定义一个无名命名空间，在当前编译单元中（无名命名空间之外）直接使用无名命名空间中的成员名称，但在当前编译单元之外，它不可见。

无名命名空间的定义格式如下。

```
namespace
{
    声明序列
}
```

无名命名空间中的成员可以直接使用。由于没有命名空间的名字来限定，因此不能使用作用域操作符 "::" 来应用无名命名空间中的成员。示例如下。

```
namespace        // 定义一个无名命名空间
{
  int i;          // 成员变量
  void f();       // 成员函数
  {
  }
}
int main()
{
  i = 0;          // 可直接使用无名命名空间中的成员 i
  f();            // 可直接使用无名命名空间中的成员 f()
}
```

和其他命名空间一样，无名命名空间也可以嵌套在另一个命名空间内部。访问时需使用外围命名空间的名字来限定，示例如下。

```
namespace nsA        // 定义一个命名空间 nsA
{
  namespace          // 嵌套定义一个无名命名空间
  {
    int i;           // 成员变量 i
  }
}
nsA::I = 12;         // 对无名命名空间的变量 i 需使用上层命名空间的名字来指定
```

下面来看一个范例，说明命名空间别名的使用。

范例 12-4   命名空间别名的使用

（1）在 Code::Blocks 17.12 中，新建名称为 "AliasNamespace" 的【C/C++ Source File】源程序。

（2）在代码编辑窗口中输入以下代码（代码 12-4.txt）。

```
01    #include <iostream>
02    // 范例 12-4
03    //AliasNamespace 程序
04    // 命名空间别名的使用
05    //2017.07.18
06    #include "cstring"
07    #include<string>
08    using namespace std;          //using 指令，表明使用了标准库 std
09    namespace a_very_long_namespace_name
10    {
11        string Name;    // 成员变量
12        void print()    // 成员函数
13        {
14            cout << Name << endl;              // 输出变量 Name
15        }
16    }
17    int main()
18    {
19        // 没有定义别名，使用不便
20        a_very_long_namespace_name::Name ="Zhang"; // 赋值为 Zhang
21        a_very_long_namespace_name::print();        // 输出
22        // 定义命名空间别名为 MyName
23        namespace OneName =a_very_long_namespace_name;
24        // 赋值
25        OneName::Name = "Li";    // 赋值为 Li
26        OneName::print();        // 输出
27        OneName::Name = "Wu";    // 赋值为 Wu
28        OneName::print();        // 输出
29        return 0;
30    }
```

【运行结果】

编译、连接、运行程序，即可在命令行中输出如下图所示的结果。

【范例分析】

使用别名，会使编写代码更加方便。第 09 行定义一个命名空间，第 11 行、第 12 行声明一个 string 类型的变量 Name 和一个函数 print()。在 main 函数中，先将 name 赋值为“Zhang”，然后输出。命名空间“a_very_long_namespace_name”太长，第 23 行为其定义一个别名“OneName”，然后分别将 Name 赋值为“Li”和“Wu”并输出。

▶12.5 作用域

C++ 程序语言的标识符作用域有 3 种：全局作用域、局部作用域、文件作用域。

域即范围，作用可理解为起作用，故作用域就是指一个变量或函数在代码中起作用的范围。就像一把枪

发射的子弹，有一定的射程，超出这个射程，即超出子弹的有效范围。在整个程序的所有范围内起作用的变量或函数称为"全局"的变量或函数；只在一定的范围内起作用的变量称为"局部"变量。

01 局部作用域

由一对 { } 括起来的代码范围。若此局部作用域包含更小的子作用域，则子作用域具有较高优先级。例如：

```cpp
#include <iostream>
using namespace std;
void print() // 定义函数
{
    int s;
    s=100;
    cout<<s<<endl;        // 输出 s 的值
}
int main()
{
    cout<<s<<endl;        // 错误：变量 s 未定义
    return 0;
}
```

此程序编译会有错误提示。因为在函数 print() 中定义了变量 s，但这个变量的"作用域"在 } 之前停止。出了花括号，变量 s 就不存在了。

02 全局作用域

变量、函数的声明或定义不在任何局部作用域之内，即为全局变量、全局函数。如何定义全局变量及变量作用域，如范例所示。

📝 **范例 12-5   全局变量的使用**

（1）在 Code::Blocks 17.12 中，新建名称为"overall"的【C/C++ Source File】源程序。

（2）在代码编辑窗口输入以下代码（代码 12-5.txt）。

```cpp
01  // 范例 12-5
02  // 定义全局变量
03  // 说明全局变量作用域
04  // 2017.07.18
05  #include <iostream>
06  using namespace std;
07  int s=100;
08  void print() // 定义函数
09  {
10      cout<<s<<endl; // 输出 s 的值
11  }
12  int main()
13  {
14      print(); // 调用函数
15      cout<<s<<endl;
16      return 0;
17  }
```

【运行结果】

编译、连接、运行程序，即可在命令行中输出如下图所示的结果。

【范例分析】

第 07 行代码定义了全局变量 s，该变量不属于任何函数或复合语句块 {} 范围内，故该作用域为全局作用域，既可以在 print() 函数中作用，也可以在 main() 函数中作用。

> **提示**
>
> 全局作用域通常与作用域运算符 :: 一起使用。当编译器遇到一个使用 :: 修饰的变量或函数时，编译器只从全局的范围内查找该变量的定义。

03 作用域的嵌套

实际程序中经常用到多个作用域，既包含全局作用域，又有局部作用域。例如：

范例 12-6　全局、局部变量的使用

（1）在 Code::Blocks 17.12 中，新建名称为 "nest" 的【C/C++ Source File】源程序。
（2）在代码编辑窗口输入以下代码（代码 12-6.txt）。

```
01  // 范例 12-6
02  //定义全局、局部变量
03  // 说明作用域嵌套
04  //2017.07.16
05  #include <iostream>
06  using namespace std;
07  int s=10;
08  void print() // 定义函数
09  {
10      int s;
11      s=100;
12      cout<<" 局部变量 "<<s<<endl;        // 输出局部变量 s 的值
13  }
14  int main()
15  {
16      print(); // 调用函数
17      cout<<" 全局变量 "<<s<<endl;// 输出全局变量 s 的值
18      return 0;
19  }
```

【运行结果】

编译、连接、运行程序，即可在命令行中输出如下图所示的结果。

【范例分析】

第 07 行代码定义了变量 *s*，该变量不属于任何函数或复合语句块｛｝范围内，该作用域为全局作用域，既可以在 print() 函数中作用，也可以在 main() 函数中作用。第 10 行代码也定义了变量 *s*，但在 ｛｝内，即局部作用域。在 main() 函数中，调用 print() 函数输出局部变量 *s* 的值，直接输出全局变量 *s* 的值。

▶12.6 综合案例

为使读者更好地掌握命名空间的定义和使用，本节通过一个实例对本章的内容做一个总结。本范例用到命名空间的定义、using 指令、类和命名空间的关系、自定义命名空间等知识点。

本范例定义一个命名空间 A，在 A 中放一个成员变量 *i* 和一个成员类 myClass，其类有一个类成员 *j* 和一个 print() 成员方法，该方法可输出命名空间名；再定义一个命名空间 B，在 B 中有一个变量 *i*，还有一个无名命名空间，该无名命名空间中有一个成员变量 *k*，此外，还有一个成员类 myClass，该类中有成员变量 *j* 和 print() 成员方法，该方法也是输出命名空间名。给命名空间 B 两个别名，请输出命名空间 A 中 *i* 的值、命名空间 B 两个别名中各自 *i* 的值、无名命名空间 *k* 的值、两个命名空间各自的 *j* 值。

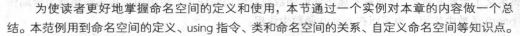

范例 12-7   将两个同名类放在不同的命名空间中，输出各自变量

（1）在 Code::Blocks 17.12 中，新建名称为 "Namespaces" 的【C/C++ Source File】源程序。
（2）在代码编辑窗口中输入以下代码（代码 **12-7.txt**）。

```
01   // 范例 12-7
02   //Namespaces 程序
03   // 将两个同名类放在不同的命名空间中
04   //2017.07.18
05   #include <iostream>
06   using namespace std;           //using 指令
07   namespace example7_namespaceA      // 命名空间 A
08   {
09     int i = 3;         // 成员变量 i
10     class myClass      // 成员类 myClass
11     {
12       public:
13       int j;  // 类成员 j
14       void print()     // 类成员方法 print
15       {
16         cout<< " 命名空间 :example7_namespaceA" << endl;
17       }
18     } ;
19   }
20   namespace example7_namespaceB      // 命名空间 B
21   {
22     int i = 2;         // 成员变量 i
23     namespace          // 嵌套定义无名命名空间
24     {
25       int k = 7;                      // 无名命名空间的成员变量 k
26     }
27     class myClass      // 命名空间 B 的成员类 myClass
28     {
29       public:
30       int j ;// 类成员 j
31       void print() // 类成员方法 print
32       {
33         cout<< " 命名空间 :example7_namespaceB" <<endl;
```

```
34        }
35    };
36  }
37  int main()
38  {
39      // 为 example7_namespaceA 定义命名空间别名 nsA
40      namespace nsA = example7_namespaceA;
41      // 为 example7_namespaceB 定义两个命名空间别名 nsB、nsC
42      namespace nsB = example7_namespaceB;
43      namespace nsC =example7_namespaceB;
44      // 使用命名空间域操作符，限定了访问的是哪个命名空间中的 i
45      cout<< " 命名空间 A 中的 i=" << nsA::i<<endl;
46      //nsB 和 nsC 是同一个命名空间的别名，两者是等价的
47      cout<< " 命名空间 B 中的 i=" << nsB::i<<endl;
48      cout<< " 命名空间 C 中的 i=" << nsC::i<<endl;
49      //k 是无名命名空间中的成员，使用上层命名空间的名字 nsB 来限定
50      cout<< " 无名命名空间中的 k=" << nsB::k<<endl;
51      cout<<endl;          // 输出换行符
52      {
53          using namespace nsB;  // 通过 using 指令，限定在该代码段内使用命名空间 B
54          cout<< " 命名空间 B 中的 i=" << i <<endl;     //i 可直接使用
55          cout<< " 无名命名空间中的 k=" << k <<endl;    //k 可直接使用
56      }
57      cout<<endl;
58      // 花括号之外，using namespace nsB 失效，故后面的代码仍需加域操作符 ::
59      nsB::myClass classB;          // 命名空间 nsB 中的类实例 classB
60      classB.print();     //classB 中的 print()
61      classB.j = 12;      // 为 classB 中的变量 j 赋值
62      cout<<"j = " << classB.j<<endl;       // 输出 classB 中的变量 j
63      cout<<endl;
64      using namespace nsA;    //using 指令，后面的代码无需再加 nsA 来限定
65      myClass classA;     // 命名空间 nsA 中的类实例 classA
66      classA.print();     //classA 中的 print()
67      classA.j = 10;      // 为 classA 中的变量 j 赋值
68      cout<<"j = "<< classA.j<<endl;        // 输出 classA 中的变量 j
69      cout<<endl;
70      return 0;
71  }
```

【运行结果】

编译、连接、运行程序，即可在命令行中输出如下图所示的结果。

【范例分析】

在本范例中，定义了两个长名字的命名空间 A 和 B，并在 B 中嵌套定义了无名命名空间 C。A 和 B 有同名的变量 i 和类 myClass，类中又有同名的变量 j 和函数 print()。在这个复杂的关系中，通过命名空间的别名和 using 指令，方便地区分了是使用的哪个命名空间中的成员，以及调用哪个类中的函数。

▶12.7　疑难解答

问题 1：为什么要引入命名空间？

解答：在 C++ 中，标识符（name）可以是符号常量、变量、宏、函数、结构、枚举、类和对象等。为了避免在大规模程序的设计以及在程序员使用各种各样的 C++ 库时，这些标识符的命名发生冲突，标准 C++ 引入了关键字 namespace（命名空间，也有的书译作 "名字空间"），以便更好地控制标识符的作用域。

问题 2：using 声明的最后能再引用命名空间名吗？

解答：不能。using 声明的最后必须是以命名空间中的成员名、函数或变量结尾，而不能是命名空间名。一旦使用了 using 声明，就可以直接引用命名空间中的成员。

问题 3：没有 using 声明，而直接引用命名空间中的名字正确吗？

解答：错误。尽管有些编译器可能无法检测这种错误，但程序的运行结果不一定正确。

问题 4：using 指令与 using 声明有什么区别？

解答：using 指令和 using 声明都可以简化对命名空间中名字的访问。不同的是，using 指令使用后，对整个命名空间的所有成员都有效，一劳永逸，比较方便。而 using 声明则必须对命名空间的不同成员名字一个一个地单独声明，非常麻烦。

一般来说，使用 using 声明会更安全。这是因为 using 声明只导入指定的名称，如果该名称与局部名称发生冲突，编译器会报错。而 using 指令导入整个命名空间中的所有成员的名字，包括那些根本用不到的名字，如果这其中有名字与局部名字发生冲突，编译器并不会发出任何警告信息，而只是用局部名字自动覆盖命名空间中的同名成员，存在错误隐患。

问题 5：在作用域嵌套时，内层的变量若与外层的变量同名，在内层里，外层的变量暂时不可见。如果外层是全局作用域，怎么在内层访问到外层的同名变量呢？如下例。若想在 print（）函数中输出外层变量 a，应该怎么做呢？

```
int a=0;
void print()
{
    int a;
    a=100;
    cout<<a<<endl;
}
```

解答：可以使用::操作符让它在内层有同名变量的情况下使用。例如：

```
int a=0;
void print()
{
    int a;
    a=100;
    cout<<a<<endl;
    cout<<::a<<endl;
}
```

第13章

继承与派生

继承是面向对象程序设计的一个重要特征。一方面，它提供了一种源代码级的软件重用手段，它允许在既有类的基础上创建新类，新类可以继承既有类的数据成员和成员函数，可以添加自己特有的数据成员和成员函数，还可以对既有类中的成员函数重新定义，避免了重复开发。另一方面，它也为抽象类的定义提供了一种基本模式，利用类的继承和派生实现了更高层次的代码可重用性，符合现代软件开发的思想。

本章要点（已掌握的在方框中打钩）

☐ 继承的概念
☐ 单继承
☐ 多重继承
☐ 虚继承
☐ 派生

▶13.1 继承概述

继承性在客观世界中是一种常见的现象。例如，一个人与他的兄弟姐妹一样，在血型、肤色、身材、相貌等方面都具有其父母的某些生理特征，同时他又有与其兄弟姐妹相区别的特征。从面向对象程序设计的观点来看，继承所表达的是一种类与类之间的关系，这种关系允许在既有类的基础上创建新类，增加了软件的重用性，减少了工作量，提高了工作效率。

13.1.1 什么是继承

在阐述继承之前，先来看一个现实世界中关于"交通工具""汽车""各种特别的汽车"的例子，它们之间的属性继承关系如下图所示。

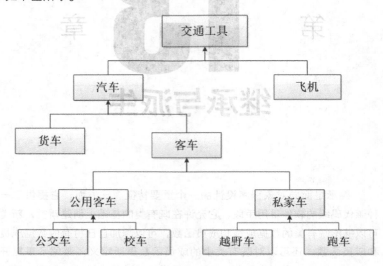

（注：箭头表示的是继承的方向，例如汽车是从交通工具类中继承的。）

从面向对象程序设计的观点来看，继承所表达的正是这样一种类与类之间的关系，这种关系允许在既有类的基础上创建新类，是新的类从已有类那里得到已有的特性。从已有类产生新类的过程就是类的派生。原有的类称为基类或父类，产生的新类称为派生类或子类。

也就是说，定义新类时可以从一个或多个既有类中继承（即复制）所有的数据成员和函数成员，然后加上自己的新成员或重新定义由继承得到的成员。

简单地说，"继承"是指某类事物具有比其父辈事物更一般性的某些特征（或称为属性），用对象和类的术语，可以这样表达：对象和类"继承"了另一个类的一组属性。

13.1.2 基类与派生类

可以将 13.1.1 节图中的各个方块看作一个类，因此例子中所涉及的这些类之间就会构成一幅清晰的层次结构，既有类称为基类，以它为基础建立的新类称为派生类。

C++ 允许从一个类"派生"其他的类，当然即将派生的新类与既有类之间是存在一定的内在联系的，可以形象地理解"派生"：父辈类生下了"儿子"类。例如，由于"汽车"类是"交通工具"类的一个特例，因此可以从"交通工具"类派生出"汽车"类。在这个派生过程中，"下一级的类"继承了"上一级的类"的属性。在 C++ 中，为了方便表达，称"下一级的类"为派生类，称"上一级的类"为基类。所谓派生类，就是向已有的类添加了新功能后构成的类，那个类的父辈类被称为基类。

一个类可能同时既是派生类又是基类。例如，汽车这个类，它既是交通工具类的子类，同时又是客车类和货车类的基类。

假定要处理二维空间中的点，定义了一个称为 twopoint 的二维空间点类。

```
01  class twopoint
02  {
03    protected:
04    double x, y;           // 定义保护变量 x 和 y
05    public:
06    twopoint (double i, double j):x(i), y(j){}          // 构造函数
07    // 下面定义成员函数
08    void setX(double NewX){x = NewX;}
09    void setY(double NewY){y = NewY;}
10    double getX() const {return x;}
11    double getY() const {return y;}
12  };
```

假定后来又要处理三维空间点的情形，一个直接的方法是再定义一个三维空间点类。

```
01  threepoint：
02  class threepoint
03  {
04    protected:
05     double x, y, z;                    // x 、y 和 z 坐标
06    public:
07    threepoint (double i, double j, double k):x(i), y(j) , z(k){}          // 构造函数
08    // 下面定义成员函数
09    void setX(double NewX){x = NewX;}
10    void setY(double NewY){y = NewY;}
11    void setZ(double NewZ){z = NewZ;}
12    double getX() const {return x;}
13    double getY() const {return y;}
14    double getZ() const {return z;}
15  };
```

实际上，三维空间 threepoint 类仅比二维空间 twopoint 类多一个成员变量 z 及两个成员函数 setZ() 和 getZ()。也就是说，三维空间 threepoint 类增加了一点新的代码到二维空间 twopoint 类的定义之中。在三维空间 threepoint 类中编写了一部分与二维空间 twopoint 类中重复的代码，如果使用继承，则可简化三维空间 threepoint 类的代码编写。使用继承后，二维空间 twopoint 作为基类，三维空间 threepoint 作为派生类，将使代码简单。接下来进入继承的学习。

▶**13.2** 单继承

继承的一般形式如下。

```
class 派生类名：继承方式 基类名 1，继承方式 基类名 2，...，继承方式 基类名 n
{
  派生类成员声明；
};
```

继承方式和数据成员的被访问方式一样，可以是 public、private 或 protected。一个类既可以从一个基类派生而来，也可以由多个基类派生而来，通常把一个类从一个基类派生的叫作单继承。如果使用继承，可以将 threepoint 类的定义改写成如下形式。

```
01  class threepoint:public twopoint
02  {
03    private:
```

```
04      double z;
05      public:
06      // threepoint 类的构造函数复用了 twopoint 类的构造函数
07      threepoint (double i, double j, double k):twopoint (i,j){z = k;}
08      // 成员函数定义
09      void setZ(double NewZ){z = NewZ;}
10      double getZ() {return z;}
11    };
```

📋 范例 13-1   继承语法应用

（1）在 Code::Blocks 17.12 中，新建名称为"Point Inherit"的工程。
（2）建立一个 twopoint 类，形成一个"twopoint.h"头文件。

```
01    #include <iostream>
02    using namespace std;
03    class twopoint                    // 二维空间坐标点类的定义
04    {
05      protected:
06        double x, y;              // 定义保护变量 x 、y
07    public:
08        twopoint(double i, double j):x(i), y(j){ }        // 构造函数定义
09    // 下面是成员函数定义
10        void setX(double NewX){x = NewX;}
11        void setY(double NewY){y = NewY;}
12        double getX() const {return x;}
13        double getY() const {return y;}
14    };
```

（3）建立一个 threepoint 类，形成一个"threepoint.h"头文件。

```
01    #include"twopoint.h"
02    class threepoint:public twopoint            // 使用继承定义三维空间点类
03    {
04      private:
05        double z;                  // 定义私有变量
06      public:
07        threepoint(double i, double j, double k):twopoint(i,j){z = k;}
08        void setZ(double NewZ){z = NewZ;}            // 成员函数定义
09        double getZ() {return z;}          // 成员函数定义
10    };
```

（4）主程序的构建。

```
01    // 范例 13-1
02    //Point Inherit 程序
03    // 继承语法应用
04    //2017.7.18
05    #include"threepoint.h"
06    int main()
07    {
08        threepoint d3(3, 4, 5);        // 创建派生类对象
09        cout << " 三维对象的坐标是 : " <<endl;
10        cout << d3.getX() << ", " << d3.getY() <<", " <<d3.getZ()<< endl;
11    return 0; }
```

【运行结果】

编译、连接、运行程序。创建派生类对象并进行初始化，在主程序中通过继承基类的成员属性，即可将三维对象的坐标值输出，如下图所示。

【范例分析】

本范例中，twopoint 为基类，threepoint 为派生类。因为在派生类 threepoint 中，setX()、setY()、getX()、getY() 函数可以从基类 twopoint 继承，就好像在 threepoint 类中定义了这些函数一样，不用再次定义。

twopoint 的构造函数用在 threepoint 的构造函数的初始化表中，说明基类的数据成员先初始化。基类的构造函数和析构函数不能被派生类继承。每一个类都有自己的构造函数和析构函数，如果用户没有显式定义，编译器则会隐式定义默认的构造函数和析构函数。

范例 13-2　继承应用例子

（1）在 Code::Blocks 17.12 中，新建名称为 "Value Inherit" 的工程。
（2）建立一个 A 类，形成一个 "A.h" 头文件。

```
01  #include <iostream>
02  using namespace std;
03  class A    // 类的定义
04  {
05    private: // 私有变量
06      int x;
07    public: // 公有成员函数
08      void Setx(int i){x = i;}    // 私有变量 x 赋值
09      void Showx(){cout<<x<<endl;}    // 输出私有变量 x 值
10  };
```

（3）建立一个 B 类，形成一 "B.h" 头文件。

```
01  #include"A.h"
02  class B:public A    // 类 A 是类 B 的基类，继承方式是公有继承
03  {
04    private:  // 类 B 的私有变量
05      int y;
06    public:  // 公有成员函数
07      void Sety(int i){y = i;}
08      void Showy()
09      {
10        Showx();    // 调用基类的成员函数
11        cout<<y<<endl;
12      }
13  };
```

（4）主程序的构建。

```
01  // 范例 13-2
02  //Value Inherit 程序
```

```
03    //继承应用例子
04    //2017.7.18
05    #include"B.h"
06    int  main()
07    {
08      B b;     // 创建对象 b
09      b.Setx(30);        // 调用对象 b 基类的成员函数
10      b.Sety(50);        // 调用对象 b 的成员函数
11      b.Showy();         // 调用对象 b 的成员函数
12      return 0;  }
```

【运行结果】

编译、连接、运行程序。在主程序中创建派生类对象 b，对象 b 调用基类的公有成员函数传递参数，然后对象 b 再调用自己的成员函数进行输出，结果如下图所示。

【范例分析】

本范例中类 A 有 1 个成员变量 x 和两个成员函数 Setx()、Showx()；类 B 有两个成员变量 x、y 和 4 个成员函数 Setx()、Show()、Sety()、 Showy()。

派生类以公有继承方式继承了基类，但是派生类还是不可以访问基类的 private 成员。例如，将上述程序中派生类 B 的 Showy() 函数的实现改写为如下形式是不正确的。

```
void B::Showy()
{
    cout<<x<<","<<y<<endl;
}
```

派生类成员函数访问基类私有成员 x 是非法的。

▶13.3 多继承与多重继承

在前面已经讲过，一个派生类继承一个基类称为单继承。C++ 也支持多继承和多重继承。一个类派生出的子类还可以继续派生，称其为多重继承，如左下图所示。一个派生类继承多个基类称为多继承，如右下图所示。

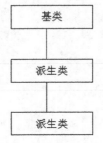

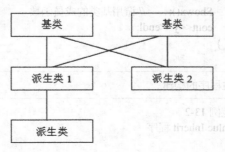

13.3.1 多继承的引用

多继承与单继承类似。比如下面的例子，类 Z 就是一个多继承的派生类，它有两个基类，分别是类 X 和类 Y。

```
01  class X
02  {
03    public:
04    X(int n);
05    ~X();
06    //…
07  };
08  class Y
09  {
10    public:
11    Y(double d);
12    ~Y();
13    //…
14  };
15  class Z : public X, public Y
16  {
17    public:
18    Z(int n, double d);
19    ~Z();
20    //…
21  };
```

在多继承时，C++ 并没有限制基类的个数，但不能有相同的基类，例如：

```
class Z : public X, public Y, public X      // 非 法：
X 出现两次
    {
    //...
    };
```

多继承类成员的引用比单继承复杂。例如，接下来的例子假定 Z 的基类 X 和 Y 均有成员函数 H。

```
01  class X
02  {
03    public:
04    //…
05    void H (int part);
06  };
07  class Y
08  {
09    public:
10    //…
11    void H (int part);
12  };
```

派生类 Z 将继承这些成员函数，使得下面的调用发生歧义。

```
Z ZObj;
ZObj. H (0);
```

编译器并不知道是要调用 X::H 还是 Y::H，可以通过显式调用来解决这个问题。

```
ZObj. Y::H (0);
```

也可以在类 Z 中定义 H 成员，并调用基类的 H 成员，例如：

```
01  class Z: public X, public Y
02  {
03    public:
04    //…
05    void H (int part);
06  };
07  void Z::H (int part)
08  {
09    X::H (part);
10    Y::H (part);
11  }
```

13.3.2 二义性

当继承基类时，派生类对象就包含了每一个基类对象的成员。假定以类 X 和类 Y 为基类派生出类 Z，类 Z 就会同时包含类 X 的和类 Y 的数据成员。如果类 X 和类 Y 都是从相同的基类 A 派生的，那么从类的层次上看，就构成了一个菱形的结构，如右图所示。

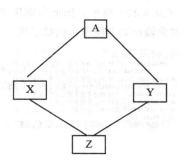

没有菱形的情况，多重继承并没有什么麻烦。一旦出现菱形的情况，事情就变得复杂起来。首先，对于 A 类的数据成员来说，它在 Z 中是重叠的，即在 Z 中它有两个副本。这不仅浪费了存储空间，更严重的是产生了二义性。

如果继承出现菱形的情况，还有很多地方会出现类似的问题，所以建议尽量不使用多重继承。

范例 13-3   多继承的二义性

（1）在 Code::Blocks 17.12 中，新建名称为 "Ambiguous Inherit" 的【C++ Source File】源文件。
（2）在代码编辑区域输入以下代码（代码 13-3.txt）。

```
01  // 范例 13-3
02  //Ambiguous Inherit 程序
03  // 多重继承的二义性
04  //2017.7.18
05  #include <iostream>        // 是指标准库中输入输出流的头文件，cout 就定义在这个头文件里
06  using namespace std;
07  class A    // 定义基类 A
08  {
09      public:
10      void func1(){}   // 定义虚函数 func1
11  };
12  class X: public A    // 定义派生类 X 继承于类 A
13  {
14      public:
15      void func1(){}   // 定义虚函数 func1
16  };
17  class Y:public A    // 定义派生类 Y 继承于类 A
18  {
19      public:
20      void func1(){}   // 定义虚函数 func1
21  };
22  class Z:public X,public Y    // 类 Z 继承于类 X 和类 Y
23  {
24  };
25  int main()
26  {
27      Z* obj=new Z(); // 创建指针对象
28      obj->func1();    // 错误
29  return 0; }
```

【运行结果】

由于 Z 从 X 和 Y 继承，因此当调用虚函数 func1() 时，编译器就不知道调用类 X 还是类 Y 的成员，因此编译程序时会输出如下图所示的错误提示。

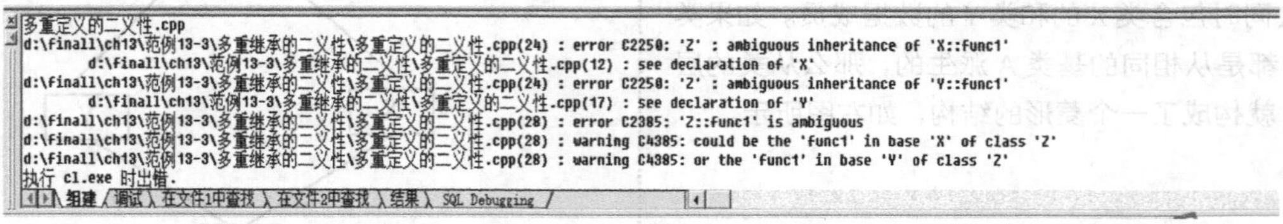

【范例分析】

　　类 Z 的对象调用虚函数 func1() 时，编译器就不知道它调用的是类 X 还是类 Y 的成员，这样编译器就会给出一个错误信息 "Z::func1' is ambiguous"（Z 类的 fun1 模棱两可）。正确的做法是明确指定调用哪一个成员函数，在范例中，类 X 和类 Y 都实现了一个 func1() 函数，当 Z 从 X 和 Y 继承时，就会导致一个冲突，可使用基类解决。

```
void main()
{
    Z* obj=new Z();
    obj->X::func1();        //明确指定调用 X 的成员函数
}
```

▶13.4 虚继承和虚基类

13.4.1 虚继承的概念

　　C++ 使用虚继承（Virtual Inheritance），解决从不同途径继承的同名数据成员在内存中由不同的备份造成的数据不一致问题，将共同基类设置为虚基类。这时从不同的路径继承过来的同名数据成员在内存中就只有一个备份，同一个函数名也只有一个映射。这样既解决了二义性问题，也节省了内存，避免了数据不一致的问题。

　　虚基类（把一个动词当成一个名词而已）是虚继承的一个同义词。

　　当在多条继承路径上有一个公共的基类时，在这些路径中的某几条汇合处，这个公共的基类就会产生多个实例（或多个副本），若只想保存这个基类的一个实例，则可以将这个公共基类说明为虚基类。

13.4.2 虚继承的语法

　　语法如下。

```
class 派生类 : virtual 基类 1，virtual 基类 2，…，virtual 基类 n
{
…// 派生类成员声明
};
```

　　执行顺序如下。

　　（1）首先执行虚基类的构造函数，多个虚基类的构造函数按照被继承的顺序构造。

　　（2）执行基类的构造函数，多个基类的构造函数按照被继承的顺序构造。

　　（3）执行成员对象的构造函数，多个成员对象的构造函数按照声明的顺序构造。

　　（4）执行派生类自己的构造函数。

　　（5）析构以与构造相反的顺序执行。

　　（6）从虚基类直接或间接派生的派生类中的构造函数的成员初始化列表中都要列出对虚基类构造函数的调用，但只有用于建立对象的最派生类的构造函数调用虚基类的构造函数，而该派生类的所有基类中列出的对虚基类的构造函数的调用在执行中被忽略，从而保证对虚基类子对象只初始化一次。

　　在一个成员初始化列表中同时出现对虚基类和非虚基类构造函数的调用时，虚基类的构造函数先于非虚基类的构造函数执行。

范例 13-4　　虚继承和虚基类

（1）在 Code::Blocks 17.12 中，新建名称为 "Virtual inheritance" 的【C++ Source File】源文件。
（2）在代码编辑区域输入以下代码（代码 13-4.txt）。

```
01  // 范例 13-4
02  //Virtual inheritance 程序
03  // 虚继承
04  //2017.7.18
05  #include <iostream>    // 是指标准库中输入输出流的头文件，cout 就定义在这个头文件里
06  using namespace std;
07  class A    // 定义基类 A
08  {    public:
09      void func1()    // 定义函数 func1
10      {
11          cout<<'A'<<endl;
12      }
13  };
14  class X:virtual public A    // 定义派生类 X 虚继承于类 A
15  {
16      public:
17      void func1()    // 定义函数 func1
18      {
19          cout<<'X'<<endl;
20      }
21  };
22  class Y:virtual public A    // 定义派生类 Y 虚继承于类 A
23  {
24      public:
25      void func1()    // 定义函数 func1
26      {
27          cout<<'Y'<<endl;
28      }
29  };
30  class Z:public X,public Y    // 类 Z 继承于类 X 和类 Y
31  {
32      public:
33      void func1()    // 定义函数 func1
34      {
35          cout<<'Z'<<endl;
36      }
37  };
38  int main()
39  {
40      Z* obj=new Z(); // 创建指针对象
41      obj->func1();
42      return 0;// 正确
43  }
```

【运行结果】

编译，连接，运行程序。在主程序中创建派生类对象 obj，对象调用类 Z 的 fun1 函数，结果如下图所示。

【范例分析】

由于 Z 从 X 和 Y 继承,而 X 和 Y 虚继承于 A,X 和 Y 相当于 Z 的虚基类,声明了虚基类之后,虚基类在进一步派生过程中始终和派生类一起,维护同一个基类子对象的备份。

▶ 13.5 派生

13.5.1 派生类的生成过程

在 C++ 程序设计中进行了派生类的定义之后,给出该类的成员函数的实现,整个类才算完成,可以由它生成的对象进行实际问题的处理。派生新类的过程实际经历了三个步骤:吸收基类成员、改造基类成员、添加新的成员。面向对象的继承和派生机制的主要目的是代码的重用和扩充。因此,吸收基类成员就是一个重用的过程,而对基类成员进行调整、改造以及添加新成员就是原有代码的扩充过程,二者是相辅相成的。

01 吸收基类成员

在 C++ 类继承中,第一部是将基类的成员函数全盘接收,这样,派生类实际就包含了它的全部基类中除构造函数和析构函数之外的所有成员。在派生过程中构造函数和析构函数都不被继承。

02 改造基类成员

派生类改造基类成员的方式有两种:一种是通过设置派生类声明中的继承方式来改变从基类继承的成员的访问属性,另一种是通过在派生类中声明和基类中数据或函数同名的成员,覆盖基类的相应数据或函数。一旦在派生类中声明了一个和基类某个成员同名的成员,派生类成员就会覆盖外层的同名成员。这叫作同名覆盖。需要注意的是,要实现函数覆盖不只要函数同名,函数形参表也要相同,如果函数形参表不同只有名字相同就属于前面所说的重载。

03 添加新成员

添加新成员就是在派生类中定义派生类特有的数据成员和函数。

📝 范例 13-5　派生类的生成过程

（1）在 Code::Blocks 17.12 中,新建名称为 "derived" 的【C++ Source File】源文件。
（2）在代码编辑区域输入以下代码（代码 13-5.txt）。

```
01  // 范例13-5
02  #include <iostream>
03  using namespace std;
04  class Father          // 定义基类 A
05  { public:
06     void func1()
07     {
08       cout<<"Father"<<endl;
09     }
10  };
11  class Son:public Father
12  {
```

```
13    public:
14    void func1()
15    {
16        cout<<"Son"<<endl;
17    }
18    void func2()
19    {
20        cout<<"Son"<<endl;
21    }
22 };
23
24 int main()
25 {
26    Father f;
27    f.func1();      // 基类使用
28    Father *F;
29    F->func1();     // 基类使用
30    Son s;
31    s.func1();
32    s.func2();      // 派生类使用
33    Son *S;
34    S->func1();
35    S->func2();     // 派生类使用
36    Father *a;
37    a= new Son;
38    a->func1();     // 通过父类创建子类
39    return 0;
40 }
```

【运行结果】

编译、连接、运行程序，结果如下图所示。

【范例分析】

基类和派生类都是创建对象来调用函数，基类可以直接创建派生类的指针类型对象，但该对象只能调用基类函数不能调用派生类函数。

13.5.2 基类的使用

基类可以直接在 main 函数中定义对象调用基类的函数。

基类的使用实例如下。

```
Father f;
f.func1();      // 基类使用
Father *F;
F->func1();     // 基类使用
```

13.5.3 派生类的使用

派生类可以直接在 main 函数中定义对象来调用基类函数和派生类函数，也可以通过基类直接定义派生类对象调用基类和派生类函数。

派生类的使用实例如下。

```
Son s;
s.func1();      // 派生类使用
Son *S;
S->func1();     // 派生类使用
Father *a;
a= new Son;
A->func1();     // 通过父类创建子类
return 0;
```

▶ 13.6 综合案例

本节列举一个综合例子，读者从中可以进一步体会继承和多重继承的特点。①创建一个 point 类，point 类构造函数中输出"调用 point 构造函数"。②创建 Text 类，构造函数中输出"调用 text 构造函数"。③创建 circle 类，该类要用到 point 类的对象作为成员变量，构造函数中输出"调用 circle 函数"。④创建 CircleWithText 类继承 text、circle 类，point 对象作为成员变量。构造函数中输出"调用 CircleWithText 构造函数"。⑤在 main 函数中创建一个 CircleWithText 对象。

（1）在 Code::Blocks 17.12 中，新建名称为"Multi Inherit"的工程。

（2）建立一个 Point 类，形成一个"Point.h"头文件。

```
01  #include <iostream>
02  #include<string>          //包含字符串头文件
03  using namespace std;
04  class Point              //定义类 Point
05  {
06      int x,y; //私有成员变量
07      public: //公有成员变量
08      Point(int x1=0,int y1=0):x(x1),y(y1){  //构造函数
09          cout<<" 调用 Point 类对象成员的构造函数！"<<endl;}
10      ~Point(){cout<<" 调用 Point 类对象成员的析构函数！"<<endl;}
11  };
```

（3）建立一个 Text 类，形成一个"Text.h"头文件。

```
01  #include <iostream>
02  #include<string>          //包含字符串头文件
03  using namespace std;
04  class Text //定义类 Text
05  {
06      char text[100];    //私有变量
07      public: //公有变量
08      Text(char * str){  //构造函数
09      strcpy(text,str);
10      cout<<" 调用基类 Text 的构造函数！"<<endl;}
11      ~Text(){cout<<" 调用基类 Text 的析构函数！"<<endl;}
12  };
```

（4）建立一个 Circle 类，形成一个"Circle.h"头文件。

```
01  #include"Point.h"
02  class Circle              //定义类 Circle
03  {
04      Point center;        //私有变量
05      int radius;
```

```
06      public: //公有变量
07      Circle(int cx,int cy,int r):center(cx,cy),radius(r){  //构造函数
08          cout<<" 调用基类 Circle 的构造函数！"<<endl;}
09      ~Circle(){cout<<" 调用基类 Circle 的构造函数！"<<endl;}
10  };
```

（5）建立一个 CircleWithText 类，形成一个"CircleWithText.h"头文件。

```
01  #include"Text.h"
02  #include"Circle.h"
03      class CircleWithText : public Text,public Circle //base1 为 Text，base2 为 Circle
04
05  {
06      Point textPosition;//私有变量
07      public: //公有变量
08      CircleWithText(int cx,int cy,int r,char *msg) : Circle(cx,cy,r),Text(msg)
09      {cout<<" 调用派生类 CircleWithText 的构造函数！"<<endl;}
10      ~CircleWithText(){cout<<" 调用派生类 CircleWithText 的析构函数！"<<endl;}
11  };
```

（6）主程序的构建。

```
01  //综合案例
02  //Multi Inherit 程序
03  //继承语法应用
04  //2017.7.18
05  #include"CircleWithText.h"
06  int main()
07  {
08      CircleWithText cm(1,2,3,"Hello!");     //创建对象
09  return0; }
```

【运行结果】

编译、连接、运行程序。在主程序中创建派生类对象 cm，然后按照基类 1、基类 2、派生类的顺序，

依次调用构造函数进行输出，释放对象时按照相反的顺序依次调用析构函数进行输出。结果如下图所示。

【范例分析】

本范例中，Text、Circle 为基类，CircleWithText 为派生类，基类 Circle 和派生类 CircleWithText 中都有一个类 Point 对象的私有变量。当执行 CircleWithText cm(1,2,3,"Hello!") 创建 cm 对象时，先调用基类 Text 的构造函数，接着调用 Point 类对象成员的构造函数，再调用基类 Circle 的构造函数；然后在类 CircleWithText 内部先调用 Point 类对象成员的构造函数，最后调用派生类的构造函数。析构函数的调用与构造函数相反。

在多重继承的情况下，基类及派生类的构造函数是按以下顺序被调用的：按基类被列出的顺序逐一调用基类的构造函数；如果该派生类存在成员对象，则调用成员对象的构造函数；若存在多个成员对象的情况，则按它们被列出的顺序逐一调用；最后调用派生类的构造函数。析构函数的调用顺序与构造函数的调用顺序正好相反。

▶13.7 疑难解答

问题 1：C++ 中允许派生类中的成员名和基类成员名相同吗？

解答：在 C++ 程序中定义派生类时，允许派生类中的成员函数和基类中的成员名相同。如果出现这种情况，则称派生类覆盖了基类中使用相同名称的成员。也就是说当你在派生类中或用对象访问该同名成员时，你所访问的是派生类中的成员，基类中的同名成员就自动被忽略。确实要访问该同名成员时必须在基类成员名前加上基类名和作用域标识符" :: "。

问题 2：C++ 中引入虚继承和直接继承有什么区别？

解答：由于有了间接性和共享性两个特征，因此决定了虚继承体系下的对象在访问时必然会在时间和空间上与一般情况有较大不同。

时间：在通过继承类对象访问虚基类对象中的成员（包括数据成员和函数成员）时，都必须通过某种间接引用来完成，这样会增加引用寻址时间（就和虚函数一样），其实就是调整 this 指针以指向虚基类对象，只不过这个调整是运行时间接完成的。

空间：由于共享因此不必在对象内存中保存多份虚基类子对象的备份，这样较之多继承节省空间。虚拟继承与普通继承不同的是，虚拟继承可以防止出现 diamond 继承时，一个派生类中同时出现了两个基类的子对象。也就是说，为了保证这一点，在虚拟继承情况下，基类子对象的布局是不同于普通继承的。因此，它需要多出一个指向基类子对象的指针。

第 14 章

多态与重载

类的多态特性是支持面向对象语言最主要的特性之一，只有能够解决多态问题的语言，才是真正支持面向对象开发的语言。C++ 作为一门真正的支持面向对象的语言，必须能够解决多态问题。这样将极大地提高程序的开发效率，降低程序员的开发负担。重载作为面向对象语言的另一重要特性，也十分重要，故本章将介绍多态和重载的概念、实现方法以及如何合理使用这两种特性。

本章要点（已掌握的在方框中打钩）

☐ 多态的概念

☐ 虚函数

☐ 抽象类

☐ 重载的概念

☐ 运算符重载

☐ 函数重载

▶14.1 多态概述

在 C++ 中，多态性是指不同的对象接收到相同的消息时，根据对象类的不同而产生不同的动作。多态性提供了同一个接口可以用多种方法进行调用的机制，从而可以通过相同的接口访问不同的函数，即同一个函数名称作用在不同的对象上将产生不同的操作。

多态性也可简单理解为"一个接口，多种实现"，就是同一种事物表现出的多种形态。例如，不同学生从家到学校上学的交通方式选择不同，有步行、骑自行车、乘公交车等多种方式，其最终目的就是从家到学校，我们可以将其统一称为"去上学"，那么"去上学"就相当于一个接口，它可以有不同的表现形态，离家近的同学可能会选择步行，离家远的可能会乘公交车或骑自行车等。编写程序时，有了统一的接口，便可容易统一地管理多种不同的对象，每个对象在相同指令下可根据自身情况展现不同的状态。

多态从实现的角度来讲可以分为两类：编译时的多态性和运行时的多态性。编译时的多态又称为静态联编，其实现机制为重载，是在编译的过程中确定了同名操作的具体操作对象；运行时的多态又称动态联编，其实现机制为虚函数，是在程序运行过程中才动态地确定操作所针对的具体对象。

通过下面的范例来进一步学习如何使用多态。

📝 范例 14-1   通过继承定义一个桥类

（1）在 Code::Blocks 17.12 中，新建名称为"Polymorphism"的工程。
（2）建立一个 CBuilding 类，形成一个"CBuilding.h"头文件（代码 14-1-1.txt）。

```
01  #include <iostream>
02  #include <string>
03  using namespace std;
04  class CBuilding{              //定义建筑类
05    string name;
06    public:
07    void set(string strName)
08    {
09      name = strName;          //修改名称
10    }
11    void display()
12    {
13      cout << " 建筑是 " << name << "\n";
14    }
15  };
```

（3）建立一个"CBridge.h"文件（代码 14-1-2.txt）。

```
01  #include "CBuilding.h"
02  class CBridge : public CBuilding     //通过继承来定义桥类
03  {
04    float length;        //定义长度
05    public:
06    void setLength(float l = 0.0){length = l;}          //设置长度
07    void display()
08    {
09      CBuilding::display();          //调用基类方法显示名称
10      cout << " 其长度是 " << length << " 米。\n"; //显示长度信息
11    }
12  };
```

（4）主程序的构建（代码 14-1-3.txt）。

```
01    // 范例 14-1
02    //Polymorphism 程序
03    // 通过继承定义一个桥类
04    //2017.07.18
05    #include <iostream>
06    #include <string>
07    #include "CBridge.h"
08    using namespace std;
09    int main()
10    {
11        CBuilding building;        // 创建建筑对象
12        CBridge bridge; // 创建桥对象
13        building.set(" 中国古代建筑 ");        // 设置名称
14        building.display();        // 显示信息
15        bridge.set(" 中国赵州桥 ");        // 设置桥的名称
16        bridge.setLength(static_cast <float>(60.40));    // 修改桥的长度
17        bridge.display(); // 显示桥的信息
18        return 0;
19    }
```

【运行结果】

编译、连接、运行程序，即可在命令行中输出如下图所示的结果。

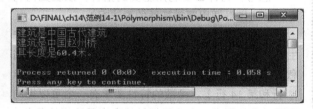

【范例分析】

本范例中先定义了一个基类 CBuilding，然后派生了子类 CBridge，并增加了一个属性 length，而且覆盖了基类的 display 方法。CBridge 继承了 CBuilding 的 set 方法。主程序中结尾处还用到了强制类型转换，因为 60.40 是 double 常量，不然会有一个警告。当然也可以用类型说明符 F 来处理，bridge. setLength(60.40F)。看 display 方法，基类和子类都有该方法，而且功能类似，原型一模一样。

【拓展训练】

通过调用指向基类的指针作为形参的函数来显示桥对象的信息。

（1）在 Code::Blocks 17.12 中，新建名为 "Polymorphism" 的工程。

（2）建立一个 CBuilding 类，形成一个 "CBuilding.h" 头文件。

```
01    #ifndef CUBUILDING_H
02    #define CUBUILDING_H
03    #include <iostream>
04    #include <string>
05    using namespace std;
06    class CBuilding        // 定义建筑类
07    {
08        string name;        // 定义名称
09        public:
10        void set(string strName){    // 修改名称方法的
实现
11            name = strName;
12        }
13        void display()        // 显示信息
14        {
15            cout << " 建筑是 " << name << "\n";
16        }
17    };
18    #endif
```

（3）建立一个 CBridge 类，形成一个 "CBridge. h" 头文件。

```
01    #ifndef CBRIDGE_H
02    #define CBRIDGE_H
03    #include <iostream>
```

```
04  #include"CBuilding.h"
05  using namespace std;
06  class CBridge : public CBuilding
07  {
08      // 通过继承来定义桥类
09      float length;        // 定义长度
10  public:
11      void show(CBuilding *b)
12      {
13          // 通过指向基类指针进行显示
14          b->display();
15          return;
16      }
17      void setLength(float l = 0.0){length = l;}
```
// 设置长度
```
18      void display()
19      {
20          CBuilding::display();            // 调用基类
```
方法显示名称
```
21          cout << " 其长度是 " << length << " 米。\n";//
```
显示长度信息
```
22      }
23  };
24  #endif
```

（4）主程序的构建。

```
01  #include <iostream>
02  #include <string>
03  using namespace std;
04  #include" CBuilding.h"
05  #include" CBridge.h"
06  int main()
07  {
08      CBuilding building;              // 创建建筑对象
09      CBridge bridge; // 创建桥对象
10      building.set(" 中国古代建筑 ");    // 设置名称
11      bridge.show(&building);  // 显示信息
12      bridge.set(" 中国赵州桥 ");   // 设置桥的名称
13      bridge.setLength(static_cast <float>(60.40));
```
// 修改桥的长度
```
14      bridge.show(&bridge);        // 显示桥的信息
```

▶14.2 虚函数

虚函数是重载（后面章节将会讲到）的另一种形式，实现的是动态的重载，即函数调用与函数体之间的联系是在运行时建立的，也就是动态联编。虚函数是实现运行时的多态，即动态多态性的一个重要方式。

虚函数的定义是在基类中进行的，即把基类中需要定义为虚函数的成员函数声明为 virtual 即可。当基类中的某个成员函数被声明为虚函数后，其就可以在派生类中被重新定义。在派生类中重新定义时，其函数原型，包括返回类型、函数名、参数个数和类型、参数的顺序都必须与基类中的原型完全一致，一般来说，虚函数定义的形式如下。

```
15      return 0;
16  }
```

【运行结果】

编译、连接、运行程序，即可在命令行中输出如下图所示的结果。

【范例分析】

在主程序第 11 行和第 14 行中，通过 show 方法对不同的对象（这里是 building 和 bridge）进行 display，通过对比 CBuilding 类和 CBridge 类会发现，两个类中都有共同的方法，且调用形式也是一样的，那么根据前面所讲的多态概念，是不是可以通过定义一个统一的方法来实现此功能，即向不同的对象发送相同的消息产生不同的结果。

分析输出结果发现，长度信息并没有输出，故调用的仍是基类的 display。由此可见通过指向派生类对象的基类指针来调用派生类对象中的覆盖基类的方法是不行的，调用的仍然是基类的方法。

思考：为什么要利用基类的指针，以及如何利用基类的指针调用覆盖基类的方法呢？

解答：希望对不同的对象发出相同的消息而产生不同的响应，此为多态，此处用 show（相同的消息）分别施加于 building 和 bridge 不同的对象（第 11 行和第 14 行）。函数的特性要求有一个可以指向不同对象的形参，在这里指针就充当了这样的角色。

这就是本节要讨论的多态。当然从 "多态性" 的原始定义可以看到，这里的不同类其实是指同一家族中的类成员，比如 CBuilding 和 CBridge（父子关系）。

virtual 函数类型 函数名（参数表）
{
   函数体
}

现在可以回答"如何利用基类的指针调用覆盖基类的方法呢？"这个问题，见下面范例。

范例 14-2   通过虚函数实现上列【拓展训练】中不同对象的正确显示

（1）在 Code::Blocks 17.12 中，新建名称为 "Polymorphism" 的工程。
（2）建立一个 CBuilding 类，形成一个 "CBuilding.h" 头文件（代码 14-2-1.txt）。

```
01  #ifndef CBUILDING_H
02  #define CBUILDING_H
03  #include <iostream>
04  #include <string>
05  using namespace std;
06  class CBuilding          //定义建筑类
07  {
08      string name;         //定义名称
09      public:
10      void set(string strName)
11      {
12          name = strName;
13      }
14      virtual void display()        //显示信息，而且声明为虚函数
15      {
16          cout << " 建筑是 " << name << "\n";
17      }
18  };
19  #endif
```

（3）建立一个 CBridge 类，形成一个 "CBridge.h" 头文件（代码 14-2-2.txt）。

```
01  #ifndef CBRIDGE_H
02  #define CBRIDGE_H
03  using namespace std;
04  #include" CBuilding.h"
05  class CBridge : public CBuilding   //通过继承来定义桥类
06  {
07      float length;        //定义长度
08      public:
09      void show(CBuilding *b)   //通过指向基类指针进行显示
10      {
11          b->display();
12          return;
13      }
14      void setLength(float l = 0.0){length = l;}     //设置长度
15      virtual void display()        //此处 virtual 可不写，系统会自动添加，建议写上
16      {
17          CBuilding::display();        //调用基类方法显示名称
18          cout << " 其长度是 " << length << " 米。\n";// 显示长度信息
19      }
20  };              //桥类定义完毕
21  #endif
```

（4）主程序的构建（代码 14-2-3.txt）。

```
01  // 范例 14-2
02  //Polymorphism 程序
03  // 通过虚函数实现不同对象的正确显示
04  //2017.07.18
05  #include <iostream>
06  #include"CBuilding.h"
07  #include"CBridge.h"
08  using namespace std;
09  int main()
10  {
11      CBuilding building;           // 创建建筑对象
12      CBridge bridge;  // 创建桥对象
13      building.set(" 中国古代建筑 ");        // 设置名称
14      bridge.show(&building);      // 显示信息
15      bridge.set(" 中国赵州桥 ");// 设置桥的名称
16      bridge.setLength(static_cast <float>(60.40));    // 修改桥的长度
17      bridge.show(&bridge);        // 显示桥的信息
18      return 0;
19  }
```

【运行结果】

编译、连接、运行程序，即可在命令行中输出如下图所示的结果。

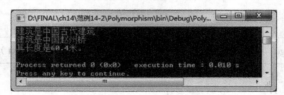

【范例分析】

此范例通过与范例 14-1 的拓展训练对比，发现仅仅多了一个关键字 virtual，但是所起到的作用有很大的不同（从运行结果中便可以看出）。在将基类的 display 方法加上 virtual 后，此方法便成为虚函数，那么该方法就具有多态性，且是动态联编。当 CBuilding 类中的 display 方法被定义为虚函数后，编译器将记住这个信息，故在代码 b->display() 中，即不知道此时的明确指向，即编译器并不知道此时的函数入口是 CBuilding 类中的 display，还是 CBridge 类中的 display 直到主程序第 14 行和第 17 行的时候，即在运行的时候才知道具体指向的是哪一个，这就是所谓的滞后捆绑技术，即运行时的多态性。

当运行时已经知道 b->display() 的明确指向，它将调用所指向的 display() 方法（即 CBuilding 类中的 display），故输出了其长度显示，与扩展训练输出不同。

对于虚函数在使用过程中需要注意的一些问题将在疑难解答中加以详解。

▶14.3 构造函数多态

在 C++ 中，构造函数是和类名相同且没有返回值的函数，引入构造函数是为了解决初始化问题。本节将在继承中应用构造函数，同时为进一步学习和讨论函数重载提供一个良好的平台。

上例中使用了类以及继承和多态，同时也深刻体会到对象的重要性。如在本章列举的造桥的例子中，一切都是围绕着对象展开的。再看看范例 14-2 中的代码。

```
CBuilding building;
CBridge bridge;
```

这样的对象其实是空的对象，也可以称为垃圾对象，因为它们的属性都是毫无意义的，都是按照系统默认的状态存在的，例如，bridge 的长度是 0.0，名字是空的！为了说明这个问题，来看下面的范例。

📝 范例 14-3　没有赋值的对象

（1）在 Code::Blocks 17.12 中，新建名称为 "Polymorphism" 的工程。

（2）建立一个 CBuilding 类，形成一个 "CBuilding.h" 头文件（代码 14-3-1.txt）。

```
01  #ifndef CBUILDING_H
02  #define CBUILDING_H
03  #include <iostream>
04  #include <string>
05  using namespace std;
06  class CBuilding
07  {
08      // 定义建筑类
09      string name;        // 定义名称
10      public:
11      void set(string strName)
12      {
13          name = strName;
14      }
15      virtual void display()        // 显示信息，这里是内联函数，而且声明为虚函数
16      {
17          cout << " 建筑是 " << name << "\n";
18      }
19  };
20  #endif
```

（3）建立一个 CBridge 类，形成一个 "CBridge.h" 头文件（代码 14-3-2.txt）。

```
01  #ifndef CBRIDGE_H
02  #define CBRIDGE_H
03  #include"CBuilding.h"
04  class CBridge : public CBuilding
05  {
06      // 通过继承来定义桥类
07      float length;        // 定义长度
08      public:
09      void show(CBuilding *b)
10      {
11          b->display();        // 通过指向基类指针进行显示
12          return;
13      }
14      void setLength(float l = 0.0){length = l;}// 设置长度
15      void display()
16      {
17          CBuilding::display();        // 调用基类方法显示名称
18          cout << " 其长度是 " << length << " 米。\n"; // 显示长度信息
19      }
20  };
21  #endif
```

（4）主程序的构建（代码14-3-3.txt）。

```
01  // 范例 14-3
02  //Polymorphism 程序
03  // 没有赋值的对象的实现
04  //2017.07.18
05  #include <iostream>
06  #include <string>
07  using namespace std;
08  #include"CBuilding.h"
09  #include"CBridge.h"
10  int main()
11  {
12      CBuilding building;          // 创建建筑对象
13      CBridge bridge;  // 创建桥对象
14      bridge.show(&building);      // 显示信息
15      bridge.show(&bridge);        // 显示桥的信息
16      return 0;
17  }
```

【运行结果】

编译、连接、运行程序，即可在命令行中输出如下图所示的结果。

【范例分析】

本范例中，并没有设置对象的名称和长度的信息而直接显示，其目的是为查看其初值的情况。如果属性是指针，就可能会出现一些问题而导致程序无法正常运行或停止。那是不是必须要经过 set 和 setLength 方法进行设置呢？能不能在创建对象的时候就给属性赋值呢？

答案是不一定必须通过 set 和 setLength 方法进行设置，可以在创建对象的时候进行赋值。它们之间的区别就像先天和后天的问题。前者的 set 和 setLength 方法就属于"后天"的，那么如何实现这种"先天"的东西呢？而且要注意，"先天"的东西还要有实际的意义，比如构造一个桥对象，长度不能为负值。

这种"先天"的东西就像对象初始化的问题，很容易联想到变量的初始化，例如：

```
int a = 5;
```

对象的初始化问题是一个比较复杂的过程。故在 C++ 语言中，为了完成对象的初始化，引入了构造函数的概念。构造函数是一种特殊的成员函数，专门负责创建对象时的初始化工作，定义时必须和类同名，这样编译器才能将它和类的其他成员函数区分开来。另外，构造函数没有返回值。

> **注意**
>
> 构造函数没有返回值，并不是返回类型为 **void**，这是两个完全不同的概念。**void** 本身也是一种类型。

前面已经介绍了构造函数的相关知识，那么建筑类的构造函数可以写成如下形式。

```
CBuilding(string strName = "CBuilding")
{
    name = strName;
}
```

思考：构造函数是如何调用的？

解答：构造函数的调用问题是除了名字和返回值之外的又一特点，构造函数仅仅在对象创建的时候被调用。一个对象只能够被创建一次，所以构造函数也只能够被调用一次，而且是由系统来调用的。

对于刚才写的构造函数，则可能被这样调用。

CBuilding building(" 中国古代建筑 ");

　　这条语句就创建了一个对象，名字为 building，并且将 name 属性赋值为"中国古代建筑"。这就是在创建对象的时候调用构造函数完成了初始化工作。

范例 14-4　　通过构造函数完善范例14-2

（1）在 Code::Blocks 17.12 中，新建名称为"Polymorphism"的工程。
（2）建立一个 CBuilding 类，形成一个"CBuilding.h"头文件（代码 14-4-1.txt）。

```
01  #ifndef CBUILDING_H
02  #define CBUILDING_H
03  #include <iostream>
04  #include <string>
05  using namespace std;
06  class CBuilding          //定义建筑类
07  {
08      private:
09      string name;         //定义名称
10      public:
11      CBuilding(string strName = "CBuilding"){name = strName;} // 构造函数
12      void set(string strName)
13      {
14          name = strName;
15      }       //修改名称
16      virtual void display()      // 显示信息，这里是内联函数而且声明为虚函数
17      {
18          cout << " 建筑是 " << name << "\n";
19      }
20  };
21  #endif
```

（3）建立一个 CBridge 类，形成一个"CBridge.h"头文件（代码 14-4-2.txt）。

```
01  #ifndef CBRIDGE_H
02  #define CBRIDGE_H
03  #include"CBuilding.h"
04  class CBridge : public CBuilding        //通过继承来定义桥类
05  {
06      float length;        //定义长度
07      public:
08      void show(CBuilding *b)      //通过指向基类指针进行显示
09      {
10          b->display();
11          return;
12      }
13      CBridge(string strName = "CBuilding",float l = 0.0):CBuilding(strName),length(l){}
14      //构造函数
15      void setLength(float l = 0.0){length = l;}       //设置长度
```

```
16      void display()
17      {
18          CBuilding::display();     // 调用基类方法显示名称
19          cout << " 其长度是 " << length << " 米。\n";        // 显示长度信息
20      }
21  };
22  #endif
```

（4）主程序的构建（代码 14-4-3.txt）。

```
01  // 范例 14-4
02  //Polymorphism 程序
03  // 通过构造函数完善范例 14-2
04  //2017.07.18
05  #include <iostream>
06  #include <string>
07  using namespace std;
08  #include"CBuilding.h"
09  #include"CBridge.h"
10  int main()
11  {
12      CBuilding building(" 中国古代建筑 ");        // 创建建筑对象
13      CBridge bridge(" 中国赵州桥 ",60.4F);        // 创建桥对象
14      bridge.show(&building);        // 显示信息
15      bridge.show(&bridge);        // 显示桥的信息
16      return 0;
17  }
```

【代码详解】

与之前范例对比会发现，这个范例创建对象时并初始化对象，即调用了构造函数。在 "CBuilding.h" 的第 11 行，没有返回类型，且名字和类名相同，便可知其为构造函数。从函数参数来看，它是为了初始化其 name 属性，若参数省略则默认是 "CBuilding"，这就是带默认参数的构造函数。再看 CBridge 类的第 13 行，也没有返回类型，且名字和类名相同，两个默认参数，在函数体中进行成员属性赋值，体现了构造函数的主要特征。

在主程序中，第 12 行和第 13 行代码通过创建对象并同时进行传参已实现初始化操作。

此处以第 13 行为例进行分析，该代码创建了一个名字为 "中国赵州桥"、长度为 60.4F 米的桥对象 bridge，当运行到这条语句时，将调用 CBridge 类的第 13 行代码，参数传递过去后，通过初始化列表调用基类的构造函数对基类的信息进行初始化，因而

此时桥的名字将被确定。接下来将对 length 进行初始化操作，通过 length(l) 进行，此时 l 的值是 60.4F（F 是类型说明符），所以 length 的值被确定为 60.4F，此时对于 bridge 而言，它已经完成了对象的创建和初始化操作，它已经有了属性值，这就是构造函数的作用。

接下来，在主程序第 14 行和第 15 行代码中，通过调用虚函数实现了多态，进而输出相应的信息，可见于运行结果。

【运行结果】

编译、连接、运行程序，即可在命令行中输出如下图所示的结果。

【范例分析】

本程序主要学习的是构造函数的使用，所以定义的两个构造函数是本程序的重点，在代码详解中已经详细介绍了构造函数的定义及使用，下面进一步学习构造函数的有关知识。

在 C++ 程序中，如果在参数列表后面加一个冒号，将会引出另外一个列表（初始化列表）。它专用于赋值且格式固定，即名称（值），例如 "CBuilding(strName),length(l)"，若多个元素则用逗号分隔，此处的 "名称" 可以是变量名，也可以是类名。对于变量名，例如，此范例中的 length，则可以这样初始化（赋值）——length(l)，相当于 length=l；而对于类名，其实就是调用相应的构造函数，比如 CBuilding(strName)，就是调用了 CBuilding 类第 11 行的构造函数来进行赋值的，于是就将名字信息初始化为 strName 的值。由此可见，构造函数进行初始化可应用于多种情况和领域，即可以通过调用父类的构造函数来实现对父类的私有数据进行赋值。

同时，通过本范例还可以看到构造函数的妙用，以及发现构造函数是有调用顺序的。一般情况下，对于一个普通类，其属性部分可分为 3 个部分：继承而来，其他类的对象，自己的一般属性（基本类型）。通常首先调用父类的构造函数对继承而来的属性进行初始化，然后通过其他类的构造函数对相应的对象进行初始化，最后对自己的一般属性进行初始化，这是其属性初始化的一般顺序。

▶ 14.4 抽象类

思考：定义一个类仅仅只用于创建相应的对象吗？是否还有其他用处？

解答：事实上，通常情况下定义的类大多可用于创建实例化对象，但还存在一种程序员永远不打算实例化任何对象的类，且这种类却有很大的用处，这样的类称为抽象类（abstract class）。因为通常抽象类在类的继承层次结构中作为基类，所以也称它们为抽象基类（abstract base class），它为类提供了统一的操作界面，建立它的原因是为了通过抽象类多态使用其中的成员函数，抽象类是带有纯虚函数的类。

下面是抽象类的一般格式。

```
class 类名
{
…
virtual 类型 函数名 ( 参数表 )=0;
…
};
```

例如，可以定义一个 shape 抽象类。

```
class Shape
```

```
{
…
virtual void shapeArea( ) const=0;
…
};
```

通过上面的举例及有关解释可知，抽象类至少要含有一个纯虚函数，而纯虚函数就是形如上面的 "virtual 类型 函数名（参数表）=0;" 定义的函数。从形式上看是一个虚函数，只是没有函数体，而用 "=0" 来代替函数体，说明没有实现的具体方法。从作用上看，是为派生类提供一个一致的接口，纯虚函数的实现是留给派生类在重新定义时根据自己的需要定义实际的操作内容。

由于纯虚函数没有函数体，故抽象类不能被实例化，这是在编译层面被限制的。只要有一个纯虚函数的类就是抽象类，抽象类派生新类后，其子类中一定要对其纯虚函数进行覆盖，即重写该方法。需要注意的是：只要有一个纯虚函数没有覆盖，该派生类就仍然是抽象类。

📝 **范例 14-5**   交通工具的衍生——抽象类的使用

（1）在 Code::Blocks17.12 中，新建名称为 "Vehicle" 的工程。
（2）建立一个 Vehicle 类，形成一个 "Vehicle.h" 头文件（代码 **14-5-1.txt**）。

```
01  #include <iostream>
```

```
02  #include <cstring>
03  using namespace std;
04  class Vehicle              // 定义 Vehicle 抽象类
05  {
06      string name;           // 定义名称
07      public:
08      Vehicle(string theName = "Vehicle"){name = theName;}  // 构造函数
09      string GetName(){return name;}                        // 获得名称信息
10      virtual void Motion(string Model = "Motion")=0;       // 定义纯虚函数
11  };
```

（3）建立一个 Car 类，形成一个 "Car.h" 头文件（代码 14-5-2.txt）。

```
01  #include"Vehicle.h"
02  class Car:public Vehicle                   // 派生 Car 类
03  {
04      public:
05      Car(string theName = "Car"):Vehicle(theName){}        // 向基类传递信息
06      virtual void Motion(string Model = "Motion"){cout << GetName() << "--" << "Robotization" << endl;}
    // 实现纯虚函数
07  };
```

（4）主程序的构建（代码 14-5-3.txt）。

```
01  // 范例 14-5
02  //Vehicle 程序
03  // 交通工具的衍生——抽象类的使用
04  //2017.07.18
05  #include <iostream>
06  #include <string>
07  #include"Car.h"
08  using namespace std;
09  int main()
10  {
11      //Vehicle vehicle();         // 错误的，抽象类不能实例化的
12      Car car("Jeep");  // 创建汽车对象
13      car.Motion();     // 调用虚函数
14      return 0;
15  }
```

【运行结果】

编译、连接、运行程序，即可在命令行中输出如下图所示的结果。

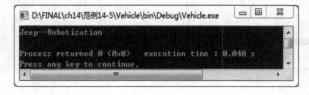

【范例分析】

从结果来看，继承是成功的。Vehicle 类的第 10 行定义了一个纯虚函数 Motion，从而肯定了该类是抽象类，因而主程序第 11 行代码是绝对错误的。Car 类继承于抽象类 Vehicle，但在 Car 类的第 06 行对纯虚函数进行了覆盖，因此 Car 就不再是抽象的类了，也可以创建实例了，所以主程序第 12 行和第 13 行是顺理成章的。

【拓展训练】

对 Car 类进一步派生。

结合范例 14-5，以 Car 类做基类，派生一个新型轿车类 NewCar，进一步深化虚函数的应用，同时对抽象类做进一步的练习。

▶ 14.5　重载概述

在 14.1 节中已经提到，实现多态有两种方式，虚函数是其中之一，本节将讨论第 2 种方式——重载。重载从形式上分为运算符重载和函数重载两种，其本质上都是一样的。

14.5.1　运算符重载

运算符重载是多态性实现的一种重要方式，其实现的是编译时的多态，即静态多态性。C++ 预定义的运算符只是对基本数据类型进行操作，而对于自定义的数据类型比如类，却没有类似的操作。为了实现对自定义数据的操作，就必须自己手动编写代码来说明某个运算符作用在某些数据类型上时所完成的操作，故引入运算符重载的概念。

在 C++ 语言中，运算符重载的实质就是函数重载（下一节讲到），其定义方法可用关键字 operator 加上运算符来表示一个函数，称之为运算符重载。下面以两个复数相加函数为例来进行对 "+" 的重载，假定定义了复数类 Complex（注意，complex 库中的模板 complex<> 提供了一个复数类型，但是为了说明问题，自己定义了 Complex），则有以下形式。

Complex Addition(Complex a, Complex b);

可以用运算符重载来表示。

Complex operator +(Complex a, Complex b);

通过以上语句的定义及实现，就可以直接将两个复数 a 和 b 直接相加，形如 a+b。并非所有的运算符都能重载，下面是能重载的运算符的列表（仅供参考）。

	C++ 允许重载的运算符
双目运算符	+ - * / %
关系运算符	== != < > <= >=
逻辑运算符	|| && !
位运算符	| & ~ << >>
赋值运算符	= += -= *= /=
空间申请与释放运算符	new delete new[] delete[]
自增自减运算符	++ --
其他运算符	-> () ->* , []

下面是不能重载的运算符的列表（仅供参考）。

	C++ 不能重载的运算符
域运算符	::
条件运算符	?:
成员访问运算符	.
成员指针访问运算符	*
长度运算符	sizeof

范例 14-6   利用运算符的重载实现可以计算复数的加法

（1）在 Code::Blocks 17.12 中，新建名称为 "Overload" 的工程。

（2）建立一个 Complex 类，形成一个 "Complex.h" 头文件（代码 14-6-1.txt）。

```
01  #include <iostream>
02  #include <string>
03  using namespace std;
04  class Complex
05  {
06      double a;              // 定义实部
07      double b;              // 定义虚部
08  public:
09      Complex(){a = 0;b = 0;}
10      Complex operator +(Complex another)          // 重载 + 运算符
11      {
12          Complex add;
13          add.a = a + another.a;
14          add.b = b + another.b;
15          return add;
16      }
17      void PutIn()
18      {
19          // 输入复数
20          cin >> a >> b;
21          return ;
22      }
23      void Show()
24      {
25          // 输出复数
26          cout << "(" << a << "+"<< b << "i)";
27          return ;
28      }
29  };
```

（3）建立一个 Summator 类，形成一个 "Summator.h" 头文件（代码 14-6-2.txt）。

```
01  class Summator              // 加法器
02  {
03      public:
04      int Addition(int a, int b);              // 实现两个整数的相加
05      float Addition(float a, float b);        // 实现两个小数的相加
06      string Addition(string a, string b);          // 实现两个字符串的相加
07      Complex Addition(Complex a, Complex b);       // 实现两个复数的相加
08  };
```

（4）建立一个 "Summator.cpp" 文件（代码 14-6-3.txt）。

```
01  #include"Complex.h"
02  #include"Summator.h"
03  int Summator::Addition(int a, int b)
04  {
05      return a + b;
```

```
06   }
07   float Summator::Addition(float a, float b)
08   {
09       return a + b;
10   }
11   string Summator::Addition(string a, string b)
12   {
13       return a + b;
14   }
15   Complex Summator::Addition(Complex a, Complex b)
16   {
17       return a + b;
18   }
```

（5）主程序的构建（代码 14-6-4.txt）。

```
01   // 范例 14-6
02   //Overload 程序
03   // 利用运算符的重载实现可以计算复数的加法
04   //2017.07.18
05   #include <iostream>
06   #include <string>
07   #include"Complex.h"
08   #include"Summator.h"
09   using namespace std;
10   int main()
11   {
12       Summator summator;       // 创建加法器对象
13       int intA, intB;       // 定义两个整数
14       float floatA, floatB;       // 定义两个小数
15       string stringA,stringB;       // 定义两个字符串
16       Complex complexA,complexB;       // 定义两个复数
17       cout << " 请输入两个整数 :" << endl;       // 提示输入
18       cin >> intA >> intB;       // 输入整数
19       cout << intA << " + "<< intB << " = " << summator.Addition(intA, intB) << endl;
20       // 利用重载函数求整数的相加
21       cout << " 请输入两个小数 :" << endl;       // 提示输入
22       cin >> floatA >> floatB;       // 输入小数
23       cout << floatA << " + " << floatB << " = " << summator.Addition(floatA, floatB) << endl;
24           // 利用重载函数求小数的相加
25       cout << " 请输入两个字符串 :" << endl;       // 提示输入
26       cin >> stringA >> stringB;       // 输入字符串
27       cout << stringA << " + " << stringB << " = " << summator.Addition(stringA, stringB) << endl;   // 利
用重载函数求字符串的相加
28       cout << " 请输入两个复数 :" << endl;       // 提示输入
29       complexA.PutIn();       // 输入复数
30       complexB.PutIn();       // 输入复数
31       complexA.Show();       // 显示复数
32       cout << " + ";       // 显示加号
33       complexB.Show();       // 显示复数
34       cout << " = ";       // 显示等号
35       summator.Addition(complexB,complexA).Show();       // 利用重载函数求复数的相加
36       cout << endl;
37       return 0;
38   }
```

【运行结果】

编译、连接、运行程序，即可在命令行中输出如下图所示的结果。

【范例分析】

本范例主要用于实际联系运算符重载的使用，范例中 Complex.h 文件用于定义复数类并重载 "+" 号，以实现两复数直接相加；Summator.h 文件中定义有关整数、小数、复数、字符串相加的成员函数，而 Summator.cpp 文件则是去实现这些成员函数；最后有关 main 函数则是创建相应的对象，并调用其方法，以实现来显示有关数据。

接下来重点讲解运算符重载的使用，在 "Summator.cpp" 文件的第 17 行，可以看到两个复数也可以像整数、浮点数和字符串一样直接进行 "+" 运算，这体现了 "+" 也具有多态性，这也是运用运算符重载的作用。复数相加的操作实际是由 Complex.h 文件中的 Complex operator +(Complex another) {……} 函数来实现的。

运算符与普通函数调用时的不同在于：普通函数的参数出现在圆括号内；而对于运算符，参数出现在其左、右侧。也可以这样来理解运算符的重载：运算符重载可以是全局函数，也可以是类的成员函数。若运算符被重载为全局函数，那么只有一个参数的运算符叫作单目运算符，有两个参数的运算符叫作双目运算符。如果运算符被重载为类的成员函数，那么单目运算符没有参数，双目运算符只有一个右侧参数，这是因为类本身成了左侧参数。

> **注意**
>
> 当定义重载运算符时，"operator 运算符" 就是函数名，而调用时运算符就是函数名，参数则伴其左右。

14.5.2 函数重载

观察范例 14-6 中 Summator.h 和 Summator.cpp 文件，会发现它们的成员函数名字全部相同，均为 Addition()，对此你会不会有所疑问呢？

事实上，C++ 允许定义多个具有相同名字的函数，只要这些函数的参数不同（至少参数类型、参数数目或者参数类型的顺序不同），这种特性称为函数重载。函数重载也称为多态函数，是实现编译时的多态性的形式之一，它提高了程序的灵活性和简洁性，更加通俗易懂。当调用一个重载函数时，C++ 编译器通过检查函数调用中实参的数目、类型和顺序来选择恰当的函数。函数重载通常用于创建执行相似任务，但是作用于不同的数据类型的具有相同名字的多个函数。通过前面学习到的运算符重载，很容易理解这一特性。

> **注意**
>
> 函数的返回值类型不作为区别不同重载函数的标识，若创建具有相同参数列表和不同返回类型的重载函数则会产生编译错误，这是很容易出错的。

思考：编译器如何区分重载的函数？

解答：重载的函数通过它们的签名来区分。签名由函数的名字和它的参数类型（按顺序）组成。编译器对每个函数的标识符利用它的参数数目和类型进行编码，以便能够实现类型安全的连接。类型安全的连接保证调用正确的重载函数并且实参类型与形参类型相符合。

接下来讲一下构造函数重载。

和其他函数一样，构造函数也可以被多次重载 (overload) 为同样名字的函数，但有不同的参数类型和个数。编译器会调用与在调用时刻要求的参数类型和个数一样的那个函数。在这里则是调用与类对象被声明时一样的那个构造函数。

实际上，当定义一个 class 而没有明确定义构造函数的时候，编译器会自动假设两个重载的构造函数（默认构造函数 "default constructor" 和复制构造函数 "copy constructor"）。例如：

```cpp
class CExample {
    public:
    int a,b,c;
    void multiply (int n, int m) {
        a=n;b=m;
    c=a*b; };
```

};

若没有定义构造函数，编译器则自动假设它有以下构造函数。

一为 empty constructor，它是一个没有任何参数的构造函数，被定义为 nop（没有语句），不进行任何操作。其语法形式如下。

CExample::CExample () { };

二为 copy constructor，它是一个只有一个参数的构造函数，该参数是这个 class 的一个对象，这个函数的功能是将被传入的对象的所有非静态成员变量的值都复制给自身这个对象。语法形式如下。

```
CExample::CExample (const CExample& rv) {
    a=rv.a;  b=rv.b;  c=rv.c;
}
```

> **注意**
>
> 这两个默认构造函数（empty construction 和 copy constructor）只有在没有其他构造函数被明确定义的情况下才存在。如果任何其他有任意参数的构造函数被定义了，这两个构造函数就都不存在了。在这种情况下，如果你想要有 empty construction 和 copy constructor，就必须自己定义它们。

📝 **范例 14-7**　**构造函数重载的例子**

（1）在 Code::Blocks 17.12 中，新建名称为 "Constructor Overload" 的工程。
（2）建立一个 Carea 类，形成一个 "Carea.h" 头文件（代码 14-7-1.txt）。

```
01  #include <iostream>
02  using namespace std;
03  // 以下为类的定义，定义了两个构造函数
04  class Carea{
05  private:
06      int width, height; // 定义两个私有变量
07  public:
08      Carea ();           // 构造函数的声明
09      Carea (int,int);    // 重载构造函数的声明
10      int area ();        // 计算面积的求值函数的声明
11  };
```

（3）建立一个 "Carea.cpp" 文件（代码 14-7-2.txt）。

```
01  #include"Carea.h"
02  Carea::Carea() {
03      width = 5;
04      height = 5;
05  }
06  // 带两个参数的构造函数的定义
07  Carea::Carea (int a, int b) {
08      width = a;
09      height = b;
10  }
11  int Carea::area () {   // 计算面积的成员函数的实现
12      return (width*height);  // 通过函数值返回面积
13  }
```

（4）主程序的构建（代码 14-7-3.txt）。

```
01  // 范例 14-7
02  //Constructor Overload 程序
03  // 构造函数的重载
04  //2017.07.18
```

```
05  #include <iostream>
06  #include"Carea.h"
07  int main () {
08      Carea rect1 (6,8); // 创建对象并调用构造函数进行初始化
09      Carea rect2;        // 创建对象并调用重载构造函数进行初始化
10      cout << "rect1 area: "<< rect1.area() << endl;   // 调用对象的成员函数输出面积
11      cout << "rect2 area: " << rect2.area() << endl;  // 调用对象的成员函数输出面积
12      return 0;
13  }
```

【运行结果】

编译、连接、运行程序。在 main 函数中创建对象 rect1 并调用构造函数进行初始化来获取长宽值，然后创建对象 rect2 并调用重载构造函数进行初始化来获取长宽值，之后分别调用求矩形面积的成员函数，即可将两个对象 rect1 和 rect2 的面积值输出，如下图所示。

【范例分析】

本范例中，rect1 创建的时候有两个参数，所以它被使用带有两个参数的构造函数进行初始化；rect2 对象被声明的时候没有参数，所以它被使用没有参数的构造函数进行初始化，也就是 width 和 height 都被赋值为 5。

📝 范例 14-8   带默认参数的构造函数重载

（1）在 Code::Blocks 17.12 中，新建名称为 "Default Parameter" 的工程。
（2）建立一个 CDate 类，形成一个 "CDate.h" 头文件（代码 14-8-1.txt）。

```
01  #include <iostream>
02  using namespace std;
03  class CDate         // 以下为类的定义，定义了带默认参数的构造函数
04  {
05      public:
06      CDate(int year = 2002, int month = 7, int day = 30)       // 构造函数的定义
07      {
08          nYear = year; nMonth = month;  nDay = day;// 变量赋初值
09          cout<<nYear<<"-"<<nMonth<<"-"<<nDay<<endl;
10      }
11      private:// 私有成员定义
12      int nYear, nMonth, nDay;
13  };
```

（3）主程序的构建（代码 14-8-2.txt）。

```
01  // 范例 14-8
02  //Default Parameter 程序
03  // 带默认参数的构造函数重载
04  //2017.07.18
05  #include <iostream>
```

```
06  #include"CDate.h"
07  int main()
08  {
09      CDate day1;                    // 创建对象并使用默认参数调用构造函数
10      CDate day2(2002, 8);           // 创建对象使用默认参数构造函数重载
11      return 0;
12  }
```

【运行结果】

编译、连接、运行程序。在 main 函数中创建对象 day1 调用带默认参数的构造函数，创建对象 day2 时实现了构造函数重载，输出如下图所示的结果。

【范例分析】

本范例中，对象 day1 调用带有默认参数的构造函数；day2 由于带有两个参数，调用了重载的构造函数，因此 day1 创建时输出 "2002-7-30"，而创建 day2 时则输出 "2002-8-30"。

> **注意**
>
> 在声明一个新的对象时，如果不想传入参数，则不需要写括号 ()。例如：
>
> Carea rect2;　　　　// 正确语法
> Carea rect2();　　　// 错误语法

> **提示**
>
> 析造函数没有返回值，没有函数参数，所以析构函数不能重载。

下面再举例进一步说明函数重载的用法。

范例 14-9　利用函数重载实现一个简单的加法器

（1）在 Code::Blocks 17.12 中，新建名称为 "Overload" 的工程。

（2）建立一个 Overload 类，形成一个 "Overload.h" 头文件（代码 **14-9-1.txt**）。

```
01  #include <iostream>
02  #include <string>
03  using namespace std;
04  class Summator                //加法器
05  {
06      public:
07      int Addition(int a, int b);        //实现两个整数的相加
08      float Addition(float a, float b);  //实现两个小数的相加
09      string Addition(string a, string b);  //实现两个字符串的相加
10  };
```

（3）建立一个 "Overload.cpp" 文件（代码 **14-9-2.txt**）。

```
01  #include <string>
02  #include"Overload.h"
03  using namespace std;
04  int Summator::Addition(int a, int b)  //Summator 类成员函数的声明
05  {
06      return a + b;
07  }
```

```
08   float Summator::Addition(float a, float b)
09   {
10       return a + b;
11   }
12   string Summator::Addition(string a, string b)
13   {
14       return a + b;
15   }
```

（4）主程序的构建（代码 14-9-3.txt）。

```
01   // 范例 14-9
02   //Overload 程序
03   // 利用函数重载实现一个简单的加法器
04   //2017.07.18
05   #include <iostream>              //main 函数过程
06   #include <string>
07   #include"Overload.h"
08   using namespace std;
09   int main()
10   {
11       Summator summator;          // 创建加法器对象
12       int intA, intB;             //定义两个整数
13       float floatA, floatB;       //定义两个小数
14       string stringA,stringB;     //定义两个字符串
15       cout << " 请输入两个整数 :" << endl; //提示输入
16       cin >> intA >> intB;        //输入整数
17       cout << intA << " + " << intB << " = " << summator.Addition(intA, intB) << endl;
18       // 利用重载函数求整数的相加
19       cout << " 请输入两个小数 :" << endl; // 提示输入
20       cin >> floatA >> floatB;           //输入小数
21       cout << floatA << " + " << floatB << " = " << summator.Addition(floatA, floatB) << endl;       // 利用重
     载函数求小数的相加
22       cout << " 请输入两个字符串 :" << endl;// 提示输入
23       cin >> stringA >> stringB;  // 输入字符串
24       cout << stringA << " + " << stringB << " = " << summator.Addition(stringA, stringB) << endl;
     // 利用重载函数求字符串的相加
25       return 0;
26   }
```

【运行结果】

编译、连接、运行程序，即可在命令行中输出如下图所示的结果。

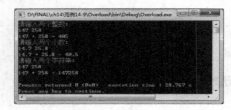

【范例分析】

本程序中定义了一个加法器类，其有 3 个方法，都是以 Addition 为名，参数不同。从本质上来讲这是 3 个不同的函数，可是从重载的角度来讲这是对 Addition 的重载。

结合运行结果来看，main 函数第 17 行和第 24 行分别是对整数的 123、456 和字符串的"123""456"相加，结果分别是 579 和"123456"，充分说明这是两种不同的数据类型，其处理方式是截然不同的（一个是整数相加，一个是字符串相连）。到底用哪一个 Addition，完全可以从参数类型进行判断。当然这个过程是由编译器进行的，不必考虑，这就是多态的具体体现。

▶14.6 综合案例

本范例主要包含多态的应用、构造函数重载、纯虚函数、抽象类、成员函数重载、继承等
知识点。首先建立基类 CStationery（文具类），在基类中创建一个对象属性 Name、两个纯虚函数
(show()、name()) 以及两个构造函数的重载，则此类为抽象类；在此基类之上建立 CWriteStationery（笔类），使其
继承文具类并将 show() 实现，但未实现 name()，故笔类仍为抽象类；最后建立 CPen（钢笔类），使其继承笔类
并实现 show() 和 name() 函数，此外它还建立了 show() 的重载函数；main 函数中将实现对以上类的使用和测试。

📝 范例14-10　利用抽象类文具类派生笔类，然后派生出钢笔类

（1）在 Code::Blocks 17.12 中，新建名称为 "PenExample" 的工程。

（2）建立一个 CStationery 类，形成一个 "CStationery.h" 头文件（代码 14-10-1.txt）。

```
01  #include <string>
02  using namespace std;
03  class CStationery          // 定义抽象类文具类
04  {
05    private:
06    string Name;          // 属性名字
07    public:
08    CStationery(){}
09    CStationery(string n)      // 构造函数
10    {
11      Name = n;
12    }
13    virtual void Show()=0;      // 定义文具类成员函数 Show 为纯虚函数
14    virtual void name(string n) = 0; // 定义文具类成员函数 name 为纯虚函数
15  };
```

（3）建立一个 CWriteStationery 类，形成一个 "CWriteStationery.h" 头文件（代码 14-10-2.txt）。

```
01  #include <string>
02  #include"CStationery.h"
03  using namespace std;
04  class CWriteStationery:public CStationery //定义笔类，继承自文具类
05  {
06    private:
07    string Name;          // 属性名字
08    public:
09    CWriteStationery() {}
10    CWriteStationery(string n):CStationery(n)
11    {
12      Name = n;  // 基类传递名称信息并初始化名称属性
13    }
14    void Show()
15    {
16      cout << Name << endl; // 在这里实现了基类的 Show 方法
17    }
18  };
```

（4）建立一个 CPen 类，形成一个 "CPen.h" 头文件（代码 14-10-3.txt）。

```
01  #include <string>
02  #include"CWriteStationery.h"
03  using namespace std;
```

```
04    class CPen:public CWriteStationery    // 定义钢笔类，继承自笔类
05    {
06        private:
07        string Name;            // 属性名字
08        public:
09        CPen()
10        {
11            Name=" 普通钢笔 ";
12        }
13        CPen(string n):CWriteStationery(n)
14        {
15            Name = n;    // 向基类传递名称信息并初始化名称属性
16        }
17        void name(string n)
18        {
19            Name = n;    // 在这里实现了基类的 name 方法
20        }
21        void Show()                // 重载了基类的 Show 方法
22        {
23            cout << Name << endl;
24            return;
25        }
26        void Show(string m)            // 重载了基类的 Show 方法
27        {
28            cout << m << Name << endl;
29            return;
30        }
31    };
```

（5）主程序的构建（代码 14-10-4.txt）。

```
01    // 范例 14-10
02    //PenExample 程序
03    // 利用抽象类文具类派生笔类，然后派生出钢笔类
04    //2017.07.18
05    #include <iostream>
06    #include"CPen.h"
07    #include <string>
08    using namespace std;
09    int main()
10    {
11        //CStationery stationery(" 文具 ");     // 错误
12        //CWriteStationery writestationery(" 笔 ");         // 错误
13        CPen pen(" 钢笔 ");         // 创建有参构造函数的钢笔对象
14        pen.Show();        // 显示信息
15        CPen pen1; // 创建无参构造函数对象
16        pen1.Show();// 显示信息
17        //stationery.Show();            // 错误
18        //writestationery.Show();        // 错误
19        pen.name(" 派克钢笔 ");        // 修改名字
20        pen.Show(" 一支 ");            // 显示新的信息
21        return 0;
22    }
```

【代码详解】

在这个程序第二步中，定义了抽象类CStationery，在这个类的第05行说明下面的都是私有的属性和方法，这里在第 06 行定义了一个私有属性 Name；第 08 行开始定义公有属性和方法，这里定义了 4 个方法，分别是两个构造函数以及两个纯虚函数（Show 和 name），纯虚函数没有任何代码，也就没有任何功能，其目的是实现抽象类的定义。但是其函数原型已经定义好了，其实现在派生类中。

第三步中定义了另外一个类 CWriteStationery，在此类的第 09 行和第 10 行分别定义了两个构造函数，第二个利用初始化列表实现了向基类传递信息的功能，这样就可以向父类有个交代了，保持了数据的一致性。第 14 行实现了父类的 Show 方法，至此 Show 函数就有了特定的功能了。但是在该类中没有实现父类的 name 方法，所以仍然是一个抽象类。

第四步中定义了类 CPen，在此类的第 09 行和第 13 行分别实现了无参和有参的构造函数，在第 17 行实现了基类的最后一个纯虚函数（name），至此全部的纯虚函数都实现了，CPen 就是一个可以定义实例的类了。第 21 行至第 25 行覆盖了父类的 Show 方法，实现了自己特殊功能的方法，第 26 行至第 30 行重载了上面的 Show 方法，这样就可以通过不同的方式调用 Show 方法。

主程序第 11 行、第 12 行、第 17 行以及第 18 行的代码都是错误的，因为抽象类不能实例化。第 14 行、第 16 行及第 20 行代码分别演示了构造函数和成员函数重载的使用。

【运行结果】

编译、连接、运行程序，即可在命令行中输出如下图所示的结果。

【范例分析】

本范例的结果很简单，但是其实现过程还是比较复杂的。首先定义了一个抽象类——文具类（CStationery），该类有两个纯虚函数，然后又定义了其派生类——笔类（CWriteStationery），该类实现了其父类的一个纯虚函数（Show），但是还有一个纯虚函数（name）仍然没有实现，所以笔类仍然是一个抽象类，直到定义钢笔类（CPen）的时候才完全实现了所有的纯虚函数，所以钢笔类（CPen）是一个可以定义实例的类了。

> **注意**
>
> 只要有一个纯虚函数的类就是抽象类，这就是"虚像"的来由！而抽象类均不可实例化。

▶ **14.7** 疑难解答

问题 1：对于虚函数，有几点需要注意的问题？

解答：

（1）虚函数实际上是利用了滞后捆绑处理来实现多态的，因而执行的效率比一般的函数要差一些。尽管如此，其体现的多态性还是很诱人的，所以还是提倡尽量将成员函数设计为虚函数的。

（2）一旦将一个方法声明为（定义为）虚函数，就会在继承结构中自动地传承下去，即在其所有的派生类中都将自动成为虚函数，当然前提是不但函数名相同，其参数列表也都要一模一样。

（3）由于虚函数完全是在继承中体现的，因此虚函数必须也只能是类的成员函数。

（4）虚函数反映在对象层面上（因为其实现的机理就是对象的捆绑），static 成员函数是和类同生共处的，它不属于任何对象，因而对于静态函数没有虚函数可言。

（5）内联函数不可能是虚函数。

（6）析构函数可以是而且经常是虚函数。

（7）构造函数一定不能是虚函数，否则会出现编译出错。

问题2：虚函数和纯虚函数的作用和区别是什么？

解答：作用方面，虚函数和纯虚函数均为方便实现多态特性而引入，故常常需要在基类中定义虚函数，除此之外，纯虚函数还用来规范派生类的行为，即接口。

区别方面可总结为以下几点。

（1）纯虚函数声明。virtual void funtion1()=0; 纯虚函数一定没有定义，包含纯虚函数的类是抽象类，抽象类不能定义实例，但可以声明指向实现该抽象类的具体类的指针或引用。

（2）虚函数声明。virtual ReturnType FunctionName(Parameter)；虚函数必须实现，如果不实现，编译器将报错，错误提示为 error LNK****: unresolved external symbol "public: virtual void __thiscall ClassName::virtualFunctionName(void)"。

（3）虚函数在子类中可以不重载；但纯虚函数在子类中必须实现，否则此子类仍未抽象类而不能实例化对象。

（4）对于虚函数来说，父类和子类都有各自的版本，由多态方式调用的时候动态绑定。而对于纯虚函数，纯虚函数在子类中就实现了自身的虚函数，子类的子类即孙子类可以覆盖该虚函数，也由多态方式调用的时候动态绑定。

问题3：为什么需要函数重载？

解答：

（1）用相同的函数名来定义一组功能相同或类似的函数，程序的可读性增强。

（2）这样做减少了函数名的数量，避免了名字空间的污染，而且减少对用户的复杂性。

（3）简化代码，有效提高代码的可重用性，且体现了面向对象编程的优越性。

（4）构造函数都与类名相同，如果没有函数重载，要想实例化不同对象将十分困难。

（5）操作符重载，本质上也是函数重载，极大丰富了已有操作符的含义，方便使用。

问题4：运算符重载的基本原则是什么？

解答：

（1）不可臆造运算符，必须使用已有且允许重载的运算符。

（2）运算符原有操作数的个数、优先级和结合性不能改变。

（3）操作数中至少有一个是自定义类型。

（4）保持重载运算符的自然含义。

问题5：两种重载方法的比较？

解答：常用两种重载运算符的方式分别为作为成员函数重载运算符和作为友元函数重载运算符。一般来说，为了尽可能地保证类封装，会尽可能地保证不去添加新的友元函数（毕竟这些函数不是自己人但可以访问私有成员）。所以单目运算符建议被重载为成员函数；对于双目运算符，重载为友元函数可以让程序更容易适应自动类型转换(<<C++ Primer Plus>>P420)，但是有些双目运算符是不能重载为友元函数的，比如赋值运算符 =、函数调用运算符 ()、下表运算符 []、指针 -> 等，因为这些运算符在语义上与 this 都有太多的关联。还有一个需要特别说明的就是输出运算符 <<。因为 << 的第一个操作数一定是 ostream 类型，所以 << 只能重载为友元函数。

问题6：多态使用前提及优缺点？

解答：主要内容如下。

（1）前提：要有继承关系；要有方法重写，若无则无意义；要有父类引用指向子类对象。

（2）优点：不必为每一个派生类编写功能调用，只需要对抽象基类进行处理即可，大大提高程序的可复用性；派生类的功能可以被基类的方法或引用变量所调用，这叫向后兼容，可以提高可扩充性和可维护性。

（3）缺点：不能使用子类的特有功能，除非把父类的引用强制转换为子类的引用（向下转型），或者创建子类对象调用方法但有时不合理，太占内存。

第 **15** 章

文件操作

在计算机中，可以方便地打开、浏览、修改和关闭相应的文件，
那么这些操作又是如何通过编程实现的呢？
本章将介绍 C++ 中文件的操作方法。

本章要点（已掌握的在方框中打钩）

- □ C++ 中的文件
- □ 文件的打开和关闭
- □ 文本文件的读写
- □ 二进制文件的读写
- □ 文件中的数据随机访问

▶ 15.1 什么是文件

文件是由一系列彼此有一定联系的数据集合构成的。就像把社会上的一个个家庭作为社会的基本组成单位一样，也可以把家庭中的每一个成员看作一个数据，并且通常以户主名来标识不同的家庭。同样，为了区分不同类型的数据构成的不同文件，给每个文件取个名字，就是文件名。程序就是通过文件名来使用文件。文件名通常由字母开头，不同的计算机系统中文件名的组成规则有所不同。

通常计算机中的数据、程序、文档均以文件存放在外存储器（磁盘）。由于电脑的输入输出设备具有字节流特征，因此操作系统也将它们看作文件，例如键盘是可以进行输入的文件，显示器、打印机是可以进行输出的文件，对于不同的文件可进行不同的操作。而对于磁盘文件，既可以将数据写入文件中，也可以把数据从文件中取出。

15.1.1 文件的分类

C++程序中文件按其数据存储格式可分为文本文件和二进制文件两种类型。文本文件又称 ASCII 码文件或字符文件，二进制文件又称字节文件。

从概念上讲，文本文件中的数据都是以单个字符的形式进行存放的，每个字节存储的是一个字符的 ASCII 码值，把一批彼此相关的数据以字符的形式存放在一起构成的文件就是文本文件（也叫 ASCII 码文件）。而二进制文件中的数据是按其在内存中的存储样式原样输出到二进制文件中进行存储的，也就是说，数据原本在内存中是什么样子，在二进制文件中就还是什么样子。

所以对于字符信息来说，数据的内部表示就是 ASCII 码表示，在字符文件和在字节文件中保存的字符信息没有差别。但对于数值信息，数据的内部表示形式和 ASCII 码表示截然不同，所以在字符文件和字节文件中保存的数值信息截然不同，在进行文件操作时应该注意文件的存储形式。

例如，对于整数 12345，在文本文件中存放时，数字"1""2""3""4""5"都是以字符的形式各占一个字节，每个字节中存放的是这些字符的 ASCII 值，所以要占用 5 个字节的存储空间。而在二进制文件中存放时，因为是整型数据，所以系统分配两个字节的存储空间，也就是说，整数 12345 在二进制文件中占用两个字节。其存放形式如下所示。

在文本文件中的存储形式如下。

00110001	00110010	00110011	00110100	00110101

在二进制文件中的存储形式如下。

| 00110000 | 00111001 |

综上所述，文本文件和二进制文件的主要区别有以下两点。

（1）由于存储数据的格式不同，因此在进行读写操作时，文本文件是以字节为单位进行写入或读出的，而二进制文件则以变量、结构体等数据块为单位进行读写。

（2）一般来讲，文本文件用于存储文字信息，一般由可显示字符构成，如说明性的文档、C++的源程序文件等都是文本文件；二进制文件用于存储非文本数据，如某门功课的考试成绩或者图像、声音等信息。

具体应用时，应根据实际需要选用不同的文件格式。

15.1.2 C++ 如何使用文件

文件在 C++ 看来是字符流或二进制流，统称为文件流。要使用一个文件流，应遵循以下步骤。

（1）先打开一个文件，其目的是将一个文件流对象与某个文件联系起来。

（2）然后，使用文件流对象的成员函数，将数据写入文件中或从文件中读取数据。

（3）关闭已打开的文件，即将文件流对象与文件脱离联系。

在 C++ 文件流类中，ifstream 为输入文件流类，用于实现文件输入。ofstream 为输出文件流类，用于实现文件输出。fstream 为输入输出文件流类，用于实现输入输出。有关具体使用将在接下来的几节中加以学习。

▶15.2 文件的打开和关闭

在进行文件读写之前必须要打开文件，对文件的读写结束后应及时关闭文件，本节将具体介绍有关 C++ 中文件的打开和关闭操作。

15.2.1 打开文件

为了在程序中使用文件操作，需要先在代码的开始包含 "#include<fstream>" 预处理命令。而由它提供的输入文件流类 ifstream、输出文件流类 ofstream 和输入输出文件流类 fstream 定义用户所需要的文件流对象，然后利用该对象调用相应类中的成员函数，按照一定的方式来操作文件。

在 C++ 程序中，打开文件，就是用函数 open( ) 把某一个流与文件建立联系，当文件被打开后，便可以对文件进行操作，这里输入文件流类是指从文件读出信息到内存，输出文件流类是指从内存中读出信息到文件中。

（1）用文件流的成员函数 open() 打开文件

ifstream、ofstream、fstream 文件流类中各有一个成员函数 open()，函数形式如下。

```
void  ifstream::open(const char*,int=ios::in,int=filebuf::openprot);
void  ofstream::open(const char*,int=ios::out,int=filebuf::openprot);
void  fstream::open(const char*,int,int=filebuf::openprot);
```

参数说明如下。

第 1 个参数为要打开文件的文件名（当和运行程序不在同一个文件夹下就要添加路径）。

第 2 个参数指定文件的打开方式。输入文件流的默认值 ios::in，意思是按输入文件方式打开文件；输出文件流的默认值 ios::out，意思是按输出文件方式打开文件；在输入输出文件流没有默认值的打开方式，在打开文件时，应指明打开文件的方式。

第 3 个参数指定打开文件时的保护方式，常使用默认值 filebuf::openprot。

针对上面说的打开方式，利用下表进行说明。

文件方式	说明
in	读方式打开文件
out	单用，打开文件时，若文件不存在，则产生一个空文件；若文件存在，则清空文件
ate	必须与 in、out 或 noreplace 组合使用。如 out|ate，其作用是在文件打开时将文件指针移至文件末尾，文件原有内容不变，写入的数据追加到文件末尾
app	以写追加方式打开文件，当文件存在时，它等价于 out|ate；文件不存在时，它等价于 out
trunc	打开文件时，若单用，则与 out 等价
noreplace	用来创建一个新文件，不单用，总是与写方式组合使用。若与 ate 或 app 组合使用，也可以打开一个已有文件
binary	以二进制方式打开文件，总是与读或写方式组合使用。不以 binary 方式打开的文件都是文本文件

利用 open 函数打开文件，例如：

```
Ifstream infel;// 定义输入文件类对象
   infile.open（"file1.txt"）;// 利用函数打开某一文件，在这里没有对于第二个、第三个参数的说明，因为它定义为输入
文件流类，所以默认的是 iso：：in，第三个参数默认为 filebuf::openprot。
   ofstream  outfile; // 定义输出文件类对象
   outfile.open（"file1.txt"）;// 打开某一文件供输出，这里打开方式默认是 iso::out
   fstream  file1,file2;// 定义了两个文件类的对象
   file1.open（"file1.txt"，ios::in);//pfile1 联系到 "file1.txt"，用于输入，在这里文件的打开形式不可以省略
   file2.open（"file2.txt"，ios::out);//pfile2 联系到 "file2.txt"，用于输出
```

（2）用文件流类的构造函数打开文件

ifstream、ofstream、fstream 文件流类的构造函数所带的参数与各自的成员函数 open() 所带的参数完全相同。因此，在说明这 3 种文件流类的对象时，通过调用各自的构造函数也能打开文件。例如：

ifstream f1("file1.txt");// 利用构造函数在定义函数时直接打开一个输入文件

ofstream f2("file2.txt"); // 利用构造函数在定义函数时直接打开一个输出文件

fstream f3("file3.txt",ios::in) ; // 利用构造函数在定义函数时直接打开一个输入文件

fstream f3("file3.txt",ios::out) ; // 利用构造函数在定义函数时直接打开一个输出文件

以上 4 个语句调用各自的构造函数，分别以读方式打开文件 file1.txt、以写方式打开文件 file2.txt 和以读或写的方式打开文件 file3.txt。

注意

打开文件的形式参数可以修改，以创建一个需要的打开文件形式。

（3）打开文件后要判断打开是否成功

打开文件操作并不能保证总是正确的，为了避免文件打开失败产生异常错误，通常要对文件打开是否成功进行判断，以提高程序的可靠性。判断文件打开与否的语句如下。

```
ifstream f1;
f1.open("file.txt",ios::in);// 在这里也可以写成 f1.open
（"file.txt"）
if(!f1)// 若文件打开成功，则 "!f1" 为 0 表示为真，
否则 "!f1" 为非 0
{
    cout<<" 不能打开文件：file.txt\n";
    exit(1);
}
```

或如下形式。

```
ifstream f1("C:\\MyProgram\\file.txt");
if(!f1)
{
    cout<<" 不能打开文件：C\\ MyProgram \\file.txt\n";
    exit(1);
}
```

注意

判断文件打开与否的语句也可写成如下形式。

```
ifstream f1("C:\\ MyProgram \\file.txt");
if(f1.fail())
{
    cout<<" 不能打开文件：C\\ MyProgram\\file.
txt\n";
    exit(!);
}
```

15.2.2 关闭文件

关闭文件就是将文件与流的联系断开，关闭文件用函数 close( ) 完成，当文件读 / 写完毕，必须要及时关闭文件，否则可能会导致数据的丢失，另一方面可将暂存在内存缓冲区中的内容写入文件中，并归还打开文件时申请的内存资源，更有利于系统收回相应的资源和保存输入的信息。

每个文件流类中都提供有一个关闭文件的成员函数 close( )，通过调用 close( ) 函数使文件流与对应的物理文件断开联系，并能够保证最后输出到文件缓冲区中的内容无论是否已满，都将立即写入对应的物理文件中。文件流对应的文件被关闭后，还可以利用该文件流对象的 open 成员函数打开其他的文件。

ifstream、ofstream、fstream 文件流类中的 close() 函数形式如下。

```
void ifstream::close();
void ofstream::close();
void fstream::close();
```

为练习使用文件的打开和关闭，给出下面的例子。

```
#include <iostream>
#include <fstream>           //包含头文件
using namespace std;
int main()
{
    ifstream in;
    in.open("file_create.txt",ios::in);   // 打开文件
    if(in.fail())
        cout<<" 文件不存在，打开失败！ "<<endl;
    else
        cout<<" 文件已打开，可以进行读写操作 "<<endl;
    in.close();              // 关闭文件
    cout<<" 文件已关闭 "<<endl;
    return 0;
}
```

注意

说明打开文件的路径时反斜杠要双写，因为编译器认为反斜杠是转义字符标志。例如，"C:\\MyProgram\\file.txt" 表示 C 盘下 MyProgram 文件夹下名为 file.txt 的文本文件。

一般情况下，ifstream 和 ofstream 流类的析构函数可以自动关闭已打开的文件，若需要使用同一个流对象打开的文件，则需要首先使用 close() 函数关闭当前文件。

▶ 15.3 文件的读写

　　上一节介绍了文件的打开和关闭，本节重点讲解不同文件类型的读写操作常用方法。仍需注意，在含有文件操作的程序中，必须包含头文件"#include<fstream>"。

15.3.1 文本文件的读写

　　对文本文件进行读写时，先要以某种方式打开文件、然后使用运算符"<<"和">>"进行操作即可，只是必须将运算符"<<"和">>"前的 cin 和 cout 用与文件相关联的流代替。文件流类 ifstream、ofstream 和 fstream 并未直接定义文件操作的成员函数，对文件的操作是通过调用其基类 ios、iostream、ostream 中的成员函数实现的。

📝 **范例 15-1**   **复制文本文件**

　　复制一个文本文件到一个目标文件。输入文件 1 的名字、文件 2 的名字，完成复制。
　　（1）在 Code::Blocks 17.12 中，新建名称为"复制文本文件"的【C/C++ Source File】源程序。
　　（2）在代码编辑窗口输入以下代码（代码 15-1.txt）。
　　注意：在运行前应确认准备输入的源文件存在，并在文档下面随意编辑一些信息。

```
01  // 范例 15-1
02  // 复制文本文件程序
03  // 实现一个文本文件的内容复制到指定的文本中
04  //2017.07.21
05  #include<fstream>
06  #include<iostream>
07  using namespace std;
08  int main(void)
09  {
10      char ch,f1[256],f2[256];
11      cout<<" 请输入源文件名：";
12      cin>>f1;                    // 输入文件名
13      cout<<" 请输入目标文件名：";
14      cin>>f2;
15      ifstream in(f1,ios::in);    // 创建文件
16      ofstream out(f2);
17      if(!in)
18      {
19          cout<<"\n 不能打开源文件 :"<<f1;
20          return 0;
21      }
22      if(!out)
23      {
24          cout<<"\n 不能打开目标文件 :"<<f2;
25          return 0;
26      }
27      in.unsetf(ios::skipws); //Line1
28      while( in>>ch)//>> 就是将数据从文件提取出来，也可以用 in.get(ch) 直接将提取数据赋值给 ch
29          out<<ch;    //<< 就是将数据写入到文件，在这里也可以用 out.put(ch)
30      in.close();        // 关闭目标文件
31      out.close();        // 关闭源文件
32      cout<<"\n 复制完毕！\n";
33      return 0;
34  }
```

【运行结果】

编译、连接、运行程序。如果需要将计算机当前路径中的"1.txt"文件复制到当前路径，并重命名为"2.txt"，那么根据命令行中的提示输入"源文件名"和"目标文件名"，按【Enter】键，提示"复制完毕！"，即将文件复制到当前路径并重命名，如下图所示。

【范例分析】

本范例实现了文本文件的复制，首先利用 cin 输入源文件名和目标文件名的输入（注意目录中的双反斜杠），然后通过流对象的构造函数 ifstream in(f1,ios::in) 打开源文件，并使用 ofstream out(f2) 创建目标流对象 f2。

判断文件是否正常打开，若正常打开则继续通过循环 while(in>>ch)，每次读取一个字符，写入到目标文件 f2 中去。当全部写入以后则关闭 f1 和 f2 文件，并提示"复制完毕！"。

> ✎ **注意**
>
> 如果输出为内容较大的字符串，就可以通过循环来将所有字符都取入字符数组中，并将其依次输出。

15.3.2 二进制文件的读写

任何文件都能以文本方式或二进制方式打开。对于二进制方式打开的文件，有两种方式进行读写操作：一种是使用 get() 和 put()，另一种是使用函数 read() 和 write()。对于二进制文件，读写时，数据不做任何变换，直接传送。

（1）使用函数 get() 和 put() 读写二进制文件

读操作：get() 函数是输入流类 istream 中定义的成员函数，作用是从与流对象连接的文件中读出数据，其原型如下（有多种格式，此处仅介绍最一般的格式）。

istream& istream::get(unsigned char &ch);

函数 get() 实现的功能为：从流中每读出一个字节或一个字符放入引用 ch& 中返回一个流输入对象值。

写操作：put() 函数是输出流类 ostream 中定义的成员函数，作用是向与流对象连接的文件中写入数据，其原型如下（有多种格式，此处仅介绍最一般的格式）。

ostream& ostream::put(char ch);

函数 put() 实现的功能为：每将一个字节或一个字符写入流中，同样返回一个流输入对象值。

> ✎ **注意**
>
> **get** 函数和 **put** 函数都只能对单个字符或单个字节进行操作，如果需要实现多字节操作，可通过循环语句实现。

（2）使用函数 read() 和 write() 读写二进制文件

读操作：read() 函数是输入流类 istream 中定义的成员函数，其常用的原型有以下几个。

istream& istream::read(char*t, int n);
istream& istream::read(unsigned char*t, int n);
istream& istream::read(signed char*t, int n);

以上 3 个成员函数功能相同，均为从二进制文件中读取 n 个字节数据到 t 指针所指缓冲区。

写操作：write() 函数是输出流类 ostream 中定义的成员函数，其常用的原型有以下几个。

ostream& ostream::write(const char*t, int n);
ostream& ostream::write(const unsigned char*t, int n);
ostream& ostream::write(const signed char*t, int n);

以上 3 个成员函数功能相同，均为从 t 所指缓冲区的前 n 个字节数据写入二进制文本。

为了便于程序判断是否已读到文件的结束位置，从文件中读取数据时，类 ios 提供了一个成员函数 int ios::eof()，当读到文件结束位置时，该函数返回非零，否则返回 0。

📝 范例 15-2　　将100以内的偶数存入二进制文件

（1）在 Code::Blocks 17.12 中，新建名称为"偶数存入二进制文件"的【C/C++ Source File】源程序。
（2）在代码编辑窗口输入以下代码（代码 **15-2.txt**）。

```
01  // 范例 15-2
02  // 复制文本文件程序
03  // 实现一个文本文件的内容复制到指定的文本中
04  //2017.07.21
05  #include<fstream>
06  #include<iostream>
07  using namespace std;
08  int main(void)
09  {
10      ofstream out("data2.txt",ios::out|ios::binary);    // 创建文件
11      if(!out)
12      {
13          cout<<"data2.txt\n";
14          return 0;
15      }
16      for(int i=2; i<100; i+=2)
17          out.write((char*)&i,sizeof(int));              // 写入文件
18      out.close();        // 关闭文件
19      cout<<"\n 程序执行完毕！ \n";
20      return 0;
21  }
```

【运行结果】

编译、连接、运行程序，程序就会在项目文件夹中创建二进制文件“data2.txt”，并将 1~100 之间的所有偶数存入“data2.txt”中，同时提示“程序执行完毕！”，如下图所示。这时就可以去保存代码的那个文件看一下是否存在一个“data2.txt”文件。

【范例分析】

将 1~100 之间的所有偶数存入二进制文件“data2.txt”中。代码第 10 行指定按二进制方式打开输入文件 data2.txt。第 17 行将整型指针转换成字符型指针，以符合该函数第 1 个参数类型的要求。

▶15.4 文件中实现定位到每个数据

在 C++ 程序中把每一个文件都看成一个有序的流，如下图所示，每一个文件都以文件结束符（end of file marker）或者在特定的字节号处结束。

0	1	2	3	4	5	6	7	8	...	n-
									...	文件结束符

当打开一个文件时，该文件就和某个流关联起来。对文件进行读写实际上受到一个文件定位指针（File Position Pointer）的控制，输入流的指针也称为读指针，每一次提取操作将从读指针当前所指位置开始，每一次提取操作后自动将读指针向文件尾移动。输出流指针也称写指针，每一次插入操作将从写指针当前位置开始，每一次插入操作也自动将写指针向文件尾移动。

文件读写的顺序可分为两种。

● 根据文件中数据的先后顺序进行读写，称为顺序读写。

● 文件流类支持文件的随机读写，即从文件的任何位置读或写数据，称为随机读写。

文件的随机访问是通过程序移动文件指针来实现的，可读写流中的任意一段内容。由于一般文本文件很难准确定位，因此随机访问多用于二进制文件。

对于输入流来说，用于文件读写位置定位的成员函数如下。

istream& istream::seekg(streampos);	// 绝对定位，相对于文件头
istream& istream::seekg(streamoff,ios::seek_dir);	// 相对定位
streampos istream::tellg();	// 返回当前文件读写位置

对于输出流来说，用于文件位置定位的成员函数如下。

ostream& ostream::seekp(streampos);	// 绝对定位，相对于文件头
ostream& ostream::seekp(streamoff,ios::seek_dir);	// 相对定位
streampos ostream::tellp();	// 返回当前文件读写位置

其中 streampos 和 streamoff 类型等同于 long，而 seek_dir 在类 ios 中定义为一个公有的枚举类型。

```
enum  seek_dir
{           // 以文件读写位置相对定位时的参考点
  beg=0;    // 以文件开始处作为参考点
  bur=1;    // 以文件当前位置作为参考点
  end=2     // 以文件结束处作为参考点
}
```

说明如下。

（1）函数名中的 g 是 get 的缩写，而 p 是 put 的缩写。

（2）文件读写位置以字节为单位。

（3）成员函数 seekg(streampos) 和 seekp(streampos) 都以文件开始处为参考点，将文件读写位置移到参数所指位置。

（4）成员函数 seekg(streamoff,ios::seek_dir) 和 seekp(streamoff,ios::seek_dir) 第 2 参数的值是文件读写位置相对定位的参考点；第 1 参数的值是相对于参考点的移动值，若为负值，则前移，否则后移。

（5）设按输入方式打开了二进制文件流对象，例如：

```
f.seekg(-10,ios::cur);    // 文件读写位置从当前位置前移 10 个字节
f.seekg(10,ios::cur);     // 文件读写位置从当前位置后移 10 个字节
f.seekg(-10,ios::end);    // 文件读写位置以文件尾为参考点，前移 10 个字节。若文件尾位置值为 6000，则文件读写
```
位置移到 5990 处

> **注意**
>
> 在移动文件读写位置时，必须保证移动后的文件读写位置大于等于 **0** 且小于等于文件尾字节编号，否则将导致接着的读 / 写数据不正确。

▶ 15.5 文件中的数据随机访问

随机文件的读写分两步：先将文件读写位置移到开始读写位置，再用文件读写函数读或写数据。

范例 15-3　将5~200之间的奇数存入二进制文件，并读取指定数据

（1）在 Code::Blocks 17.12 中，新建名为"奇数存入二进制文件"的【C/C++ Source File】源程序。

（2）在代码编辑窗口输入以下代码（代码 15-3.txt）。

```
01  // 范例 15-3
02  // 奇数存入二进制文件程序
03  // 将 5~200 之间的奇数存入二进制文件，并读取指定数据
04  //2017.07.21
05  #include<fstream>
06  #include<iostream>
07  using namespace std;
08  int main(void)
09  {
10      int  i,x;
11      ofstream  out("data3.txt",ios::out|ios::binary);
12      if(!out)
13      {
14          cout<<" 不能打开文件 d3.txt\n";
15          return 0;
16      }
17      for(i=5; i<200; i+=2)
18          out.write((char*)&i,sizeof(int));
19      out.close();
20      ifstream f("data3.txt",ios::in|ios::binary);
21      if(!f)
22      {
23          cout<<" 不能打开文件 d.txt\n";
24          return 0;
25      }
26      f.seekg(30*sizeof(int));      // 文件指针移到指定位置
27      for(i=0; i<10&&!f.eof( ); i++)
28      {
29          f.read((char*)&x,sizeof(int));
30          cout<<x<<'\t';
31      }
32      f.close();
33      return 0;
34  }
```

【运行结果】

编译、连接、运行程序，程序就会在项目文件夹中创建二进制文件"data3.txt"，并将 5~200 之间的奇数存入二进制文件，然后再定位到文件中的第 30 个数，将其作为起始位置，依次读出 10 个数据并输出，如下图所示。

【范例分析】

首先以 out|ios::binary 的方式打开文件。文件打开后，每次写入一个整数。重新打开文件，使用 f.seekg(30*sizeof(int))，从文件的开头移动 30 个整数的位置，也就是从第 31 个整数开始输出 10 个整数。

▶15.6 综合案例

本案例主要包含文件的打开、关闭，从键盘输入数据存入文件，从文件中读出数据到程序中，以及从文件中输出数据并显示等多个知识点。本案例采用人员信息管理的小型系统，

一方面巩固有关文件的各个知识点，另一方面对前几章学习的继承、派生、类和对象、输入输出等多个知识进行简单的回顾，进行实践。本案例主要设计 employee 雇员类、technician 技术人员类、salesman 销售人员类、manager 经理类、salesmanager 销售经理类共 5 个类，它们之间存在着继承关系，关系图如下（箭头代表继承关系）：

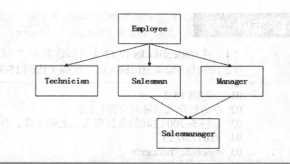

📝 范例 15-4　人员信息管理。将输入的人员信息存储到指定txt文件中，并读取、输出这些信息

（1）在 Code::Blocks 17.12 中，新建名称为"人员信息管理"的【Create A New Project】➤【Console Application】➤【C++】项目。

（2）在菜单栏中单击增加文件图标，建立一个【Empty file】并确认，在文件名处输入"employee.h"➤【保存】➤勾选 Debug 和 Release➤【ok】，在 Workspace 视图中双击【Headers】➤【employee.h】，在代码编辑窗口输入以下代码（代码 15-4-1.txt）。

```
01  #ifndef EMPLOYEE_H
02  #define EMPLOYEE_H
03  class employee          //雇员类
04  {
05      protected:
06      char name[20];      //姓名
07      int individualEmpNo;   //个人编号
08      int grade;          //级别
09      float accumPay;     //月薪总额
10      static int employeeNo;   //本公司职员编号初值
11      public:
12      employee();         //构造函数
13      ~employee();        //析构函数
14      virtual void pay()=0;      //月薪计算函数（纯虚函数）
15      virtual void promote(int increament=0);      //升级函数（虚函数）
16      void SetName(char *);    //设置姓名函数
17      char * GetName();   //提取姓名函数
18      int GetindividualEmpNo(); //提取编号函数
19      int Getgrade();     //提取级别函数
20      float GetaccumPay();   //提取月薪函数
21  };
22  #endif
```

（3）在菜单栏中单击增加文件图标，建立一个【Empty file】并确认，在文件名处输入"technician.h"➤【保存】➤勾选 Debug 和 Release➤【ok】，在 Workspace 视图中双击【Headers】➤【technician.h】，在代码编辑窗口输入以下代码（代码 15-4-2.txt）。

```
01  #ifndef TECHNICIAN_H
02  #define TECHNICIAN_H
03  #include"employee.h"
04  class technician:public employee          //兼职技术人员类
05  {
06      private:
07      float hourlyRate;  //每小时酬金
08      int workHours;     //当月工作数
09      public:
10      technician();      //构造函数
11      void SetworkHours(int wh); //设置工作时间函数
```

```
12        void pay();        // 计算月薪函数
13        void promote(int);        // 升级函数
14    };
15 #endif
```

（4）在菜单栏中单击增加文件图标，建立一个【Empty file】并确认，在文件名处输入"salesman.h"➤【保存】➤勾选 Debug 和 Release➤【ok】，在 Workspace 视图中双击【Headers】➤【salesman.h】，在代码编辑窗口输入以下代码（代码 15-4-3.txt）。

```
01 #ifndef SALESMAN_H
02 #define SALESMAN_H
03 #include"employee.h"
04 class salesman:virtual public employee    // 兼职销售人员类
05 {
06    protected:
07    double CommRate;        // 按销售额提取酬金的百分比
08    float sales;        // 当月销售额
09    public:
10    salesman();        // 构造函数
11    void setsales(float sl);        // 设置销售额函数
12    void pay();        // 计算月薪函数
13    void promote(int);// 升级函数
14    };
15 #endif
```

（5）在菜单栏中单击增加文件图标，建立一个【Empty file】并确认，在文件名处输入"manager.h"➤【保存】➤勾选 Debug 和 Release➤【ok】，在 Workspace 视图中双击【Headers】➤【manager.h】，在代码编辑窗口输入以下代码（代码 15-4-4.txt）。

```
01 #ifndef MANAGER_H
02 #define  MANAGER_H
03 #include"employee.h"
04 class manager:virtual public employee    // 经理类
05 {
06    protected:
07    float monthlyPay;        // 固定月薪
08    public:
09    manager();        // 构造函数
10    void pay();        // 计算酬金函数
11    void promote(int);        // 升级函数
12 };
13 #endif
```

（6）在菜单栏中单击增加文件图标，建立一个【Empty file】并确认，在文件名处输入"salesmanager.h"➤【保存】➤勾选 Debug 和 Release➤【ok】，Workspace 视图中双击【Headers】➤【salesmanager.h】，在代码编辑窗口输入以下代码（代码 15-4-5.txt）。

```
01 #ifndef SALESMANAGER_H
02 #define SALESMANAGER_H
03 #include"salesman.h"
04 #include"manager.h"
05 class salesmanager:public manager,public salesman        // 销售经理类
06 {
07    public:
08    salesmanager();        // 构造函数
09    void pay();        // 计算月薪函数
```

```
10      void promote(int);          // 升级函数
11  };
12  #endif
```

（7）在菜单栏中单击增加文件图标 █，建立一个【Empty file】并确认，在文件名处输入"employee.cpp"➤【保存】➤勾选 Debug 和 Release➤【ok】，在 Workspace 视图中双击【Sources】➤【employee.cpp】，在代码编辑窗口输入以下代码（代码 15-4-6.txt）。

```
01  #include<iostream>
02  #include"employee.h"
03  #include<cstring>
04  using namespace std;          //std 标准 C++ 中必须存在的一个名字空间的名字
05  int employee::employeeNo=1000;      // 员工编号的基数 1000
06  employee::employee()
07  {
08      individualEmpNo=employeeNo++; // 新输入的员工编号为目前最大值 +1
09      grade=1;          // 级别初值为 1
10      accumPay=0.0; // 月薪总额初值为 0
11  }
12  employee::~employee()
13  {}
14  void employee::promote(int increment)
15  {
16      grade+=increment;          // 升级，提升的级数由参数 increment 指定
17  }
18  void employee::SetName(char *names)
19  {
20      strcpy(name,names);      // 设置员工姓名
21  }
22  char * employee::GetName()
23  {
24      return name;   // 得到员工姓名
25  }
26  int employee::GetindividualEmpNo()
27  {
28      return individualEmpNo;          // 得到员工编号
29  }
30  int employee::Getgrade()
31  {
32      return grade;   // 得到员工的级别
33  }
34  float employee::GetaccumPay()
35  {
36      return accumPay;      // 得到月薪
37  }
```

（8）在菜单栏中单击增加文件图标 █，建立一个【Empty file】并确认，在文件名处输入"technician.cpp"➤【保存】➤勾选 Debug 和 Release➤【ok】，在 Workspace 视图中双击【Sources】➤【technician.cpp】，在代码编辑窗口输入以下代码（代码 15-4-7.txt）。

```
01  #include"technician.h"
02  technician::technician()
03  {
04      hourlyRate=100; // 每小时酬金 100 元
05  }
06  void technician::SetworkHours(int wh)
```

```
07  {
08      workHours=wh;  // 设置工作时间
09  }
10  void technician::pay()
11  {
12      accumPay=hourlyRate*workHours;   //计算月薪，按小时计算
13  }
14  void technician::promote(int)
15  {
16      employee::promote(2);      // 提升到 2 级
17  }
```

（9）在菜单栏中单击增加文件图标 ，建立一个【Empty file】并确认，在文件名处输入 "salesman.cpp" ➤【保存】➤ 勾选 Debug 和 Release➤【ok】，在 Workspace 视图中双击【Sources】➤【salesman.cpp】，在代码编辑窗口输入以下代码（代码 15-4-8.txt）。

```
01  #include"salesman.h"
02  salesman::salesman()
03  {
04      CommRate=0.04;// 销售提成比例 4%
05  }
06  void salesman::setsales(float sl)
07  {
08      sales=sl;          // 设置销售额
09  }
10  void salesman::pay()
11  {
12      accumPay=sales*CommRate;       // 月薪＝销售提成
13  }
14  void salesman::promote(int)
15  {
16      employee::promote(0);    // 提升到 0 级
17  }
```

（10）在菜单栏中单击增加文件图标 ，建立一个【Empty file】并确认，在文件名处输入 "manager.cpp" ➤【保存】➤ 勾选 Debug 和 Release➤【ok】，在 Workspace 视图中双击【Sources】➤【manager.cpp】，在代码编辑窗口输入以下代码（代码 15-4-9.txt）。

```
01  #include"manager.h"
02  manager::manager()
03  {
04      monthlyPay=8000;        // 固定月薪 8000 元
05  }
06  void manager::pay()
07  {
08      accumPay=monthlyPay;   // 月薪总额＝固定月薪数
09  }
10  void manager::promote(int)
11  {
12      employee::promote(3);   // 提升到 3 级
13  }
```

（11）在菜单栏中单击增加文件图标 ，建立一个【Empty file】并确认，在文件名处输入 "salesmanager.cpp" ➤【保存】➤ 勾选 Debug 和 Release➤【ok】，在 Workspace 视图中双击【Sources】➤【salesmanager.cpp】，在代码编辑窗口输入以下代码（代码 15-4-10.txt）。

```
01  #include"salesmanager.h"
02  salesmanager::salesmanager()
03  {
04      monthlyPay=5000;
05      CommRate=0.005;
06  }
07  void salesmanager::pay()
08  {
09      accumPay=monthlyPay+CommRate*sales;        // 月薪＝固定月薪＋销售提成
10  }
11  void salesmanager::promote(int)
12  {
13      employee::promote(2);        // 提升到 2 级
14  }
```

（12）在菜单栏中单击增加文件图标 ，建立一个【Empty file】并确认，在文件名处输入 "main.cpp" ➤【保存】➤ 勾选 Debug 和 Release➤【ok】，在 Workspace 视图中双击【Sources】➤【main.cpp】，在代码编辑窗口输入以下代码（代码 15-4-11.txt）。

```
01  // 范例 15-4
02  //main 函数程序
03  // 人员信息管理。将输入的人员信息存储到指定的 txt 文件中，并读取、输出这些信息的 main 函数
04  //2017.07.21
05  #include<iostream>
06  #include<cstring>
07  #include<iostream>
08  #include<fstream> // 包含文件流头文件
09  #include<vector>    // 包含向量容器头文件
10  #include<windows.h> // 包含用户界面管理文件
11  #include"employee.h"
12  #include"manager.h"
13  #include"technician.h"
14  #include"salesmanager.h"
15  #include"salesman.h"
16  using namespace std;
17  int  main()
18  {
19      manager m1;
20      technician t1;
21      salesmanager sm1;
22      salesman s1;
23      char namestr[20];            // 输入雇员姓名时首先临时存放在 namestr 中
24      vector <employee * > vchar;            // 声明用于保存成员对象的容器
25      vchar.push_back(&m1);
26      vchar.push_back(&t1);
27      vchar.push_back(&sm1);
28      vchar.push_back(&s1);
29      int i;
30      for(i=0; i<4; i++)
31      {
32          if(i==0)
33          { cout<<" 请输入经理姓名："; }
34          if(i==1)
35          { cout<<" 请输入兼职技术人员姓名："; }
36          if(i==2)
```

```
37    { cout<<" 请输入销售经理姓名: "; }
38    if(i==3)
39    { cout<<" 请输入推销员姓名: "; }
40    cin>>namestr;
41    vchar[i]->SetName(namestr);        // 设置姓名
42    vchar[i]->promote(i);              // 升级
43    }
44    cout<<" 请输入兼职技术人员 "<<t1.GetName()<<" 本月的工作时数: ";
45    int ww;
46    cin>>ww;
47    t1.SetworkHours(ww);               // 设置工作时间
48    cout<<" 请输入销售经理 "<<sm1.GetName()<<" 所管辖部门本月的销售总额: ";
49    float sl;
50    cin>>sl;
51    sm1.setsales(sl);                  // 设置本月的销售总额
52    cout<<" 请输入推销员 "<<s1.GetName()<<" 本月的销售额: ";
53    cin>>sl;
54    s1.setsales(sl);                   // 设置本月的销售额
55    ofstream ofile("employee.txt",ios_base::out);    // 创建一个输出文件流对象
56    for(i=0; i<4; i++)
57    {
58        vchar[i]->pay();
59        ofile<<vchar[i]->GetName()<<" 编号 "<<vchar[i]->GetindividualEmpNo()
60            <<" 级别为 "<<vchar[i]->Getgrade()<<" 级, 本月工资 "
61            <<vchar[i]->GetaccumPay()<<endl;
62    }
63    ofile.close();
64    cout<<" 人员信息已存入文件 "<<endl;
65    cout<<" 从文件中读取信息并显示如下: "<<endl;
66    char line[101];
67    ifstream infile( "employee.txt",ios_base::in);   // 创建一个输入文件流对象
68    for(i=0; i<4; i++)
69    {
70        infile.getline(line,100);
71        cout<<line<<endl;
72    }
73    infile.close();
74    system( "pause" );
75    return 0;
76 }
```

【代码详解】

本案例中的代码均将定义头文件 (.h) 和类实现文件 (.cpp) 分开，这样有助于代码封装。首先，定义 employee 类，用于定义雇员的共同基本信息，并实现信息设置和获取方法；然后，定义 technician 类、salesman 类、manager 类，均直接继承 employee 类，并定义各自所特有的信息和实现方法；最后，定义 salesmanager 类进行同时继承 salesman 类和 manager 类，并实现其方法。

main 函数中首先要求从键盘依次输入经理类对象姓名、技术类对象姓名、销售经理类对象姓名、销售类对象姓名，然后依次输入他们各自的有关信息，代码实现剩余信息的计算和统计，最后将这些信息存入 employee.txt 文件。接着第二部分中实现了从 employee.txt 文件中读取信息，并显示在屏幕运行结果上。

【运行结果】

编译、连接、运行程序，按下图所示输入，程序将把存于向量中的各人员信息依次写到文件 employee.txt 中，然后从这个文件中读出这些信息并显示出来。

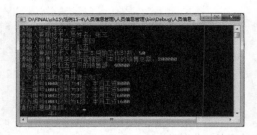

【范例分析】

以文件的形式存储雇员的编号、级别、月薪，并显示全部信息，涉及的操作主要包括设置和提取编号、计算和提取级别、设置和提取月薪。整个程序分三大部分：class employee 是类定义头文件 (.h)，employee 是类实现文件 (.cpp)，main 是主函数 (.cpp)。

▶ 15.7　疑难解答

问题 1：读取文件时，如何读取空格和空格后的字符？

解答：在写文件的时候空格是不可避免的。C++ 的插入操作符有一个"毛病"，只要一遇到空字符便会停止输出，这里的空字符就是空格，或者是 '\0'，如果在文件中有空格字符，那么空格后面的字符就无法被输出到屏幕上了。针对这个问题，我们可以采用 getline() 函数，函数语法如下。

```
istream &getline( char *buffer, streamsize num );
istream &getline( char *buffer, streamsize num, char delim );
*buffer：指明输出到的缓存区
num：  读取到流中的字符个数
delim：结束符号
```

问题 2：文件操作时的乱码问题如何解决？

解答：文件编码问题的不同，经常会导致文件读写出现乱码。此处以 .txt 文件为例，通常的 .txt 文件编码方式有 ANSI、Unicode、UTF-8、Unicode big endian 等。若自己电脑文件的默认编码方式为 ANSI，但所接收的文件编码为其他格式，则打开时会出现乱码问题。既然知道问题根源，解决办法也就简单了，可以将乱码文件另存为一个文件，并在输入文件名的右下角修改编码格式，最后保存。若代码中读取出的字符为乱码，则是因为文件和编译器默认编码格式不同引起的，此时可修改文件或者编译器的文件编码格式。

问题 3：C/C++ 文件打开读写失败的几个常见错误是什么？

解答：

（1）文件是否存在，文件名是否和程序中一致（注意字母大小写）。

（2）文件权限。程序打开非常关键的文件，可能需要改变文件权限。

（3）读文件的缓冲大小是否够用。

（4）如果是二进制文件 open 函数需要 IO_BINARY，fopen 需要加 b，否则文件读不完。

（5）如果文件 USB 转串口，特别注意 USB 转串口的不稳定性，容易出现读写异常。长时间操作时，推荐使用扩展卡转串口。

问题 4：C++ 使用文件流对象需要注意的问题是什么？

解答：

（1）每次打开一个文件后记得一定要检查文件是否打开成功，这个好习惯将有助于我们程序的调试。

（2）若准备重用已存在的流对象，则必须每次用完后关闭和清空流对象。为什么要关闭文件流呢？因为当打开一个文件流的时候，会首先检查该文件流的状态，若已处于打开状态，则设置内部状态，指出发生了错误，接下来使用文件流的任何尝试都会失败。为什么要清空文件流呢？因为当使用完一个文件流的时候，该文件流可能是因达到文件尾，即遇到文件结束符结束，或是遇到了错误而结束。这时的文件流处于无效状态。若不利用 clear 函数重置流状态有效，则以后对文件流的任何操作都是无效的。

问题 5：流指针 get 和 put 值的差异是什么？

解答：流指针 get 和 put 的值对文本文件 (text file) 和二进制文件 (binary file) 的计算方法都是不同的，因为文本模式的文件中某些特殊字符可能会被修改。由于这个原因，建议对以文本文件模式打开的文件总是使用 seekg 和 seekp 的第 1 种原型，而且不要对 tellg 或 tellp 的返回值进行修改。

第 **16** 章

容器

在面向对象的语言中，大多都引入了容器的概念。容器类在面向
对象语言中特别重要，甚至被认为是早期面向对象语言的基础。现在几
乎所有的面向对象语言也都伴随着一个容器集，C++ 标准模板库里提供
了 10 种通用的容器类，它基本上可以解决程序中遇到的大多数问题。
在学习这一章时请先掌握数据结构中关于链表、队列、栈的描述。

本章要点（已掌握的在方框中打钩）

- □ 容器概念
- □ 迭代器
- □ 顺序容器
- □ 向量
- □ 关联容器
- □ 映射
- □ 适配器

▶16.1 容器的概念

在面向对象的语言中，大多都引入了容器的概念。那什么是容器？本节将为你揭晓答案。

简单来讲，容器就是用来装东西的，比如说水桶可以作为水的容器，油桶可以作为油的容器。为了方便程序设计，C++ 标准模板库自带一些容器，如 vector（向量）、list（列表）等就是根据不同的数据结构来制定的容器。实质上，容器就是一组相同类型对象的集合，但是它又不仅仅像数组那样简单，它实现了比数组更复杂的数据结构，当然也实现了比数组更强大的功能。由于不能指定容器中结点的类型（如 class A），因此采用模板的形式实现。

C++ 标准模板库里提供的 3 类容器是顺序容器、关联容器和容器适配器，它们基本上可以解决程序中遇到的大多数问题。顺序容器含有 vector（向量）、deque（双端队列）和 list（列表）3 种容器类。其中，vector 表示一段连续的内存，基于数组实现，list 表示非连续的内存，基于链表实现，deque 与 vector 类似，但是对首元素提供插入和删除的双向支持。关联容器里含有 set（集合）、multiset（多重集合）、map（映射）和 multimap（多重映射）等类。map 是 key-value 形式，set 是单值。map 和 set 只能存放唯一的 key，multimap 和 multiset 可以存放多个相同的 key。容器适配器里包含有 stack（栈）、queue（队列）和 priority_queue（优先级队列）等类。

▶16.2 迭代器

迭代器（iterators）是标准模板库 (Standard template library，STL) 的一个重要组成部分。每个容器都有自己的迭代器，可以把迭代器看作一个容器所使用的特殊指针，可以存取容器内存储的数据，在容器中可能要用到迭代器。

迭代器定义的格式如下。

< 容器名 >< 数据类型 > **iterator** 迭代器变量名;

迭代器有 5 种，分别是输入、输出、向前、双向以及随机存取。

（1）输入迭代器（input iterators）：只能向前移动，每次只能移动一步，只能读迭代器指向的数据，而且只能读一次。

（2）输出迭代器（output iterators）：只能向前移动，每次只能移动一步，只能写迭代器指向的数据，而且只能写一次。

（3）前向迭代器（forward iterators）：不仅具有 input 和 output（输入和输出迭代器）功能，还具有多次读或者写的功能。

（4）双向迭代器（bidirectional iterators）：以前向迭代器为基础加上了向后移动的能力。

（5）随机访问迭代器（random access iterators）：为双向迭代器加上了迭代器运算的能力，即具有向前或者向后跳转一个任意的距离的能力。

每一种容器都定义了自己的迭代器，各个容器迭代器的功能不尽相同，如下表所示。

	Input	Output	Forward	Bidirection	Random Access
vector	√	√	√	√	√
list	√	√	√	√	×
deque	√	√	√	√	√
set	√	√	√	√	×
multiset	√	√	√	√	×
map	√	√	√	√	×
multimap	√	√	√	√	×

使用迭代器可对容器中的数据进行操作。下表列出了主要的操作，其中 iter 和 iter1 表示迭代器。

迭代器	运算	说明
Input	*iter	存入迭代器所指向的元素值，在等式的左侧
Input	iter=iter1	将 iter1 指向的地址复制给 iter
Input	iter==iter1	== 或 ! =，比较 iter 与 iter1 是否相等
Output	*iter	取得迭代器所指向的元素值，在等式的右侧
Output	iter=iter1	将 iter1 指向的地址复制给 iter
Forward	iter++，++iter	逐元素向前移动迭代器
Bidirection	iter--，--iter	逐元素向后移动迭代器
Random Access	iter[i]	容器第 i 个元素
Random Access	iter+i	+ 或 -，迭代器向前或向后移动 i 个元素所指向的元素
Random Access	iter>iter1	> 或 >=，若 iter 指向元素等于 iter1 或者 iter1 前，则返回 true，否则返回 false
Random Access	iter<iter1	< 或 <=，若 iter 指向元素等于 iter1 或者 iter1 后，则返回 true，否则返回 false
Random Access	iter+=i	+= 或 -=，迭代器向前或向后移动 i 个元素

16.3 顺序容器

C++ 标准模板库里提供有 3 种顺序容器：vector、list 和 deque。其中，vector 类和 deque 类是以数组为基础的，list 类是以双向链表为基础的。

向量（vector）类 vector 是顺序表，表示的是一块连续的内存，元素被顺序存储，通过下标运算符 "[]" 直接有效地访问向量的任何元素。与数组不同，当数值内存不够时，vector 会重新申请一块足够大的连续内存，把原来的数据复制到新的内存里面，并释放旧的内存区，这是向量（vector）类的优点。向量可以用来实现队列、堆栈、列表和其他更复杂的结构。vector 的迭代器支持随机访问数据，vector 的迭代器通常为 vector 元素的指针。向量的定义在头文件 <vector> 中。

列表（list）是由双向链表（doubly linked list）组成的，在内存中不一定连续，所以有关链表的操作都适合列表操作。它有两个指针域，可以向前也可以向后进行访问，但不能随机访问，即支持的迭代器类型为双向迭代器。使用起来很方便，与双链表类模板相似，但通用性更好，使用更方便。list 因为不用考虑内存的连续，因此新增开销比 vector 小。列表的定义在头文件 <list> 中。

双端队列（deque）类是由双端队列组成的，所以允许在队列的两端进行操作。支持随机访问迭代器，也支持通过使用下标操作符 "[]" 进行访问。当要增加双端队列的存储空间时，可以在内存块中的 deque 两端进行分配，通常保存为这些块的指针数组。双端队列利用不连续内存空间，它的迭代器比 vector 的迭代器更加智能化。对双端队列分配存储块后，往往要等删除双端队列时才释放，它比重复分配（释放和再分配）有效，但也更浪费内存。双端队列的定义在头文件 <deque> 中。

16.4 向量的使用

向量（Vector）属于顺序容器，是 C++ 中的一种数据结构，确切地说是一个类。它相当于一个动态的数组，用于容纳不定长线性序列，当程序员无法知道自己需要的数组的规模多大时，用其来解决问题可以达到最大节约空间的目的。提供对序列的快速随机访问（也称直接访问）。向量容器使用动态数组存储、管理对象。因为数组是一个随机访问数据结构，所以以向量可以随机访问向量中的元素。因为向量是一个数组，所以在尾部添加速度很快，在中间插入慢。向量是动态结构，它的大小不固定，可以在程序运行时增加或减少。

向量容器的类名是 vector，包含在 vector 的头文件中。

如果要在程序里使用向量容器，在程序头文件中包含下面的语句。

#include <vector>	

另外，一定要加上如下语句

using namespace std;	

向量是类模板，没有被具体化，所以在定义向量类型对象时，必须指定该对象的类型。
例如，下面的语句就声明了一个 int 向量容器对象。

vector<int> intlist;	

对象 intlist 大小没有被指定，可以动态地向里面添加或删除数据。
类似的，如果想声明一个元素类型为 string 的向量容器对象，可以使用如下语句。

vector<string> stringlist;	

vector 类包含了多个构造函数，因此可以通过多种方式来声明和初始化向量容器。下表总结了常用的向量容器声明和初始化语句。

语句	作用
vector< 元素类型 > 向量对象名；	创建一个没有任何元素的空向量对象
vector< 元素类型 > 向量对象名 (size);	创建一个大小为 size 的向量对象
vector< 元素类型 > 向量对象名 (n, 初始值);	创建一个大小为 n 的向量对象，并进行初始化
vector< 元素类型 > 向量对象名 (begin,end);	创建一个向量对象，并初始化该向量对象（begin,end）中的元素

接下来讲解如何操作向量容器中的数据。首先，假定读者已经知道下面几种基本操作的含义：元素插入、元素删除、遍历向量容器中的元素。这些操作的方法在数据结构课程中有详细讲解，这里不再赘述。

假设声明了一个 vector 向量类型的容器对象。下表给出了在 vector 中的操作函数，这些操作在 vector 类中定义成员函数时可以直接使用。

定义的容器为 vector<int> c。

语句	作用
c.empty()	判断容器是否为空
c.erase(pos)	删除 pos 位置的数据
c.erase(beg,end)	删除 [beg,end) 区间的数据
c.front()	传回第一个数据
c.insert(pos,elem)	在 pos 位置插入一个 elem 备份
c.pop_back()	删除最后一个数据
c.push_back(elem)	在尾部加入一个数据。
c.resize(num)	重新设置该容器的大小
c.size()	返回容器中实际数据的个数
c.begin()	返回指向容器第一个元素的迭代器
c.end()	返回指向容器最后一个元素的迭代器
c.clear()	移除容器中的所有数据

接下来介绍如何在向量容器中声明迭代器。

vector 类包含了一个 typedef iterator，这是一个公有成员。通过 iterator，可以在向量容器中申请一个迭代器。例如，下面的语句就声明了一个向量容器迭代器。

vector<int>::iterator intVecIter; // 将 intVecIter 声明为 int 类型的向量容器迭代器	

因为 iterator 是一个定义在 vector 类中的 typedef，所以必须使用容器名（vector）、容器元素类型和作用域符来使用 iterator。

表达式：++intVecIter，表示将迭代器 intVecIter 加 1，使其指向容器中的下一个元素。

表达式：*intVecIter，表示返回当前迭代器位置上的元素。

> 📋 **提示**
>
> 实际上迭代器就是一个指针，用来存取容器中的数据元素，因此迭代器上的操作和指针上的相应操作是相同的。迭代器的真正价值体现在它们可以和所有的容器配合使用，而使用迭代器去访问容器元素的算法可以和任何一种容器配合使用。

下面讨论如何使用迭代器来操作向量容器中的数据。假设有下面的语句。

```
vector<int> intList;
vector<int>::iterator intVecIter;
```

另外，读者还需要知道容器的成员函数 begin 和 end 的基本知识，所有的容器都包含成员函数 begin 和 end。函数 begin 返回容器中第 1 个元素的位置，函数 end 返回容器中最后一个元素的位置。这两个函数都不需要传入参数。例如，执行下面的语句。

```
intVecIter = intList.begin();        // 迭代器 intVecIter 指向容器 intList 中的第 1 个元素
```

下面的 for 循环可将 intList 中的所有元素输出在标准输出设备上。

```
for (intVecIter = intList.begin(); intVecIter != intList.end();intVecIter++)// 初始条件为指向第 1 个元素，循环终止条件为
迭代器指向末尾元素
{
    cout<<*intVecIter<<" ";        // 输出迭代器指向的元素
}
```

假定 vector1 是一个向量对象，可以通过下表给出的操作直接访问向量容器中的元素。操作表明可以按照数组的方式来处理向量中的元素。

表达式	作用
vector1.at(index)	返回由 index 指定的位置上的元素
vector1 [index]	返回由 index 指定的位置上的元素
vector1.front()	返回第 1 个元素（不检查容器是否为空）
vector1.back()	返回最后一个元素（不检查容器是否为空）

> 📋 **提示**
>
> 在 C++ 中，数组下标从 0 始。向量容器中第 1 个元素的位置也是 0。

📝 范例 16-1   用向量输出2~n之间的素数

（1）在 Visual C++ 6.0 中，新建名称为"Prime Number"的【C++ Source File】源文件。

（2）在代码编辑区域输入以下代码（代码 16-1.txt）。

```
01  // 范例 16-1
02  //Prime Number 程序
```

```
03  // 用向量输出 2~n 之间的素数
04  //2017.7.22
05  #include <iostream>
06  #include <iomanip>//I/O 流控制头文件，stew 就在这个头文件里
07  #include <vector>   // 包含向量容器头文件
08  using namespace std ;          // 命名名字空间 std
09  int  main(void)
10  {
11      vector<int>  A(10);        // 定义一个向量对象
12      int n;   // 定义素数的最大范围变量
13      int primecount = 0, i, j;    // 定义变量并将数组下标初始化为 0
14      cout<<" 请键入一个大于等于 2 的整数作为输出素数的上限 : ";
15      cin >> n;        // 输入素数上限
16      if (n<2)
17      {
18          cout<<" 整数应大于等于 2，重新输入 : ";
19          cin >> n;
20      }
21      A[primecount++] = 2;
22      for(i = 3; i < n; i++)
23      {
24          if (primecount == A.size())
25          A.resize(primecount + 10);        // 向量对象容量增加 10 个长度
26          if (i % 2 == 0)// 若为偶数判断下一个值
27          continue;       // 结束本次循环，执行下一次判断
28          j = 3;
29          while (j <= i/2 && i % j != 0)     // 判断是否为素数
30          j += 2;
31          if (j > i/2) A[primecount++] = i;   // 把素数赋给向量对象元素
32      }
33      for (i = 0; i<primecount; i++)       // 输出素数
34      {
35          cout<<setw(5)<<A[i];    // 若输入的内容超过 5 位，则按实际长度输出
36          if ((i+1) % 10 == 0)    // 每输出 10 个数换行一次
37          cout << endl;
38      }
39      cout<<endl;
40  return 0; }
```

【运行结果】

　　编译、连接、运行程序。通过在命令行中输入素数的上限值 *n* 为 50，就可以实现 2 到 50 之间的素数顺序输出，如下图所示。

【范例分析】

本范例中首先定义了一个向量对象 A(10)，然后初始化向量初值为 2，也就是数组的第 1 个元素赋值为 2，之后通过 for 循环语句进行素数判断，具体的判断过程又嵌套了一个 while 循环语句，最后由 for 循环输出向量元素值。

从本范例中得知，向量是一个动态结构，它的大小不固定，可以在程序运行时增加或减少。

范例 16-2　　在C++中交换两个向量中的元素值

（1）在 Visual C++ 6.0 中，新建名称为 "Swap Element" 的【C++ Source File】源文件。
（2）在代码编辑区域输入以下代码（代码 16-2.txt）。

```
// 范例 16-2
//Swap Element 程序
// 在 C++ 中交换两个向量中的元素值
01  //2017.7.22
02  #include <vector>    // 向量头文件
03  #include <iostream>           // 标准输入输出流文件，cout 就定义在这个文件里
04  using namespace std;          // 命名名字空间 std
05  void print(vector<int>& v)    // 定义输出信息函数
06  {
07    for(int i = 0; i < v.size(); i++)
08      cout << v[i] << " ";
09    cout << endl;
10  }
11  int main(void)
12  {
13    vector<int> v1;   // 定义向量对象 v1
14    v1.push_back(11);          // 向量尾部插入元素 11
15    v1.push_back(22);          // 向量尾部插入元素 22
16    v1.push_back(33);          // 向量尾部插入元素 33
17    cout << "v1 = ";
18    print(v1);        // 调用输出向量元素值函数
19    vector<int> v2;   // 定义向量对象 v1
20    v2.push_back(44);          // 向量尾部插入元素 44
21    v2.push_back(55);          // 向量尾部插入元素 55
22    v2.push_back(66);          // 向量尾部插入元素 66
23    cout << "v2 = ";
24    print(v2);        // 调用输出向量元素值函数
25    v1.swap(v2);      // 调用交换函数 swap()，交换两个向量的元素值
26    cout << " 交换后向量元素值 :" <<endl;
27    cout << "v1 = ";
28    print(v1);         // 输出交换后 v1 的元素值
29    cout << "v2 = ";
30    print(v2);// 输出交换后 v2 的元素值
31    return 0;
32  }
```

【运行结果】

编译、连接、运行程序。通过在程序中调用 swap() 函数完成两个向量容器中元素值的交换，结果如下图所示。

【范例分析】

本范例中，首先创建了两个向量容器 v1 和 v2，然后通过调用成员函数 push_back() 插入了元素值，接着调用向量容器提供的 swap() 函数，完成了两个向量容器元素值的交换，并输出。

▶16.5 列表

列表（list）也是容器类的一种，是由双向链表（doubly linked list）组成的。它的数据由若干个节点构成，每一个节点都包括一个信息块（实际存储的数据）、一个前驱指针和一个后驱指针，可以向前也可以向后进行访问，但不能随机访问。列表的定义在头文件 #include<list> 中。

列表的操作也由自己的成员函数实现。因为是顺序型的容器，所以除了具有所有顺序容器都有的成员函数以外，还支持以下一些成员函数。

（1）push_front：向对象前端插入元素。

（2）pop_front：删除最前面的元素。

（3）sort：将序列排序，结果序列是按 operator< 排序的，操作中用到了介入操作，合并后第二个序列为空，可以用 pr 替换排序函数。（list 不支持 STL 的算法 sort）。

（4）remove：删除和指定值相等的所有元素；remove_if 删除所有 pr(x) 为 true 的元素 x。

（5）unique：删除指定范围内相同的元素。

（6）merge：将两个有序排序系列合并，合并中用到了接入操作，合并后第二个序列将为空。

（7）reverse：反转整个链表。

（8）splice：在指定位置前面插入另一个链表中的一个或多个元素，并在另一个链表中删除被插入的元素。

由于结构的原因，list 随机检索的性能非常不好，因为它不像 vector 那样直接找到元素的地址，而是要从头一个一个地顺序查找，这样目标元素越靠后，它的检索时间就越长。检索时间与目标元素的位置成正比。

虽然随机检索的速度不够快，但是它可以迅速地在任何一个节点进行插入和删除操作。因为在 list 中前后的数据都有指针来保存下一个数据的位置信息，所以便于在找到位置后直接进行插入和删除操作。

list 的特点如下。

（1）不能进行内部的随机访问，即不支持"[]"操作符和 vector.at()。

（2）相对于 verctor 要占用更多的内存。

（3）可以不使用连续的内存空间，这样可以随意地进行动态操作。

（4）可以在内部的任何位置快速地插入或删除，当然也可以在两端进行 push 和 pop。

📝 范例 16-3　list容器成员函数应用实例

（1）在 Visual C++ 6.0 中，新建名称为"List Application"的【C++ Source File】源文件。

（2）在代码编辑区域输入以下代码（代码 16-3.txt）。

```
01  // 范例 16-3
02  //List Application 程序
```

```
03   //list 容器成员函数应用实例
04   //2017.7.22
05   #include <iostream>// 是指标准库中输入输出流的头文件 , cout 就定义在这个头文件里
06   #include <list>// 列表容器头文件
07   using namespace std ; // 使用名称空间 std
08   int main( )
09   {
10     list<int> link;      // 构造一个列表用于存放整数链表
11     int i, key, item;
12     cout << " 请输入 10 个整数 : ";
13     for(i=0;i < 10;i++)// 输入 10 个整数依次向表头插入
14     {
15         cin>>item;
16         link.push_front(item);
17     }
18     cout<<" 列表 : "; // 输出链表
19     list<int>::iterator p=link.begin(); // 定义迭代器并初始化
20     while(p!=link.end())// 输出各节点数据，直到链表尾
21     { cout <<*p << " ";
22         p++; // 使 p 指向下一个节点
23     }
24     cout << endl;
25     cout << " 请输入一个需要删除的整数 : ";
26     cin >> key; // 从键盘输入赋给变量 key
27     link.remove(key);   // 删除和指定值相符的元素
28     cout << " 删除元素后的列表 : ";
29     p=link.begin();     // 使 p 重新指向表头
30     while(p!=link.end())        // 输出删除指定值后的列表
31     { cout <<*p << " ";
32         p++; // 使 p 指向下一个节点
33     }
34     cout << endl;
35 return 0; }
```

【运行结果】

　　编译、连接、运行程序。首先在命令行根据提示输入 10 个任意整数，按【Enter】键，先输出一次列表元素，然后在命令行中根据提示输入一个要删除的列表元素，再按【Enter】键，接着又将删除该整数后的列表元素再次输出，如下图所示。

【范例分析】

　　本范例中，首先从键盘输入 10 个整数，用户随机输入，用这些整数值作为结点数据，利用 push_front() 成员函数生成一个链表，使用迭代器按顺序输出链表中结点的数值。

然后从键盘输入一个待查找整数，在这里输入的 7 是要删除的整数，在链表中查找该整数，利用 remove() 成员函数删除该节点，接着输出删除结点以后的链表。

▶16.6 关联容器

在项目中的信息查找和排序总是对关键字进行的，函数模板和类模板中只介绍了通用类型，并没有涉及关键字查找排序。关联容器支持高效的关键字查找和访问，与顺序容器不同，关联容器中的元素是按关键字来保存和访问的。关联容器分为四类，分别是集合（set）、多重集合（multiset）、映射（map）、多重映射（multimap）。两个主要关联容器是 map 和 set。map 中的元素是一些关键字 - 值对，关键字起到索引作用，值则表示和索引相关联的数据。而 set 中每个元素只包含一个关键字，支持高效的关键字查询操作。

集合和多重集合类提供了控制数值集合的操作，其中数值是关键字，映射和多重映射类提供了操作与关键字相关联的映射值（mapped value）的方法。多重集合关联容器用于快速存储和读取关键字。多重集合容器中自动做了升序排列，如果需要，读者可以在 VC++ 帮助中（MSDN）由关键字 multiset 查找有关迭代器、成员函数的定义和用法。使用时要用头文件 #include<set>。

多重映射和映射关联容器类用于快速存储和读取关键字与相关值（关键字 / 数值对，key/value pair）。例如，要保存学生的简明资料，要求按学号排序，使用映射关联容器（因为不会重号）是非常合适的。例如，用姓名排序，因为姓名可能重复，所以使用多重映射更为合适。使用时要用头文件 #include<map>。

▶16.7 映射

映射在数学中表示就是找到对应关系，建立起信息之间的一一对应。在 C++ 中也是这样的特性。

map 是 STL 的一个关联容器，它提供一对一（其中第一个可以称为关键字，每个关键字只能在 map 中出现一次，第二个可能称为该关键字的值）的数据处理能力。map 的元素是由 key 和 value 两个分量组成的对偶（key，value）。元素的键 key 是唯一的，给定一个 key，就能唯一地确定与其相关联的另一个分量 value。

例如，在现实中，人的身份证号和姓名就存在一一映射关系，给出一个身份证号就能唯一找到与其相关联的人的信息。假如身份证号和人员信息都用 string 类型表示，那么用以下方法就可以构造一个名称为 mapstu 的 map 容器对象。

---

map<string, string> mapstu;

---

map 的键 key 不但可以是 int、char、double、string 等类型，甚至可以是用户自定义类型。为了实现类似数组的功能，类 map 重载了下标操作符"[]"。

在构造好 map 容器后，接下来介绍往 map 容器里面插入数据的方法。首先，通过代码加注释的方式讲解如何用 map 的 insert 成员函数插入 pair 数据。先简单讲一下 pair 数据的用法。pair 是将两个数据绑定到一起。

下面是插入 pair 数据实现的部分代码。

```
map<string, string> mapstu;        // 创建一个 map 容器对象 mapstu
mapstu.insert(pair<string, string>("001", " 张三 "));       // 为 mapstu 容器对象插入第 1 个 pair 数据，这里 insert 是 map
中自带的成员函数
mapstu.insert(pair<string, string>("002", " 李四 "));       // 为 mapstu 容器对象插入第 2 个 pair 数据
map<string, string>::iterator iter;   // 定义迭代器 iter
for(iter = mapstu.begin(); iter != mapstu.end(); iter++)
{
    cout<<iter->first<<"  "<<iter->second<<end;          // 输出容器里的元素
}
```

如何用 map 的 insert 成员函数插入 value_type 数据。value_type 类型代表的是这个容器中元素的类型。

下面是插入 value_type 数据实现的部分代码。

```
map<string, string> mapstu;         // 创建一个 map 容器对象 mapstu
mapstu.insert(map<string, string>::value_type ("001", " 张三 ")); // 为 mapstu 容器对象插入第 1 个 value_type 数据
```

下面是用数组的方式实现插入数据的部分代码。

```
map<string, string> mapstu;         // 创建一个 map 容器对象 mapstu
mapstu[ "001" ] = " 张三 ";          // 为 map 容器的键值为 "001" 的元素赋值
```

使用上面 3 种方法都可以实现数据的插入，但它们之间有些区别。用 insert 函数插入数据，在数据的插入上涉及集合的唯一性这个概念，即当 map 中有这个关键字时，insert 操作是插入不了数据的。但是用数组方式就不同了，它可以覆盖以前该关键字对应的值，在这里用下面的代码来说明。

```
mapstu.insert(map<string, string>::value_type ("001", " 张三 "));
mapstu.insert(map<string, string>::value_type ("001", " 李四 "));
```

上面这两条语句执行后，map 中 "001" 这个关键字对应的值是 "张三"，第 2 条语句并没有生效，那么这就涉及怎么知道 insert 语句是否插入成功的问题了。可以用 pair 来获得是否插入成功的信息，代码如下。

```
pair<map<string, string>::iterator, bool> insert_pair;
insert_pair = mapstu.insert(map<string, string>::value_type ("001", " 张三 "));
```

通过 pair 的第 2 个变量可以知道是否插入成功。它的第 1 个变量返回的是一个 map 的迭代器，如果插入成功的话，insert_pair.second 的值应该是 true，否则为 false。

范例 16-4　map容器的数据插入、修改和查找

（1）在 Visual C++ 6.0 中，新建名称为 "Map Application" 的【C++ Source File】源文件。
（2）在代码编辑区域输入以下代码（代码 16-4.txt）。

```
01 // 范例 16-4
02 //Map Application 程序
03 //map 容器的数据插入、修改和查找
04 //2017.7.22
05 #pragma warning (disable:4786)// 屏蔽 4786 的警告提示，用 stl 大部分都要这样做
06 #include <iostream>// 是指标准库中输入输出流的头文件，cout 就定义在这个头文件里
07 #include <string>// 字符串头文件
08 #include <map>//map 容器头文件
09 using namespace std;// 使用名字空间 std
10 int main()
11 {
12   map<string,string> mapstu;// 声明一个空的 map 容器
13   map<string,string>::iterator it;// 声明一个 map 容器的迭代器
14   pair<map<string,string>::iterator,bool> ins_pair;// 声明一个 pair 对象
15   ins_pair = mapstu.insert(pair<string,string>("001","sxl"));
16   // 向容器插入元素，并返回值给 pair 对象
17   if (!ins_pair.second){cout << "001,sxl-> 插入失败 " << endl;}
18   // 如果插入成功的话 ins_pair.second 值是 true
19   ins_pair = mapstu.insert(pair<string,string>("002","sm"));
20   // 向容器插入元素，并返回值给 pair 对象
21   if (!ins_pair.second){cout << "002,sm-> 插入失败 " << endl;}
22   // 如果插入成功的话 ins_pair.second 值是 true
```

```
23    ins_pair = mapstu.insert(pair<string,string>("003","hl"));
24    // 向容器插入元素，并返回值给 pair 对象
25    if (!ins_pair.second){cout << "003,hl-> 插入失败 " << endl;}
26    // 如果插入成功的话 ins_pair.second 值是 true
27    ins_pair = mapstu.insert(pair<string,string>("002","wxr"));// 无效语句，因为关键字重复
28    if (!ins_pair.second){cout << "002,wxr-> 插入失 ""  << endl;}
29    // 如果插入成功的话 ins_pair.second 值是 true
30    for (it = mapstu.begin(); it != mapstu.end(); it++) // 输出 map 容器元素值
31    {
32       cout << " 学号： " << it->first << " 姓名： " << it->second << endl;
33    };
34    cout << string(20,'-') << endl;
35    // 以下部分为修改存在值
36    mapstu["002"] = "sm2";// 修改已经存在的元素
37    mapstu["006"] = "gs";// 添加元素
38    mapstu["005"] = "wxt";// 添加元素
39    for (it = mapstu.begin(); it != mapstu.end(); it++)
40    {
41       cout << " 学号： " << it->first << " 姓名： " << it->second << endl;// 输出修改后的元素值
42    };
43    // 以下部分实现查找功能
44    it = mapstu.find("001");// 查找键值为 "001" 的学生信息
45    if(it != mapstu.end())
46    {
47       cout<<" 找到，学生姓名是： "<<it->second<<endl;// 如果存在则输出相应值
48    }
49    else
50    {
51       cout<<" 没有找到！  "<<endl;
52    }
53    return 0;
54    }
```

【运行结果】

　　编译、连接、运行程序，在主程序中对 map 容器进行插入修改和查找操作，在命令行中会输出相对应的操作结果，如下图所示。

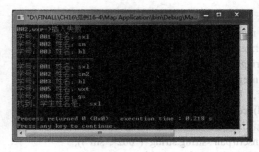

【范例分析】

　　本程序通过 pair 的第 2 个变量可以知道是否插入成功。它的第 1 个变量返回的是一个 map 的迭代器，如果插入成功的话，ins_pair.second 的值应该是 true，否则为 false。修改和添加是通过数组的方式来实现的。

本例中，用 find 函数来定位数据出现的位置，它返回一个迭代器，当数据出现时，它返回数据所在位置的迭代器，如果 map 中没有要查找的数据，它返回的迭代器等于 end 函数返回的迭代器。

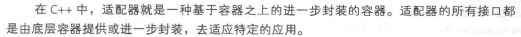

> **提示**
>
> STL 中只有 **vector** 和 **map** 可以通过类数组的方式操作元素，即如同 ele[1] 方式。

▶ 16.8 适配器

在 C++ 中，适配器就是一种基于容器之上的进一步封装的容器。适配器的所有接口都是由底层容器提供或进一步封装，去适应特定的应用。

适配器和顺序容器相结合，提供了堆栈、队列和优先队列等功能。适配器有 3 种类型：容器适配器、迭代器适配器和函数对象适配器。下面以容器适配器为例介绍。

16.8.1 容器适配器

容器适配器用于将顺序容器转进一步封装，也就是以顺序容器为基础，修改后得到新的容器。容器适配器并不是真正的容器，因此无法使用迭代器。各种容器适配器的特征如下表所示。

容器名	头文件	可被转换的容器	特征
stack	stack	以 vector、list、deque 产生，默认为 deque	只从一端插入和删除，遵循后进先出
queue	queue	以 list、deque 产生，默认为 deque	只从一端插入和删除，遵循后进先出
priority_queue	deque functional	以 vector、deque 产生，默认为 vector	容器内各个元素按照指定顺序排列。插入时，直接插入到某一个位置。移除时，从最顶端开始移除

容器的成员函数如下表所示。

成员函数	功能说明	stack	queue	priority_queue
push	在容器顶端增加一个元素	Y	Y	Y
pop	在容器顶端删除元素	Y	Y	Y
top	返回容器顶端元素的引用	Y	N	N
size	返回当前元素个数	Y	Y	Y
empty	容器无元素返回 true，否则返回 false	Y	Y	Y
front	返回容器前端元素	N	Y	Y
back	返回容器末端元素	N	Y	Y

说明：Y 表示对应容器有该函数，N 表示对应容器没有该函数。这 3 个容器的使用方法相似，下面以 stack 容器为例介绍。

16.8.2 stack 容器

建立 stack 容器的格式如下。

```
template < class T, class Container = deque<T> > class stack;
```

T 表示元素类型，Container 表示要使用的容器类型，默认为 deque 类型。注意："<T> >"中的两个">"之间至少要有一个空格。例如：

```
stack <int> st1                        //默认使用 deque 容器建立 stack 对象
stack <int,vector<int> >st2;           //使用 vector 容器建立 stack 对象
```

📋 **范例 16-5** 　　stack容器的使用

（1）在 Visual C++ 6.0 中，新建名称为"chap16_5"的【C++Source Files】源文件。
（2）在代码编辑窗口输入以下代码（代码 16-5.txt）。

```
01  // 范例 16-5
02  //chap16_5 程序
03  //stack 容器的使用
04  //2017.7.23
05  #include <stack>     //stack 头文件
06  #include <iostream>          // 输入输出头文件
07  #include <vector>  //vector 头文件
08  using namespace std;          // 标准库
09  template <class t1> // 函数模板
10  void show(t1  v)
11  {
12     while(!v.empty())// 不为空时
13     {
14      cout<<v.top()<<" ";        //top 用来返回顶端元素
15      v.pop();           // 删除顶端元素
16     }
17     cout<<endl;
18  }
19  int main(int argc, char* argv[])
20  {
21     stack <int,vector<int> >st1; // 使用 vector 容器建立 stack 对象
22     for(int i=0;i<6;i++)
23     {
24         st1.push(i);     // 使用 push 函数将元素添加到容器里
25     }
26     cout<<"st1:";        show(st1);
27     st1.pop();           // 删除最后进的元素，即顶端元素
28     cout<<"st1:";
29     show(st1);
30     st1.top()+=10;       // 顶端元素加 10
31     cout<<"st1:";
32     show(st1);           // 输出各个元素
33     system("pause");
34     return 0;
35  }
```

【运行结果】
编译、连接、运行程序，即可在命令行中输出如下图所示的结果。

【范例分析】
由于 stack 遵循后进先出的规则，故访问元素时，只能通过 top 函数引用顶端元素，而不能直接引用适

配器中的元素。show 函数的作用是输出元素，采用值传递的形式，将 st1 传给 v 时进行了容器的复制操作，所以没有删除 st1 中的元素；如果引用传递的形式，容器内的元素将会被删除。

▶ 16.9　综合案例

本节通过一个家族姓氏程序来巩固学到的容器知识，定义一个 map 对象，其元素的键是家族姓氏，而值则是存储该家族孩子名字的 vector 对象。为这个 map 容器输入至少六个条目。通过基于家族姓氏的查询检测你的程序，查询应输出该家族所有孩子的名字。

```
01  // 综合案例测试程序
02  #include <iostream>
03  #include <string>
04  #include <vector>
05  #include <utility>
06  #include <map>
07  using namespace std;
08  int main()
09  { map< string, vector<string> > children;
10      string famName, childName;
11      do
12      {
13          cout << " Input  families' name( ctrl + z to end ): " << endl;
14          cin >> famName;
15          if ( !cin )
16          break;
17          vector<string> chd;
18          pair< map< string, vector<string> >::iterator, bool > ret =    children.insert( make_pair( famName, chd ) );
19          if ( !ret.second )
20          {
21              cout << " Already exist the family name: " << famName << endl;
22              continue;
23          }
24          cout << "\n\tInput children's name ( ctrl + z to end ): " << endl;
25          while ( cin >> childName )
26          ret.first->second.push_back( childName );
27          cin.clear();
28      }
29      while ( cin );
30      cin.clear();
31      cout << "\n\tInput a family name to search: " << endl;
32      cin >> famName;
33      map< string, vector<string> >::iterator iter = children.find( famName );
34      if ( iter == children.end() )
35      cout << "\n\t Sorry, there is not this family name: " << famName << endl;
36      else {   cout << "\n\tchildren: "<< endl;   vector<string>::iterator it = iter->second.begin();
37          while ( it != iter->second.end() )
38      cout << *it++ << endl;  }
39      system("pause");
40  return 0; }
```

【运行结果】

编译、连接、运行程序，即可在命令行中输出如下图所示的结果。

程序运行结果如图所示。

【范例分析】

代码中第 09 行声明了一个名为 children 的 map 对象，第 10~18 行定义了一个迭代器向 map 对象中插入数据，第 19~23 行进行判断输入的内容映射对象中是否已经存在，第 24~28 行输入姓名并把姓名插入 map 对象，输入完成后输入流清空，第 29~40 行实现查找数据功能。

▶16.10 疑难解答

问题 1：可否定义一个 map 对象以 vector<int>::interator 为键关联 int 型对象？ 或者以 list<int>::interator

关联 int 型对象呢？ 或者以 pair<int, string>::interator 关联 int 型对象呢？

解答：可以定义一个 map 对象以 vector<int>::iterator 和 pair< int, string > 为键关联 int 型对象。不能定义第二种情况，因为键类型必须支持 < 操作，而 list 容器的迭代器类型不支持 < 操作。

问题 2：哪些类型可用作 map 容器对象的下标？ 下标操作符返回的又是什么类型？ 给出一个具体例子说明，即定义一个 map 对象，指出哪些类型可用作下标，以及下标操作符返回的类型。

解答：可用作 map 容器对象下标的必须是支持 < 操作符的类型。

下标操作符的返回类型为 map 容器中定义的 mapped_type 类型，比如以下形式。

```
map< string, int > wordCount;
```

可用于其下标类型为 string 类型以及 C 风格字符串类型，下标的操作符返回 int 类型。

问题 3：map 容器的 count 和 find 运算有何区别？

解答：前者返回 map 容器中给定的键 K 的出现次数，且返回值只能是 0 或者 1，因为 map 只允许一个键对应一个实例。后者返回给定键 K 元素索引时指向元素的迭代器，若不存在 K 值，则返回超出末端迭代器。

问题 4：count 适合用于解决哪一类问题？ find 呢？

解答：count 适合用于判断 map 容器中某键是否存在，find 适合用于在 map 容器中查找指定键对应的元素。

第

17

章

模板

模板是 C++ 支持参数化多态的工具，能够实现代码的重用。模板有两种形式：函数模板和类模板。函数模板针对仅参数类型不同的函数，类模板针对仅数据成员和成员函数类型不同的类。可以将函数模板中的模板参数类型替换为实际的数据类型，从而生成一个具体的函数。可以将类模板的数据成员和成员函数类型替换为实际的数据类型，从而生成一个类。使用模板可以使用户为类或者函数声明一种一般模式，使得类中的某些数据成员或者成员函数的参数、返回值取得任意类型。

本章将介绍模板的概念、语法和用法。通过学习本章希望读者能够通过自己定义模板类、模板函数或者通过 C++ 中提供的系统模板完成一些程序的开发。

本章要点（已掌握的在方框中打钩）

☐ 模板的作用
☐ 模板的语法
☐ 模板的编译模型
☐ 模板的特化

▶ 17.1 模板的概念

接下来将讲解 C++ 中模板的相关知识，首先要深入讲解模板的定义，以及模板在程序中能够起到怎样的作用。通过学习模板的语法掌握如何定义一个模板。

17.1.1 模板的定义

前面在学习函数重载时了解到如果多个函数实现的功能基本相同，但是传入的参数类型不同，这时可以定义多个函数名相同但是参数列表不同的函数。对于参数不同的数据类型，函数重载需要重新定义一次函数，不免有些烦琐，能否用一套代码同时实现多个参数类型的函数呢？由此 C++ 中引入了模板机制。

模板是实现代码重用机制的一种工具，它可以实现参数类型化，即把参数定义为类型，从而实现代码的可重用性。模板包括类模板和函数模板，可以将功能相似、数据类型不同的函数或类设计为通用的函数模板或类模板，使用时将模板中的参数替换为相应的数据类型即可生成具体的函数或类。

模板能够实现代码的复用，减少源代码量，提高代码的机动性，而且不会因此降低类型安全。

17.1.2 模板的作用

对重载函数而言，C++ 的检查机制能通过函数参数的不同及所属类的不同，正确地调用重载函数。例如，为求两个数的最大值，定义 max() 函数需要对不同的数据类型分别定义不同重载版本，分别求两个 int 类型、double 类型和 float 类型值的最大值。

```
int max( int a, int b )         //比较两个 int 类型的值
{
    return a > b ? a : b;
}

double max( double a, double b )   //比较两个 double 类型的值
{
    return a > b ? a : b;
}

float max( float a,float b)      //比较两个 float 类型的值
{
    return a > b ? a : b;
}
```

从上面的代码可以看出，重载需要对每个类型进行单独定义，这样做起来非常烦琐，而且很难兼顾所有类型，例如对 char 类型就无法使用 max() 函数进行比较，因为程序中没有对 char 类型进行函数重载。

17.1.3 模板的语法

函数模板可以用来创建一个通用的函数，以支持多种不同的形参，避免重载函数的函数体重复设计。

它的最大特点之一就是把函数使用的数据类型作为参数。

C++ 中函数模板的声明形式如下。

```
template  <class 或 typename T>
<返回类型> <函数名>（函数形参表）
{
// 函数定义体
}
```

其中，template 是定义模板函数的关键字。template 后面的尖括号不能省略，其内为模板形参表；typename（或 class）是声明数据类型参数标识符的关键字，用来说明它后面的标识符是数据类型标识符。这样，在以后定义的这个函数中，凡希望根据实参数据类型来确定数据类型的变量，都可以用数据类型参数标识符来说明，从而使这个变量可以适应不同的数据类型。

模板形参包括模板类型参数和模板非类型参数两种，模板类型参数表示要传入的类型，非类型参数表示一个常量表达式。

目前，C++ 中对于模板非类型参数的类型仅支持以下几种类型，使用其他类型是不合法的。

（1）整型或枚举。

（2）指针类型，有普通对象的指针、函数指针、成员指针。

（3）引用类型，包括指向对象或者指向函数的引用。

由此可以利用函数模板改写上面实现多类型的获取两个数中最大值的 max() 函数。将 max() 函数功能用模板定义如下所示。

```
template < typename T >  //比较两个任意类型的参
```

数，返回较大者
```
T max( T a, T b)
{
    return a > b ? a : b ;
}
```

同样地，C++ 中也可以利用模板的方式来描述一个类，这种方式被称为类模板（class templates）。类模板使得一个类可以有基于通用类型的成员，而不需要在类生成的时候定义具体的数据类型。

C++ 中类模板的声明形式如下。
```
template <class T>
class 类名
{
// 类定义
};
```

和函数模板相同的是，类模板是以 template 开始后接模板形参列表组成的，模板形参不能为空，一旦声明了类模板就可以用类模板的形参名声明类中的成员变量和成员函数。在类中使用内置类型的地方都可以使用模板形参名来声明。

例如，定义一个类模板，用来存储两个任意类型的元素。
```
template <class T>          // 类模板声明
class pair                  // 类名
{
public:
    pair (T first, T second)        // 类成员函数
    {
```
```
        values1=first;       // 第 1 个元素
        values2=second;      // 第 2 个元素
    }
    private:
    T value1, value2;        // 类成员变量
};
```

使用类模板创建对象的方法为"类名 < 数据类型 > 对象名；"。在类名后面跟上一个尖括号 <> 并在里面填上相应的类型，这样该类中凡是用到模板形参的地方都会被指定的数据类型所代替。例如，创建一个前面的类模板的对象，用来存储两个整型数据 8 和 9。
```
pair<int> myobject(8, 9);
```

注意

如果要在类模板之外定义它的一个成员函数，就必须在每一个函数前面加 **template < class T >**。若此成员函数中有模板参数 T 存在，则需要在函数体外进行模板声明，并且在函数名前的类名后面缀上"T"。

比如要定义一个成员函数 getmax() 获取数对中的较大值，代码如下。
```
template <class T>
T pair::getmax ()
{
    return value1>value2? value1 : value2;    // 比较并
返回较大值
}
```

范例 17-1　定义一个函数模板，比较两个相同数据类型的参数大小

（1）在 Code::Blocks 17.12 中，新建名称为"Max"的【C/C++Source Files】源文件。
（2）在代码编辑窗口输入以下代码（代码 17-1.txt）。

```
01  // 范例 17-1
02  //Max 程序
03  // 定义一个函数模板，比较两个相同数据类型的参数大小
04  //2017.07.23
05  #include <iostream>
06  using namespace std;                        //using 指令
07  template < class T > T max ( T x, T y )   // 定义函数模板 max
08  {
09      return ( x > y ) ? x : y;                // 返回较大者
10  }
11  int main(int argc, char* argv[])
12  {
```

```
13    int n1=4,n2=13;                                      // 定义两个整型变量并赋值
14    double d1=3.5,d2=7.9;                                // 定义两个双精度类型变量并赋值
15    cout<< " 较大整数 :"<<max(n1,n2)<<endl;          // 输出结果
16    cout<< " 较大实数 :"<<max(d1,d2)<<endl;          // 输出结果
17    return 0;
18  }
```

【运行结果】

编译、连接、运行程序，即可在命令行中输出如下图所示的结果。

【范例分析】

范例中定义了一个函数模板 max(T x, T y)，函数模板不是真正的函数，只是对一个函数样式进行了描述，其中的参数没有具体的类型，因此编译器无法为其产生任何可执行代码。当程序中发现该函数模板被调用时，如 max(n1,n2)，编译器会根据调用中的实参类型为这个函数生成一个该类型的重载版本。

```
int max( int x, int y )        // 比较两个 int 类型的值
{
return x > y ? x : y;
}
```

由此重载函数可以看出，该重载函数的定义体与函数模板的函数定义体基本相同，模板中的形式参数表的类型以实际参数表的实际类型为依据。该重载函数称为模板函数，由函数模板生成模板函数的过程称为函数模板的实例化。上面的程序就产生了两种函数模版，实例化过程如下。

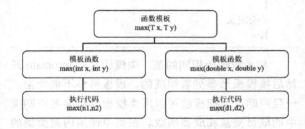

模板参数 T 可以实例化成各种类型，但同一模板形参被实例化后将一直保持该类型，采用模板函数 T 的各参数之间也必须保持完全一致的类型。若本例的 main() 函数中加一条如语句，则程序会出错，因为 n1 为 int 类型，而 d1 为 double 类型，并不具有隐式类型转换功能，无法进行比较。

```
cout<<max(n1,d1)<<endl;
```

范例 17-2　　使用类模板，接收两个不同类型的变量并显示

（1）在 Code::Blocks 17.12 中，新建名称为 "Template Class" 的【C/C++Source Files】源文件。
（2）在代码编辑窗口输入以下代码（代码 **17-2.txt**）。

```
01  // 范例 17-2
02  //Template Class 程序
03  // 使用类模板，接收两个不同类型的变量并显示
04  //2017.07.23
05  #include <iostream>
06  using namespace std;                                               //using 指令
07  template<typename T1,typename T2>                    // 定义类模板
08  class myClass
09  {
```

```
10    private:
11      T1 a;                                                              // 类成员变量 a
12      T2 b;                                                              // 类成员变量 b
13    public:
14    myClass(T1 x, T2 y)                                                  // 构造函数
15    {
16        a = x;
17        b = y;
18    }
19    void show()                                                          // 类成员函数
20    {
21        cout<<"a="<<a<<", b="<<b<<endl;       // 输出类成员变量的值
22    }
23  };
24  int main()
25  {
26    myClass<int,int> obj1(6,12);                         // 实例化，T1 和 T2 均为 int 类型
27    obj1.show();                                                         // 输出结果
28    myClass<int,double> obj2(11,2.12);              // 实例化，T1 为 int 型，T2 为 double 型
29    obj2.show();                                                         // 输出结果
30    myClass<char,int> obj3( 'C',4);                   // 实例化，T1 为 char 型，T2 为 int 型
31    obj3.show();                  // 输出结果
32    return 0;
33  }
```

【运行结果】

编译、连接、运行程序，即可在命令行中输出如下图所示的结果。

【范例分析】

程序中首先定义了一个类模板 myClass(T1 a, T2 b)。类模板是对一个类的抽象，对这个类形式进行了描述。因为它是类的抽象，所以编译程序无法为类模板（包括成员函数定义）构建程序代码。必须对类模板进行实例化，生成一个具体的类后程序会为这个具体的类进行构建。然后可以通过该具体类创建对象。在 main 函数中，依次通过调用 myClass<int, double>、myClass<char, int> 和 myClass<int, int> 对类模板进行三次实例化，得到三个模板类。其中，将模板参数 T1 依次实例化为 int、char、int 类型，参数 T2 依次实例化为 double、int、int 类型。然后依次通过定义一个类模板的对象，完成初始化后调用 show() 方法显示结果。

类模板与模板类及对象的关系可用下图表示。

与函数模板不同的是，函数模板的实例化是由编译程序在处理函数调用时自动完成的，而类模板的实例化则必须由程序员在程序中显式地指定。实例化的一般形式如下。

类名＜数据类型 数据，数据类型 数据…＞对象名

例如：

myClass＜int,double＞ obj1(6,12);

表示将类模板 myClass 实例化为一个模板类，两个模板参数分别实例化为 int 和 double 类型，通过这个模板类构建一个类对象 obj1，并将两个私有成员初始化为 6 和 12。

对于模板的使用需要注意以下几点。

（1）类模板和函数模板都需要在其模板定义之前加入一行模板声明：template<class T>。

（2）类模板和结构模板在使用时，必须在名字后面缀上模板参数 <T>，如"list<T>,node<T>"。

▶17.2 模板的编译模型

编译器遇到模板定义时，并不会立即产生代码，而在遇到模板被调用时，比如调用了函数模板或者为类模板定义对象的时候，编译器才产生特定类型的模板实例，即特定类型的代码。标准 C++ 定义了两种模型的编译模板代码方式：包含编译模型（Inclusion Compilation Model）和分离编译模型（Separation Compilation Model）。在这两种模型中，构造程序的方式基本相同，类定义和函数声明均放在头文件中，而函数定义和成员定义则放在源文件中。两种模型的不同之处在于编译器怎样使用来自源文件的定义，包含编译必须看到所有模板定义，而分离编译会自动跟踪所有模板定义。

17.2.1 包含编译模型

在开发项目时，为了便于管理程序文件，一般将程序中的类和函数分为头文件（以 .h 和 .hpp 结尾的文件）和源文件（以 .cpp 结尾的文件），在头文件中写上类定义和函数声明，在源文件中写明函数和类成员函数的定义。

一般来说，调用函数时，编译器只需找到函数的声明或类的定义，通常情况下只需要引用头文件即可。对于模板类型则不同，编译器需要找到模板定义并且能够访问定义模板的源代码，因此需要在程序中引入模板的定义和实现源文件。程序中在调用了函数模板或类模板的对象时，编译器会据此产生特定类型的模板实例。

为了使编译器能够找到模板定义并且能够访问定义模板的源代码，需要使用 #include 语句引入包含相关定义的源文件。

例如，可以将前面的 max 函数模板进行如下改写。

在头文件 max.h 中进行函数模板的声明，里面的代码如下。

```
#ifndef MAX_H
#define MAX_H
template <typename Type>          Type max(Type a, Type b);          // 函数模板声明
```

```
// 其他声明
#include max.cpp                                        // 引入包含模板定义的源文件
#endif
```

对应的包含模板定义的源文件为 max.cpp，代码如下。

```
template <typename Type>                                // 函数模板定义
Type max(Type a, Type b)
{
    return (a > b) ? a : b;
}
```

> **注意**
>
> 　　#include 语句很关键，它保证了编译器在编译使用模板的代码时能看到这两种文件，否则编译会出错。在包含编译模型下，这一策略可以保持头文件和实现文件的分离。

> **提示**
>
> 　　"包含编译模型"并不是类模板的声明和定义放在一个头文件里；"分离编译模型"也并不是将声明和定义分开。

下面通过范例来具体体会一下包含编译模型。

范例 17-3　模板的包含编译模型

　　（1）在 Code::Blocks 17.12 中，新建名称为"InclusionCompilation"的【C/C++Source Files】源文件。
　　（2）在代码编辑窗口输入以下代码（代码 17-3.txt）。

```
01   // 范例 17-3
02   //InclusionCompilation 程序
03   // 模板的包含编译模型
04   //2017.07.23
05   #include<iostream>
06   using namespace std;
07   template<typename T>
08   void print(const T &v);  // 模板声明
09   template<typename T>
10   void print(const T &v)          // 模板定义
11   {
12       cout <<"T = " << v <<endl;
13   }
14   int main()
15   {
16       print (18);          // 测试，输出结果
17       return 0;
18   }
```

【运行结果】

编译、连接、运行程序，即可在命令行中输出如下图所示的结果。

```
D:\Final\ch17\范例17-3\InclusionCompilation\bin\De...

T = 18

Process returned 0 (0x0)    execution time : 0.013 s
Press any key to continue.
```

【范例分析】

程序中首先声明了该模板，然后定义了一个函数模板 print(T a)，最后 main 函数调用函数并用整数 18 实例化 print()，输出一个整数 18。

17.2.2 分离编译模型

C++ 中的分离编译模型是为了能够让编译器看到类模板的定义。为了实现这一目的，需要在类模板的实现文件中使用 export 关键字导出该类模板，即使用 export 关键字让编译器记住模板类的定义，其他地方要使用此模板定义进行实例化。这样，在遇到函数调用或者为类定义对象时，就能够找到模板定义，进而为特定类型的类或函数实现代码的实例化。

在声明可导出的函数模板时需要在模板定义中的关键字 template 前加上关键字 export。函数模板被导出后，就可以在任意一个程序文本文件中使用模板的实例，然后需要在使用之前声明该模板。注意模板定义中的关键字 export 不可省去。

例如：

```
// the template definition goes in a separately-compiled
source file
export  template <typename Type>
Type sum(Type t1, Type T2)
{
    // 函数体
}
```

在程序中，同一个函数模板只能被定义为 export 一次。在多个文件中分别对一个函数模板定义为 export 时，编译器并不能发现这个错误，此时可能会发生以下情况。

（1）发生连接错误，指出函数模板在多个文件中被定义。

（2）编译器多次为同一个模板实参集合实例化该函数模板，由于函数模板实例的重复定义，引起连接错误。

（3）编译器用其中的一个 export 函数模板定义来实例化函数模板，而忽略其他定义的。

因此需要详细组织程序，将 export 函数模板定义放在同一个源文件中，避免多次定义为 export 发生的错误。

对于类模板，同样可以使用 export 将模板声明为可导出的。一般将类声明放在头文件中，而且不应该在类定义体中使用关键字 export。如果在头文件中使用 export，那么该头文件只能被程序中的一个源文件使用。通常在类的实现文件中使用 export。

定义一个类模板 Queue，头文件 Queue.h 中的代码如下。

```
template <typename Type>                          // 类模板
声明
class Queue
{
    // 类定义
};
```

源文件 Queue.cpp 中的代码如下。

```
export template <typename Type> class Queue;
// 使用 export 声明模板为可导出的
#include "Queue.h"                                // 包含头
文件
...                  // 类成员定义
```

➤ 注意

导出类的成员将自动声明为导出的，也可以将类模板的个别成员声明为导出的，在这种情况下，关键字 export 是不能在类模板本身指定的，而是只在被导出的特定成员定义上指定。导出成员函数的定义不必在需要使用成员时可见。任意非导出成员的定义必须像在包含模板中一样对待：定义应放在定义类模板的头文件中。

分离编译模式能够更好地把类模板的接口同其实现分离开，能够组织程序把类模板的接口放在头文件中，而把具体实现放在源文件中，实现了接口和实现的分离。

▶ 17.3 模板的特化

有时为了需要，针对特定的类型，需要对模板进行特化，也就是所谓的特殊处理，以克服模板泛化处理不适合某个特定数据类型的缺点。C++ 中的模板特化不同于模板的实例化，模板参数在某种特定类型下的具体实现称为模板的特化。模板特化有时也称为模板的具体化。根据不同对象，模板特化分为函数模板特化和类模板特化，类模板特化又包括全特化和偏特化两种。

17.3.1 函数模板的特化

函数模板特化是在一个统一的函数模板不能在所有类型实例下正常工作时，需要定义类型参数在实例化为特定类型时函数模板的特定实现版本。

例如，对于前面的 max() 函数模板。

```
template < class T >

T  max ( T t1, T t2)
{
    return ((t1 > t2) ? t1 : t2;
}
```

假设函数模板用 const char* 类型进行实参实例化，并且让每个实参都被解释为 C 风格的字符串而不是字符的指针，使用通用模板定义是无法完成的。此时就必须为 max() 函数模板实例化提供 const char* 的特化，如下所示。

```
#include <cstring>              // 引入 cstring 的相关声明
template < >                    //特化标志
const char* max<const char*>(const char* t1,const char* t2) // 用 const char* 特化
{
    return (strcmp(t1,t2) < 0) ? t2 : t1;  //字符串比较
}
```

提示

特化的声明必须与对应的模板相匹配。在这个例子中，模板有一个类型形参和两个函数形参，函数形参是类型形参的 const 引用。在这里，将类型形参固定为 const char*，因此函数形参是 const char* 的 const 引用。

有了这个特化，程序中对所有用两个 const char* 型实参进行调用的 max() 都会调用这个特化的定义，而对于其他的调用，则根据通用模板定义实例化一个实例，然后调用它。

```
const char *a = "hello", b = "world";    // 定义两个 const char* 类型变量 a 和 b
int x , y                  // 定义两个 int 变量 x 和 y
max ( a , b );             // 调用模板的特化版本进行实例化
```

```
max ( x, y);               // 调用模板的通用版本进行实例化
```

与任意一个函数一样，函数模板特化可以声明而无需定义。模板特化声明与定义类似，但省略了函数体。本例的特化声明如下。

```
template <>                //特化声明
const char* max < const char* > (const char* const&,const char* const&);
```

注意

在声明或定义函数模板特化时，不能省略特化声明中的关键字 **template** 及其后的尖括号。同样，函数参数表也不能从特化声明中省略掉。

因此下面的声明是错误的。

```
// 错误的特化声明：缺少 template<>
const char* max (const char* const&,const char* const&);
// 错误的特化声明：缺少参数表
template<> const char* max;
```

如果模板实参可以从函数参数中推演出来，模板实参就可以从特化声明中省略。在本例中，模板实参 const char* 可以从参数类型中推演出来，因此下面的声明也是正确的。

```
template<>
const char* max (const char* const&,const char* const&);
```

特别需要指出的是，如果将特化声明中的 template<> 和形参表都省略，那么它也可以编译通过。这样的话，它就不是声明一个特化，而是声明一个函数的重载非模板版本了。

```
const char* max (const char* const&,const char* const&); // 声明了一个重载函数
```

17.3.2 类模板的特化

类模板特化类似于函数模板的特化，即类模板参数在某种特定类型下的具体实现。与函数模板的特化不同的是，如果要特化一个类模板，还要特化该类模板的所有成员函数，因此类模板的特化又称作全特化。

接下来考察下面的一个类模板。

```
template<class Type>              // 类模板，包含一
个通用类型
class Compare
{
    public:
    static bool  IsEqual(const Type & t1, const Type & t2)
    {
        return t1 == t2;              // 判断两个变量是
否相等
    }
};
```

这里定义了一个比较类的模板，其中包括一个用于比较两个参数是否相同的方法 IsEqual()。

类模板在进行特化时，成员函数必须定义为普通函数，模板函数中的每个 Type 被相应的被特化的类型替代。

假设将 Type 特化为 double 类型，特化的 Compare 类如下所示。

```
template<>
class Compare<double>
{
    public:
    static bool IsEqual(const double & d1, const double &
d2)
    {
        return abs(d1 - d2) < 10e-6;      // 判断双
精度类型是否相等
    }
};
```

特化可以定义与模板本身完全不同的成员。只有当通用的类模板被声明不一定被定义之后，它的显式特化才可以被定义，即在模板被特化之前编译器必须知道类模板的名字。

即使定义了一个类模板特化，也必须定义与这个特化相关的所有成员函数或静态数据成员。类模板的通用成员定义不会被用来创建显式特化的成员定义，这是因为类模板特化可能拥有与通用模板完全不同的成员集合。

17.3.3　类模板的偏特化

模板的偏特化是指对于需要根据模板其中的一部分参数但非全部参数进行特化。偏特化的类模板仍然只是一个通用的模板，只是其中某些模板参数已被实际的类型或值取代。偏特化又叫部分特化。

例如，下面的类模板具有两个通用类型的参数 T1、T2。

```
template<class T1, class T2>       // 类模板
class pair
{
    pair(T1 x,T2 y);
};
```

把第 1 个参数类型 T1 限定为 float 型，则可得到该类模板的偏特化。

```
template<class T2>                     // 因为 T1 已经限
定为 float 型，因此模板参数表中不再列出
class pair
{
    pair(float  x, T2  y);             // 形参表中将 T1 用
float 代替
};
```

> **提示**
>
> 类模板偏特化也是一个模板，而函数模板没有偏特化。

类模板偏特化的参数表与对应的通用类模板定义的参数表不同，类 pair 偏特化的模板参数 T1 已经确定是 float 类型，而第二个非类型模板参数 T2 为不确定的，因此只对参数 T1 进行了特化。偏特化的模板参数表只列出模板实参仍然未知的那些参数。

偏特化与对应的通用模板同名也叫 pair，但是类模板部分特化的名字后面总是跟着一个模板实参表。在上一个例子中，模板实参表是 <float, T2>，因为第 2 个模板参数的实参值未知，所以在实参表中模板参数 T2 的名字被用作占位符，而第 1 个实参是类型 float，该模板就是针对 flaot 而被偏特化的。

像任何一个其他类模板一样，偏特化是在程序中使用时隐式实例化，如下所示。

```
pair < int, char > obj1;                 // 使用通
用模板
pair < float, double> obj2;
// 使用偏特化模板
```

当使用 pair < float, double> 的实例时，编译器选择偏特化来实例化模板。虽然这个实例既能从通用类模板定义而被实例化，也能从部分特化的定义而被实例化，但是当程序中声明了类模板部分特化时，编译器将为实例化选择最特化的模板定义，当

没有特化可被使用时，才使用通用模板定义。因此当实例化类型符合偏特化类型时，如实例对象 obj2，编译器会先选用偏特化模板，而当实例化类型不符合偏特化模板的类型时，如 obj1，则采用通用模板。

> **注意**
>
> 　　偏特化的定义与通用模板的定义完全无关。偏特化可能拥有与通用类模板完全不同的成员集合。类模板偏特化必须有它自己对成员函数静态数据成员和嵌套类的定义。类模板成员的通用定义不会被用来实例化类模板偏特化的成员。

范例 17-4　设计一个类模板，实现对任意类型数据的存取

设计一个类模板分别对整型和类进行实例化，并对整型数据和类对象进行存入以及输出显示。

（1）在 Code::Blocks 17.12 中，新建名称为"Store"的【C/C++Source Files】源文件。

（2）在代码编辑窗口输入以下代码（代码 **17-4.txt**）。

```
01  // 范例 17-4
02  //store 程序
03  // 设计一个类模板，实现对任意类型数据的存取
04  //2017.07.23
05  template<class T>   // 类模板定义
06  class Store
07  {
08    public:
09    Store():val(){}
10    T GetItem();
11    void PutItem(T x);
12    private:
13    T item;
14    int val;
15  };
16  template <class T>              // 类模板成员的定义
17  T Store<T>::GetItem()
18  {
19    if(val==0)
20    {
21      cout<<"No item present!"<<endl;
22      exit(1);
23    }
24    return item;
25  }
26  template <class T>              // 类模板成员 PutItem 定义
27  void Store<T>::PutItem(T x)
28  {
29    val++;
30    item=x;
31  }
32  #include <iostream>
33  #include <cstdlib>
34  using namespace std;
35  struct Student                  // 结构：student
36  {
37    char name[8];                 // 学生姓名
38    double score;                 // 学生成绩
39  };
40  int main()
```

```
41  {
42      Student graduate={ "Lisi" ,91};              // 初始化学生成绩结构
43      Store<int>iObj;                  // 模板实例
44      Store<Student>SObj;                  // 模板实例
45      iObj.PutItem(5);
46      cout<<iObj.GetItem()<<endl;
47      SObj.PutItem(graduate);
48      cout<<" 学生 "<<SObj.GetItem().name<<"' 的成绩是 "<<SObj.GetItem().score<<endl;
49      return 0;
50  }
```

【运行结果】

编译、连接、运行程序，即可在命令行中输出如下图所示的结果。

【范例分析】

程序中定义了一个类模板 Store，可以用来存取任意类型的元素。从程序中可以看出，Store 可以存储 int 型，也可以存储结构型。程序先使用 PutItem() 方法存储了学生 Lisi 的名称和成绩，然后用 GetItem() 方法输出了 Lisi 的成绩。

▶17.4 综合案例

本节通过一个综合案例来学习类模板的设计和模板的使用。

编写一个使用类模板对多类型数组进行求和的程序。

创建一个模板类，模板中的数据成员有存储数据的数组数组、元素值总和。成员函数应该有包括计算数组总和的方法以及输出总和值的方法。程序中测试整型数据以及浮点型数据。

📝 范例 17-5   设计一个类模板实现对int、double等数据类型数组进行求和

（1）在 Code::Blocks 17.12 中，新建名称为 "Array" 的【C/C++Source Files】源文件。
（2）在代码编辑窗口输入以下代码（代码 17-5.txt）。

```
01  // 范例 17-5
02  //Array 程序
03  // 设计一个类模板实现对 int、double 等数据类型数组进行求和
04  //2017.07.23
05  #include <iostream>
06  #include <cstdlib>
07  #include <iomanip>
08  using namespace std;
09  template<class T>   // 类模板定义
10  class Array
11  {
12      public:
13      Array(){}
```

```
14      T GetItem();
15      void PutItem(T A[]);
16    private:
17      T item[5];
18      T Total;
19  };
20  template <class T>              // 类模板成员的定义
21  T Array<T>::GetItem()
22  {
23      return Total;
24  }
25  template <class T>              // 类模板成员 PutItem 定义
26  void Array<T>::PutItem(T A[])
27  {
28      for(int count=0;count<5;count++)
29      {
30          item[count]=A[count];
31      }
32      Total=0;
33      for( count=0;count<5;count++)
34      {
35          Total+=item[count];
36      }
37  }
38  int main()
39  {
40      int i;
41      Array<int>iObj;            // 模板实例
42      int a[5];
43      cout<<" 请输入 5 个整数：  "<<endl;
44      for(i=0;i<5;i++)
45      {
46          cin>>a[i];
47      }
48      iObj.PutItem(a);
49      cout<<"5 个整数的和为：";
50      cout<<iObj.GetItem()<<endl;
51      Array<double>doubleObj;            // 模板实例
52      cout<<endl<<" 请输入 5 个小数: "<<endl;
53      double b[5];
54      for(i=0;i<5;i++)
55      {
56          cin>>b[i];
57      }
58      doubleObj.PutItem(b);
59      cout<<"5 个小数的和为：";
60      cout<<setprecision(11)<<doubleObj.GetItem()<<endl;
61      return 0;
62  }
```

【运行结果】

编译、连接、运行程序，即可在命令行中输出如下图所示的结果。

【范例分析】

程序中定义了一个类模板 Array，可以用来存取任意类型的元素。类模板 Array 中定义了一个用来存储元素的数组，还有一个用来存储元素总和的数据成员 Total。使用 PutItem() 方法计算数组元素总和，用 GetItem() 获得总和的值。

▶17.5 疑难解答

问题 1：函数模板中的形参是否可以用任意类型进行替换？

解答：函数模板中的形参应根据代码中的使用情况进行替换，如进行简单的计算，诸如 +、-、*、/ 等，则可以用 int、double、float 等数值型替换，而不能用 char 等类型替换。如果进行简单的输出显示，一些简单的基本类型都可以进行替换，所以应该结合实际情况进行使用。另外需要注意的是不能为同一个模板类型形参指定两种不同的类型，比如以下形式。

```
template<class T>void sum(T a, T b){}
```

当语句调用 sum(5, 4.2) 时将出错，因为该语句给同一模板形参 T 指定了两种类型，第一个实参 5 把模板形参 T 指定为 int，而第二个实参 4.2 把模板形参指定为 double，两种类型的形参不一致，所以会出错。

问题 2：模板中的非类型形参使用时应注意什么？

解答：在使用模板中的非类型形参时应注意以下几点。

（1）非类型形参在模板定义的内部是常量值，即非类型形参在模板的内部是常量。

（2）非类型模板的形参只能是整型、指针和引用，像 double、String、、String ** 这样的类型是不允许的，但是 double &、double * 以及对象的引用或指针是正确的。

（3）调用非类型模板形参的实参必须是一个常量表达式。

（4）任何局部对象、局部变量、局部对象的地址、局部变量的地址都不是一个常量表达式，都不能用作非类型模板形参的实参。全局指针类型、全局变量、全局对象也不是一个常量表达式，不能用作非类型模板形参的实参。全局变量的地址或引用、全局对象的地址或引用 const 类型变量是常量表达式，可以用作非类型模板形参的实参。

第 **18** 章

预处理

预处理就是对源文件进行编译前，先对预处理部分进行处理，然后对处理后的代码进行编译。通过合理的预处理功能，可以使程序更加便于阅读、修改、调试。

本章要点（已掌握的在方框中打钩）

☐ 预处理概述
☐ 函数对象
☐ 常见的预处理
☐ 文件包含
☐ 条件编译
☐ 布局控制
☐ 宏替代

▶18.1 预处理概述

预处理是 C++ 的一个重要功能，是指编译器在进行第一遍扫描之前所做的工作，由预处理负责完成。C++ 编译器对一个源文件进行编译时，它自动调用预处理程序对源程序中的预处理部分做处理，处理后才编译。C++ 提供的预处理功能包括宏定义、文件包含、条件编译、布局控制等。

▶18.2 函数对象

提到 C++ 的 STL，首先被想到的是它的三大组件——Containers、Iterators、Algorithms，即容器、迭代器和算法。容器为用户提供了常用的数据结构，算法大多是独立于容器的常用的基本算法，迭代器是由容器提供的一种接口，算法通过迭代器来操控容器。算法中，对容器中的数据进行大小比较、逻辑运算以及数学运算等操作，经常会使用函数对象，又名仿函数。下面对函数对象的应用与自定义进行讲解。

18.2.1 函数对象的应用

STL 常用函数重载机制为算法提供两种形式。第一种形式使用常规操作来实现目标。在第二种形式中，算法可以根据用户指定的准则对元素进行处理，这种准则是通过函数对象来传递的。使用系统函数对象时，必须引入 <functional> 头文件。编写有关排序、搜索的程序时，可使用头文件 <algorithm> 中提供的一些算法的函数。

函数对象实际上是重载了 operator() 的类模板。在算法中使用函数对象的方法是：先通过调用带数据类型的默认构造函数建立一个函数对象，然后在容器或算法中使用该函数对象。函数对象使用的数据类型必须与容器所容纳的数据类型相同。例如：

```
vector(string string ,greater<char>());
sort(v.begin(),v.end(),less<char>());
```

STL 提供的函数对象如下表所示（a、b 是类型为 T 的参数）。

运算	函数对象	功能说明
算术	plus<T>	a+b
	minus<T>	a-b
	times<T>	a*b
	divides<T>	a/b
	modulus<T>	a%b
	negate<T>	-a
比较	equal_to<T>	a==b
	not_equal_to<T>	a!=b
	greater<T>	a>b
	less<T>	a<b
	Less_equal<T>	a<=b
	greater_equal<T>	a>=b
逻辑	logical_and<T>	a&&b
	logical_or<T>	a||b
	logical_and<T>	!a

18.2.2 自定义函数对象

有些算法在 STL 中未必能找得到，此时可以自定义函数对象。自定义函数对象有两种形式，一种是建立函数对象类，另一种是建立模板函数对象类。下面是两种形式的使用方法。

（1）建立函数对象类

构建一个模板函数对象类，假设求面积。

```
class area1
{
  public:
  operator( ) (double x)      //x 为 double 类型
  {
    return  x*x;
  }
}
```

（2）建立模板函数对象类

将 square 写成模板函数对象类。

```
Template <class T>
class area2
{
  public:
  operator( ) (T  x)           //x 类型为 T
  {
    return x*x;
  }
}
```

自定义函数对象建立后，该函数对象的使用和系统的函数对象的使用方法相同，使用形式如下。

（1）transform (v1.begin(),v1.end(), v2.begin(), area1());

// 使用函数对象类，此时不需要数据类型，因为 area1 已经被说明为 double 类型了

（2）transform (v1.begin(),v1.end(), v2.begin(), area2<double>());

// 使用模板函数对象类，此时需要数据类型

▶18.3 常见的预处理

预处理器把通过预处理的内建功能对一个资源进行等价替换。预处理命令共同的语法规则如下。

（1）所有预处理命令在程序中都是用"#"引导，如"#include "studio.h""。

（2）每一条预处理命令必须单独一行。

（3）预处理命令第一行写不下，可续行，只要加上续行符"\"。

（4）预处理命令后不加分号，如"include "stdio.h";"非法。

C++中常见的预处理有4种。

（1）文件包含：#include 十分常见，作为文件的引用组合源程序正文。

（2）条件编译：#if、#ifndef、#ifdef、#endif、#undef 比较常见，主要是在编译进行时有选择性地挑选，注释一些指定的代码，可以防止文件重复包含。

（3）布局控制：#pragma 是应用预处理的一个重要方面，为编译程序提供非常规的控制流信息。

（4）宏替代：#define 十分常见，可以实现定义符号常量、函数功能设置、重命名等各种功能。

下面将简单地介绍一下这些常见的预处理命令。

18.3.1 文件包含

一个源文件将另一个源文件的全部内容包含进来，即文件包含。其处理命令格式如下。

> #include " 包含文件名 " 或 #include ＜包含文件名＞

文件名一般以 .h 为扩展名，称为"头文件"。两种格式的区别是，使用引号，系统首先到当前目录查找被包含文件，若没找到，再到系统指定的"包含文件目录"查找。使用 <>，则直接去系统制定的"包含文件目录"查找。

例如，程序 A 模块要调用 B 模块，因此在 file1.cpp 文件中声明了包含文件 file2.cpp。如下图所示，表示编译器进行编译的顺序。

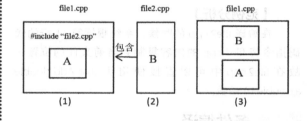

📝 范例 18-1　　**文件包含的实现。定义两个C++程序file1.cpp和file2.cpp，在file2.cpp中要用到file1.cpp中的Add()求和函数。输入两个任意的数字，求出它们的和**

（1）在 Code::Blocks 17.12 中，新建名称为"file1"与"file2"的【C/C++ Source File】源程序。
（2）在代码编辑窗口中输入以下代码（代码 18-1.txt）。

```
01  // 范例 18-1
02  // 包含文件的使用
03  // 求表达式的值
04  //2017.07.24
05  //file1.cpp
06  double Add(double a,double b)
07  {
08      return a+b;
09  }
10  //file2.cpp
11  #include "file1.cpp"
12  #include <iostream>
13  using namespace std;
14  int main()
15  {
16      double a,b,c;
17      cout<<" 请输入两个数 "<<endl;
18      cin>>a;
```

```
19    cin>>b;
20    c=Add(a,b);
21    cout<<" 两个数的和为: "<<c<<endl;
22    return 0;
23 }
```

【运行结果】

编译、连接、运行程序，即可在命令行中输出如下图所示的结果。

【范例分析】

在编译 file2.cpp 的时候，系统根据第 11 行的代码指令将 file1.cpp 的内容复制到当前文件的位置，故在 file2.cpp 中可以直接使用 double Add(double a,double b) 函数。

18.3.2 条件编译

一般情况下，源程序中的所有语句都会参加编译，但是有时希望根据一定条件编译源文件的部分语句，即"条件编译"。条件编译使同一源程序在不同的编译条件下得到不同的目标代码。在 C++ 中，常用的条件编译命令有如下 3 种。

（1）#ifdef 格式

```
#ifdef 标识符
    程序段 1
#else
    程序段 2
#endif
```

功能：如果标识符已被 #define 命令定义过，则对程序段 1 进行编译，否则，对程序段 2 进行编译。如果程序段 2 不存在，则 #else 可以没有。

（2）#ifndef 格式

```
#ifndef 标识符
    程序段 1
#else
    程序段 2
#endif
```

功能：如果标识符未被 #define 命令定义过，则对程序段 1 进行编译，否则对程序段 2 进行编译。这与第一种形式的功能正相反。

（3）#if 格式

```
#if 常量表达式
    程序段 1
#else
    程序段 2
#endif
```

功能：如果常量表达式的值为真，就对程序段 1 进行编译，否则对程序段 2 编译。

条件编译的具体过程如下范例所示。

范例 18-2　输入一个整数，如果该整数大于10，就输出"Yes"，否则输出"No"

（1）在 Code::Blocks 17.12 中，新建名称为"number"的【C/C++ Source File】源程序。
（2）在代码编辑窗口中输入以下代码（代码 18-2.txt）。

```
01  // 范例 18-2
02  // 条件编译程序
03  // 判断整数是否大于 10
04  //2017.07.24
05  #include <iostream>
06  #define K 8
```

```
07  using namespace std;
08  int main()
09  {
10  #if(K>10)
11      cout<<"Yes"<<endl;
12  #else
13      cout<<"No"<<endl;
14  #endif
15      return 0;
16  }
```

【运行结果】

编译、连接、运行程序，即可在命令行中输出如下图所示的结果。

【范例分析】

本范例采用了第 3 种格式的条件编译。第 06 行代码是宏定义（宏定义可在 18.3.4 节宏替代中了解），将 k 定义为 8，故其表达式为假，执行 else 后边的语句。

18.3.3 布局控制

这个指令是用来对编译器进行配置的，针对所使用的平台和编译器而有所不同。如果编译器不支持某个 #pragma 的特定参数，这个参数会被忽略，不会产生错误。对于支持 #pragma 的编译器，有以下用法。

#pragma 的作用是设定编译器的状态或是指示编译器完成一些特定的动作。使用 #pragma 指令的格式如下。

```
#pragma Para    //其中，Para 为参数
```

常用的一些参数如下

（1）message 参数。message 参数能在编译信息输出窗口中输出相应的信息，这对于源代码信息的控制非常重要。使用方法如下。

```
#pragma message(" 消息文本 ")
```

当编译器遇到这条指令时，就在编译输出窗口将消息文本打印出来。

假设希望判断有没有在源代码中定义某一个宏时，可以使用如下方法。例如，_X82 这个宏。

```
#ifdef _X82
#pragma message(" 已存在 ")
#endif
```

若定义了 _X82 这个宏，程序在编译时就会在编译输出窗口显示"已存在"。

（2）code_seg 参数。设置程序中函数代码存放的代码段，开发驱动程序的时候会用到。格式如下。

```
#pragma code_seg([["section-name"[,"section-class"]])
```

（3）#pragma resource"*.dfm" 表示把 *.dfm 文件中的资源加入工程。*.dfm 包括窗体外观的定义。

（4）#pragma once 只要在头文件的最开始加入这条指令就能够保证头文件被编译一次，但移植性差。如果写的程序要跨平台，可以使用 C++ 中的宏定义。

（5）#pragma hdrstop 表示预编译头文件到此为止，后面的头文件不进行预编译。

（6）#pragram warnig(disabled:45999;error:457) 等价于

```
#pragma warnig(disabled:459 99)   // 不显示 459 和 99
```
号警告信息
```
#pragma warnig(error:457)    // 把 457 号警告信息作
```
为一个错误

例如，要求输入一个整型、一个单精度浮点数和一个双精度浮点数。将浮点数赋值给整型，将双精度浮点数赋值给单精度浮点数。实现布局控制的

以下过程：屏蔽 244 号警告、仅警告一次、作为错误处理。

```
#include <iostream>
using namespace std;
int main()
{
    int a;
    float b;
    doube c;
    //#pragma warnig(disabled:244)   // 不显示 244 号警告信息
    //#pragma warnig(once:244)    // 只警告一次
    //#pragma warnig(error:244)    // 把 244 号警告信息作为一个错误
    cin>>a;
    cin>>b;
    cin>>c;
    a=b;
    b=c;
    return 0;
}
```

18.3.4 宏替代

在 C++ 语言源程序中允许用一个标识符来表示一个字符串，称为"宏"。被定义为宏的标识符称为"宏名"。在编译预处理时，对程序中所有出现的宏名都用宏定义中的字符串代换，称为"宏替换"。宏定义分为两种：有参数和无参数。宏定义应注意以下几个方面。

（1）宏名一般大写。预处理在编译之前，不做语法检查。

（2）宏定义行末不必加分号，宏定义必须写在函数之外。一般宏名为大写字母，便于与变量区分，但也允许小写字母。

（3）如果宏名在源程序中用引号括起来了，则预处理程序不对其进行宏替换。

01 无参数的宏定义

宏名后不带参数，定义形式如下。

#define 标识符 字符串

"#" 表示预处理命令。只要是以 "#" 开头的均是预处理命令，#define 是宏定义命令。"标识符"为所定义的宏名。"字符串"可以是常数、表达式、格式串等。

由于宏定义的作用域是整个源程序，在一些应用中不需要覆盖整个程序，故需要终止其作用域，命令为 #undef。若要求宏定义只在一个函数中作用，则可在函数前定义宏、函数之后结束宏。

例如，L 在 main 函数中有效、在 f1 中无效。

```
#define L 2
int main()
{
    ...
}
#undef L
f1()
{
    ...
}
```

📝 **范例 18-3**　不带参数的宏定义的使用。使用宏定义#define L(a+a*3)定义L的表达式（a+a*3），即用（a+a*3）置换所有的宏名L

（1）在 Code::Blocks 17.12 中，新建名称为 "instead" 的【C/C++ Source File】源程序。
（2）在代码编辑窗口中输入以下代码（代码 18-3.txt）。

```
01   // 范例 18-3
02   // 宏替代过程
03   //(a+a*3) 置换所有的宏名 L
04   //2017.07.24
05   #define L (a+a*3)
06   #include <iostream>
07   using namespace std;
08   int main()
09   {
10       int a,b;
```

```
11    cout<<" 请输入一个整数 "<<endl;
12    cin>>a;
13    b= 2*L;
14    cout<<b<<endl;
15    return 0;
16  }
```

【运行结果】

编译、连接、运行程序，即可在命令行中输出如下图所示的结果。

【范例分析】

第 05 行进行了宏定义，定义 L 表达式（a+a*3），在第 13 行进行了宏调用，即 b=2*(a+a*3)。

在宏定义时，表达式两边的括号不能少，否则会变为 b=2*a+a*3，与题意不符。

▶注意

宏定义是用宏名表示一个字符串，在宏展开时用字符串取代宏名。字符串可以含任何字符，可以是常数，也可以是表达式，预处理对其不做任何检查。若有错误，只会在编译已被展开后的源程序发现。

02 带参数的宏定义

宏定义中的参数称为形式参数，在宏调用中的参数称为形式参数。与不带参数的宏的不同之处是，在带参数的宏调用中，预处理程序不仅要展开宏，进行宏替换，还要用实参代换形参。形参不分配内存单元，因此不必有类型定义。而宏要调用的实参，有具体的值，要去代换形参，故必须有类型说明。

带参数的宏定义的一般形式如下。

#define 宏名（形参）字符串

带参数的宏调用的形式如下。

宏名（实参）

例如：

```
#define L(x) x*x    // 宏定义，x 为该宏的参数
Y=L(3);    // 宏调用语句
```

通过如下范例了解带参数的宏定义的使用。

📝 范例 18-4　带参数的宏定义的使用。定义带参数的宏，可比较大小，从键盘输入两个整数，进行宏调用，输出较大值

（1）在 Code::Blocks 17.12 中，新建名称为 "max" 的【C/C++ Source File】源程序。
（2）在代码编辑窗口中输入以下代码（代码 **18-4.txt**）。

```
01  // 范例 18-4
02  // 带参数的宏定义
03  // 求两者中的较大值
04  //2017.07.24
05  #define MAX(x,y) (x>y)?x:y // 定义带参数的宏
06  #include <iostream>
07  using namespace std;
08  int main()
09  {
10    int a,b,max;        // 定义两个整型变量
```

```
11      cout<<" 请输入两个整数 "<<endl;
12      cin>>a>>b;
13      max=MAX(a,b);    // 调用宏
14      cout<<max<<endl;  // 输出较大值
15      return 0;
16  }
```

【运行结果】

编译、连接、运行程序，即可在命令行中输出如下图所示的结果。

【范例分析】

第 05 行进行带参宏定义，使用了宏名 MAX 表示条件表达式（x>y）?x:y，形参 x、y 源于用户的输入。第 13 行宏调用，宏展开后即为 "max=(a>b)?a:b;"。

> **注意**
>
> 带参宏定义时，宏名与形参之间不能有空格，否则可能被认为是无参。

18.3.5 其他预编译命令

前面介绍了很多命令，如文件包含、宏定义、条件编译、布局控制等。除了这些，还有一些其他的命令，本小节简单介绍几个。

（1）#error 命令

常用于程序的调试，当编译遇到 #error 指令时会停止编译。能够保证程序按照用户设想的方式进行编译。

一般形式如下。

```
#error 出错信息
```

注意：此出错信息不加引号。

可以用来检查宏是否已被定义。例如：

```
#ifdef XX
...
#error "XX 已被定义 "
#else
...
#endif
```

（2）#line 命令

可以控制行号，一般在发布错误和警告信息时使用。当出错时，可以显示文件中的行数及希望显示的文件名。格式如下。

```
#line number "filename"
```

此 number 是将会赋给下一行的新行数，后边的行数从这一点逐个递增。filename 是可选参数，替换此行以后出错时显示的文件名，直到有另一个 #line 指令替换或直到文件的末尾。例如：

```
#line 1 "assign variable"
int x?:
```

这段代码显示错误，显示为在文件 "assign variable"，line 1。

▶18.4 综合案例

本节针对向量对象、函数对象的应用、自定义函数对象和预处理等知识点，通过如下一个范例进行练习。从键盘输入 5 个整数，通过向量来实现输入，使用函数对象进行从小到大排序，最后使用自定义函数对象求出各整数的 3 次方。

📝 范例 18-5　　**从键盘输入 5 个整数，按从大到小的顺序输出，并且输出排序后各整数的 3 次方**

（1）在 Code::Blocks 17.12 中，新建名称为 "Cube" 的 class 类。

（2）在生成的 .h 和 .cpp 两个代码编辑窗口中分别输入以下代码（代码 18-5.txt）。

```
01  // 范例 18-5
02  // 自定义函数对象和预处理
03  // 从小到大排序、3 次方
04  //2017.07.24
05  #ifndef CUBE_H
06  #define CUBE_H
07  class Cube// 自定义函数对象类，求整数的 3 次方
08  {
09    public:
10    int operator()(int a)
11    {
12      return a*a*a;
13    }
14  };
15  #endif // CUBE_H
16  #include "Cube.h"
17  #include <iostream>
18  #include <algorithm>
19  using namespace std;
20  #include <vector>  // 向量头文件
21  int main()
22  {
23    int n;
24    Cube m;// 一个函数对象
25    vector<int> v;   // 定义向量对象 v
26    cout << " 请输入 5 个整数: ";
27    for(int i=0;i<5;i++)
28    {
29      cin >> n;
30      v.push_back(n);// 向量尾部插入元素
31    }
32    cout << " 从大到小排序 "<<endl;
33    sort(v.begin(), v.end(), greater<int>());// 使用 greater<int> 函数对象
34    for(int i=0; i<v.size(); i++)// 排序结果
35    {
36      cout<<v[i]<<" ";
37    }
38    cout<<endl;
39    cout << " 排序后，各整数的 3 次方的结果是: "<<endl;
40    for(int i=0; i< v.size(); i++)// 各整数的 3 次方
41    {
42      cout<<m(v[i])<<" ";// 调用重载的操作符 "()"
43    }
44    return 0;
45  }
```

【运行结果】

编译、连接、运行程序，即可在命令行中输出如下图所示的结果。

【范例分析】

定义 vector 向量，通过 for 循环向尾部插入 5 个整数。在实现排序时，用到 greater\<int\> 函数对象，实现从大到小排序，默认的 sort() 是从小到大排序，与 less\<int\> 功能一样。在求整数的 3 次方时，自定义一个函数对象类 Cube，重载操作符 ()，在该类中利用了预处理。在 main() 函数中，Cube m 声明函数对象，m 即为函数对象，通过调用即可实现功能。

▶18.5 疑难解答

问题 1：使用 \<iostream\> 还是 \<iostream.h\>？

解答：建议使用 \<iostream\>，.h 格式的头文件早在 1998 年 9 月份就被标准委员会抛弃了，要紧跟标准，以适合时代的发展。iostream.h 只支持窄字符集，iostream 则支持窄 / 宽字符集。标准对 iostream 做了很多的改动，接口和实现都有了变化。iostream 组件全部放入 namespace std 中，防止了名字污染。

问题 2：如何选择 #include\<\> 形式和 include "" 形式？

解答：对于系统文件，使用 \<\> 较好，而用户自定义文件，则使用 "" 速度较快。

问题 3：使用文件包含功能有什么优点？

解答：一个大程序通常有很多个模块，多名成员分别编写。有文件包含处理功能，可以将多个模块共有的数据或函数集中到一个单独的文件。若成员要使用其中的数据或调用其中的函数，只需要使用文件包含功能将文件包含进来即可，而不必再重复定义它们，减少重复劳动。

问题 4：宏定义与宏替代有什么区别？

解答：宏定义是由源程序中的宏定义命令完成的，宏替换是由预处理程序自动完成的。

问题 5：函数调用与宏调用有什么区别？

解答：在函数中，调用时要把实参表达式的值求出来再赋值给形参，进行值传递。而在带参宏中，只是符号替换，不存在值传递问题。

问题 6：函数对象与函数指针的不同之处是什么？

解答：函数对象实质上是一个实现了 operator()-- 括号操作符重载 -- 的类。它与函数指针用法一样，但是它有一个优点，函数指针不可以传递附加数据，而函数对象可以传递附加数据。

问题 7：如何防止头文件被重复包含？

解答：头文件里若定义了变量，该变量没有被保护，则重复包含时，变量可能被再次定义，可能会引起错误，可以通过条件编译将内容用 #ifndef…#endif 括起来。若编译器支持 #pragram，则可通过布局控制 #pragram once 来防止头文件被重复包含。

第 **19** 章

异常处理

在程序设计过程中，我们总是希望自己设计的程序是天衣无缝的，但这几乎是不可能的。即使程序编译通过，同时也实现了所需要的功能，也并不代表程序就已经完美无缺了，因为运行程序时还可能会遇到异常，例如当我们设计一个为用户计算除法的程序时，用户很有可能会将除数输入为零，又例如当我们需要打开一个文件的时候却发现该文件已经被删除……类似这种的情况还有很多，针对这些特殊的情况，不加以防范是不行的。本章将讲述有效处理异常问题的方法。

本章要点（已掌握的在方框中打钩）

- ☐ 异常的类型
- ☐ 异常处理的基本思想
- ☐ 异常处理
- ☐ 多种异常的捕获
- ☐ 异常的重新抛出
- ☐ 构造函数异常处理

▶ 19.1 异常的类型

所谓异常处理，就是指对运行时出现的差错以及其他例外情况的处理。到底哪些才称为异常？要分析和处理不同的异常情况，需要先弄明白常见的异常有哪些类型，这样处理异常情况才能做到有的放矢。

19.1.1 常见异常

先来看一些程序中常见的情况，就明白什么是异常了。

（1）要访问一个数组元素，在写下标时因一时疏忽，下标超出了数组定义的长度范围，在编译该程序时并没有报错，但是程序执行时这个错误就会显示出来，这就是角标越界异常。下图是弹出的应用程序错误对话框。

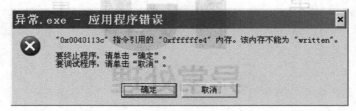

（2）要为一个数组初始化时分配内存空间，但是由于某些原因导致操作失败，比如申请的存储空间过大，从而导致内存无法正常分配，这时程序也会报错，这也是异常，如下图所示。

（3）要访问某一路径的文件，但是该文件处于锁定状态（其他程序也正在访问它）或访问权限限制，这时就无法进行操作，这也是异常，如下图所示。

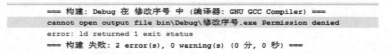

通过上面这些简单但典型的例子，应该明白所谓异常（Exception）就是程序在运行过程中由于使用环境的变化及用户的错误操作而产生的错误。

所有的程序都有漏洞（bug），程序规模越大，bug 就越多。为了尽可能地减少正式发布软件中的 bug，一个软件在经历了 Demo 版本后，会经历 Alpha 版本（内部测试版），然后是 Beta 版本（外部测试版），最后才发布 Release 版本，也就是正式版本，之后还会发布补丁包和升级版本，这就说明了异常处理的必要性。本章要解决的问题就是如何有效地处理这些异常情况。

19.1.2 异常的分类

从异常发生的时刻，可以简单地把异常分为以下两种情况。

01 语法错误

语法错误是在编辑代码时，将变量名字的大小写写错；或者是没有定义变量，却在语句中使用了此变量；或者是变量名重复；抑或是花括号或者分号少了。例如，关键字拼写错误、变量名未定义、语句末尾缺分号、括号不配对等导致代码在编译时无法通过。在编译时，编译系统会告知用户在第几行出错、是什么样的错误。由于是在编译阶段发现的错误，因此这类错误又称编译错误。

02 运行时发生错误

有的程序虽然能通过编译，也能投入运行，但是在运行过程中会出现异常，得不到正确的运行结果，甚至导致程序不正常终止，或出现死机现象。这一般与算法、逻辑有关。常见的有文件打开失败、运算结果和预期结果不一样、数组下标溢出和系统内存不足等。这些问题的出现将导致程序中断、甚至程序崩溃等。这就要求在设计软件时考虑全面，应该能够及时采取有效措施防止运行中出现异常，或者出现异常时跳过错误继续运行等。

▶19.2 异常处理的基本思想

如果遇到了异常情况，可能会采取立即终止程序运行的方法。比如打不开文件，或者读不到所要求的数据，这时只能终止程序的运行。发生不正常情况后，进入异常状态，从当前函数开始，按调用链的相反次序查找处理该异常的程序片，可能把异常返回给它的上一层函数，上层函数采取相应的操作或者没有作为。没有作为的原因可能是程序运行中已经多次压栈而无力上报了；还可能是调用了预先准备好的错误处理函数，让它决定是停止运行还是继续。

这些方法提供了很好的解决问题的思路，如果对异常的处理在达到上面的要求的同时，又能满足下面这几点，程序会更加完善。

（1）把可能出现异常的代码和处理异常的代码隔离开，结构会更加清晰。

（2）把内层错误直接上传到指定的外层来处理，可以使处理流程快速简洁。一般的处理方法是通过一层层返回错误指令，逐层上传到指定层，但层数过多时就需要进行非常多的判断，代码复杂，想要考虑周全就更加困难了。

（3）在出现异常时，能够获取异常的信息并指出，以友好的方式传递给用户。

这样做不但可以使程序更加安全、健壮，而且一旦程序出现了问题也更容易查到原因，修改时做到有的放矢。

异常并不是只适合于处理灾难性的事件，一般的错误也可以用异常机制来处理。任何事情都要有个限度，不能滥用，否则就会带来程序结构的混乱。异常处理机制的本质是程序处理流程的转移，适度的、恰当的转移会起到很好的作用。

▶19.3 异常处理语句

19.3.1 异常处理语句块

C++ 提供有 3 个语句块：try、catch 和 throw。它们提供对异常进行处理的功能。下面先介绍 3 个语句块整体的功能，再展开讲解。

（1）try 语句块，用来框定可能出现异常的语句。在程序中，要处理异常，需要先选中可能产生异常的语句块，即使语句块是一句话也要进行选择，否则异常捕获模块就发现不了异常的存在。

（2）catch 语句块，捕获异常并定义异常处理。将出现异常后的处理语句放在 catch 块中，如果一个异常信号被抛出，异常处理器中的第一个参数与异常抛出对象相匹配的函数将捕获该异常信号，然后进入相应的 catch 语句，执行异常处理程序。

（3）throw 语句块，抛出异常。在可能产生异常的语句中进行错误检查，如果有错误，就抛出异常。

前两个是在一个函数中定义的，而抛出异常则可跨函数调用。

在对异常如何在程序中使用有了一个整体的印象后，下面讲解这 3 个异常处理语句块。

01 try 语句块

用来包围可能出现问题的代码区域。格式如下。

```
Try
{
    可能出现异常的语句；
    内嵌 throw 语句的语句；
}
```

try 块中的语句包含直接或间接的 throw 语句，这些 throw 语句指向和 try 同一级别的 catch 的入口，从而触发 catch 语句块。

try 语句块中一般包含一个以上的 throw 语句，如果没有包含任何的 throw 语句，程序会根据运行情况抛出默认的错误。

try 语句块后面必须包含最少一个 catch 语句块，如果 try 语句块后面带有多个 catch 语句块，则需要和 throw 抛出的数据类型匹配，匹配成功后进行相对应的 catch 语句块的异常处理语句。

02 throw 语句块

用来抛出异常。格式如下。

带表达式形式：

```
throw type exception;
```

不带表达式形式：

```
throw;
```

其中，type 表示已经声明的数据类型，如 float、long 以及结构类型等。throw 可以远程抛射，程序流程从抛设点带着返回参数，直接跳转到 try 块后面的 catch 入口。exception 表示变量名，可以添加，也可以不添加。

如果 throw 抛出的异常信息找不到与之匹配的 catch 块，系统就会调用一个系统函数 terminate，使程序终止运行。

throw 抛出的不仅是表达式，也可以是具体数值，其中类型较为重要。抛出的数据由 catch 语句接收，接收原则是先按照类型匹配，如果有多个 catch 语句类型都匹配，则按照就近原则接收。既有数值也有该数值对应的类型，类型是第一重要的，其次才是数值。

如果只有 throw，其后没有带表达式，那么抛出的数据由下面讲到的 catch(…) 默认接收。

> **注意**
>
> throw 语句也可以用在函数声明中对于异常情况的指定，double fun（int，int）throw（double，int，chart）；表明 fun 函数可以抛出 double、int 或者 chart 类型的异常。这里异常指定是函数声明的一部分，必须在函数声明和函数定义中都出现，否则编译时，程序会报错。还有一种就是不知道抛出类型，可以用 Type fun（type，type..)throw()。

03 catch 语句块

用来处理 try 块中抛出的异常。

```
catch（type [exception])// 匹配 throw 抛出的 exception
```

的语句块
```
{
// 匹配成功后，处理异常语句放在这里
}
catch (...)// 匹配 throw 抛出的任意类型的语句块
{
// 语句
}
```

catch 后面圆括号括的参数只能有一个，参数入口的类型名称是不可缺少的，但是形参 exception 是可有可无的。如果缺少了参数 exception，那么 catch 将只接收 throw 抛出的数据类型，而不接收抛出的具体数值。

catch(...) 表示接收 throw 抛出的任何类型表达式，可以作为默认接收，放置在多个 catch 块的最后，类似于 switch 语句中的 default 语句，用来接收异常时，先特殊再一般。

异常的流程是这样的：首先检测触发 throw 语句所在的函数，明确 throw 语句所属的 try 块，如果这一检测成功，就按照 throw 语句抛出的数据类型，在 try 块管辖的 catch 块根据其先后出现的次序比较，如果查询到刚好捕获相应类型的 catch 块时，就运行相应 catch 块语句。一般 catch (...) 捕获处理器放置在最后，以免屏蔽其后的 catch 块。

如果一个异常成功地被捕获并且得到了处理，但是程序没有终止，就执行 try—catch 控制结构之后的语句。

同样，遍历了所有的 catch 语句，但是没有任何一个 catch 块与之匹配，则直接跳到 try—catch 控制结构的随后语句继续执行。

> **注意**
>
> 在 try 语句块和 catch 语句块中间不可以有别的语句，就是说 catch 语句必须紧跟在 try 语句块之后。

如果 try 触发了 throw 语句抛出一个类型信息流，而没有相应的 catch 捕获匹配，程序就有可能启动 terminate 函数。该函数调用 abort 函数，程序非正常地退出，这种退出可能引发运行错误。

19.3.2 使用 try…catch 处理异常

使用 try…catch 处理异常的格式如下。

```
try
{
```

```
  Throw  type1  param1;
  Throw  type2  [param2];
}
catch (type1  param1)
{
  语句块 1;
}
catch (type2  [param2])
{
```

```
  语句块 n;
}
catch (...)// 匹配 throw 抛出的任意类型的语句块；
{
}
```

其中 type1、type2 是异常的类型，param1、param2 是变量名。

📝 **范例 19-1**　　**简单异常处理**

（1）在 Code::Blocks 17.12 中，新建名称为"简单异常处理"的【C/C++ Source File】源程序。

（2）在代码编辑窗口输入以下代码（代码 19-1.txt）。

```
01  // 范例 19-1
02  // 简单异常处理程序
03  // 实现简单异常部分的处理
04  //2017.07.23
05  #include <iostream>
06  using namespace std;
07  int main()
08  {
09    try      // 可能出现异常的语句块
10    {
11      cout<<"try first"<<endl;
12      throw 1;         // 抛出整型数据 1 的异常
13    }
14    catch(int i)         // 捕获整型的异常
15    {
16      cout<<"catch try first int 1 "<<i<<endl;
17    }
18    catch(double d)    // 捕获双精度浮点数的异常
19    {
20      cout<<"catch try first double 1 "<<d<<endl;
21    }
22    try
23    {
24      cout<<"try second"<<endl;
25      throw 1.2;        // 抛出浮点数的异常
26    }
27    catch(int i)
28    {
29      cout<<"catch try second int 1.2"<<i<<endl;
30    }
31    catch(double d)
32    {
33      cout<<"catch try second double 1.2"<<d<<endl;
34    }
35    return 0;
36  }
```

【运行结果】

编译、连接、运行程序，即可在命令行中输出如下图所示的结果。

【范例分析】

第 1 个 try 语句 throw 抛出一个整型数据 1，在其中的 catch 语句中有 catch(int i) 与之匹配，所以输出结果是 1。第 2 个 try 语句 throw 抛出一个浮点数据 1.2，在其中的 catch 语句中有 catch(double d) 与之匹配，所以输出结果是 1.2。

📑 范例 19-2　　处理被0除的异常

（1）在 Code::Blocks 17.12 中，新建名称为"处理被 0 除的异常"的【C/C++ Source File】源程序。
（2）在代码编辑窗口输入以下代码（代码 19-2.txt）。

```
01    // 范例 19-2
02    // 处理被 0 除的异常程序
03    // 对被 0 除的异常情况的处理
04    //2017.07.23
05    #include <iostream>
06    using namespace std;
07    double division(int a, int b)
08    {
09      // 如果除数为 0 抛出异常
10      if( b == 0 )
11      {
12        throw "Division by zero condition!";
13      }
14      return (a/b);
15    }
16    int main ()
17    {
18      int x = 50;
19      int y = 0;
20      double z = 0;
21      z = division(x, y);
22      cout << z << endl;
23
24      return 0;
25    }
```

【运行结果】

编译、连接、运行程序，即可在命令行中输出如下图所示的结果。

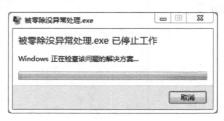

【范例分析】

以上是没有经过异常处理的程序，程序会报错，而且崩溃。

下面输入异常处理的代码（代码 19-2-2.txt）。

```
01  // 范例 19-2
02  // 处理被 0 除的异常程序
03  // 对被 0 除的异常情况的处理
04  //2017.07.23
05  #include <iostream>
06  using namespace std;
07  double division(int a, int b)
08  {
09    // 如果除数为 0 抛出异常
10    if( b == 0 )
11    {
12      throw "Division by zero condition!";
13    }
14    return (a/b);
15  }
16  int main ()
17  {
18    int x = 50;
19    int y = 0;
20    double z = 0;
21    try {
22      z = division(x, y);
23      cout << z << endl;
24    }catch (const char* msg) {
25      cerr << msg << endl;
26    }
27    return 0;
28  }
```

【运行结果】

编译、连接、运行程序，即可在命令行中输出如下图所示的结果。

【范例分析】

在 try 语句块中，在计算 z 时除数为 0，引起了异常。在 division() 函数中抛出 throw 语句，从而引起了 catch (const char* msg)。

C++ 异常处理并不具备异常发生后程序的自恢复功能。如何实施亡羊补牢？程序员依然得小心设置静态的或外部的全局变量。

在可能冒出不测的程序段之前，保存现场到硬盘，然后通过异常处理的强大功能在合适的地方放置 catch 捕获器，对于最容易发生错误的地方安排相应的 catch 块，这样可以及时地予以处理。

▶19.4 多种异常的捕获

C++ 异常处理的优点在于可以捕获各种类型信息的异常。throw 语句可以用在所隶属的 try…catch 函数内层的被调函数中，但应该确保 throw 语句和同层的 catch 语句块的紧密匹配，及时捕获异常。

范例 19-3　　多种异常的捕获

（1）在 Code::Blocks 17.12 中，新建名称为"多种异常的捕获"的【C/C++ Source File】源程序。
（2）在代码编辑窗口输入以下代码（代码 19-3.txt）。

```
01  // 范例 19-3
02  // 多种异常的捕获程序
03  // 捕获各种类型信息的异常
04  //2017.07.23
05  #include <iostream>
06  using namespace std;
07  class MyClass {};
08  struct MyStruct {};
09  void fun (int kind)
10  {
11      try    // 可能出现异常的语句块，根据 kind 不同的值，抛出不同异常
12      {
13          if (kind==1)    // 抛出字符串异常
14          throw "string abc ";
15          if (kind==2)    // 抛出整数异常
16          throw 123;
17          if (kind==3)    // 抛出类异常
18          throw MyClass ();
19          if (kind==4)    // 抛出结构体异常
20          throw MyStruct ();
21      }
22      catch (const char* s)    // 捕获字符串异常
23      {
24          cout<<" 捕获字符串异常 "<<s<<endl;
25      }
26      catch (int s)    // 捕获整型异常
27      {
28          cout<<" 捕获整型异常 "<<s<<endl;
29      }
30      catch (MyClass)    // 捕获类异常
31      {
32          cout<<" 捕获类异常 "<<endl;
33      }
34      catch(...)    // 捕获其他类型异常
35      {
36          cout<<" 捕获其他类型异常 "<<endl;
37      }
38  }
39  int main()
40  {
41      try    // 可能抛出异常的语句块，多次调用 fun 函数
42      {
43          fun (1);
44          fun (2);
45          fun (3);
46          fun (4);
47      }
48      catch (int i)    // 捕获整型异常
```

```
49    {
50      cout<<"main try error"<<endl;
51    }
52    return 0;
53  }
```

【运行结果】

编译、连接、运行程序，即可在命令行中输出如下图所示的结果。

【范例分析】

本范例在 main 函数中依次调用了 fun 函数，每次调用都会在 fun 函数中根据形参 kind 的不同抛出不同的数据类型，使用的是相同数据类型的 catch 语句捕获相应对象。

范例中分别使用了整型 int、字符串 char *、类 class 和结构体 struct 八种不同的数据类型抛出不同的对象。main 函数中有 try…catch 语句块，多次调用子函数 fun 中的 throw 和 catch 紧密配合，抛出什么类型的异常就用相应的 catch 去捕获，实现了对于不同的异常类型的捕获。

▶ 19.5　异常的重新抛出

在 C++ 异常处理的嵌套结构中，其规则是外层的 throw 语句抛出的异常使用外层的 catch 来捕获，内层 catch 块捕获的异常是同级 try 块中的 throw 语句抛出来的。

如果希望实现内层抛出的异常由外层的代码来处理，而不是由当前层的 catch 块解决，就要使用异常的层层传递方法，这就是 throw 语句不带表达式的形式。

不带表达式的 throw 语句内嵌在 catch 内，意味着当前 catch 块在入口中捕获的类型信息，throw 接力地将此类型信息抛出到上层，然后由相应的 catch 捕获器捕获，特定异常就从内层传到了外层需要的地方。

📝 范例 19-4　异常的重新抛出

定义 3 个函数 a()、b()、c()，函数 c 调用函数 b，函数 b 调用函数 a，在 main 函数中调用函数 c，在每一级函数中如果能捕获异常则处理或抛出，如果不能捕获异常则返回上一级函数，函数 c 最后处理所有异常。

（1）在 Code::Blocks 17.12 中，新建名称为"异常的重新抛出"的【C/C++ Source File】源程序。
（2）在代码编辑窗口输入以下代码（代码 **19-4.txt**）。

```
02    // 多种异常的捕获程序
03    // 捕获各种类型信息的异常
04    //2017.07.23
05    #include <iostream>
06    using namespace std;
07    enum    // 定义枚举常量，分别表示不同类型
08    {myfloat,myunknown,myclass };
09    struct eUnknown{ };        // 声明一个未知类
10    class eClass { };  // 声明一个一般类
11    void funa(int kind)             //kind 参数决定抛出异常种类
12    {
13        try
14        {
15            if (kind==myclass)   // 抛出异常
16            throw eClass();
17            if (kind==myunknown)
18            throw eUnknown();
19        }
20        catch (eClass) // 为一般类继续上抛
21        {
22            cout<<"funa 函数重新抛出 myclass 异常 "<<endl;
23            throw;
24        }
25        catch(eUnknown)       // 为未知类继续上抛
26        {
27            cout<<"funa 函数重新抛出 myunknown 异常 "<<endl;
28            throw;
29        }
30        cout<<"funa 函数正常运行 "<<endl;              //无异常发生则执行
31    }
32    void funb(int kind)
33    {
34        try
35        {
36            funa(kind);
37        }
38        catch (eClass) // 为一般类继续上抛
39        {
40            cout<<"funb 函数重新抛出 myClass 异常 "<<endl;
41            throw;
42        }
43        catch(eUnknown)       // 为未知类最终处理
44        {
45            cout<<"funb 函数最终解决 myunknown 异常 "<<endl;
46            cout<<"funb 函数正常运行 "<<endl;
47        }
48    }
49    void func(int kind)
50    {
51        try
52        {
```

```
53              funb(kind);
54              if(kind==myfloat)
55              throw (float)kind;
56        }
57     catch(float)    // 为 float 类型最终处理
58        {
59              cout<<"func 函数最终解决 myfloat 异常 "<<endl;
60        }
61     catch(eClass)  // 为一般类最终处理
62        {
63              cout<<"func 函数最终解决 myclass 异常 "<<endl;
64        }
65   }
66   int  main()
67   {
68     func(myfloat);
69     func(myunknown);
70     func(myclass);
71     return 0;
72   }
```

【运行结果】

编译、连接、运行程序，即可在命令行中输出如下图所示的结果。

【范例分析】

程序中第 1 次先调用 func(myfloat)，接着调用 funb(myfloat)，然后调用 funa(myfloat)。在 funa 函数中，没有匹配的异常捕获，funa 函数正常运行，返回上一级 funb 函数；funb 函数也没有匹配的异常捕获，再次返回上一级 func 函数；func 函数有匹配的异常捕获，第 1 次调用结束。

第 2 次先调用 func(myunknown)，接着调用 funb(myunknown)，然后调用 funa(myunknown)。在 funa 函数中，有匹配的异常捕获，funa 函数抛出异常后再次上抛，返回上一级；funb 函数也有匹配的异常捕获，funb 函数抛出异常后不再上抛，第 2 次调用结束。

第 3 次先调用 func(myclass)，接着调用 funb(myclass)，然后调用 funa(myclass)。在 funa 函数中，有匹配的异常捕获，funa 函数抛出异常后再次上抛，返回上一级；funb 函数也有匹配的异常捕获，funb 函数抛出异常后继续上抛，再次返回上一级；在 func 函数中，有匹配的异常捕获，func 函数抛出异常，第 3 次调用结束。

▶19.6 构造函数异常的处理

构造函数是一个特殊的函数。创建对象时自动调用构造函数，为对象分配存储空间和进行初始化操作，再访问对象的成员属性和成员方法等。如果构造函数中产生了异常，那么后续的操作没有意义，构造函数中分配空间和初始化合法性检查都有可能产生错误，对此需要进行异常检查。

范例 19-5 ┃ 构造函数异常的处理，设置一个学生成绩输入的代码，定义学生类包含学号和成绩两个成员变量，设置构造函数用于传入学号和成绩，如果输入的学号或成绩不在指定范围内则抛出异常

（1）在 Code::Blocks 17.12 中，新建名称为"构造函数异常处理"的【C/C++ Source File】源程序。
（2）在代码编辑窗口输入以下代码（代码 19-5.txt）。

```
01   // 范例 19-5
02   // 构造函数异常处理程序
03   // 实现构造函数异常的处理
04   //2017.07.23
05   #include <iostream>
06   #include <exception>          // 包含 C++ 自带的异常类头文件
07   using namespace std;
08   class Student
09   {
10     public:
11     int stunum;
12     double stuscore;
13     Student(int num,double score)throw(out_of_range);
14     void init(int num);
15     void setscore(double score)throw(out_of_range);
16   };
17   void Student::init(int num)throw(out_of_range)   // 初始化函数定义
18   {
19     if(num<=0)
20     throw (out_of_range)"error";          // 不在指定范围则抛出异常
21     stunum=num;   // 在指定范围就赋值
22   }
23   Student::Student(int num,double score)throw(out_of_range)
24   {
25     init(num);
26     setscore(score);
27   }
28   void Student::setscore(double score)
29   {
30     if(score<0)
31     throw(out_of_range)"error";
32     stuscore=score;
33   }
34   int main()
35   {
36     try
37     {
38     Student student1(201410,87.5);   // 声明第 1 个 Student1 对象
39     cout<<" 学号 "<<student1.stunum<<" 的学生分数 "<<student1.stuscore<<endl;
40     Student Student2(0,99);          // 声明第 2 个 Student2 对象
41     cout<<" 学号 "<<Student2.stunum<<" 的学生分数 "<<Student2.stuscore<<endl;
42     }
```

```
43      catch(out_of_range )
44      {
45          cout<<" 构造函数异常 "<<endl;
46      }
47   return 0;
48   }
```

【运行结果】

编译、连接、运行程序，即可在命令行中输出如下图所示的结果。

【范例分析】

C++ 系统带有一个异常类，可以利用现成的异常资源对常见的一些异常进行处理，这样就不用程序员亲自抛出异常了。只需要使用 try 语句块界定异常发生的范围和 catch 定义异常处理，就可以接收可能产生的异常了。

这是在使用 C++ 自带异常所需的异常处理头文件。

```
#include <exception>
using namespace std;
```

本范例用到了 C++ 提供的异常类中判断出界的异常类型 "out_of_range"。程序在初始化 Date 类成员 mydate1 时，自动调用了 Date 的构造函数。因为 mydate1 的参数满足范围要求，所以没有抛出异常，继续执行，输出年月日相应的数据。

在初始化 mydate2 对象时，因为参数不在给定的范围内，所以在 Date 的构造函数直接抛出异常，在 main 函数的 catch 语句块中捕获异常。

在 "exception" 类中还提供有种类丰富的异常，用户可以根据需要查阅。

▶19.7 综合案例

本节通过两个综合范例来巩固异常处理的知识。写一个程序，把用户输入的两个字符串转换为整数，相加输出，要求使用自定义异常。情况一：如果用户输入的不是字符串，抛出输入不是整数异常。情况二：用户输入的这个字符串表示的整数太大，溢出，抛出异常 Overflow。

19.7.1 强制类型转换异常处理

📝 范例 19-6　强制类型转换异常并处理

（1）在 Code::Blocks 17.12 中，新建名称为"强制类型转换异常"的【C/C++ Source File】源程序。
（2）在代码编辑窗口输入以下代码（代码 **19-6.txt**）。

```
01   // 范例 19-6
02   // 强制类型转换异常程序
03   // 对强制类型转换的异常进行捕获
04   //2017.07.23
05   #include<iostream>
06   #include<string>
07   using namespace std;
08   class NumberParseException {};
09   class Overflow : public NumberParseException {};
```

```
10   bool isNumber(char * str) {
11     using namespace std;
12     if (str == NULL)
13     return false;
14     int len = strlen(str);
15     if (len == 0)
16     return false;
17     bool isaNumber = false;
18     for (int i = 0; i < len; i++) {
19       if (i == 0 && (str[i] == '-' || str[i] == '+'))
20       continue;
21       if (isdigit(str[i])) {
22         isaNumber = true;
23       } else {
24         isaNumber = false;
25         break;
26       }
27     }
28     return isaNumber;
29   }
30   int parseNumber(char * str) throw(NumberParseException) {
31     if (!isNumber(str))
32     throw NumberParseException();
33     return atoi(str);
34   }
35   bool isoverflow(char * str)throw(NumberParseException,Overflow){
36     if(parseNumber(str)>2147483647 || parseNumber(str)<-2147483647)
37     {
38         throw Overflow();
39         return false;
40     }
41     else
42     return true;
43   }
44   int main()
45   {
46     char *str1 ="123", *str2="456" ;
47     try {
48       int num1 = parseNumber(str((1);
49       int num2 = parseNumber(str2);
50       if(isoverflow(str((1)&&isoverflow(str2))
51       {
52           cout<<"sum is "<< num1 + num2<<endl;
53       }
54     } catch (Overflow) {
55       cout<<" 输入的字符串超出整数范围 "<<endl;
56     }catch (NumberParseException) {
57       cout<<" 输入不是整数 "<<endl;
58     }
59     return 0;
60   }
```

【运行结果】

编译、连接、运行程序，即可在命令行中输出结果。

第 1 次运行结果如下图所示。

把 str2 改为 "abc"，再次运行程序，结果如下图所示。

【范例分析】

程序第 08 行定义了一个数字转换异常，第 09 行定义了一个溢出异常。定义 isNumber 函数，判断输入的是否是数字。在 parseNumber 函数中调用 isNumber 函数，如果返回值为 false 就抛出 NumberParseException 异常。isoverflow 函数调用 parseNumber 函数，如果转换后的数超出整数范围，就抛出 Overflow 异常。

19.7.2 读写文件异常处理

📝 范例 19-7　读取文件异常并处理

（1）在 Code::Blocks 17.12 中，新建名称为"读取文件异常"的【C/C++ Source File】源程序。

（2）在代码编辑窗口输入以下代码（代码 19-7.txt）。

```
01  // 范例 19-7
02  //读取文件异常程序
03  // 对文件读取时出现的异常进行捕获
04  //2017.7.23
05  #include <fstream>
06  #include <iostream>
07  #include <string>
08  using namespace std;
09  int main()
10  {
11    ifstream in("test.txt");      //打开文件
12    try
13    {
14      if(!in)          // 文件打开失败
15        throw (string)"test";    // 抛出 string 类型异常
16    }
17    catch(string s)    //捕获异常
18    {
19      cout<<" 打开文件失败 "<<endl;
20    }
21    for(string s;getline(in,s);cout<<s<<endl) ;    //读出并显示文件内容
22    return 0;
23  }
```

【运行结果】

编译、连接、运行程序，即可在命令行中输出结果。

第 1 次运行结果如下图所示。

在此范例的项目文件夹中，新建 1 个记事本文件"test.txt"，并输入"Hello，这是 text.txt 文件的内容。"（参照配套电子资源中的"素材文件 \ch19\test.txt"文件。）再次运行程序，即可输出如下图所示的结果。

【范例分析】

程序第 1 次运行时，因为文件"test.txt"不存在导致异常产生，异常产生后，抛出处理内容，运行结束。

在项目文件夹中建立文件"test.txt"后，第 2 次运行时，文件存在，自然不会触发异常，便顺利地执行异常处理后面的循环语句，输出了文件的内容。

▶19.8 疑难解答

问题 1：如何编写自己的异常类？

解答：（1）建议自己的异常类要继承标准异常类。因为 C++ 中可以抛出任何类型的异常，所以自己的异常类可以不继承自标准异常，但是这样可能会导致程序混乱，尤其是当多人协同开发时。（2）当继承标准异常类时，应该重载父类的 what 函数和虚析构函数。（3）因为栈展开的过程中要复制异常类型，所以要根据在类中添加的成员考虑是否提供自己的复制构造函数。

问题 2：throw 抛出异常的特点是什么？

解答：在 C++ 中，throw 抛出异常的特点如下。

（1）可以抛出基本数据类型异常，如 int 和 char 等。（2）可以抛出复杂数据类型异常，如结构体（在 C++ 中结构体也是类）和类。（3）C++ 的异常处理必须由调用者主动检查。一旦抛出异常，如果程序不捕获，abort() 函数就会被调用，程序终止。（4）可以在函数头后加 throw([type-ID-list]) 给出异常规格，声明其能抛出什么类型的异常。type-ID-list 是一个可选项，其中包括一个或多个类型的名字，它们之间以逗号分隔。如果函数没有异常规格指定，就可以抛出任意类型的异常。

问题 3：异常处理的优点是什么？

解答：异常处理通常是防止未知错误产生所采取的处理措施。异常处理的优点在于为处理某一类错误提供了一个有效的方法，提高了编程效率，避免了程序的异常崩溃，提高了用户界面的友好性。

第 第 20 章

网络编程技术

随着计算机网络的高速发展，网络已经覆盖到日常生活中的方方
面面。网络购物、网络聊天、网络游戏等网络应用的存在更是为人们的
工作和生活提供了极大的便利。本章将介绍一些关于网络的基本知识，
以及有关网络编程的一些技术。

本章要点（已掌握的在方框中打钩）

☐ 网络编程基础
☐ TCP
☐ UDP

▶ 20.1 网络编程基础

网络编程技术是当前一种主流的编程技术，随着互联网趋势的逐步增强以及网络应用程序的大量出现，在实际开发中，网络编程技术获得了大量的使用。接下来将介绍一些网络编程的相关基础知识，包括常用的网络协议 TCP/IP 协议、Socket 套接字等。这些概念是网络编程技术的基础。后面将会利用这些知识完成网络间通信、传输数据的功能。

20.1.1 TCP/IP 协议

国际标准化组织（International Organization for Standardization，ISO）为实现计算机网络的标准化颁布了开发式系统互联（Open System Interconnection，OSI）参考模型。OSI 参考模型采用分层的划分原则，OSI 模型把网络通信的工作分为 7 层，分别是物理层、数据链路层、网络层、传输层、会话层、表示层和应用层。OSI 参考模型的结构如下所示。

应用层	负责网络中应用程序与网络操作之间的联系
表示层	用于确定数据交换格式，解决应用程序之间在数据格式上的差异，并负责设备之间所需要的字符集和数据的转换
会话层	它是用户应用程序与网络层之间的接口，能够建立与其他设备的连接，即会话。并能够对会话进行有效的管理
传输层	提供会话层和网络层之间的传输服务，该服务从会话层获得数据，必要时对数据进行分割，然后将数据传递到网络层，并确保数据能正确无误地传送到网络层
网络层	将传输的数据封包，然后通过路由选择、分组组合等控制，将信息从源设备传送到目标设备
数据链路层	修正传输过程中的错误信号，提供可靠的通过物理介质传输数据的方法
物理层	利用传输介质为数据链路层提供物理连接，它规范了网络硬件的特性、规格和传输速度

ISO 参考模型的结构过于庞大和复杂，TCP/IP 协议参考模型并不符合 OSI 的 7 层参考模型，它采用了包括应用层、传输层、网络互连层和主机到网络层的 4 层层级结构，每一层都呼叫它的下一层所提供的网络来完成自己的需求。TCP/IP 协议参考模型和 OSI 参考模型的对比示意图如下所示。

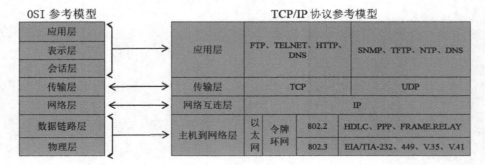

在 TCP/IP 协议参考模型中，将 OSI 参考模型中的会话层和表示层合并到应用层实现。同时将 OSI 参考模型中的数据链路层和物理层合并为主机到网络层。下面分别介绍 TCP/IP 协议参考模型中各层的主要功能。

01 主机到网络层

主机到网络层对实际的网络媒体进行管理，定义如何使用实际网络来传输数据。它包括了所有 LAN 和 WAN 的通用连接标准，包括局域网接口（Ethernet（RFC894）、IEEE802 局域网（RFC 1042）、ARCNET（RFC 1201）、Token Ring 等）、广域网接口（串行线 IP 协议 SLIP（RFC 1055）、点对点协议 PPP 等）、城域网接口（FDDI（RFC 1103）、SMDS（交换多媒体数据服务）、RFC 1209 等）。

02 网络互连层

网络互连层是整个 TCP/IP 协议参考模型的核心。它的功能是负责在主机间传送报文，并使分组独立地传向目标。同时，为了尽快地发送分组，可能需要沿不同的路径同时进行分组传递。因此，分组到达的顺序和发送的顺序可能不同，这就需要上层必须对分组进行排序。网络互连层除了需要完成路由的功能外，也可以完成将不同类型的网络（异构网）互连的任务。除此之外，网络互连层还需要完成避免阻塞的功能。

网络互连层定义了分组格式和协议，即 IP 协议（Internet Protocol）。此外还包括以下协议。

- ARP（Address Resolution Protocol）：地址解析协议，完成 IP 地址到 MAC 地址之间的转换。
- RARP（Reverse Address Resolution Protocol）：反向地址转换协议，完成 MAC 地址到 IP 地址之间的转换。
- ICMP（Internet Control Message Protocol）：Internet 控制报文协议，主要用于差错控制与测试，常用的 ping 命令，测试两个主机是否相通，使用的就是 ICMP 协议。

03 传输层

在 TCP/IP 协议参考模型中，传输层的功能是使源端主机和目标端主机上的对等实体可以进行会话。在传输层定义了两种服务质量不同的协议，即可靠传输控制协议（Transmission Control Protocol，TCP）和不可靠用户数据报协议（User Datagram Protocol，UDP）。

04 应用层

TCP/IP 协议参考模型将 OSI 参考模型中的会话层和表示层的功能合并到应用层实现。

应用层面向不同的网络应用引入了不同的应用层协议。其中，有基于 TCP 的，如文件传输协议（File Transfer Protocol，FTP）、远程终端协议（Telnet）、超文本传输协议（Hyper Text Transfer Protocol，HTTP），也有基于 UDP 的，如常用的 QQ、Messenger 等。

为了使连入 Internet 的众多计算机在通信时能够相互识别，Internet 中的每一台主机都分配有唯一的 32 位地址（IPv4），该地址称为 IP 地址，也称作网际地址。

IP 地址的长度为 32 位的无符号的二进制数，它通常采用点分十进制数表示方法，即每个地址被表示为 4 个以小数点隔开的十进制整数，每个整数对应 1 个字节，如 192.168.57.101 就是一个合法的 IP 地址。当前的 IPv6 协议将 IP 地址升为 128 位，这使得 IP 地址更加广泛，能够很好地解决 IP 地址紧缺的情况，但目前多数操作系统和应用软件仍然都是以 32 位的 IP 地址为基准。

一个 IP 地址由两部分组成，即网络号和主机号，如在 IP 地址 192.168.57.101 中，192.168 是网络号，57.101 是主机号。网络号就是网络地址，用于识别一个逻辑网络，而主机号用于识别网络中一台主机的一个连接。位于相同逻辑网络上的所有主机具有相同的网络号，因此只要两台主机具有相同的网络号，那么不论它们位于何处，都属于同一个逻辑网络。

为了适应于不同规模的物理网络，根据 IP 地址网络号的不同，将 IP 地址分为 5 类，即 A 类、B 类、C 类、D 类和 E 类。其中，A 类、B 类和 C 类属于基本类，D 类用于多播发送，E 类属于保留类。不同类别的 IP 地址的网络号和主机号的长度划分不同，它们所能识别的物理网络数不同，每个物理网络所能容纳的主机个数也不同，如下图所示。

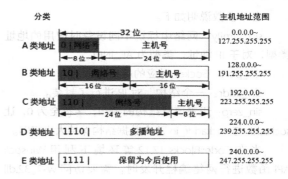

以下是几个特殊的 IP 地址，它们有着特殊的用途。

（1）IP 地址中主机号为 0 的表示网络地址，如 128.101.0.0。

（2）在网络号后的各位数字全为 1 的地址表示广播地址。

（3）127.0.0.1 表示回送地址，用来回路测试使用。

20.1.2 WinSock 套接字

Socket（套接字）是常用的网络通信方式和进程间的通信方式。Socket 作为一种通信协议应用程序接口，依赖于操作系统和编程语言，主要有 Berkeley Socket（UNIX）和 WinSock（Windows）两种。Socket 最初是在 UNIX 操作系统里面实现的，为了在 Windows 操作系统上使用套接字，微软和第三方厂商制定出了 Windows Socket 规范，简称 WinSock。WinSock 为通用的 TCP/IP 协议应用程序提供了非常强大的 API。在 WinSock1.1 中只适用于 TCP/IP 协议，WinSock 2.0 则对其进行扩展，开始支持多种协议，并允许多种协议并存，这可以使程序使用于不同的网络名和网络地址。接下来将学习 WinSock 的使用。

套接字有 3 种类型：流式套接字 (SOCK_STREAM)、数据报套接字 (SOCK_DGRAM) 及原始套接字（SOCK_RAW）。流式套接字可以提供可靠的、面向连接的数据流服务。数据报套接字定义了一种不可靠、无连接的服务，数据通过相互独立的报文进行传输，是无序的。原始套接字允许对低层协议如 IP 或 ICMP 直接访问，主要用于新的网络协议实现的测试等。

WinSock 通过 sockaddr_in 结构对有关 Socket 的信息进行了封装。sockaddr_in 结构如下所示。

```
struct sockaddr_in{
    short       sin_family;
    unsigned short  sin_port;
    IN_ADDR     sin_addr;
    char        sin_zero[8];
};
```

各个参数说明如下。

sin_family：网络中标识不同设备时使用的地址类型，对于 IP 地址，类型为 AF_INET。

sin_port：Socket 对应的端口号。

sin_addr：一个结构，对 IP 进行了封装。

sin_zero：用来填充结构的数组，字符全为 0，让 sockaddr 与 sockaddr_in 两个数据结构保持大小相同。

当在 Code::Blocks 17.12 等环境下利用 Winsock API 函数进行网络编程开发时，需要访问 ws2_32.dll 动态链接库，并对 ws2_32.dll 进行初始化。

ws2_32.dll 中封装了一些 Windows 系统提供的套接字函数，在其头文件 winsock2.h 中提供了套接字函数的原型，库文件 ws2_32.lib 提供了 ws2_32.dll 动态链接库的输出节。在使用套接字函数前，用户首先需要引用 winsock2.h 头文件，并链接 ws2_32.lib 库文件。例如：

```
#include "winsock2.h"       //引用头文件
#pragma comment(lib,"ws2_32.lib") //引用库文件
```

使用函数 WSAStartup() 进行初始化，WSAStartup() 函数原型如下所示。

```
int WSAStartup(WORD wVersionRequested,
LPWSADATA lpWSAData);
```

wVersionRequested 表示使用的 WinSock 版本。lpWSAData 是一个 WSADATA 结构指针，记录了 Windows 套接字的相关信息。WSAStartup() 函数调用成功，函数返回 0。

例如：

```
WSADATA wsa;        //WSADATA 结构用来存储被
WSAStartup 函数调用后的套接字数据
WSAStartup(MAKEWORD(2,2),&wsa); // 初 始 化
Ws2_32.dll
```

下面介绍一些常用的套接字函数。

（1）socket 函数

```
SOCKET socket(int af,int type,int protocol);
```

该函数用于创建一个套接字。各参数说明如下。

af：一个地址描述。目前只提供 AF_INET 的地址格式。

type：套接字类型，一般有 3 种，即 SOCK_STREAN（创建面向连接的流式套接字）、SOCK_DGRAM（创建面向无连接的数据报套接字）、SOCK_RAW（创建原始套接字）。如果要建立的是遵从 TCP/IP 协议的 Socket 就用 SOCK_STREAM 就如果是遵从 UDP 协议的 Socket 就用 SOCK_DGRAM。

protocol：通信协议。如果用户不指定，可以设置为 0。

返回值：如果函数执行成功，返回 Socket 对象，失败则返回 INVALID_SOCKET。

（2）bind 函数

```
int bind(SOCKET s,const struct sockaddr FAR*
name,int namelen);
```

该函数用于将套接字绑定到指定的端口和地址上。各参数说明如下。

s：一个套接字对象。

name：一个 sockaddr 结构指针。该结构中包含了要结合的地址和端口号。如果用户不在意地址和端口的值，那么可以设定地址为 INADDR_ANY，即端口号（port）为 0。它会被自动设定成合适的值，可以通过调用 getsockname() 获取其值。

namelen：确定 name 缓冲区的长度。

返回值：如果函数执行成功，返回值为 0，失败返回 SOCKET_ERROF。

（3）listen 函数

```
int listen (SOCKET s,int backlog);
```

该函数用于将套接字设置为监听模式，建立一个监听队列来接收客户端的连接请求。对于流式套接字，必须处于监听模式才能够接收客户端套接字

的连接。各参数说明如下。

backlog：等待连接的最大队列长度，目前限制范围在 0~5。例如，如果 backlog 被设置为 2，此时有 3 个客户端同时发出连接请求，那么前两个客户端连接会放置在等待队列中，第 3 个客户端会得到错误信息。

返回值：如果函数执行成功，返回值为 0，失败则返回 SOCKET_ ERROF。

（4）accept 函数

SOCKET accept (SOCKET s ,struct sockaddr FAR* addr,int FAR* addrlen);

该函数用于接收客户端的连接请求。当客户端提出连接请求时，服务器端 hwnd 窗口会收到一个消息，这时可以分析调用相关的函数来处理此事件。为了使服务器端接收客户端的连接请求，就要使用函数 accept()，该函数新建一个 Socket 与客户端的 Socket 相通，原先监听的 Socket 继续进入监听状态，等待其他客户端的连接要求。各参数说明如下：

s：一个套接字对象，它应处于监听状态。

addr：一个 sockaddr in 结构指针。

addren：用于接收参数 addr 的长度。

返回值：如果函数执行成功，就返回一个新产生的 Socket 对象，失败则返回 INVALID_SOCKET。

（5）connect 函数

int connect (SOCKET s,const struct sockaddr FAR* name,int namelen);

该函数用于发送一个连接请求。客户端的 Socket 使用函数 connect() 来提出与服务器端的 Socket 建立连接的申请。各参数说明如下。

s：一个套接字。

name：套接字 s 想要连接的主机地址和端口号。

namelen：name 缓冲区的长度。

返回值：如果函数执行成功，返回值为 0，否则返回 SOCKET_ERROR。

（6）send 函数

int send(SOCKET s,const char FAR * buf, int len,int flags);

该函数用于在面向连接方式（基于 TCP 协议）的套接字中发送数据。各参数说明如下。

s：一个套接字对象。

buf：存放要发送数据的缓冲区。

len：缓冲区长度。

flags: 函数的调用方式。flags 的值可以设置为 0、MSG_DONTROUTE 或 MSG_OOB。

返回值：如果函数执行成功，返回发送资料的长度，否则返回 SOCKET_ERROR。

（7）recv 函数

int recv(SOCKET s,char FAR* buf,int len,int flags);

该函数用于从面向连接方式（基于 TCP 协议）的套接字中接收数据。各参数说明如下。

s：一个套接字对象。

buf：接收数据的缓冲区。

len：缓冲区长度。

flags：函数的调用方式。

返回值：如果函数执行成功，返回接收资料的长度，否则返回 SOCKET_ERROR。

（8）sendto 函数

int sendto(SOCKET s, const char FAR * buf, int len, int flags,
const struct sockaddr FAR* to,int tolen);

该函数用于在面向无连接方式（基于 UDP 协议）的套接字中发送数据。各参数说明如下。

s：一个套接字对象。

buf：存放要发送数据的缓冲区。

len：缓冲区长度。

flags：函数的调用方式。

to：（可选）指针，指向目的套接口的地址。

tolen：to 所指的地址长度。

返回值：如果函数执行成功，返回发送资料的长度，否则返回 SOCKET_ERROR。

（9）recvfrom 函数

int recvlrom(SOCKET s, char FAR* buf, int len, int flags,
struct sockaddr FAR* from, int FAR* fromlen);

该函数用于从面向无连接方式（基于 UDP 协议）的套接字中接收数据。各参数说明如下。

s：一个套接字对象。

buf：接收数据的缓冲区。

len：缓冲区长度。

flags：函数的调用方式。

from：（可选）指针，指向装有源地址的缓冲区。

　　fromlen：（可选）指针，指向 from 缓冲区长度值。

　　返回值：如果函数执行成功，返回接收资料的长度，否则返回 SOCKET_ERROR。

　　（10）closesocket 函数

```
int closesocket (SOCKET s);
```

　　该函数用于关闭套接字。各参数说明如下。

　　s：一个套接字对象。如果参数 s 设置为 SO_DONTLINGER 选项，则调用该函数后会立即返回，此时如果有数据尚未传送完毕，会继续传递数据，然后才关闭套接字。

　　返回值：如果函数执行成功，返回值为 0，否则返回 SOCKET_ERROR。

　　（11）WSACleanup 函数

```
int WSACleanup(void);
```

　　该函数用于释放为 Ws2_32.dll 动态链接库初始化时分配的资源。

　　返回值：如果函数执行成功，返回值为 0，否则返回 SOCKET_ERROR。

　　（12）select 函数

```
int select(int nfds,fd_set FAR* readfds,fd_
set FAR* writefds,fd_set FAR*exceptfds,
    const struct timeval FAR* timeout);
```

　　该函数用来检查一个或多个套接字是否处于可读、可写或错误状态。各参数说明如下。

　　nfds：无实际意义，只是为了和 UNIX 下的套接字兼容。

　　readfds：一组被检查可读的套接字。

　　writefds：一组被检查可写的套接字。

　　exceptfds：被检查有错误的套接字。

　　timeout：函数的等待时间。

　　返回值：如果函数执行成功，返回值为 0，否则返回 SOCKET_ERROR。

　　（13）WSAAsyncSelect 函数

```
int WSAAsyncSelect (SOCKET s,HWND hWnd,unsign
ed int wMsg,long IEvent ) ;
```

　　该函数用于将网络中发生的事件关联到窗口的

某个消息中。各参数说明如下。

　　s：一个套接字。

　　hWnd：接收消息的窗口句柄。

　　wMsg：窗口接收来自套接字中的消息。

　　IEvent：网络中发生的事件。

　　返回值：如果函数执行成功，返回值为 0，否则返回 SOCKET_ERROR。

　　（14）ioctlsocket 函数

```
int ioctlsocket (SOCKET s,long cmd,u_
long FAR* argp);
```

　　该函数用于设置套接字的 IO 模式。各参数说明如下。

　　s：待更改 IO 模式的套接字。

　　cmd：对套接字的操作命令。如果为 FIONBIO，当 argp 为 0 时，表示禁止非阻塞模式，当 argp 非 0 时，表示设置非阻塞模式；如果为 FIONREAD，表示从套接字中可以读取的数据量；如果为 SIOCATMARK，表示所有的外带数据都已被读入。这个命令仅适用于流式套接字。

　　argp：命令参数。

　　返回值：如果函数执行成功，返回值为 0，否则返回 SOCKET_ERROR。

　　（15）hons 函数

```
u_short hons (u_short hostshort);
```

　　该函数将一个 16 位的短整型数据主机排列方式转换为网络排列方式。各参数说明如下：

　　hostshort：一个主机排序方式的无符号短整型数据。

　　返回值：16 位的网络排列方式数据。

　　（16）htonl 函数

```
u_long htonl (u_long hostlong);
```

　　该函数将一个无符号长整型数据由主机排列方式转换为网络排列方式。各参数说明如下：

　　hostlong：一个主机排列方式的无符号长整型数据。

　　返回值：32 位的网络排列方式数据。

　　（17）inet_addr 函数

```
unsigned long inet_addr (const char FAR* cp);
```

　　该函数将一个由字符串表示的地址转换为 32 位

的无符号长整型数据。各参数说明如下。

cp：一个 IP 地址的字符串。

返回值：32 位无符号长整型数据。

其他一些函数以及 WinSock2 中新增的函数请查阅 Windows API 学习。

▶ 20.2 TCP 可靠连接

TCP 是一个面向连接的、可靠的协议。它将一台主机发出的字节流无差错地发往互联网上的其他主机。在发送端，它负责把上层传送下来的字节流分成报文段并传递给下层。在接收端，它负责把收到的报文进行重组后递交给上层。整个过程分为服务器端和客户端，两端连接过程如下图所示。

一个典型的 TCP 双方通信的过程如下。

（1）获得对方的 IP 地址和端口号。

（2）在本地主机上选择一个 IP 地址和端口号。

（3）建立连接。

（4）传输数据。这时数据就好像是直接从发送方顺序流出到接收方的一样，与普通的文件流操作没有什么不同。

（5）断开连接。

20.2.1 ▶ 服务器端

TCP 通信方式的服务器端的工作流程：首先调用 socket 函数创建一个流方式的套接字 Socket，然后调用 bind 函数将 Socket 与地址绑定，再调用 listen 函数在相应的 Socket 上监听，当 accept 接收到一个连接服务请求时，将向客户端接收或发送消息，最后关闭 Socket。

下面将编写一个服务器端程序，要求接收到客户端请求时向客户端发送消息。

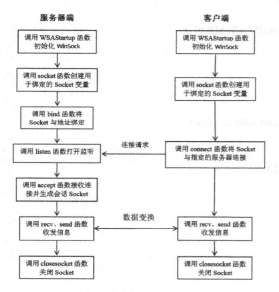

📝 范例 20-1　利用流式套接字设计编写一个服务器端程序

（1）在 Code::Blocks 17.12 中，新建名称为 "Server" 的【C/C++ Source Files】文件。

（2）在代码编辑窗口中输入以下代码（代码 20-1.txt）。

```
01   // 范例 20-1
02   //Server 程序
03   // 利用流式套接字编写一个服务器程序
04   //2017.07.26
05   #include <iostream>
06   using namespace std;
07   #include "winsock2.h"
08   #pragma comment (lib, "ws2_32.lib") // 加载 ws2_32.dll
```

```
09   int main()
10   {
11       WSADATA wsaData; //WSADATA 对象
12       SOCKET ServerSock;// 服务器套接字
13       SOCKET AccSock;  // 用来存储接收客户端连接请求产生的套接字数据
14       sockaddr_in sockAddr;// 服务器端口地址
15       // 初始化 DLL
16       WSAStartup(MAKEWORD(2, 2), &wsaData);
17       // 创建套接字
18       ServerSock = socket(PF_INET, SOCK_STREAM, IPPROTO_TCP);
19       // 指定服务器 IP 地址和端口
20       sockAddr.sin_family = AF_INET;            // 使用 IPv4 地址
21       sockAddr.sin_addr.s_addr = inet_addr("127.0.0.1");  // 具体的 IP 地址
22       sockAddr.sin_port = htons(2200);         // 端口
23       // 绑定套接字
24       bind(ServerSock, (SOCKADDR*)&sockAddr, sizeof(SOCKADDR));
25       // 进入监听状态，最多 10 个连接
26       listen(ServerSock, 10);
27       // 接收客户端请求
28       SOCKADDR clntAddr;
29       int nSize = sizeof(SOCKADDR);
30       AccSock = accept(ServerSock, (SOCKADDR*)&clntAddr, &nSize);
31       // 向客户端发送数据
32       char *str = "Server sends!";
33       send(AccSock, str, strlen(str) + sizeof(char), NULL);
34       // 关闭套接字
35       closesocket(AccSock);
36       closesocket(ServerSock);
37       // 终止 DLL 的使用
38       WSACleanup();
39       system("pause");
40       return 0;
41   }
```

【运行结果】

编译、连接、运行程序。程序等待客户端程序的连接，客户端部分将在下一小节中介绍，结果如下图所示。

【范例分析】

本范例中依次通过 socket、bind 和 listen 函数创建一个流式套接字并绑定 IP 地址，将其设为监听模式，当有客户端发出连接申请时，通过 accept、send 函数建立与客户端的连接并向客户端发送信息，最后关闭套接字。

20.2.2 客户端

TCP 通信方式的客户端程序首先通过服务器域名获得服务器的 IP 地址，然后创建一个流式的套接口 Socket，调用 connect 函数与服务器建立连接，连接成功之后接收从服务器发送过来的数据，最后关闭 Socket。

下面通过流式套接字编写一个客户端，与范例 20-1 中的服务器程序建立连接，并接收其发送的数据。

范例 20-2　利用流式套接字设计编写一个客户端程序，接收服务器发送的数据

（1）在 Code::Blocks 17.12 中，新建名称为"Client"的【C/C++ Source Files】文件。
（2）在代码编辑窗口中输入以下代码（代码 20-2.txt）。

```cpp
01  // 范例 20-2
02  //Client 程序
03  // 利用流式套接字编写一个客户端程序
04  //2017.07.26
05  #include <iostream>
06  using namespace std;
07  #include <cstdlib>
08  #include "WinSock2.h"
09  #pragma comment(lib, "ws2_32.lib") // 加载 ws2_32.dll
10  int main()
11  {
12      // 初始化 DLL
13      WSADATA wsaData;   //WSADATA 对象
14      SOCKET Clientsock; // 客户端套接字
15      sockaddr_in sockAddr; // 客户端端口地址
16      WSAStartup(MAKEWORD(2, 2), &wsaData);
17      // 创建套接字
18      Clientsock = socket(PF_INET, SOCK_STREAM, IPPROTO_TCP);
19      // 指定客户端 IP 地址和端口
20      sockAddr.sin_family = PF_INET;
21      sockAddr.sin_addr.s_addr = inet_addr("127.0.0.1");
22      sockAddr.sin_port = htons(2200);
23      // 向服务器发起连接请求
24      connect(Clientsock, (SOCKADDR*)&sockAddr, sizeof(SOCKADDR));
25      // 接收服务器传回的数据
26      char szBuffer[MAXBYTE] = { 0 };
27      recv(Clientsock, szBuffer, MAXBYTE, NULL);
28      // 输出接收到的数据
29      cout<< "Message form server:"<<szBuffer<<endl;
30      // 关闭套接字
31      closesocket(Clientsock);
32      // 终止使用 DLL
33      WSACleanup();
34      system("pause");
35      return 0;
36  }
```

【运行结果】

　　编译、连接，先运行服务器端程序 Server.exe，然后运行此客户端程序 Client.exe。服务器和客户端程序
运行结果如下图所示。

【范例分析】

启动程序时应先启动服务器端程序，服务器端程序启动后则通过 socket() 函数创建套接字，通过 bind() 绑定服务器地址及端口，通过调用 linsten() 函数进入监听状态。然后启动客户端程序，客户端程序启动后通过 connect() 函数向服务器发送连接请求，服务器通过 accept() 同意客户端的连接请求，此时客户端和服务器连接成功。客户端与服务器建立连接后，分别通过 send() 和 recv() 发送和接收消息。客户端和服务器分别将接收到的消息显示到屏幕上。

▶20.3 UDP 消息传输

UDP 是一个不可靠的、无连接协议，主要适用于不需要对报文进行排序和流量控制的场合。由于 UDP 不属于连接型协议，因而具有资源消耗小、处理速度快的优点，所以通常音频、视频和普通数据在传送时使用 UDP 较多，即使它们偶尔丢失一两个数据包，也不会对接收结果产生太大影响。比如聊天用的 QQ 使用的就是 UDP。

所谓面向无连接主要是指通信双方通信前不需要建立连接，服务器和客户端使用相同的处理过程，如下图所示。

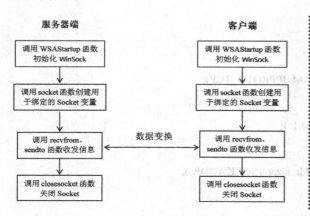

20.3.1 服务器端

UDP 通信方式的服务器端的工作流程：首先调用 socket 函数创建一个数据报方式的套接字 Socket，然后调用 bind 函数将 Socket 与地址绑定，再调用 listen 函数在相应的 Socket 上监听，当 accept 接收到一个连接服务请求时，将向客户端接收或发送消息，最后关闭 Socket。

下面将编写一个服务器端程序。

📋 范例 20-3 利用数据报套接字设计编写一个服务器端程序，要求接收到客户端发送的消息

（1）在 Code::Blocks 17.12 中，新建名称为 "UDPServer" 的【C/C++ Source Files】文件。
（2）在代码编辑窗口中输入以下代码（代码 20-3.txt）。

```
01  // 范例 20-3
02  //UDPServer 程序
03  // 利用数据报套接字编写一个服务器程序
04  //2017.07.26
05  #include <iostream>
06  using namespace std;
07  #include <WinSock2.h>
08  #pragma comment(lib,"ws2_32.lib")
09  int main()
10  {
11      WSADATA wsaData;
12      SOCKET serSocket;
13      // 初始化 WinSock
14      WSAStartup(MAKEWORD(2,2),&wsaData);
15      // 创建 UDP Socket
```

```
16    serSocket = socket(AF_INET,SOCK_DGRAM,IPPROTO_UDP);
17    // 设置服务器 Socket 地址
18    sockaddr_in serAddr;
19    serAddr.sin_family = AF_INET; // 地址家族
20    serAddr.sin_port = htons(8800); // 端口
21    serAddr.sin_addr.s_addr = htonl(INADDR_ANY); // 系统自动设置合适地址
22    bind(serSocket,(SOCKADDR*)&serAddr,sizeof(serAddr));
23    cout << " 等待数据传输……" << endl;
24    char buf[64];
25    int senderaddrsize = sizeof(serAddr);
26    recvfrom(serSocket,buf,64,0,(SOCKADDR*)&serAddr,&senderaddrsize);
27    cout << " 接收完成 !"<<endl;
28    cout <<"Client:"<<buf<<endl;
29    // 关闭 socket, 结束接收数据
30    closesocket(serSocket);
31    // 释放 DLL
32    WSACleanup();
33    system("pause");
34    return 0;
35  }
```

【运行结果】

编译、连接、运行程序。程序等待客户端程序的连接，客户端部分将在下一小节中介绍，结果如下图所示。

【范例分析】

本范例中依次通过 socket、bind 函数创建一个

数据报套接字并绑定 IP 地址，IP 地址实际上由系统分配，当客户端发送数据过来时，通过 recvfrom 接收来自客户端发送的数据，最后关闭套接字。

20.3.2 客户端

UDP 通信方式的客户端程序首先调用 socket 创建一个数据报方式的套接字 Socket，然后调用 sendto 函数将数据发送至指定的 IP 地址和端口的服务器，发送完成后关闭 Socket。

下面通过数据报套接字编写一个客户端，向范例 20-3 中的服务器程序发送数据。

📝 **范例 20-4**　利用数据报套接字设计编写一个客户端程序，向指定服务器发送数据

（1）在 Code::Blocks 17.12 中，新建名称为 "UDPClient" 的【C/C++ Source Files】文件。
（2）在代码编辑窗口中输入以下代码（代码 20-4.txt）。

```
01  // 范例 20-4
02  //UDPClient 程序
03  // 利用数据报套接字编写一个客户端程序
04  //2017.07.26
05  #include <WinSock2.h>
06  #pragma comment(lib,"ws2_32.lib")
07  #include <iostream>
08  using namespace std;
```

```
09   int main()
10   {
11       WSADATA wsaData;
12       SOCKET cliSocket;
13       // 初始化 WinSock
14       WSAStartup(MAKEWORD(2,2),&wsaData);
15       // 创建 TCP Socket
16       cliSocket = socket(AF_INET,SOCK_DGRAM,IPPROTO_UDP);
17       // 设置服务器 Socket 地址
18       sockaddr_in cliAddr;
19       cliAddr.sin_family = AF_INET; // 地址家族
20       cliAddr.sin_port = htons(8800); // 端口
21       cliAddr.sin_addr.s_addr = inet_addr("127.0.0.1"); // 地址
22       cout << " 开始传输数据……" << endl;
23       char buf[64]="hello world!";
24       sendto(cliSocket,buf,64,0,(SOCKADDR*)&cliAddr,sizeof(cliAddr));
25       cout << " 发送完成！ "<<endl;
26       // 发送完成，关闭 socket
27       closesocket(cliSocket);
28       // 释放 DLL
29       WSACleanup();
30       system("pause");
31       return 0;
32   }
```

【运行结果】

编译、连接，先运行服务器端程序 UDPServer.exe，然后运行此客户端程序 UDPClient.exe。服务器和客户端程序运行结果如下图所示。

【范例分析】

本范例中依次通过 socket 函数创建一个数据报套接字，然后通过 sendto 函数向指定的服务器发送消息，对应的服务器则通过 recvfrom 接收到此客户端发送的消息，并将其消息显示到屏幕上。

▶20.4 综合案例

本节通过一个综合应用的例子来巩固一些常用的网络编程技术。

设计一个聊天程序，分为两个端口，相当于两个用户，两个用户可以互发消息进行聊天。这里利用 UDP 通信方式进行设计。利用 WSAStartup 函数初始化 Winsock，两端分别用 socket 函数创建一个数据报套接 Socket。设置对应的 IP 后通过 recoform、sendto 函数进行互发消息，达到聊天的效果，最后当其中一个输入"bye"时结束聊天。

范例 20-5 设计一个聊天程序，让两个用户可以互发互接消息

（1）在 Code::Blocks 17.12 中，新建名称为 "ChatServer" 的【C/C++ Source Files】文件。

（2）在代码编辑窗口中输入以下代码（代码 20-5-1.txt）。

```
01  // 范例 20-5
02  //ChatServer 程序
03  // 利用数据报套接字编写一个聊天程序
04  //2017.07.26
05  #include <iostream>
06  using namespace std;
07  #include <cstring>
08  #include <WinSock2.h>
09  #pragma comment(lib,"ws2_32.lib")
10  const int port = 7700; // 端口号
11  const int BUF_SIZE = 64;
12  int main()
13  {
14      WSADATA wsaData;
15      SOCKET serSock;
16      sockaddr_in serAddr;
17      char buf[BUF_SIZE];
18      int senderaddrsize = sizeof(serAddr);
19      int retValue;
20      // 初始化 WinSock
21      if (WSAStartup(MAKEWORD(2,2),&wsaData) != 0){
22          cout << "WSAStartup failed!" << endl;
23          return -1;
24      }
25      // 创建 UDP Socket
26      serSock = socket(AF_INET,SOCK_DGRAM,IPPROTO_UDP);
27      if (serSock ==INVALID_SOCKET){
28          cout << "socket failed! " <<endl;
29          WSACleanup();
30          return -1;
31      }
32      // 设置服务器 Socket 地址
33      serAddr.sin_family = AF_INET; // 地址家族
34      serAddr.sin_port = htons(port); // 端口
35      serAddr.sin_addr.s_addr = htonl(INADDR_ANY); // 地址
36      retValue = bind(serSock,(SOCKADDR*)&serAddr,sizeof(serAddr));
37      if(retValue == SOCKET_ERROR)
38      {
39          cout << "bind failed!" << endl;
40          closesocket(serSock);   // 关闭套接字
41          WSACleanup();        // 释放套接字资源；
42          return -1;
43      }
44      cout << "***********Mr.Zhang***********" << endl;
45      retValue = recvfrom(serSock,buf,BUF_SIZE,0,(SOCKADDR*)&serAddr,&senderaddrsize);
46      if(retValue == SOCKET_ERROR)
47      {
```

```
48      cout << "receive failed!" << endl;
49      closesocket(serSock);  // 关闭套接字
50      WSACleanup();          // 释放套接字资源；
51      return -1;
52    }
53    cout<<"            Mr.Zhang:"<<buf<<endl;
54    while(strcmp(buf,"bye")!=0)
55    {
56      cin>>buf;
57      retValue = sendto(serSock,buf,64,0,(SOCKADDR*)&serAddr,senderaddrsize);
58      if(retValue == SOCKET_ERROR)
59      {
60        cout << "send failed!" << endl;
61        closesocket(serSock);  // 关闭套接字
62        WSACleanup();          // 释放套接字资源；
63        return -1;
64      }
65      retValue = recvfrom(serSock,buf,BUF_SIZE,0,(SOCKADDR*)&serAddr,&senderaddrsize);
66      if(retValue == SOCKET_ERROR)
67      {
68        cout << "receive failed!" << endl;
69        closesocket(serSock);  // 关闭套接字
70        WSACleanup();          // 释放套接字资源；
71        return -1;
72      }
73      cout<<"            Mr.Zhang:"<<buf<<endl;
74    }
75    // 关闭 socket, 结束接收数据
76    closesocket(serSock);
77    // 释放资源，并退出
78    WSACleanup();
79    system("pause");
80    return 0;
81  }
```

（3）在 Code::Blocks 17.12 中，新建名称为 "ChatClient" 的【C/C++ Source Files】文件。
（4）在代码编辑窗口中输入以下代码（代码 20-5-2.txt）。

```
01  // 范例 20-5
02  //ChatClient 程序
03  // 利用数据报套接字编写一个聊天程序
04  //2017.07.26
05  #include <iostream>
06  using namespace std;
07  #include <cstring>
08  #include <WinSock2.h>
09  #pragma comment(lib,"ws2_32.lib")
10  const int port = 7700; // 端口号
11  const int BUF_SIZE = 64;
12  int main()
13  {
```

```
14      WSADATA wsaData;
15      SOCKET cliSock;
16      sockaddr_in cliAddr;
17      char buf[BUF_SIZE];
18      int senderaddrsize = sizeof(cliAddr);
19      int retValue;
20      // 初始化 WinSock
21      if (WSAStartup(MAKEWORD(2,2),&wsaData) != 0){
22          cout << "WSAStartup failed!" << endl;
23          return -1;
24      }
25      // 创建 UDPSocket
26      cliSock = socket(AF_INET,SOCK_DGRAM,IPPROTO_UDP);
27      if (cliSock ==INVALID_SOCKET){
28          cout << "socket failed!" <<endl;
29          WSACleanup();
30          return -1;
31      }
32      // 设置客户端 Socket 地址
33      cliAddr.sin_family = AF_INET; // 地址家族
34      cliAddr.sin_port = htons(port); // 端口
35      cliAddr.sin_addr.s_addr = inet_addr("127.0.0.1"); // 地址
36      cout << "***********Ms.Li***********" << endl;
37      do{
38          cin>>buf;
39          retValue = sendto(cliSock,buf,64,0,(SOCKADDR*)&cliAddr,senderaddrsize);
40          if(retValue == SOCKET_ERROR)
41          {
42              cout << "send failed!" << endl;
43              closesocket(cliSock); // 关闭套接字
44              WSACleanup();         // 释放套接字资源 ;
45              return -1;
46          }
47          retValue = recvfrom(cliSock,buf,BUF_SIZE,0,(SOCKADDR*)&cliAddr,&senderaddrsize);
48          if(retValue == SOCKET_ERROR)
49          {
50              cout << "receive failed!" << endl;
51              closesocket(cliSock); // 关闭套接字
52              WSACleanup();         // 释放套接字资源 ;
53              return -1;
54          }
55          cout<<"            Ms.Li:"<<buf<<endl;
56      }while(strcmp(buf,"bye")!=0);
57      // 发送完成，关闭 socket
58      closesocket(cliSock);
59      // 释放 DLL
60      WSACleanup();
61      system("pause");
62      return 0;
63  }
```

【运行结果】

编译、连接，运行 chatServer.exe 和 chatClient，先在 chatClient 中进行输入，结果如下图所示。

【范例分析】

本范例中利用 UDP 通信的方式完成了一个简单的聊天程序，程序包括两个端口，代表相互聊天的两个人。每个部分中都加入了循环语句，两个端口可以一直相互接收和发送数据，使用户可以一直接收和发送消息，达到聊天的效果，当一个用户输入"bye"，一个端口接收到此信息就结束程序，聊天也就表示结束。

▶ 20.5　疑难解答

问题 1：TCP 和 UDP 两种通信方式的区别有哪些？

解答：TCP 与 UDP 两种方式主要有以下几点区别。

（1）TCP 服务器和客户端必须建立连接，而 UDP 则无须连接。

（2）模式不同：TCP 为流模式，UDP 为数据报模式。

（3）安全性不同：TCP 保证数据正确性，UDP 可能丢包；TCP 保证数据顺序，UDP 不保证。

（4）用途不同：UDP 主要用在短消息，要求响应速度快，但对数据安全性要求不是很高的场景。

问题 2：在 Code::Blocks 使用 WinSock 套接字报错怎么解决？

解答：Code::Blocks 不像 Visual C++ 6.0 那样可以直接使用 WinSock 套接字，它没有默认包含 Windows 的库。可以按照以下步骤解决。

（1）在 Code::Blocks 下新建一个工程，选中此工程，右击。

（2）单击【Build options】，选择【Linker settings】。

（3）在右侧的 Other linker options 框中输入"-lwsock32"，单击确定即可。

问题 3：如何运行服务器端程序和客户端程序？

解答：客户端和服务端程序需要分开运行，Code::Blocks 下不支持同时运行多个程序。可以依次编译、连接、运行检查各部分是否有错，无误时可以在文件创建的目录下找到运行生成的 exe 可执行文件，一般先打开服务器端生成的可执行程序，再打开客户端生成的可执行程序。

第  章

数据库编程技术

数据库是进行数据存储、共享和处理的有效工具，是软件开发必不可少的组成部分。数据库编程是数据库开发的基础。本章将介绍常用的数据库管理系统和数据库编程中 SQL 语言的知识，以及常用数据库访问技术。

本章要点（已掌握的在方框中打钩）

□ 数据库系统概述
□ 数据库管理系统
□ 数据库安装及使用
□ SQL 语句
□ SQL 中的常用函数
□ IDE 配置
□ 数据库连接
□ 数据库基本操作
□ 数据库访问接口

▶ 21.1 数据库基础知识

本节将介绍什么是数据库系统，常见的数据库管理系统有哪些，它们所存在的区别，以及数据库的安装和基本使用。

21.1.1 数据库系统概述

数据库系统（DataBase System，DBS）是指包含数据库应用的计算机系统，它不仅是一组对数据进行管理的软件（数据库管理系统），还是一个可运行的，按照数据库方式组织、存储、维护和向应用系统提供数据支持的系统。

数据库系统一般由数据库、硬件、软件、人员4部分组成。

（1）数据库（DataBase，DB）是指长期存储在计算机内的、有组织、可共享的数据的集合。数据库中的数据按一定的数学模型组织、描述和存储，具有较小的冗余、较高的数据独立性和易扩展性，并可为各种用户共享。

（2）硬件是构成计算机系统的各种物理设备，包括存储所需的外部设备。硬件的配置应满足整个数据库系统的需要。

（3）软件主要包括操作系统、数据库管理系统（DataBase Management System，DBMS），如 Oracle、SQL Server、MySQL、Access 等，以及各种应用程序。

（4）人员主要有4类。

第一类为系统分析员和数据库设计人员。系统分析员负责应用系统的需求分析和规范说明，和用户及数据库管理员共同确定系统的硬件配置，并参与数据库系统的概要设计。数据库设计人员负责数据库中数据的确定、数据库各级模式的设计。

第二类为应用程序员，负责编写使用数据库的应用程序。应用程序可对数据进行检索、建立、删除或修改。

第三类为最终用户，即数据库系统的使用者，可对数据库进行添加、修改、删除、统计及生成报表等操作。

第四类为数据库管理员（DataBase Administrator，DBA），负责数据库的总体信息控制。DBA 的具体职责包括决定数据库的存储结构和存取策略，定义数据库的安全性要求和完整性约束条件，监控数据库的使用和运行，负责数据库的性能改进、数据库的重组和重构。

21.1.2 数据库管理系统

数据库管理系统（DataBase Management System，DBMS）是数据库系统的核心软件，在操作系统（如Windows、Linux 等操作系统）的支持下工作，解决如何科学地组织和存储数据，如何高效获取和维护数据的系统软件。其主要功能包括数据定义功能、数据操纵功能、数据库的运行管理和数据库的建立与维护。

软件开发中，在数据库设计阶段，应根据项目的大小和适应程度选择合适的数据库管理平台。目前，商品化的数据库管理系统以关系型数据库为主导产品，技术比较成熟。常见的关系型数据库管理系统主要包括Oracle、SQL Server、MySQL、Access 等。

01 Oracle 数据库

Oracle DataBase 又名 Oracle RDBMS，简称为 Oracle，其以稳定并适合作为大型应用的数据库平台而著称，是目前最流行的客户/服务器体系结构的数据库之一，为用户提供了更多的软件架构选择，但其不适合中小型的应用软件系统，故一般不建议使用 Oracle 作为应用数据库平台。Oracle 数据库主要特性如下。

（1）兼容性：Oracle 产品采用标准的 SQL，并经过美国国家标准技术所（NIST）测试，与 IBM SQL/DS、DB2、INGRES、IDMS/R 等兼容。

（2）可移植性：Oracle 产品可运行于很宽范围的硬件与操作系统平台上，即支持所有主流平台上运行（如

Windows、UNIX、DOS、Linux 等）。

（3）可联结性：Oracle 能与多种通信网络相连，支持多种协议（TCP/IP、DECnet、LU6.2 等）。

（4）安全性：安全性能最高（常用数据库管理系统中），支持快闪和完美恢复，即使硬件故障也能恢复到故障前一秒。

（5）高效性：Oracle 处理速度非常快。

（6）高生产率：Oracle 提供丰富的开发工具，覆盖开发周期的各个阶段，并具有字符界面和图形界面，极大地方便用户的开发。

02 SQL Server 数据库

SQL Server 数据库管理系统是由微软公司推出的大型数据库服务器软件。作为一个完备的数据库管理系统数据分析包，SQL Server 为快速开发新一代企业级应用程序提供了方便，其主要特性如下。

（1）真正的客户端 / 服务器体系结构，即仅支持 C/S 模式。

（2）图形化用户界面，更加直观简单，其易操作和友好操作界面，深受用户喜爱。

（3）对 Web 技术的支持，SQL Server 提供了以 Web 标准为基础的数据库扩展功能，使用户易于将数据库中的数据发布到 Web 上。

（4）开放性方面，SQL Server 仅能运行在 Windows 平台上，故开放性较差。

（5）高度的可伸缩性和可靠性。通过向上伸缩和向外扩展，SQL Server 能满足电子商务和企业级应用程序的需求。

（6）简单的管理和调节，SQL Server 可方便地管理企业数据库，可保持在开机状态下，多台计算机间或实例间进行移动和复制数据库。

03 MySQL 数据库

MySQL 作为最受欢迎的开源 SQL 数据库管理系统之一，由 MySQL AB 开发、发布和支持。MySQL 是一个快速的、多线程、多用户和健壮的 SQL 数据库服务器，被广泛地应用于 Internet 上的中小型网站和应用程序开发。其主要特性如下。

（1）MySQL 是开源的关系型数据库管理系统，意味着其可以免费使用。

（2）由 C 和 C++ 编写，并使用多种编译器进行测试，保证了代码的可移植性。

（3）由于其良好的可移植性，保障了它支持 Windows、Linux、macOS、DOS 等多种操作系统，体现了其良好的开放性。

（4）支持多线程，充分利用 CPU 资源；支持多用户，可以同时处理几乎不限数量的用户。

（5）命令执行速度快，使用标准化 SQL 数据语言形式，简洁高效。

（6）MySQL 是一个轻量级、易扩展、易操作和可靠的数据库服务器。

04 Access 数据库

作为微软的 Office 套件产品之一，Access 已成为最流行的桌面数据库管理系统之一。Access 数据库功能比较单一，需要的内存和数据资源也比较少，主要应用于桌面应用程序的数据库解决方案，其主要特性如下。

（1）不提供数据发布、分布式事务处理等操作，不适合于大中型的企业级应用。

（2）存储方式单一，便于用户操作和管理，易学易懂，非计算机专业人员也能很好掌握。

（3）界面友好、易操作。Access 是一个可视化工具，风格和 Windows 相同，非常直观方便。

（4）集成环境、处理多种数据信息。

（5）存储量小且安全性不高，很容易破解用户密码。

21.1.3 数据库安装及使用

通过前面的学习，对数据库系统和数据库管理系统有了一定的了解，下面学习如何安装数据库并配置使用。考虑实际情况以及 MySQL 的开源特性，本书将以 MySQL 数据库为主学习数据库以及后期项目实训的开发。

01 数据库的下载

由于 MySQL 的开源特性，可直接在 MySQL 官方网站下载，如下图所示。

选择相应的系统平台和版本，注意 MySQL 有两种安装包格式，一种是 msi 格式，一种是 zip 格式。如果是 msi 格式可直接依据安装提示进行安装，若有疑问可参考网上教程，此处不再介绍。此处以 zip 格式安装为例进行安装，首先选择合适的版本下载，这里选择的是 Windows(x86,64-bit),ZIP Archive 版本，出现如下界面。

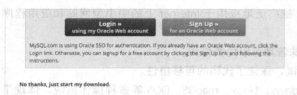

此时可选择注册或登录进行下载，如想直接下载可单击左下角 No thanks, just start my download。下载完成后解压，如下图所示。

📁 mysql-5.7.19-winx64   2017/7/25 17:21   文件夹

02 数据库的安装

将解压后的文件放入合适的位置并对其重命名，此处将其放在 C:\Program Files (x86)\MySQL 目录下，重命名为 MySQL 5.7。接下来需要配置环境变量，右键单击【我的电脑】➤【属性】➤【高级系统设置】➤【环境变量】，在系统变量中，选择 path，在其后面添加你的 mysql bin 文件夹路径（如 C:\Program Files (x86)\MySQL\MySQL 5.7\bin)，即 path =......;C:\Program Files (x86)\MySQL\MySQL 5.7\bin（注意是追加，不是覆盖），如下图所示。

打开下载文件，如下图所示。

5.7 版本的下载文件中相比之前版本缺少配置文件 (.ini 文件)，因此，需要手动创建，此处创建名为 my.ini 的文件，文件内容存储于赠送的电子资源中，读者也可上网搜寻，仅需要修改下图中的标记部分。

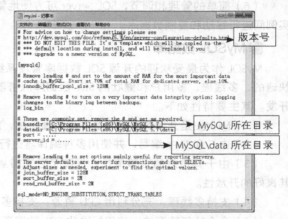

配置完成后，以管理员身份运行 cmd，输入 cd \Program Files (x86)\MySQL\MySQL 5.7\bin 进入 mysql 的 bin 文件夹，输入 mysqld -install(如果不是以管理员身份运行，将会因权限不够而出现错误：Install/Remove of the Service Denied！)，显示安装成功即可，如下图所示。

03 数据库的启动

安装成功后就可以启动服务了，继续在 cmd 中输入 "net start mysql"，发现无法启动服务，如下图所示。

错误原因是由于 5.7 版本下载后的文件中没有 data 目录，解决方案很简单，在 bin 目录下输入指令 "mysqld --initialize"，此时会发现在 MySQL 5.7 下增加一个 data 目录，然后输入 net start mysql 便能正常启动服务，如下图所示。

04 数据库的登录

服务器成功启动后，便可以登录，输入 mysql -u root -p(第一次登录无密码，直接按回车跳过)，登录成功，如下图所示。

若输入密码时直接跳过出现错误：ERROR 1045<28000>:Access denied for user 'root'@'localhost' <using password:NO>，则需要在配置文件中的指定位置加入语句 ski-grant-tables，如下图所示。

配置文件修改后，重启 mysql，运行 cmd，再次启动服务器，输入 mysql -u root -p,password 直接回车跳过，然后在 mysql 数据库中，输入 use mysql;(; 是指令一部分)，然后修改 root 用户密码，即 update mysql.user set authentication_string=password('123456') where user='root' and Host='localhost';(此处设置密码为 123456)，再刷新数据库（ flush privileges; ），退出数据库（ quit ），最后修改配置文件，将新加的语句 skip-grant-tables 删除，即可根据密码登录到数据库，如下图所示。

05 数据库管理工具

为方便用户使用数据库，以图形化方式管理和操作数据库，MySQL 提供了多种管理工具以供用户使用。此处以使用较为普遍且操作性强的 Navicat for MySQL 为例进行讲解，原因是，Navicat MySQL 适用于 3.21 以上的任何版本的 MySQL 数据库服务器，并支持包括触发器、存储过程、函数、事件、视图、管理用户在内的绝大多数 MySQL 功能，不管是对于专业的数据库开发人员还是 DB 新手来说，其精心设计的用户图形界面（ GUI ）都为安全、便捷地操作 MySQL 数据信息提供了一个简洁的管理平台。既可以为 Windows 平台稳定运行，同样也兼容于 macOS X 和 Linux 系统。下面讲解 Navicat for MySQL 的安装和使用。

Navicat for MySQL 的软件可自行在网上查找下载，此处不再赘述。单击下载后的文件进行安装，如下图所示。

单击【下一步】➤【我同意】➤【下一步】，选择存储位置，如下图所示。

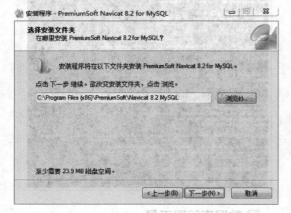

依照提示，单击【下一步】➤【下一步】➤【Create a desktop icon】➤【下一步】➤【安装】，稍等即可安装成功，如下图所示。

在桌面打开 Navicat for MySQL，将提示需要进行注册，注册完成后，界面打开，如下图所示。

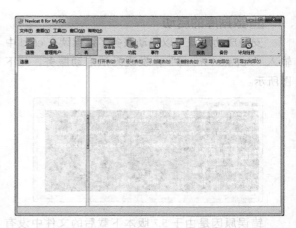

单击上图中【连接】，并根据提示填写信息以连接，如下图所示。

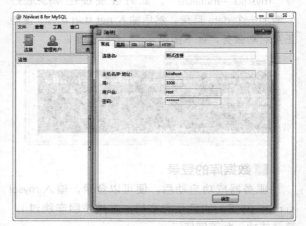

上图中所涉及的信息填写说明如下。

连接名：可以任意填写，方便以后识别区分即可。

主机名 /IP 地址：填写服务器的主机名（必须要能解析的）或者服务器 IP 地址，如果是本机可以填写 localhost 或 127.0.0.1。

埠：默认是 3306，如果修改了其他端口，需要对应。

密码：用户名 root 密码或者其他 MySQL 用户的密码。

设置好连接数据库参数后，单击下方的【确定】，此时若无提示错误，则连接成功，界面左侧菜单框中出现刚刚设置的连接名（此处为测试连接），如下图所示。

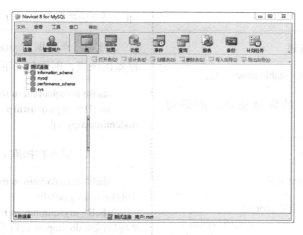

　　本次连接以连接本机数据库为例，也可连接其他机器或服务器数据库。到此数据库管理工具的安装和连接便讲解结束，有关使用将在下节中讲解。

06 数据库的基本操作

　　数据库有关基本操作可通过两种方式实现，一种是通过界面化管理工具（如 Navicat for MySQL）进行操作，另一种直接通过 cmd 运行窗进行操作，由于通过界面操作比较直观易懂且易操作，故此处不再赘述。此处以运行窗进行操作，帮助读者熟悉有关命令，从根本上来了解数据库的操作（图形化工具也是通过单击产生相应命令进行操作数据库），也帮助读者对数据库有更深层次的认识。

> **提示**
>
> 　　下面命令讲解时的 "shell>" 代表 mysql 的 **bin** 目录下的操作，即此处代表 C：\Program Files (x86)\MySQL\MySQL 5.7\bin，而 "mysql>" 代表数据库中的操作。命令语句不区分大小写，但一般使用小写语句。

（1）启动数据库

shell> net start mysql;

（2）停止数据库

shell> net stop mysql;

（3）登录数据库

shell> mysql -u root -p //root 为用户名，也可为其他用户名

（4）创建数据库

mysql> create database name charset gbk; //name 为创建数据库名，设置编码格式为 **gbk**

例如，创建名为 studentInfo 的数据库，则语句如下。

mysql> create database studentInfo charset gbk;

（5）选择数据库

mysql> use databasename; //databasename 为数据库名

例如，选择名为 studentInfo 的数据库，则语句如下。

mysql> use studentInfo;

（6）直接删除数据库且不提醒

mysql> drop database name; //name 为要删除的数据库名

例如，删除名为 studentInfo 的数据库，则语句如下。

mysql> drop database studentInfo;

（7）刷新数据库

mysql> flush privileges;

（8）显示所有数据库

mysql> show databases;

（9）显示所用数据库的所有表格

mysql> show tables;

（10）查看表的详细描述

mysql> describe tablename;　//tablename 为表名

例如，查看表 student 的详细描述，则语句如下。

mysql> describe student;

（11）修改 mysql 中 root 密码

shell> mysql -u root -p　//登录 root 用户
mysql> use mysql;　　　　　//选择数据库
mysql> update mysql.user set authentication_string=password('123456')where user='root' and Host='localhost';　　//修改密码，此处修改密码为 123456
mysql> flush privileges;　//刷新数据库
mysql> quit;　　//退出，即可使用新密码重新登录

（12）备份数据库

shell> mysqldump -u root -p dbname >dbname_backup.sql //dbname 指需要备份数据库名字

例如，将 studentinfo 数据库备份到 e 盘下并命名为 studentinfocopy，则语句如下。

shell> mysqldump -u root -p studentinfo >e:\studentinfocopy.sql

（13）恢复数据库

shell> mysqladmin -u root -p creat db_original　//若原数据库丢失则创建此数据库
shell> mysqldump -u root -p db_original < e:\db_copy.

sql // 将备份数据库导入进行恢复

例如，原数据库 studentinfo 丢失，通过备份数据库以恢复，则语句如下。

shell> mysqladmin -u root -p creat studentinfo
shell> mysqldump -u root -p studentinfo<e:\studentinfocopy.sql

（14）导入数据库（与恢复数据库相似）

shell> mysqladmin -u root -p creat newdb　　//首先创建空的数据库名 newdb
shell> mysqldump -u root -p newdb < e:\db_import.sql // 将数据库 db_import 进行导入

例如，导入名为 studentinfo 的数据库，则语句如下。

shell> mysqladmin -u root -p creat studentinfo
shell> mysqldump -u root -p studentinfo < e:\studentinfo.sql

（15）导出数据库（与备份数据库相似）

shell> mysqldump -u root -p dbname > dbname_export.sql //dbname 为数据库名

例如，将 studentinfo 数据库导出到 e 盘下并命名为 studentinfo1，则语句如下。

shell> mysqldump -u root -p studentinfo >e:\studentinfo1.sql

以上讲解了数据库的基本操作，剩余部分有关数据库的操作将在 SQL 语句中具体讲解。

▶ 21.2　SQL

结构化查询语言 (Structured Query Language，SQL) 是指用于查询、更新和管理关系型数据库的数据库语言，是关系型数据库的国际标准语言。SQL 能简单方便地实现关系型数据库里数据库的各种操作。关系型数据库中都集成有 SQL 语句接口，C、C++、Java 等高级语言的程序中均可以直接嵌入 SQL 语句，以方便操作关系数据库。

21.2.1　SQL 的特点

SQL 的主要特点如下。

　综合统一

SQL 集数据定义语言 (Data Definition Language，DDL)、数据操纵语言 (Data Manipulation Lauguage，DML)、数据控制语言 (Data Control Language，DCL) 的功能于一体，语言风格统一，可以完成数据库的创建、查询、更新、维护、数据库重构和数据库安全性控制等操作。

02 高度非过程化

SQL 语句进行数据操作，用户仅需提出需要"做什么"，而不必说明"如何做"，系统便可以自助选择存储路径以及实行 SQL 语句的操作过程，这样不但大大减轻了用户负担，而且有利于提高数据独立性。

03 面向集合的操作方式

关系数据模型采用的是面向记录的操作方式，操作对象是一条记录。SQL 采用集合操作方式，不但操作对象、查找结果可以是元组的集合，而且一次插入、删除、更新操作的对象也可以是元组的集合。

04 以同一种语法结构提供两种方式

SQL 能够独立地用于联机交互的使用方式，用户可以在终端键盘上直接输入 SQL 命令对数据库进行操作；作为嵌入式语言，SQL 语句也能够嵌入到高级语言程序中，供程序员设计程序时使用。而在两种不同的使用方式下，SQL 的语法结构基本上是一致的。这种以统一的语法结构提供多种不同使用方式的做法提供了极大的灵活性与方便性。

05 语言简洁，易学易用

SQL 功能极强，但由于设计巧妙，语言十分简洁，完成核心功能只有 9 个动词，如下所示。

SQL 功能	动词
数据查询	SELECT
数据操作	INSERT、UPDATE、DELETE
数据定义	CREATE、DROP、ALTER
数据控制	GRANT、REVOKE

21.2.2 SQL 语句

SQL 语句主要包括数据定义语句、数据控制语句、数据操纵语句这三种，下面逐一对这些语句进行讲解。

SQL 语句书写说明如下。

（1）SQL 语句中所有英文单词大小写随意，不用区分。

（2）SQL 语句中的标点符号等一定要在英文状态下输入，否则会提示"附近有语法错误"。

（3）SQL 语句中的"[ ]"内为可选短语，"|"表示仅需一项，"…"表示可重复。

01 数据定义语句

（1）CREATE 语句：用于创建数据库中的表。格式如下。

CREAT TABLE 表名 (字段 1 数据类型，字段 2 数据类型……);

例如，创建名为学生信息表的表，包括班号 classId、学号 id、姓名 name、年龄 age 信息，则语句如下。

create table 学生信息表 (classid int, id int primary key, name varchar(20) not null, age int);

例如，创建名为成绩表的表，包括班号 classId、学号 id、姓名 name、语文 chinese、数学 math、英语 english 信息，则语句如下。

create table 成绩表 (classid int,id int primary key,name varchar(20) not null,chinese float, math float,english float);

读者需注意以下几点。

- 自增长代码代表：auto_increment。
- 主建的代码代表：primary key。
- 外键的代码代表公式：foreign key (列名) references 主表名（列名）。
  - ➢ fornign key+（列名）代表给哪一个加外键，
  - ➢ references 代表要引用哪个表里的列。
- 是否为空：不为空的代码：not null。

以上均为可选选项，根据需要进行选择。

（2）DROP 语句：用于删除数据库中的表。格式如下。

DROP TABLE 表名

例如，删除学生数据库中学生信息表，则语句如下。

drop table 学生信息表

（3）ALTER 语句：用于向现存表中加入新的指定列。格式如下。

ALTER TABLE 表名 **ADD** 列名 数据类型

例如，向学生信息表中加入性别为新的一列，则语句如下。

alter table 学生信息表 add sex bit

02 数据控制语句

（1）GRANT 语句：用于授予用户一定的权限。格式如下。

GRANT <权限 >[,<权限 >......] [ON <对象类型 >< 对 象 名 >] TO < 用 户 >[,< 用 户 >......] [WITH GRANT OPTION];

其中，权限包括 SELECT、UPDATE、INSERT、DELETE、CREATE、ALL 等，对象类型包括 TABLE、DATABASE 等，GRANT OPTION 指示该主体还可以向其他主体授予指定的权限。

例如，将修改学生姓名和删除学生信息的权限授予用户 user，则语句如下。

grant update(name),delete on table 学生信息表 **to user;**

（2）REVOKE 语句：用于取消用户一定的权限。格式如下。

REVOKE < 权限 >[,<权限 >......] [ON <对象类型 > <对象名 >] FROM < 用户 >[,< 用户 >......] [CASCADE];

其中，权限包括 SELECT、UPDATE、INSERT、DELETE、REFERENCES、ALL 等，对象类型包括 TABLE、DATABASE 等，CASCADE 指示要撤销的权限也会从此主体授予或拒绝该权限的其他主体中撤销。

例如，撤销用户 user 增添在学生信息表中插入记录的权限，则语句如下。

revoke insert on table 学生信息表 **from user**

03 数据操纵语句

（1）INSERT 语句：用于在表中插入操作，可以一次仅插入一条记录，也可以插入一个子查询结果，即批量记录插入。

格式如下。

INSERT INTO 表名 **[(列 1, [列 2,......])] VALUES (值 1, [值 2,......]) | SELECT** 语句

表名后面可以是指定列，并对其在 VALUES 中赋予相应的值。若表名后不指定列，则代表插入表定义时的所有字段。通过 VALIUES 每次仅能插入一条记录，若想一次插入一个查询结果可使用 SELECT 语句。

> **注意**
>
> 若列在定义表结构时不允许为空，则务必要在使用 **INSERT** 语句时赋值，否则将提示出错。若列允许为空，则未赋值情况下该处自动为 **NULL**。

例如，向学生信息表中插入一条新的记录，包括所有信息，则语句如下。

insert into 学生信息表 **values (20150130," 李阳 "，20);**

例如，从学生信息表中查询所有学生学号插入到成绩表中，则语句如下。

insert into 成绩表 **id select id from** 学生信息表 **;**

（2）DELETE 语句：用于实现数据的删除操作。格式如下。

DELETE FROM 表名 **[WHERE** 条件表达式 **]**

DELETE 语句如果没有 WHERE 子句，就表示删除表中所有的记录，就剩下个空表；否则，就是删除满足条件表达式的数据。

例如，删除学生信息表中班级中学号 20150116 后面的学生，则语句如下。

delete from 学生信息表 **where id > 20150116;**

（3）UPDATE 语句：用于实现数据的更新操作。格式如下。

UPDATE 表名 **SET** 字段 1= 表达式 1[, 字段 2= 表达式 2,......] **WHERE** 条件表达式

UPDATE 语句通过 SET 子句将满足条件表达式的指定字段的数据替换为对应表达式的值。

例如，在学生信息表中将学号为 20150105 的学生改名为赵五，则语句如下。

update 学 生 信 息 表 **set name=" 赵 五 " where id=20150105;**

（4）SELECT 语句：用于从数据库或表中查询出满足特定条件的所有记录。

SELECT 语句是 SQL 的核心语句，是 SQL 语句中最常用的数据查询语句。SELECT 语句包括 As、From、Where、Group By、Order By 等子句。

① SELECT 语句的一般格式如下。

SELECT [DISTINCT] 列名 **FROM** 表名

在 SELECT 语句中，SELECT 后面的字段就是要按顺序显示在查询结果中的列。若全部显示，可以按一定的顺序列出所有的列，若字段的显示顺序与基表中的顺序相同，可以简单地使用 "*"，即表示原全部序列。若选用 DISTINCT，则会除去字段值重

复的部分。

例如，查询学生信息表中的学号和姓名，则语句如下。

select id,name from 学生信息表；

② AS 子语句：在查询结果中用 AS 后面的名字作为一列的列名，该列的数据是 AS 子句中 AS 前面表达式的内容。格式如下。

SELECT 列表达式 1 AS 列名 1[, 列表达式 2 AS 列名 2,……] FROM table

列表达式为字段名或包含字段名的函数表达式，列名为查询结果集中列表达式的内容对应的字段名，即 SQL 语句中的别名，其实就是非数据库里的字段名，是在显示结果中临时出现的名字。

例如，查询成绩表中每个学生的总成绩，则语句如下：

select id,name,chinese+math+english as totalscore from 成绩表；

此例中将语数英三门成绩总和作为 totalScore 临时出现在查询结果中，查询结果显示 id、name、totalScore。

③ Where 子语句：指定查询要满足的条件。格式如下。

SELECT 列表 FROM table WHERE 条件表达式

条件表达式中可以用算术运算符、逻辑运算符、关系运算符以及 "Like" "Between" "in" 等来限定查询的范围。

例如，查询成绩表中总成绩大于 270 分的学生成绩，则语句如下。

select id,name,chinese,math,english from 成绩表 where chinese+math+english>270；

④ Group By 子语句：按列名分组，一般用于分组统计和汇总。格式如下。

SELECT 列表 FROM table [WHERE 条件表达式] GROUP BY 列名 1[, 列名 2, ...] [HAVING 表达式]

语句中的 HAVING 表达式用来指定分组后的筛选条件。

例如，查询成绩表中各班级的平均语数英成绩

总和大于 240 的情况，则语句如下。

select classid, avg(chinese) as 语文平均分, avg(math) as 数学平均分, avg(english) as 英语平均分 from 成绩表 group by classid having avg(chinese)+avg(math)+avg(english)>240；

思考：Where 和 Having 子句有什么不同？

解答：Where 子句是从基表中选择满足条件的记录，而 Having 子句是从分组中选择满足条件的记录。

⑤ Order By 子语句：实现对记录集合的排序。格式如下。

SELECT 列表 FROM table [WHERE 条件表达式] [GROUP BY 列名 1[, 列名 2,……] [HAVING 表达式]] ORDER BY 字段名 [ASC|DESC], 字段名 [ASC|DESC]……

检索结果按 Order By 后面的一个或多个字段排序，若有 ASC 则按升序，DESC 按降序，默认为升序。

例如，查询成绩表按照 chinese 成绩降序排列，相同 chinese 按照 math 成绩降序排列，相同 math 按 english 成绩降序排列，若成绩均相同则按照学号升序排列，语句如下。

select * from 成绩表 order by chinese desc,math desc,english desc,id asc；

21.2.3 SQL 中的常用函数

有时需要对数据库中的数据进行比价复杂的运算，此时便需要用到 SQL 语句中的常用算术函数。SQL 语句对数据库的操作结果都是集合形式，所以需要掌握结果集的常用统计函数。

01 算术函数

算术函数是指可以对数据类型为整型、浮点型、实型、货币型的字段进行操作的函数。这类函数的返回值均为 6 位小数，若使用错误，则返回 NULL 值并显示警告信息。算术函数均有返回值，返回值常作为 SELECT 语句的子句以及表达式的一部分直接使用。常见算术函数参数及功能如下表。

表格说明：参数中 float_expression 代表浮点表达式；integer_expression 代表整型表达式；numeric_expression 代表数字表达式，可为整型、浮点型、实型、货币型。

函数名（参数）	功能
SIN(float_expression)	返回以弧度表示的角的正弦
COS(float_expression)	返回以弧度表示的角的余弦
TAN(float_expression)	返回以弧度表示的角的正切
COT(float_expression)	返回以弧度表示的角的余切
ASIN(float_expression)	返回正弦是 FLOAT 值的以弧度表示的角
ACOS(float_expression)	返回余弦是 FLOAT 值的以弧度表示的角
ATAN(float_expression)	返回正切是 FLOAT 值的以弧度表示的角
DEGREES(numeric_expression)	把弧度转换为角度
RADIANS(numeric_expression)	把角度转换为弧度
EXP(float_expression)	返回表达式的指数值
POWER(numeric_expression,numeric_expression)	返回指定表达式指定幂的值
LOG(float_expression)	返回表达式的自然对数值
LOG10(float_expression)	返回表达式以 10 为底的对数值
SQRT(float_expression)	返回表达式的平方根
CEILING(numeric_expression)	返回≥表达式的最小整数，返回与表达式相同的数据类型
FLOOR(numeric_expression)	返回≤表达式的最小整数，返回与表达式相同的数据类型
ROUND(numeric_expression,integer_expression)	返回以 integer_expression 为精度的四舍五入值，返回与表达式相同的数据类型
ABS(numeric_expression)	返回表达式的绝对值，返回的数据类型与表达式相同
SIGN(numeric_expression)	测试参数的正负号，返回 0(零值)、1 (正数) 或 -1(负数)
PI()	返回值为 π，即 3.1415926535897936
RAND([integer_expression])	用 integer_expression 做种子值，返回 0~1 的随机浮点数

> **注意**
>
> 函数的参数必须包括在圆括号内，如果需要一个以上的参数，则必须用逗号分开。

算术函数举例如下。

```
select abs(-1)      // 输出 1
select celling(123.1)   // 输出 124
select floor(123.9999)  // 输出 123
select rand()      // 输出 0.36925407993302
select round(123.456789,3)  // 输出 123.457000，精确
到小数点后 3 位
select degrees(0.6)     // 输出 34.377467707849391000
select PI()      // 输出 3.14159265358979
select power(2,10)     // 输出 1024
select square(5)     // 输出 25
select sqrt(25)     // 输出 5
```

02 统计函数

统计函数又称为基本函数、合计函数或集函数，指按照一定方式进行统计并有返回值的函数。在数据库记录集的操作中经常使用。

常用的统计函数有下面 5 个。

（1）SUM() 函数

功能：返回指定列值的总和。

格式如下。

SUM([DISTINCT] 数值表达式)

该函数只适合于数值型的列，不包括 NULL 值。

> **注意**
>
> 若参数所指定的列中有重复数据，SUM() 函数会计算重复的记录；若加入关键字 DISTINCT，SUM() 函数则不会计算重复的记录，DISTINCT 为可选项。

例如，求学号为 20150101 的学生总分，语句如下。

```
select sum(score) as 总分 from 成绩表 where
(id='20150101')
```

（2）AVG() 函数

功能：返回指定列值的算术平均值。

格式如下。

AVG([ALL][DISTINCT] 数值表达式)

该函数只适合于数值型的列。

例如，求名字为张三的学生的平均分，语句如下：

---

select avg(score) as 平均分 from 成绩表 where (name=' 张三 ')

（3）COUNT() 函数

功能：返回与括号中参数匹配的列中不为 NULL 值的记录的个数。

格式如下。

SELECT COUNT([DISTINCT] 列名) FROM table

如果在列名的位置处直接使用符号 "*"，COUNT(*) 函数将直接计算字段的行数，包括为 NULL 值的行。

例如，统计学生信息表中学号的个数，语句如下。

---

select count(distinct id) as num from 学生信息表

（4）MAX() 函数

功能：返回某一列的最大值。

格式如下。

SELECT MAX(列名) FROM table

此函数适合于数值型、字符型和日期型的字段。对于列值为 NULL 的列，MAX() 函数不将其列为对比的对象。

例如，统计学生信息表中年龄最大的人的名字，语句如下。

---

select name from 学生信息表 where age=(select max(age) from 学生信息表)

此例中，WHERE 子句表达式中又嵌套一个 SELECT 语句，其中的统计函数 max(age) 求出学生信息表中最大的年龄。

（5）MIN() 函数

功能：返回某一列的最小值，使用方法同 MAX() 函数，此处不再赘述。

▶ 21.3　C++ 与数据库交互

通过前面的学习，对数据库和 SQL 语句有了一定的认识，那么如何将数据库和 C++ 编译器连接起来，在程序中如何连接数据库、如何用语句操作数据库呢？

21.3.1　IDE 配置

在使用 IDE 编写程序进行数据库操作前，需对 IDE 进行配置，否则程序无法识别数据库有关操作，以 Code::Blocks 和 MySQL 的连接为例。配置有两种方式，一种是全局配置，即无论创建什么项目都直接可以使用 MySQL 连接；另一种是对当前创建的项目设置 MySQL 连接，这里使用全局设置进行演示（当前项目配置过程相似），首先打开 Code::Blocks，在菜单栏中单击【Settings】➤【Compiler】，如下图所示。

在弹出的新界面中，选择【Global compiler settings】➤【Linker settings】，在【Link libraries】中单击【Add】，找到 MySQL 文件夹下的 lib\libmysql. lib 进行添加，如下图所示。

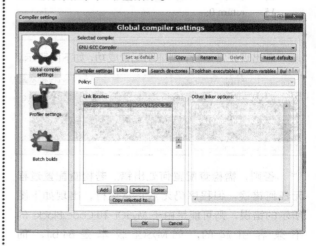

接下来，单击【Linker settings】旁边的【Search directories】，再选择【Compiler】，单击下方的【Add】找到 MySQL 文件夹下的 include 文件进行添加，如下图所示。

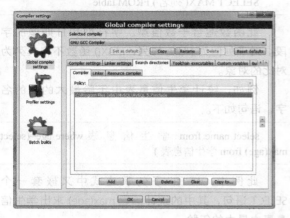

此时 Code::Block 的基本数据库连接配置就完成了，可以通过下面的代码来测试配置是否成功。在所建项目的 main.cpp 中粘贴如下代码。

```
01  #include<windows.h>
02  #include<mysql.h>
03  #include<iostream>
04  using namespace std;
05  MYSQL *conn;
06  int main()
07  {
08      char * user="root";
09      char * password="123456";
10      conn=mysql_init(NULL);
11      if(mysql_real_connect(conn,"localhost",user,password,NULL,0,NULL,0)==NULL)
12          cout << " 数据库连接失败！ " <<endl;
13      else
14          cout << " 数据库连接成功！ " <<endl;
15      return 0;
16  }
```

若出现正常运行，则证明配置成功，如下图所示。

否则，需检查配置何处出错。若检查配置过程无任何错误，但程序仍无法正常运行，出现如下图所示的错误，则可能是由于 MySQL 和 Code::Blocks 的不兼容引起的，如 MySQL 版本是 64 bit，而

Code::Blocks 版本是 32 bit。

从官网下载的 Code::Blocks 很多默认的就是 32 bit，若不确定机器中 Code::Blocks 版本，可打开其主界面，在中间位置查看，如下图所示。

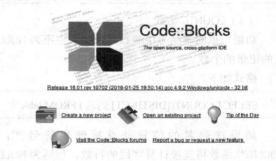

此问题的解决办法是登录 MySQL 官网下载 32bit 的连接包，即 mysql-connector-c-noinstall- 6.0.2-win32.zip 压缩包，然后将其解压到合适的目录下，解压后文件目录如下图所示。

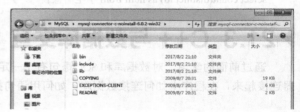

接下来，在 Code::Blocks 中进行配置。过程同上，但在配置【Global compiler settings】➤【Linker settings】➤【Link libraries】时，选择文件时不再选择 MySQL 下的 lib\libmysql.lib，而是采用 mysql-connector-c-noinstall- 6.0.2-win32.zip 下的 lib\libmysql.lib；在配置【Search directories】时文件也不再选择 MySQL 文件夹下的 include 文件，而是此文件夹下的 include 文件，到此配置完毕，利用上面数据库连接测试代码进行测试，是否连接成功。

21.3.2 数据库连接

在 IDE 配置完成后，便可以进行数据库与程序的连接，连接前要保证 MySQL 的服务是开启状态才能进行对数据库的操作。数据库和程序之间进行交互，可以选择应用程序接口 (Application Program Interface，API) 进行连接 (上一小节中的配置内容就是 API 环境的设定）。API 是编程语言连接数据库所调用的函数接口，下面学习一下 MySQL 中的 C API 的有关知识。

01 MySQL 中的数据结构

MYSQL 结构表示对一个数据库连接的句柄，被用于几乎所有的 MySQL 函数。

MYSQL_RES 结构代表返回行的一个查询结果。从查询返回的信息称为结果集合。

02 常用 API 函数

函数名	功能
mysql_affected_rows()	返回被最新的 **update**、**delete** 或 **insert** 查询影响的行数
mysql_close()	关闭一个服务器连接
mysql_erro()	返回最近被调用的 **MySQL** 函数的出错编号
mysql_fetch_field()	返回下一个表字段的类型
mysql_fetch_row()	从结果集合中取得下一行
mysql_field_count()	返回最近查询的结果列的数量
mysql_free_result()	释放结果集使用的内存
mysql_init()	获得或初始化一个 **MySQL** 结构
mysql_num_fields()	返回一个结果集合中列的数量
mysql_num_rows()	返回一个结果集合中行的数量
mysql_query()	执行指定为一个空结尾的字符串的 **SQL** 查询
mysql_real_connect()	连接一个 **MySQL** 服务器
mysql_real_query()	执行指定为带技术的字符串的 **SQL** 查询
mysql_row_seek()	使用从 **mysql_row_tell()** 返回的值，查找结果集中的行偏量
mysql_row_tell()	返回行光标位置
mysql_store_result()	检索完整的结果集至客户端

说明：由于 API 函数数量较多，此处列举的为比较常用的，若有其他需要，上网查询 "MySQL 中 API 函数"，可查看更多 API 函数用法。

03 与 MySQL 交互时，应用程序调用函数过程的一般原则

（1）通过调用 mysql_library_init() 初始化 MySQL 库。

（2）通过调用 mysql_init() 初始化连接处理程序，并通过调用 mysql_real_connect() 连接到服务器。

（3）发出 SQL 语句并处理其内容。当连接处于活动状态时，客户端或许会使用 mysql_query() 或 mysql_real_query() 向服务器发出 SQL 查询。

（4）通过调用 mysql_close() 关闭与 MySQL 服务器的连接。

（5）通过调用 mysql_library_end() 结束 MySQL 库的使用。

04 数据库连接步骤

（1）数据库操作中需声明 MySQL 中的数据类

MYSQL_ROW 结构代表一个行数据的类型安全 (type-safe) 的表示。当前它实现为一个计数字节的字符串数组。

MYSQL_FIELD 结构包含字段信息，例如字段名、类型和大小。可以通过重复调用 mysql_fetch_field() 对每一列获得 MYSQL_FIELD 结构。字段值不是这个结构的部分，它们被包含在 MYSQL_ROW 结构中。

型和相关 API 函数，故需在程序头文件处包含 mysql.h，又由于 mysql.h 中引用了 windows.h 文件，所以程序头文件还需先引入 windows.h 文件。

代码如下。

```
#include <windows.h>
#include <mysql.h>
```

（2）声明 MySQL 数据结构，并对其进行初始化，代码如下。

```
MYSQL mysql;
mysql_init(&mysql);
```

（3）数据库连接信息设置，代码如下。

```
const char *user_name = "root";      //数据库用户名，
默认为 root
const char *password = "123456";      // 用户密码，此
```

处为 123456

```
   const char *host_name = "localhost";    // 主机地址，默
认为 localhost
   const char *db_name = "studentInfo";    // 数据库名
   unsigned int port_number = 3306;    // 端口，本机默认
为 3306
```

（4）调用连接函数，代码如下。

```
mysql_real_connect(&mysql,host_name,user_
name,password,db_name,port_number,NULL,0);
```

此为连接数据库函数，最后两个参数依次为连接类型，通常默认为 NULL 和 0。连接函数返回值：正常连接返回 MYSQL 指针，否则返回 NULL。

（5）连接实例。

输入下面的代码即可测试数据库是否连接成功（前提：数据库开启服务且建立了相应的数据库，例如此例中的 studentInfo，可以参照后面的数据库操作自行建立），代码如下。

```
01  #include<windows.h>
02  #include<mysql.h>
03  #include<iostream>
04  using namespace std;
05  int main()
06  {
07  MYSQL mysql;
08  mysql_init(&mysql);
09  const char *user_name = "root";    // 数据库用
户名，默认为 root
10  const char *password = "123456";    // 用户密
码，此处为 123456
11  const char *host_name = "localhost";    // 主机地
址，默认为 localhost
12  const char *db_name = "studentInfo";    // 数据库
名
13  unsigned int port_number = 3306;    // 端口，本
机默认为 3306
14  if(mysql_real_connect(&mysql,host_name,user_
name,password,db_name,port_numb er,NULL,0)==NULL)
15  cout<<"connect failed!";
16  else
17  cout<<"connect succeed!";
18  mysql_close(&mysql);
19  return 0;
20  }
```

21.3.3 基本操作

程序中对数据库的基本操作总体可分为创表、

增、删、查、改 5 部分，接下来逐一进行讲解。

（1）创表

对数据库进行任何基本操作前都需保证存在 MySQL 数据类型的数据库连接句柄，以及数据库成功连接才能实行数据库操作。例如，创建学生信息表，则代码步骤如下。

方法一：

```
01  if(mysql_real_connect(&mysql,host_name,user_
name,password,db_name,port_number,NULL,
0)!=NULL)// 判断是否成功连接数据库
02  {
03      char str[100];          // 存储 SQL 语句
04      mysql_query(&mysql, "SET NAMES GBK"); //
设置编码格式
05      sprintf(str,"create table student(classid int, id int
primary key, name varchar(20) not null, age int)");// 将 SQL
语句格式化复制给 str
06      if(mysql_real_query(&mysql,str,(unsigned int)
strlen(str))==0)// 判断创建表格是否成功，成功返回 0
07          cout<<"create table successfully!";
08      else
09          cout<<"create table failed!";
10  }
11  else
12      cout<<"connect failed!";
```

方法二：将方法一中的第 03 行、第 05 行删除，第 06 行换作如下代码，其余部分保持不变。

```
if(mysql_query(&mysql,"create table student(classid int,
id int primary key, name varchar(20) not null, age int)")==0)//
判断创建表格是否成功，成功返回 0
```

对比发现两种方法的区别在于 mysql_real_query() 和 mysql_query() 的使用。两者的差别在于，mysql_query() 预期的查询为指定的由 Null 终结的字符串，而 mysql_real_query() 预期的是计数字符串。如果字符串包含二进制数据（其中可能包含 Null 字节），就必须使用 mysql_real_query()，且 mysql_real_query() 的查询速度优于 mysql_query()。两者的相同点为：如果查询成功，函数均返回零，若查询失败，则返回非零值。

（2）增添数据

增添数据前，同样需保证存在 MySQL 数据类型的数据库连接句柄，以及数据库成功连接。例如，向 student 表中增添一条学生信息，则代码步骤如下。

方法一：

```
01  if(mysql_real_connect(&mysql,host_name,user_
name,password,db_name,port_number,NULL,
0)!=NULL)// 判断是否成功连接数据库
02  {
03      char str[100];    // 存储 SQL 语句
04      mysql_query(&mysql, "SET NAMES GBK");// 设
置编码格式
05      sprintf(str,"insert into student values ('%d','%d','%
s','%d')",201501,20150130," 李阳 ",20);// 将 SQL 语句格式化
复制给 str
06      if(mysql_real_query(&mysql,str,(unsigned int)
strlen(str))==0)// 判断增添数据是否成功，成功返回 0
07          cout<<"insert successfully!";
08      else
09          cout<<"insert failed!";
10  }
11  else
12      cout<<"connect failed!";
```

方法二：将方法一中的第 03 行、第 05 行删除，
第 06 行换作如下代码，其余部分保持不变。

```
if(mysql_query(&mysql,"insert into student values
(201501,20150130,' 李阳 ',20)")==0)// 判断增添数据是否成
功，成功返回 0
```

增添数据和创建表格的代码框架基本相同，区
别在于 SQL 语句的不同。注意，之所以设置编码格
式，是由于有部分中文数据，若不进行编码格式的
设置，可能会出现乱码情况。

（3）删除数据

删除数据的代码结构与创建表格、增添数据的
代码结构相同。例如，删除 student 表中学号大于
20150116 学号的学生信息，代码步骤如下。

方法一：

```
01  if(mysql_real_connect(&mysql,host_name,user_
name,password,db_name,port_number,NULL,
0)!=NULL)// 判断是否成功连接数据库
02  {
03      char str[100];    // 存储 SQL 语句
04      mysql_query(&mysql, "SET NAMES GBK");// 设
置编码格式
05      sprintf(str,"delete from student where id >
20150116");// 将 SQL 语句格式化复制给 str
06      if(mysql_real_query(&mysql,str,(unsigned int)
strlen(str))==0)// 判断删除数据是否成功，成功返回 0
07          cout<<"delete successfully!";
08      else
09          cout<<"delete failed!";
10  }
```

```
11  else
12      cout<<"connect failed!";
```

方法二：将方法一中的第 03 行、第 05 行删除，
第 06 行换作如下代码，其余部分保持不变。

```
if(mysql_query(&mysql,"delete from student where id >
20150116")==0)// 判断删除数据是否成功，成功返回 0
```

（4）查找数据

查找数据与创建表格、增添数据、删除数据的
代码结构大体相同，但部分结构中有诸多不同，前
3 种基本操作都是对数据库中的数据或表格进行操
作，并没有返回结果集，而查询数据是不改变数据
库中的数据，需要得到查询结果，因此需要接收查
询结果。例如，查询 student 表中年龄为 19 岁的学
生有哪些并显示其信息，代码步骤如下。

方法一：

```
01  MYSQL mysql;        // 声明 MYSQL 数据结构的
句柄
02  mysql_init(&mysql);    // 初始化
03  MYSQL_RES *result;    // 存储查询的结果集合
04  MYSQL_ROW sql_row;    // 接收每条记录的具体
内容
05  int res;            // 接收 mysql_real_query() 返回值
06  if(mysql_real_connect(&mysql,host_name,user_
name,password,db_name,port_number,NULL,0)!=NULL)// 判
断是否成功连接数据库
07  {
08      mysql_query(&mysql, "SET NAMES GBK");//
设置编码格式
09      char str[100];            // 存储 SQL 语句
10      sprintf(str,"select * from student where age
='%d'",19); //SQ 语句格式化复制给 str
11      res=mysql_real_query(&mysql,str,(unsigned in
t)strlen(str)); // 进行查询
12      if (!res) // 判断查询结果是否为空
13      {
14          result = mysql_store_result(&mysql);        // 接
收查询结果集合
15          if (result)                // 判断结果集合是否
为空
16          {
17              while (sql_row = mysql_fetch_row(result))
// 获取具体的数据
18              {
19                  cout<<"CLARRID:" << sql_row[0]
<< endl;
20                  cout<<"   ID:" << sql_row[1] <<
endl;
21                  cout<<"  NAME:" << sql_row[2] <<
```

```
endl;
    22              cout<<" AGE:" << sql_row[3] <<
endl;
    23        }
    24      }
    25    }
    26    else
    27    {
    28        cout << "query failed!" << endl;
    29    }
    30 }
    31  else
    32      cout<<"connect failed!";
```

方法二：将方法一中的第 09 行、第 10 行删除，第 11 行换作如下代码，其余部分保持不变。

```
res=mysql_query(&mysql,"select * from student where
age=19");// 执行 SQL 语句
```

（5）修改数据

修改数据与创建、增添、删除操作代码框架相同。例如，将 student 表中学号为 20150105 的学生姓名修改为赵五，代码步骤如下。

方法一：

```
    01  if(mysql_real_connect(&mysql,host_name,user_
name,password,db_name,port_number,NULL,
    0)!=NULL)// 判断是否成功连接数据库
    02  {
    03    mysql_query(&mysql, "SET NAMES GBK");// 设
置编码格式
    04    char str[100];
    05    sprintf(str," update student set name='%s' where
```

```
id="%d'"," 赵五 ",20150105);
    06    if(mysql_real_query(&mysql,str,(unsigned int)
strlen(str))==0)// 判断修改数据是否成功，成功返回 0
    07        cout<<"update successfully!";
    08    else
    09        cout<<"update failed!";
    10    }
    11  else
    12      cout<<"connect failed!";
```

方法二：将方法一中的第 04 行、第 05 行删除，第 06 行换作如下代码，其余部分保持不变。

```
if(mysql_query(&mysql,"update student set name=' 赵
五 ' where id=20150105")==0)// 判断修改数据是否成功，成
功返回 0
```

总结：通过以上 5 种基本操作，便将数据库有关的常用数据处理介绍清楚，通过观察发现可分为两类。一类对数据库中数据或结构进行操作，使其发生一定的变化，此类基本操作包括创建表格、增添数据、删除数据、修改数据，这类操作代码结构较简单，它们之间的区别仅在于 SQL 语句的不同。另一类是对数据库中数据仅使用不做任何改变，此类基本操作便是查询操作，查询操作的代码结构总框架和上一类相似，但在内部增添了诸多操作，以实现查询结果的显示。这两类基本操作的实现又都存在两种实现方式，即 mysql_real_query() 和 mysql_query() 查询函数的区别，其具体解释已在上面讲到，此处不再赘述。

▶ 21.4 数据库访问接口

如何使用程序调用数据库中的数据？直接调用显然是不行的，这便需要一个接口充当桥梁作用，因此产生了数据库的客户访问技术，即数据库访问技术。数据库访问技术将数据库外部与其通信的过程抽象化，通过提供的访问接口，简化了客户端访问数据库的过程。

常见的数据库访问技术主要有以下 5 种。

（1）开放数据库互连 (Open DataBase Connectivity API，ODBC API)：通过 ODBC 的 API 函数从底层访问数据库。

（2）微软基础类 ODBC(Microsoft Foundation Classes ODBC，MFC ODBC)：通过 CDatabase 和 CRecordset 两个 MFC 的类访问数据库。

（3）数据访问对象 (Data Access Object，DAO)：MFC DAO 仅用于支持 Access 数据库，应用范围相对固定，现已基本不使用。

（4）对象链接嵌入数据库 (Object Link and Embedding DataBase，OLE DB)：在数据提供程序和用户之间有灵活的组件对象模型 (COM) 接口，但这种灵活性会使操作复杂化。

（5）ActiveX 数据对象 (ActiveX Data Object，ADO)：微软在 OLE DB 的基础上，开发的 ADO 提供的面向对象的接口更简单，并具有更广泛的特征数组和更高程度的灵活性。

下面对常用的 ADO 和 ODBC 访问技术加以讲解。

21.4.1 ADO 访问技术

ADO 是微软数据库应用程序开发的接口，是建立在 OLE DB 上的高层数据库访问技术，具有强大的数据处理功能（可处理各种不同类型的数据源、分布式数据处理等）。

01 ADO 访问技术特点

（1）适用于多种编程语言。ADO 建立在微软的组件对象模型（Component Object Model，COM）体系结构之上，它的所有接口都是自动化接口，故在 C++、Delphi、Visual Basic 等支持 COM 的编程语言中通过接口都可以访问 ADO。

（2）易于使用。ADO 是高层数据库访问技术，相对于 OLE DB 或者 ODBC 来说，具有面向对象的特性。同时 ADO 对象结构中，其对象之间的层次关系并不明显，因此用户不必关心对象的构造顺序和层次机构。对于要使用的对象，不必先建立连接、会话等对象，只需直接构造即可，方便了应用程序的编制。

（3）高速访问数据源。由于 ADO 技术是基于 OLE DB，故继承了 OLE DB 访问数据库的高速性。

（4）可以访问多种数据源。ADO 技术可以访问包括关系型数据库和非关系型数据库的所有文件系统，具有很强的灵活性和通用性。

（5）方便 Web 编程。ADO 技术以 ActiveX 控件的形式出现，故可用于 Microsoft ActiveX 页，此特征可简化 Web 页的编程。

（6）程序占用内存较少。

02 ADO 数据库访问模型

ADO 数据库访问模型非常精炼，仅由 3 个主要对象 Connection、Command、Recordset 和几个辅助对象组成，这些对象类组成了 ADO 接口。其相互关系如下图所示。

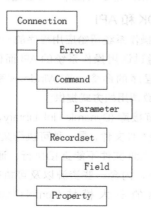

图中有如下 7 个对象。

（1）连接对象（Connection）：用于表示和数据源的连接，以及处理一些命令和事物，通过它可以从应用程序访问数据源，是交换数据所必需的环境。

（2）命令对象（Command）：用于处理传送给数据源的命令。

（3）记录集对象（Recordset）：用于处理数据的表格集，包括获取和修改数据。

（4）字段对象（Field）：用于表示记录集中的列信息，包括列值和其他信息。

（5）参数对象（Parameter）：用于在传送数据源的命令之间来回传送数据。

（6）错误对象（Error）：用于承载所产生错误的详细信息，如无法建立连接、执行命令等。

（7）属性对象（Property）：用于操作在 ADO 中使用的其他对象的详细属性。

Connection 对象提供 OLE DB 数据源和对话对象之间的关联，它通过用户名和口令来处理用户身份的识别，提供事务处理的支持，并提供执行方法，简化数据源的连接和数据检索的过程。Command 对象封装了数据源可以解释的命令，包括 SQL 命令、存储过程或底层数据源可以理解的任何内容。Recordset 用于表示从数据源中返回的表格数据，它封装了记录集合的导航、记录更新、记录删除和新记录的添加等方法，还提供了 UpdateBatch 方法批量更新记录的能力。其他辅助对象则分别提供封装 ADO 错误、封装命令参数和封装记录集的列。

03 ADO 数据库访问步骤

通常情况下，使用 ADO 数据库访问接口访问、操作数据库的基本步骤如下。

（1）创建一个 Connection 对象。定义用于连接的字符串信息，包括数据源名称、用户 ID、口令、连接超时、默认数据库及光标文件的位置。一个 Connection 对象代表同数据源的一次对话。可以通过 Connection 对象控制事务，即执行 BeginTrans、CommitTrans 和 RollbackTrans 方法。

（2）打开数据源，建立和数据源的连接。

（3）执行一个 SQL 命令。连接成功后就可以运行查询，可以以异步方式运行查询，或异步处理查询结果，ADO 会通知提供者后台提供数据，便可以让应用程序继续处理其他事务而不必等待。

（4）使用结果集。完成查询后，结果集便可以被应用程序使用。在不同的光标类型下，可以在客户端或者服务器端浏览和修改行数据。

（5）终止连接。当确认无其他数据操作后，便可以销毁此同数据源的连接。

21.4.2 ODBC 访问技术

ODBC 为各种数据库管理系统提供统一的编程接口，用户可以轻松地在应用程序中对数据库进行操作，本节将简单讲解一下应用 ODBC 所必须掌握的基本知识。

01 ODBC 基本知识

开放数据库互连 (Open Database Connectivity, ODBC) 是微软公司开放服务结构 (Windows Open Services Architecture，WOSA) 中有关数据库的一个组成部分，它建立了一组规范，并提供了一组对数据库访问的标准 API，为编写关系型数据库的客户软件提供了统一的接口。

ODBC 是基于 SQL，使用 SQL 可大大简化其 API。ODBC 提供的统一 API 可用于不同数据库的客户应用程序。使用 ODBC API 的应用程序可以与任何具有 ODBC 驱动程序的关系型数据库进行通信，逐渐成为关系型数据库接口的标准。由此可见，ODBC 的优点是能以统一的方式处理所有的关系型数据库。但 ODBC 很难与非关系数据源（如对象数据库、网络目录服务、电子邮件存储等）进行通信。

ODBC 的基本思想是提供独立程序来提取数据信息，并具有向应用程序输入数据的方法。由于有许多可行的通信方法、数据协议和 DBMS 能力，因此 ODBC 方案可以通过定义标准接口来允许使用不同的技术，这种方案导致了数据库驱动程序的新概念，即动态链接库 (Dynamic Link Library, DDL)。应用程序可按请求启动动态连接库，通过特定通信方法访问特定数据源，同时 ODBC 提供了标准接口，允许应用程序编写者和库提供者在应用程序和数据源之间交换数据。

02 ODBC 组成

ODBC 由下列几个部件组成。

（1）应用程序 (Application)。应用程序本身并不直接与数据库打交道，主要负责处理并调用 ODBC 函数，发送对数据库的 SQL 请求及取得结果。

（2）ODBC 管理器 (Administrator)。ODBC 管理器的主要任务是管理安装的 ODBC 驱动程序和管理数据源。

（3）驱动程序管理器 (Driver Manager)。驱动程序管理器是一个带有输入程序的动态连接库 (DLL)，包含在 ODBC32.DLL 中。其任务是管理 ODBC 驱动程序，是 ODBC 中最重要的部件之一。

（4）ODBC 驱动程序。驱动程序是一个完成 ODBC 函数调用并与数据之间相互影响的 DLL，提供了 ODBC 和数据库之间的接口。

（5）数据源。数据源包含了数据库位置和数据库类型等信息，实际上是一种数据连接的抽象。

（6）ODBC API。

各部件之间的层次结构关系如下图所示。

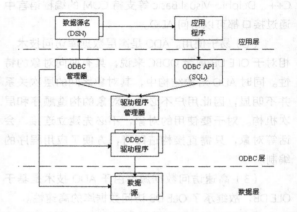

应用程序要访问一个数据库，首先必须用 ODBC 管理器注册一个数据源，管理器根据数据源提供的数据库位置、数据库类型及 ODBC 驱动程序等信息，建立起 ODBC 与具体数据库的联系。只要应用程序将数据源名 (Data Source Name，DSN) 提供给 ODBC，ODBC 就能建立起与相应数据库的连接。

在 ODBC 中，访问 ODBC 数据源时需要 ODBC 驱动程序的支持，ODBC API 不能直接访问数据库，必须通过驱动程序管理器与数据库交换信息。驱动程序管理器负责将应用程序对 ODBC API 的调用传递给相应的驱动程序，而驱动程序在执行完相应的操作后，将结果通过驱动程序管理器返回给应用程序。

03 SDK 和 API

API 是操作系统留给应用程序的一个调用接口，应用程序通过调用操作系统的 API 而使操作系统去执行应用程序的命令。在 Windows 系统中，系统 API 是以函数调用的方式提供。

动态链接库 (Dynamic Link Library，DLL) 即文件中常见到的 *.dll 文件，是一种可执行文件，但与 *.exe 文件不同，*.dll 文件不能直接执行，通常在 *.exe 执行时被装入，内含一些资源以及可执行代码等。其实 Windows 的三大模块 (Kernel32.dll、User32.dll、

GDI32.dll) 就是以 DLL 形式提供的, 里面就包含 API 函数的执行代码。

为使用 DLL 中的 API 函数, 必须要有 API 函数的声明 (.H) 和其导入库 (.LIB)。函数原型声明很常见, 而导入库是为了在 DLL 中找到 API 的入口点而使用的。

软件开发工具包 (Software Development Kit, SDK) 正是提供了一整套开发 Windows 应用程序所需的相关文件、范例和工具的 "工具包"。由于 SDK 包含了使用 API 的必需资料, 因此常将仅使用 API 编写的 Windows 应用程序的开发方式称为 "SDK 编程"。API 和 SDK 是开发 Windows 应用程序所必需的东西, 故其他编程框架和类库均以它们为基础, 如 VCL 和 MFC。

▶ 21.5 综合案例

本案例主要包含数据库的连接、SQL 语句的使用、数据库的基本操作 (增删查改创)、类对象的使用、数据库数据的读取和写入等多个知识点。本案例以学生信息管理为背景, 实现学生信息表的创建和删除, 以及对学生信息表中的数据进行增删查改等基本操作。对于学生信息表的创建和删除是直接以普通函数的方式进行独立实现, 而对于数据库数据的操作则是通过定义在 Student 类中的成员函数进行实现。

📝 **范例 21-1** | **学生信息管理。创建或删除数据库中的表, 并对表中数据进行增删查改等基本操作**

(1) 在 Code::Blocks 17.12 中, 新建名称为 "学生信息管理 (数据库版)" 的工程。
(2) 建立一个 Student 类, 形成一个 "Student.h" 头文件 (代码 **21-1-1.txt**)。

```
01  #ifndef STUDENT_H_INCLUDED
02  #define STUDENT_H_INCLUDED
03  #include<iostream>
04  using namespace std;
05  class Student  // 声明学生类
06  {
07    public:
08      int classid;      // 班号
09      int id;           // 学号
10      char name[20];    // 姓名
11      int age;          // 年龄
12      void insertInfo(); // 增添信息成员函数
13      void deleteInfo(); // 删除信息成员函数
14      void selectInfo(); // 查询信息成员函数
15      void updateInfo(); // 修改信息成员函数
16  };
17  #endif // STUDENT_H_INCLUDED
```

(3) 实现 Student 类中的函数, 形成一个 "Student.cpp" 文件 (代码 **21-1-2.txt**)。

```
01  #include "student.h"
02  #include <stdio.h>
03  #include <iostream>
04  #include <cstring>
05  #include <windows.h>
06  #include <mysql.h>
07  using namespace std;
08  void student::insertInfo()
09  {
10    MYSQL mysql;          // 定义 MYSQL 数据类型结构的句柄
11    mysql_init(&mysql);   // 初始化
12    if(mysql_real_connect(&mysql,"localhost","root","123456","studentInformation",3306,NULL,0)!=NULL)  // 判断数据库连接是否成功
13    {
```

```
14        char str[100]; // 存放 SQL 语句
15        char tableName[100]; // 存放表名
16        cout << " 请输入需要操作的表名: ";
17        cin >> tableName;
18        cout << " 请输入班级号: ";
19        cin >> classid;
20        cout << " 请输入学号: ";
21        cin >> id;
22        cout << " 请输入姓名: ";
23        cin >>name;
24        cout << " 请输入年龄: ";
25        cin >> age;
26        sprintf(str,"insert into %s values ('%d','%d','%s','%d')",tableName,classid,id,name,age); // 将 SQL 语
句格式化复制给 str
27        mysql_query(&mysql,"SET NAMES GBK");  // 设置编码格式
28        if( mysql_real_query(&mysql,str,(unsigned int)strlen(str))==0)// 判断插入信息是否成功, 成功返
回 0
29          cout<<"insert successfully!";
30        else
31          cout<<"insert failed!";
32      }
33      else
34        cout << "connect failed!" << endl;
35      mysql_close(&mysql);  // 关闭数据库连接
36  }
37  void student::deleteInfo()
38  {
39      MYSQL mysql;       // 定义 MYSQL 数据类型结构的句柄
40      mysql_init(&mysql); // 初始化
41      if(mysql_real_connect(&mysql,"localhost","root","123456","studentInformation",3306,NULL,0)!=NU
LL) // 判断数据库连接是否成功
42      {
43        char str[100]; // 存放 SQL 语句
44        char tableName[100]; // 存放表名
45        cout << " 请输入需要操作的表名: ";
46        cin >> tableName;
47        cout << " 请输入需要删除的学号: ";
48        cin >> id;
49        mysql_query(&mysql,"SET NAMES GBK");  // 设置编码格式
50        sprintf(str,"delete from %s where id = %d",tableName,id);  // 将 SQL 语句格式化复制给 str
51        if( mysql_real_query(&mysql,str,(unsigned int)strlen(str))==0)// 判断删除信息是否成功, 成功返
回 0
52          cout<<"delete successfully!";
53        else
54          cout<<"delete failed!";
55      }
56      else
57        cout << "connect failed!" << endl;
58      mysql_close(&mysql);  // 关闭数据库连接
59  }
60  void student::selectInfo()
61  {
62      MYSQL mysql;       // 定义 MYSQL 数据类型结构的句柄
63      mysql_init(&mysql); // 初始化
64      MYSQL_RES *result; // 存储查询的结果集合
65      MYSQL_ROW sql_row; // 接收每条记录的具体内容
```

```
66      if(mysql_real_connect(&mysql,"localhost","root","123456","studentInformation",3306,NULL,0)!=NU
LL) // 判断数据库连接是否成功
67      {
68        char str[100];  // 存放 SQL 语句
69        char tableName[100]; // 存放表名
70        cout << " 请输入需要操作的表名：";
71        cin >> tableName;
72        cout << " 请输入需要查询的班级号或学号：";
73        cin >> id;
74        mysql_query(&mysql,"SET NAMES GBK");   // 设置编码格式
75          sprintf(str,"select * from %s where (id = %d or classid = %d)",tableName,id,id);   // 将 SQL 语句格
式化复制给 str
76          if( mysql_real_query(&mysql,str,(unsigned int)strlen(str))==0)// 判断查询信息是否成功，成功返
回 0
77          {
78            result = mysql_store_result(&mysql);       // 接收查询结果集合
79            if (result)                    // 判断结果集合是否为空
80            {
81              while(sql_row = mysql_fetch_row(result)) // 获取具体的数据
82              {
83                cout<<"CLARRID:" << sql_row[0] << endl;
84                cout<<"    ID:" << sql_row[1] << endl;
85                cout<<"   NAME:" << sql_row[2] << endl;
86                cout<<"    AGE:" << sql_row[3] << endl;
87              }
88            }
89          }
90        else
91          cout<<"select failed!";
92      }
93    else
94      cout << "connect failed!" << endl;
95    mysql_close(&mysql); // 关闭数据库连接
96  }
97  void student::updateInfo()
98  {
99    MYSQL mysql;        // 定义 MYSQL 数据类型结构的句柄
100   mysql_init(&mysql); // 初始化
101   if(mysql_real_connect(&mysql,"localhost","root","123456","studentInformation",3306,NULL,0)!=NU
LL) // 判断数据库连接是否成功
102     {
103       char str[100];  // 存放 SQL 语句
104       char tableName[100]; // 存放表名
105       cout << " 请输入需要操作的表名：";
106       cin >> tableName;
107       cout << " 请输入需要修改信息的学号：";
108       cin >> id;
109       cout << " 请输入修改后的姓名：";
110       cin >>name;
111       cout << " 请输入修改后的年龄：";
112       cin >> age;
113       mysql_query(&mysql,"SET NAMES GBK"); // 设置编码格式
114         sprintf(str,"update %s set name = '%s',age = %d where id = %d",tableName,name,
age,id); // 将 SQL 语句格式化复制给 str
115         if( mysql_real_query(&mysql,str,(unsigned int)strlen(str))==0)// 判断修改信息是否成功，成功返
回 0
```

```
116          cout<<"update successfully!";
117       else
118          cout<<"update failed!";
119     }
120     else
121        cout << "connect failed!" << endl;
122     mysql_close(&mysql);    // 关闭数据库连接
123  }
```

（4）main 函数的构建（代码 21-1-3.txt）。

```
01  // 范例 21-1
02  //main 函数程序
03  // 学生信息管理 ( 数据库版 )
04  //2017.07.27
05  #include <iostream>
06  #include <stdio.h>
07  #include <windows.h>
08  #include <mysql.h>
09  #include "student.h" // 导入学生类文件
10  using namespace std;
11
12  void createTable();  // 创建表格函数
13  void deleteTable();  // 删除表格函数
14  int main()
15  {
16    int select=0;
17    student stu;      // 定义 student 类对象
18    do
19    {
20      cout << "\n\t\t══════════════════════════════════════" << endl;
21      cout << "\t\t*\t1 创建学生信息表 \t * "<< endl;
22      cout << "\t\t*\t2 增添学生信息 \t\t * " << endl;
23      cout << "\t\t*\t3 删除学生信息 \t\t * " << endl;
24      cout << "\t\t*\t4 查询学生信息 \t\t * " << endl;
25      cout << "\t\t*\t5 修改学生信息 \t\t * " << endl;
26      cout << "\t\t*\t6 删除学生信息表 \t * " << endl;
27      cout << "\t\t*\t0 退出系统 \t\t * "<< endl;
28      cout << "\t\t══════════════════════════════════════" << endl;
29      cout << "\t\t 请输入您的选择：  ";
30      cin >> select;
31      switch (select)
32      {
33      case 1:
34        createTable();
35        break;
36      case 2:
37        stu.insertInfo(); // 调用学生类中的插入函数
38        break;
39      case 3:
40        stu.deleteInfo(); // 调用学生类中的删除函数
41        break;
42      case 4:
43        stu.selectInfo(); // 调用学生类中的查询函数
44        break;
45      case 5:
```

```
46          stu.updateInfo(); // 调用学生类中的修改函数
47          break;
48        case 6:
49          deleteTable();
50          break;
51        }
52      }
53    while(select!=0);
54    return 0;
55  }
56  void createTable()
57  {
58      MYSQL mysql;        // 定义 MYSQL 数据类型结构的句柄
59      mysql_init(&mysql); // 初始化
60      if(mysql_real_connect(&mysql,"localhost","root","123456","studentInformation",3306,NULL,0)!=NU
LL) // 判断数据库连接是否成功
61      {
62          char str[100]; // 存放 SQL 语句
63          char tableName[100]; // 存放表名
64          cout << " 请输入表名: "<<endl;
65          cin >> tableName;
66          sprintf(str,"create table %s(classid int, id int , name char(20) , age int)",tableName); // 将 SQL 语句
格式化复制给 str
67          mysql_query(&mysql,"SET NAMES GBK");   // 设置编码格式
68          if( mysql_real_query(&mysql,str,(unsigned int)strlen(str))==0)// 判断创建表格是否成功，成功返
回 0
69             cout<<"create table successfully!";
70          else
71             cout<<"create table failed!";
72      }
73      else
74          cout << "connect failed!" << endl;
75      mysql_close(&mysql);   // 关闭数据库连接
76  }
77  void deleteTable()
78  {
79      MYSQL mysql;        // 定义 MYSQL 数据类型结构的句柄
80      mysql_init(&mysql); // 初始化
81      if(mysql_real_connect(&mysql,"localhost","root","123456","studentInformation",3306,NULL,0)!=NU
LL) // 判断数据库连接是否成功
82      {
83          char str[100]; // 存放 SQL 语句
84          char tableName[100]; // 存放表名
85          cout << " 请输入删除的表名: "<<endl;
86          cin >> tableName;
87          sprintf(str,"drop table if exists %s",tableName); // 将 SQL 语句格式化复制给 str
88          mysql_query(&mysql,"SET NAMES GBK");   // 设置编码格式
89          if( mysql_real_query(&mysql,str,(unsigned int)strlen(str))==0)// 判断删除表格是否成功，成功返
回 0
90             cout<<"delete table successfully!";
91          else
92             cout<<"delete table failed!";
93      }
94      else
95          cout << "connect failed!" << endl;
96      mysql_close(&mysql);   // 关闭数据库连接
97  }
```

【代码详解】

此范例中的代码主要包括 3 个部分 main 函数、student 类的声明、student 类成员函数实现文件。在 main 函数中实现了创建程序主菜单界面、创建表格函数、删除表格函数以及 student 类对象调用其成员函数等。在创建和删除表格的函数实现中采用的程序框架与上节中数据库的基本操作框架相同，即第一步定义 MYSQL 数据结构句柄并初始化，第二步判断连接数据库是否成功，第三步写出相应功能的 SQL 语句并复制给 str 字符数组，第四步设置编码格式，第五步执行 SQL 语句查询并判断是否执行成功，第六步关闭数据库连接。

在 student 类的声明中，定义了班号 classid、学号 id、姓名 name、年龄 age 等属性数据，以及增删查改 4 个成员函数功能。在 student 类成员函数实现文件中将前面定义但未实现的成员函数加以实现，具体实现方式框架相似，其中增添学生信息、删除学生信息、修改学生信息的框架和 main 函数中创建和删除表格的框架完全一致，而查询学生信息模块与其稍微有所不同。查询模块代码框架为：第一步，定义 MYSQL 数据结构句柄并初始化；第二步，定义结果集变量和每条记录信息存储变量；第三步，判断连接数据库是否成功；第四步，写出相应功能的 SQL 语句并复制给 str 字符数组；第五步，设置编码格式；第六步，执行 SQL 语句查询并判断是否执行成功；第七步，将查询结果集存储在结果集变量 result 中；第八步，判断结果集变量是否为空；第九步，若不为空则循环将结果集中每条记录存储在记录信息存储变量中，并显示在屏幕；第十步，关闭数据库连接。查询模块相对于其他模块主要多了 SQL 查询结果的记录和显示，大体框架基本相似。

【运行结果】

编译、连接、运行程序，即可在命令行中输出如下图所示的结果。

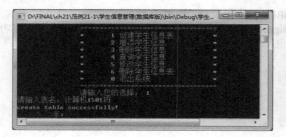
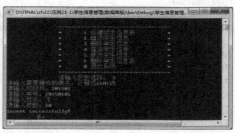
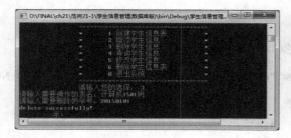

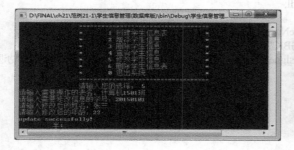

【范例分析】

本范例包含了数据库中对数据的所有基本操作，对于创建和删除表格通常情况下很少使用，此处是为了读者巩固有关知识。本范例与之前所讲的人员信息管理系统所实现的功能基本相同，其特点是对于数据库的操作，而不是仅针对于本地文本文件的操作。数据库的基本操作代码框架主要分为两种，即在代码详解部分所讲解的两种代码框架，应熟练掌握这两种代码框架结构。

▶ 21.6　疑难解答

问题 1：数据库安装、管理工具安装、IDE 配置等操作中遇到问题如何解决？

解答：软件安装或配置之所以出现不同情况，原因有以下几点。

（1）软件版本的不同。软件一直在完善升级版本，各个版本之间大体相同，但细微之处可能有所差别，例如 MySQL 5.6 和 MySQL 5.7 版本就存在一些不同，5.6 版本下载后的文件直接存在配置文件（.ini 文件），而 5.7 版本就不存在，需要自己创建。

（2）操作系统的不同。对于软件的安装，常需要注意兼容性问题，有些软件并没有兼容所有版本操作系统，即使同时兼容的两种操作系统，安装和配置部分也可能存在不同。

（3）机器配置的不同。有些软件可能对于使用的机器配置有一定的要求，在配置不同的机器上可能会反映出不同情况。

（4）配置环境的不同。有些软件安装可能会收到防火墙或查毒软件的阻挠，所以根据是否开启防火墙或查毒软件等配置，软件安装情况可能会有所不同。

解决办法及建议：首先，安装软件前仔细查看其安装要求，及其所适应的操作环境；其次，当安装过程中出现错误时，注意显示的错误信息，上网查询此种错误信息的引起原因及解决办法，相信这种错误他人也遇到过；最后仍无法解决可考虑更换软件版本进行尝试。

问题 2：MySQL 中文乱码问题解决方案。

解答：MySQL 中出现中文乱码的原因主要有以下 3 点。

（1）server 本身设定问题，例如，还停留在 latin1。

（2）table 的语系设定问题（包含 character 与 collation）。

（3）客户端程序（例如 php）的连线语系设定问题。

避免数据库中出现中文乱码和查看及修改编码的方法有 8 种。

（1）创建数据库时加上编码设置，例如：

mysql> CREATE DATABASE test CHARACTER SET 'utf8' COLLATE 'utf8_general_ci';

（2）创建表格时加上编码设置，例如：

mysql> CREATE TABLE student （id int primary key, name varchar(20) not null, age int）DEFAULT CHARSET=utf8;

（3）查看默认编码格式，可输入以下语句。

mysql> mysql> show variables like "%char%";

以及以下语句。

mysql> SHOW VARIABLES LIKE 'collation_%';

（4）若表格和数据库均已设置编码，仍出现乱码，则可能是由于 connection 连接层出问题，解决方法是输入以下语句。

mysql> SET NAMES 'utf8';

此条语句相当于如下 3 条语句。

mysql> SET character_set_client = utf8;
mysql> SET character_set_results = utf8;
mysql> SET character_set_connection = utf8;

（5）修改已创建的数据库编码。例如，修改数据库编码为 utf8，语句如下。

mysql> alter database data_name character set utf8;

（6）修改已创建的表格编码。例如，修改表格编码为 utf8，语句如下。

mysql> alter table table_name character set utf8;

（7）修改某个字段的编码。例如，修改字段编码为 utf8，语句如下。

mysql> alter table table_name modify type_name varchar(50) CHARACTER SET utf8;

问题 3：查询操作中，客户端处理结果集方式 mysql_store_result() 和 mysql_use_result() 的对比。

解答：（1）通过调用 mysql_store_result()，一次性地检索整个结果集。该函数能从服务器获得查询返回的所有行，并将它们保存在客户端。

（2）通过调用 mysql_use_result()，对"按行"结果集检索进行初始化处理。该函数能初始化检索结果，但不能从服务器获得任何实际行。

两种情况均能通过调用 mysql_fetch_row() 访问行。通过 mysql_store_result()、mysql_fetch_ row() 能够访问以前从服务器获得的行。通过 mysql_use_result()、mysql_fetch_row() 能够实际地检索来自服务器的行。通过调用 mysql_fetch_lengths()，能获得关于各行中数据大小的信息。完成结果集操作后，请调用 mysql_free_result() 释放结果集使用的内存。这两种检索机制是互补的。客户端程序应选择能满足其要求的方法。

实际操作中，客户端经常使用的是 mysql_store_result()。mysql_store_result() 的优点在于，由于已将行全部提取到客户端，使不仅能连续访问行，而且能使用 mysql_data_seek() 或 mysql_row_seek() 在结果集中向前或向后移动，以更改结果集内当前行的位置。通过调用 mysql_num_rows()，能查询有多少行。对于较大的结果集，mysql_store_result() 所需的内存可能会很大，故可能遇到内存溢出状况。

问题 4：数据库访问时，ADO 和 ODBC 的访问速度哪个更快些？

解答：ODBC 的工作依赖于数据库制造商提供的驱动程序，使用 ODBC API 的时候，Windows 的 ODBC 管理程序把对数据库的访问请求传递给正确的驱动程序，驱动程序再使用 SQL 指示 DBMS 完成数据库的访问工作。ADO 则不需要中间环节，它直接利用 Microsoft JET 数据库引擎提供的数据库访问对象集进行工作，显然要比 ODBC 快！

问题 5：普通文件和数据库存储的对比。

解答：初学者刚接触数据存储时，可能多使用本地文件操作，因其使用简单，但在后期学习及实践中多使用数据库存储，两种方式的优缺点对比如下。

普通文件存储的优点是操作方便，程序简单易行。

普通文件存储的缺点有 6 点。

（1）当文件变大时，使用普通文件访问速度较慢，从而制约了应用性能。

（2）处理并发访问可能遇到问题。虽然可以使用锁定文件来操作文件，但多个脚本访问文件时可能导致竞争条件的发生，也可能导致应用出现性能的瓶颈。

（3）普通文件在顺序访问时具有优势，但在随机访问数据时较为困难。例如，查找特定一个或一组记录，除非将整个文件读至内存中，在内存中查找后再将整个文件写回去。

（4）除了使用文件访问权限作为限制外，没有一个简单高效的方法区分不同级别的数据访问权限机制。

（5）文件系统中，数据冗余度大，浪费存储空间，容易造成数据的不一致。

（6）文件系统中的文件是为某一特定应用服务的，当要修改数据的逻辑结构时，必须修改应用程序，修改文件结构的定义，数据和程序之间缺乏独立性。

数据库存储的优点有 6 点。

（1）提供了比普通文件更快的访问速度，据实验证明，当数据较大时，数据库访问速度是文件访问的两个数量级以上。

（2）具有内置的处理并发访问机制，提高数据的共享性，使多个用户能够同时访问数据库中的数据。

（3）可以随机访问数据，易于查找并检索满足特定条件的数据集合。

（4）具有内置的权限系统，有灵活的角色和权限管理功能。

（5）减少数据的冗余，以提高数据的一致性和完整性。

（6）提供数据和应用程序的独立性，从而减少应用程序的开发和维护代价。

数据库存储的缺点是，相对文件操作麻烦，需要有一点数据库基础。

第 **22** 章

用户界面编程及游戏编程

图形化的界面和游戏很容易吸引注意力，一个独特的游戏界面、一个有趣的游戏过程会吸引更多的玩家。运用 C++ 相关知识，可以编写出一些简化的图形界面及游戏过程。本章主要讲解基础的界面编程与游戏设计的方法。

本章要点（已掌握的在方框中打钩）

☐ Windows 编程基础
☐ GDI 基础
☐ 位图
☐ 图标
☐ 菜单
☐ 控件
☐ 常用的游戏算法
☐ 设计游戏

▶ 22.1 Windows 编程基础

本节讲解关于窗体的 Windows 应用程序，在 32 位 CPU 上，基于窗体的 Winodws 程序称为 Win32 程序。Windows 编程是通过消息（事件）机制来完成的，一般消息的产生有 3 个来源。

（1）用户操作产生的消息

比如，单击了窗口上的一个按钮，按下了键盘上的键等，都会产生消息。

（2）应用程序产生的消息

比如，一个窗口被最大化时，它就会产生重画最大化窗口的消息等。

（3）操作系统产生的消息

比如，在程序中有一个定时器，系统隔相应的时间就会产生事件。

22.1.1 API 与 SDK

为了方便用户开发应用程序，Windows 操作系统提供了许多函数。这些函数称为 Windows 应用程序编程接口（Application Programming Interface，API）。

SDK（Software Development Kit），即 "软件开发工具包"。Windows SDK 包括 API 函数声明所在的头文件、链接库、帮助文件、辅助工具。

> ✒注意
>
> SDK 中著名的文件是 **windows.h** 文件，是进行程序开发时必须包含的一个头文件。

22.1.2 窗体与句柄

窗体（窗口）是 Windows 应用程序与用户进行交互的接口。通过窗体，程序可以接收用户的键盘与鼠标输入，显示输出。一个窗口是有很多界面元素的，比如标题栏、菜单栏等。实际上可以把这些元素归为两类。一类是客户区，客户区就是整个窗口中间的部分，是由程序员负责绘制的，程序员可以在上面写个字或者画个圆等。另一类当然是非客户区，除了客户区以外的地方，标题栏、菜单栏、水平滚动条等都是非客户区，这一部分的绘制是由操作系统负责的。

Windows 常用的句柄类型如下表。

句柄	说明
HWND	窗体句柄
HBITMAP	位图句柄
HICON	图标句柄
HMENU	菜单句柄
HDC	设备环境句柄
HPEN	画笔句柄
HBRUSH	画刷句柄
HGDIOBJ	绘图对象句柄
HINSTANCE	应用程序实例句柄

22.1.3 Windows 应用程序组成

Windows 应用程序由入口函数 WinMain()、窗口函数 WndProc() 构成基本框架，并包含其他数据函数等。入口函数和窗口函数是应用程序的主体。

01 WinMain() 函数

类似于 C 语言中的 main() 函数，功能是注册窗口类、创建显示窗口以及产生消息循环。原型如下。

```
int WINAPI WinMain{
    HINSTANCE hInstance,  // 应用程序当前实例句柄
    HINSTANCE hPrevInstance, // 保留，一直是空
    LPSTR lpCmdLine,      // 指向程序命令行参数的指针
    int nCmdShow          // 应用程序开始执行时窗口显
示方式的整数值标识
};
```

在 WinMain() 函数声明时，WINAPI 关键字是一种调用约定，是 Windows 操作系统对该函数的一种规定，必须使用这种调用约定。创建一个窗体程序通常要以下几步。

步骤一：定义窗口类对象。

窗口特征是由 WNDCLASS 结构体定义的，该结构体定义如下。

```
typedef struct tagWNDCLASS
{
    UINT style;        // 窗口风格
    WNDPROC lpfnWndProc; // 指向窗口函数的指针
    int cbClsExtra;  // 窗口结构的预留字节数，一般为 0
    int cbWndExtra;  // 窗口实例预留字节数，一般为 0
    HINSTANCE hInstance; // 注册窗口类的实例句柄，
来自 WinMain 函数的 hInstance
    HICON hIcon;  // 代表该窗口类的图标句柄
    HCURSOR hCursor; // 窗口客户区鼠标光标句柄
```

HBRUSH hbrBakground;// 窗口背景颜色句柄
LPCSTR lpszMenuName;// 指向窗口菜单名的字符
指针
LPCSTR lpszClassName; // 指向窗口名的字符指针
}WNDCLASS;

用以上结构体定义一个结构体对象。

WNDCLASSEX wincl;
wincl.hInstance = hThisInstance;
wincl.lpszClassName = _T(" 我的窗口 ");
wincl.lpfnWndProc = WindowProcedure;// 由 窗 口 引
起, 设置用哪个 WindowProc 来处理消息
wincl.style = CS_DBLCLKS;　　　// 双击
wincl.cbSize = sizeof (WNDCLASSEX);
// 默认图标与鼠标指针
wincl.hIcon = LoadIcon (NULL, IDI_APPLICATION);
wincl.hIconSm = LoadIcon (NULL, IDI_
APPLICATION);
wincl.hCursor = LoadCursor (NULL, IDC_ARROW);
wincl.lpszMenuName = NULL;　　　// 无菜单
wincl.cbClsExtra = 0;　　　　　// 窗口结构的预留
字节数
wincl.cbWndExtra = 0;　　　　　// 窗口实例预留字
节数
wincl.hbrBackground = (HBRUSH) COLOR_
BACKGROUND; // 窗口背景颜色

步骤二：注册窗口类。

窗口类对象定义完成后，需要调用 RegisterClass()
函数进行注册。函数原型如下。

ATOM RegisterClass(CONST WNDCLASS*
lpWndClass);

此函数只有一个参数，参数是所设计的窗口类
对象指针。函数执行成功后，返回值是一个 ATOM
原子型数据。若返回值为 0，则注册失败，注册代码
如下。

```
if (!RegisterClassEx (&wincl))
    return 0;
```

步骤三：创建窗口实例。

窗口类注册成功后，可以通过函数 CreateWindow
Ex() 创建实例。在 API 里面，凡是看到 EX 结尾的都
是 扩 展 的 意 思， 比 如 CreateWindowEx 就 是
CreateWindow 的扩展函数。

```
hwnd = CreateWindowEx (
    0,
    szClassName,      // 窗口类名
```

```
    _T(" 我的窗体 "),      // 标题名
    WS_OVERLAPPEDWINDOW, // 默认窗口
    CW_USEDEFAULT,    // 位置
    CW_USEDEFAULT,    // 结束位置
    544,              // 窗口宽度
    375,              // 高度
    HWND_DESKTOP,     // 窗口句柄
    NULL,             // 无菜单
    hThisInstance,    // 应用程序实例句柄
    NULL
);
```

步骤四：显示窗口。

调用函数来显示窗口。ShowWindow() 函数原型
如下。

```
BOOL ShowWindow(
    HWND hWnd,  // 要显示的窗口句柄
    int nCmdShow  // 要显示的状态，Windows 中已
经预定义
);
```

使用代码如下。

```
ShowWindow (hwnd, nCmdShow);
```

步骤五：消息循环。

在 WinMain() 函数中，创建了应用程序主窗口
之后，就要启动消息循环，就像汽车等待被操控一
样。GetMessage() 函数是一个阻塞函数（就是遇到这
个函数就进入等待状态），用来从应用程序的消息
队列中按照先进先出的原则将这些消息一个个地取
出来，送往窗口函数。调用 GetMessage() 函数。其
函数原型如下。

```
BOOL GetMessage(
    LPMSG lpMsg,  // 指向 MSG 结构体的指针，每
个消息对应一个 MSG 结构体
    HWND hwnd,  // 窗口句柄，指定哪个窗口的消
息将被获取，如果不指定窗口则为 NULL
    UINT wMsgFilterMin,  // 指定获取的主消息值的最
小值，这里设置为 0
    UINT wMsgFilterMax  // 指定获取的主消息值的最
大值，这里设置为 0
);
```

GetMessage() 将获取的消息复制到一个 MSG 结
构中。如果队列中没有任何消息，GetMessage() 函数
将一直空闲，直到队列中又有消息时再返回。如果
队列中已有消息，它将取出一个后返回。MSG 结构
包含了一条 Windows 消息的完整信息，其定义如下。

```
typedef struct tagMSG {
HWND        hwnd;     // 接收消息的窗口句柄
UINT        message;  // 主消息值
WPARAM      wParam;   // 副消息值，其具体含义依
赖于主消息值
LPARAM      lParam;   // 副消息值，其具体含义依
赖于主消息值
DWORD       time;     // 消息被投递的时间
POINT       pt;       // 鼠标的位置
} MSG;
```

假如，在一个窗口中单击了一下鼠标左键，处理过程如下。

首先，系统会填充一个 MSG 消息结构，把当前的消息句柄放到 MSG 结构的 hwnd 成员中去，把消息类型 WM_LBUTTONDOWN（鼠标左键按下）放到 message 成员中，把鼠标光标的位置信息放到 lParam 中，然后把产生的消息放到系统消息队列的尾部，GetMessage 函数从消息队列的头部一直不停地取消息，当取到刚才的消息后，会根据消息结构成员的第一个参数即窗口句柄，把消息分发给不同的窗口消息队列，窗口消息队列得到消息后，根据消息的类型进行不同的处理。

只要消息队列取出的消息不是 WM_QUIT，该函数就会返回一个非 0 值。循环代码如下。

```
MSG msg;
while (GetMessage (&msg,Null, 0, 0))
{
    TranslateMessage(&msg); // 转换按键信息
    DispatchMessage(&msg); // 把收到的消息传到 Win
dowProc 让自己的代码处理
}
```

为了让操作系统完成这个工作，需要通过回调函数来完成。

02 窗口函数

创建一个回调函数，然后在此函数中响应消息实现用户操作。它的实质是由系统调用，程序员负责代码实现，告诉系统如何响应消息。窗口函数的原型如下。

```
LRESULT CALLBACK WindowProc(
    HWND hwnd, // 窗口句柄
    UINT uMsg, // 消息值
    WPARAM wParam, // 消息参数
    LPARAM lParam // 消息参数
);
```

窗口函数由一个 switch() 语句组成。一般由 WM_PAINT() 进行图形绘制，形式如下。

```
LRESULT CALLBACK WindowProcedure (HWND
hwnd, UINT message, WPARAM wParam, LPARAM lParam)
{
    switch (message)
    { caseVM_PAINT:
        XXX
        break;
    case XXX:
        XXX
        break;
    case WM_DESTROY:
        {
        PostQuitMessage(0); //这个函数提交一条 W
M_QUIT 消息，而在消息循环中，WM_QUIT 消息使
GetMessage 函数返回 0，这样，GetMessage 返回 FALSE，
就可以跳出消息循环
            return 0;
        }
    default:
        return DefWindowProc (hwnd, message, wPara
m, lParam);
    }
}
```

▶ 22.2 GDI 基础

图形设备接口（Graphics Device Interface，GDI）是微软公司的视窗操作系统（Microsoft Windows）的三大内核部件之一，它的主要任务是负责系统与绘图程序之间的信息交换，处理所有 Windows 程序的图形输出。本节对 GDI 绘图进行讲解。

22.2.1 GDI 概述

在 Windows 操作系统下，绝大多数具备图形界面的应用程序都离不开 GDI，利用 GDI 所提供的众多函数就可以方便地在屏幕、打印机及其他输出设备上输出图形、文本等操作。GDI 通过不同设备提供的驱动程将绘图语句转换为对应的绘图指令，避免用户直接对硬件操作，从而实现了设备无关性。

22.2.2 设备描述表

在实际编程中，所有的绘图操作都是通过 GDI 中的设备描述表（DC，也称设备上下文）进行的，设备描述表对应的数据类型是 HDC。Windows 图形系统的结构关系如下图。

绘图之前，首先要获得设备描述表，获得设备描述表的函数有以下几个。

GetDC()	获得窗口客户区的 DC
GetWindowDC()	获得整个窗口的 DC
BegunPaint()	专门用来响应 **WM_PAINT** 消息时，获得需要重绘区域的窗体 DC
CreateDC()	创建特定的 DC，例如针对打印机的 DC

以上函数，前 3 个获取的 DC 都是和窗口相关联的，在其上绘图，就是在窗体上绘图。

绘图完成后，要释放 DC，对于 GetDC() 和 GetWindowDC() 函数获得的 DC 用 ReleaseDC() 函数释放。BeginPaint() 函数获得的 DC 用 EndPaint() 函数释放。CreateDC() 函数获得的 DC 用 DeleteDC() 函数释放。

22.2.3 绘图对象

有了设备描述表，在绘制图表前，若要改变图形的属性，如颜色、字体、线型等，还可以创建绘图对象（GDI 对象），并将绘图对象选入 DC，然后绘图。GDI 常用的绘图对象如下表所示。

对象名	数据类型	创建函数	说明
画笔	HPEN	CreatePen()、CreatePenIndirect()	画点、线、矩形、椭圆等，属性包括颜色、宽度、线的风格
画刷	HBRUSH	CreateSolidBrush()、CreateBrushIndirect()	绘制矩形、椭圆等区域，它的属性包括颜色、画刷的类型（如垂直、水平、交叉等）
字体	HFONT	CreateFont()、CreateFontIndirect()	设置文字输出的字体，包括字体颜色、风格
位图	HBITMAP	CreateBitmap()、LoadImage()	可包含一个图像
区域	HRGN	CreatePolygonRgn()、CreateRectRgn()	限制作图区域、改变窗口外型

22.2.4 GDI 绘图

GDI 绘图的一般步骤如下。

步骤一，获取 DC：GetDC()、GetWindowsDC()、BeginPaint()、CreateDC()。

步骤二，创建绘图对象：CreatePen()、CretaeBrushIndirect()。

步骤三，把绘图选入 DC：SelectObject()。

步骤四，绘图：LineTo()、Retangle()、TextOut()、Ellipse()。

步骤五，恢复 DC 的旧绘图对象：SelectObject()。

步骤六，释放绘图对象：DeleteObject()。

步骤七，释放 CD：ReleaseDC、DeleteDC()。

若使用 DC 默认的绘图对象，则不必创建绘图

对象，即步骤二、步骤三、步骤六可以省略。

01 线

画线时，一般用到两个 API 函数：MoveToEx() 和 LineTo()。MoveToEx() 函数用于设定要绘制直线的起点。LineTo() 函数用于从起点绘制到指定点。函数原型如下。

```
Bool MoveToEx(
    HDC hdc,    //设备描述表 (DC)
    int X,      //起点的 x 坐标
    int Y,      //起点的 y 坐标
    LPPOINT lpPoint    //要返回的旧点，一般为 0
);
BOOL LineTo(
    HDC hdc,    //设备描述表
    int nXEnd,  //终点的 x 坐标
```

```
int  nYEnd  //终点的 y 坐标
);
```

> **注意**
>
> GDI 规定，直线用笔绘制出来。在前面没有改变 HDC 笔的情况下绘制直线时，系统会自动使用 HDC 的默认笔绘制，默认笔颜色为黑，线宽为 1 像素。若要绘制其他属性的线，则需要创建新的画笔，选入 HDC。

第一种：默认的笔绘图。

```
MoveToEx(hDC,12,22,NULL);  //hDC 是已获取的 DC
LineTo(30,30);  //绘制黑色、一个像素宽的直线，至
点（30,30）
LineTo(70,70);  //紧接着上一个点（30,30），继续
绘制
```

第二种：创建新笔（3 像素宽、虚线、红色）绘图。

```
HPEN hPen=CreatePen(PS_DASH,2,RGB(255,0,0));  //
创建新笔
HPEN hOldPen=(HPEN)SelectObject(hDC,hPen);  //
将新笔选入 hDC
MoveToEx(hDC,0,0,0);   //使用新笔绘图
LineTo(hDC,100,100);
SelectObject(hDC,hOldPen);  //恢复旧笔
DeleteObject(hOldPen);  //删除新笔
```

说明：RGB，是一个对颜色进行操控的宏，有 3 个参数，分别为红、绿、蓝值的分量。每个分量值的范围是 0~255，例如，RGB(255, 0, 0) 是红色、RGB(0, 0, 0) 是黑色。

> **注意**
>
> 窗体的坐标原点在窗体的左上角。

02 矩形

绘制矩形的 API 函数是 Rectangle()，函数原型如下。

```
BOOL Rectangle(
    HDC hdc,  //设备描述表
    int nLeftRect,  //矩形左上角的 x 坐标
    int nTopRect,  //矩形左上角的 y 坐标
    int nRightRect,  //矩形右下角的 x 坐标
    int nBottomRect  //矩形右下角的 y 坐标
);
```

> **注意**
>
> GDI 规定过，矩形是实心矩形，边框是用笔绘制的，实心区域用刷子绘制。若前面没有改变 HDC 和刷子，则默认使用黑色笔和白色刷子。若要自定义矩形，则需创建新笔和新刷子，选入 HDC。

第一种：默认笔和刷子。

```
Rectangle(hDC,20,20,80,160);
```

第二种：创建红色笔、红色刷子。

```
HPEN hPen=CreatePen(PS_SOLID,1,RGB(255,0,0));
// 创建新笔
HPEN hOldPen=(HPEN)SelectObject(hDC,hPen);  //
将新笔选入 hDC
HBRUSH hBrush=CreateSolidBrush(RGD(255,0,0));
// 创建新刷子
HBRUSH  hOldBrush=(HBrush)
SelectObject(hDC,hBRUSH);// 新刷子选入 hDC
    Rectangle(hDC,m_left,m_top,m_right,m_bottom);  //
新笔与新刷子绘制矩形
SelectObject(hDC,hOldPen);  //恢复旧笔
SelectObject(hDC,hOldBrush);  //恢复旧刷子
DeleteObject(hOldPen);  //删除新笔
DeleteObject(hOldBrush);  //删除旧刷子
```

03 椭圆

椭圆的 API 函数是 Ellipse()，该函数用一个内接矩形的坐标确定椭圆。绘制椭圆的方法与矩形的步骤雷同。其函数原型如下。

```
BOOL Ellipse(
    GDC hdc,  //设备描述表
    int nLeftRect,  //椭圆内接矩形区域左上角的 x 坐标
    int nTopRect,  //椭圆内接矩形区域左上角的 y 坐标
    int nRightRect,  //椭圆内接矩形区域右下角的 x
坐标
    int nBottomRect  //椭圆内接矩形区域右下角的 y
坐标
);
```

04 设置文本的设备环境

```
HFONT hFont;  //字体句柄
LOGFONT lf = {0};// 字体属性
    strcpy( lf.lfFaceName, " 黑体 " );
    lf.lfWidth= 10;// 字体宽度
    lf.lfHeight= 50;// 高度
    lf.lfWeight= FW_NORMAL;// 字体粗细
    lf.lfCharSet= GB2312_CHARSET;// 中文字符集
    lf.lfPitchAndFamily = 3;// 字体间距
    hFont = CreateFontIndirect (&lf);// 创建逻辑字体
```

SelectObject(hDC, hFont);// 选入
SetBkColor(hDC, RGB(0, 0, 0));// 背景颜色
SetTextCharacterExtra(hDC, 3);// 间隔
SetTextColor(hDC, RGB(255, 0, 0));// 字体颜色

05 文本输出

文本输出的 API 函数是 TextOut()，其函数原型如下。

```
BOOL TextOut(
    HDC hdc,        // 设备描述表
    int nXStart,    // 文字开始位置的 x 坐标
    int nYStart,    // 文字开始位置的 y 坐标
    LPCTSTR lpString, // 要输出的文字
    int cbString      // 要输出的字符数
);
```

示例代码如下。

```
TextOut(hDC,10,19,"Hello",5);
```

经过前几小节的学习，可以通过编程来设计一个窗口。

范例 22-1　绘制一个窗口。在客户区中绘制，图形为红色边框、白色区域，字体为红色

（1）在 Code::Blocks 17.12 中，新建项目后，在文件中会自动生成一个模板代码（代码 22-1.txt）。

```
01 #if defined(UNICODE) && !defined(_UNICODE)
02     #define _UNICODE
03 #elif defined(_UNICODE) && !defined(UNICODE)
04     #define UNICODE
05 #endif
06 #include <tchar.h>
07 #include <windows.h>
08 // 声明窗口
09 LRESULT CALLBACK WindowProcedure (HWND, UINT, WPARAM, LPARAM);
10 // 窗体名字
11 TCHAR szClassName[ ] = _T（"CodeBlocksWindowsApp"）;
12 int WINAPI WinMain (HINSTANCE hThisInstance,
13 HINSTANCE hPrevInstance,
14 LPSTR lpszArgument,
15 int nCmdShow)
16 {
17   HWND hwnd;          // 窗口的句柄
18    MSG messages;       // 消息被保存 *
19   WNDCLASSEX wincl;   //windowclass 的数据结构
20    // 窗体结构
21 wincl.hInstance = hThisInstance;
22 wincl.lpszClassName = szClassName;
23 wincl.lpfnWndProc = WindowProcedure;   // 由窗口引起
24 wincl.style = CS_DBLCLKS;              // 双击
```

```
25    wincl.cbSize = sizeof (WNDCLASSEX);
26    // 默认图标与鼠标指针
27    wincl.hIcon = LoadIcon (NULL, IDI_APPLICATION);
28    wincl.hIconSm = LoadIcon (NULL, IDI_APPLICATION);
29    wincl.hCursor = LoadCursor (NULL, IDC_ARROW);
30    wincl.lpszMenuName = NULL;                 // 无菜单
31    wincl.cbClsExtra = 0;              // 窗口结构的预留字节数
32    wincl.cbWndExtra = 0;                  // 窗口实例预留字节数
33    // 默认窗口背景颜色
34    wincl.hbrBackground = (HBRUSH) COLOR_BACKGROUND;
35    // 注册窗口类，如果失败则退出
36    if (!RegisterClassEx (&wincl))
37      return 0;
38    // 已注册好窗口类，开始创建程序
39    hwnd = CreateWindowEx (
40       0,
41       szClassName,          // 登记的窗口类名
42       _T("Code::Blocks Template Windows App"),      // 窗口标题
43       WS_OVERLAPPEDWINDOW,      // 默认窗口风格，如有无最大化、最小化按纽
44       CW_USEDEFAULT,      // 运行窗口在屏幕中的开始处横向坐标
45       CW_USEDEFAULT,      // 开始处纵向坐标
46       544,           // 窗口的宽度
47       375,           // 窗口的高度
48       HWND_DESKTOP,    // 窗口句柄
49       NULL,         // 无菜单
50       hThisInstance,      // 应用程序实例句柄
51       NULL
52       );
53    // 窗口可视化
54    ShowWindow (hwnd, nCmdShow);
55    // 运行消息循环
56    while (GetMessage (&messages, NULL, 0, 0))
57    {
58      // 将虚拟秘钥消息转换为字符消息
59      TranslateMessage(&messages);
60      // 向 WindowProcedure 发送消息
61      DispatchMessage(&messages);
62    }
63    // 程序的返回值是 0，postquitmessage() 给值
64    return messages.wParam;
65    }
66    // 回调函数，响应消息
67    LRESULT CALLBACK WindowProcedure (HWND hwnd, UINT message, WPARAM wParam, LPARAM
lParam)
68    {
69      switch (message)           // 处理消息
70      {
71        case WM_DESTROY:
72          PostQuitMessage (0);      // 向消息队列发出 WM_QUIT
73          break;
74        default:           // 不处理消息
75          return DefWindowProc (hwnd, message, wParam, lParam);
76      }
77      return 0;
78    }
```

（2）修改标题，修改为 _T(" 我的窗口 "); 。
（3）在 LRESULT CALLBACK WindowProcedure（ ）函数中，加入绘图内容。

```
01 case WM_PAINT:
02 {
03     PAINTSTRUCT ps;
04     HFONT hFont;   // 字体句柄
05     HDC hDC=BeginPaint(hwnd,&ps);// 获得 DC
06     HPEN hPen=CreatePen(PS_SOLID,1,RGB(255,0,0));// 创建实线、宽度为 1、红色的笔
07     HPEN hOldPen=(HPEN)SelectObject(hDC,hPen);// 将笔选入 DC
08     MoveToEx(hDC,150,100,NULL);// 绘制红色的直线
09     LineTo(hDC,200,100);
10     HBRUSH hBrush=CreateSolidBrush(RGB(255,255,255));// 创建蓝色的刷子
11     HBRUSH hOldBrush=(HBRUSH) SelectObject(hDC,hBrush);
12     Rectangle(hDC,0,0,100,250);// 绘制矩形，因为笔和刷子都没换，故红边框、蓝色区域
13     Ellipse(hDC,200,230,260,300);// 绘制椭圆，因为笔和刷子都没换，故红边框、蓝色区域
14     LOGFONT lf = {0};
15     strcpy( lf.lfFaceName, " 黑体 ");
16     lf.lfWidth= 10;// 字体宽度
17     lf.lfHeight= 50;
18     lf.lfWeight= FW_NORMAL;
19     lf.lfCharSet= GB2312_CHARSET;
20     lf.lfPitchAndFamily = 3;
21     hFont = CreateFontIndirect (&lf);// 创建逻辑字体
22     SelectObject( hDC, hFont );// 选入
23     SetBkColor( hDC, RGB(0, 0, 0) );// 背景颜色
24     SetTextCharacterExtra( hDC, 3 );// 间隔
25     SetTextColor( hDC, RGB(255, 0, 0) );
26     TextOut( hDC, 150, 160, TEXT(" 第一个文本 "), lstrlen(" 第一个文本 ") );
27     SelectObject(hDC,hOldPen);// 恢复绘图
28     SelectObject(hDC,hOldBrush);
29     DeleteObject(hPen);// 删除绘图对象
30     DeleteObject(hBrush);
31     DeleteObject(hDC);
32     EndPaint(hwnd,&ps);// 释放 DC
33 }
34 break;
```

【运行结果】

编译、连接、运行程序，即可在命令行中输出图形。

【范例分析】

本程序演示了对 WinMain() 函数、窗口函数以及调用 API 函数的灵活使用，在窗口函数中使用 API 函数进行 GDI 绘图，输出图形及文字。

▶**22.3 位图**

位图是 Windows 操作系统的一种图形形式，Windows 规定了特殊的操作方法将保存于文件中的位图显示在窗口上。一般步骤如下。

步骤一：获得和窗口相关的设备描述表，称作设备 DC。

步骤二：加载位图，获得位图句柄。

步骤三：创建一个与设备 DC 相容的内存 DC。

步骤四：将位图选入内存 DC。

步骤五：将内存 DC 的内容复制到设备 DC。

步骤六：释放 DC。

步骤七：清除缓存。

范例 22-2   利用宽度为84、高度为110的图片实现位图

新建【WIN 32 GUI project】项目，在生成的模板代码中修改标题，然后在 LRESULT CALLBACK WindowProcedure（）函数中加入如下代码（代码 22-2.txt）。

```
01  HDC hdc= GetDC(hwnd);// 获取 DC
02  HBITMAP hmap=(HBITMAP)LoadImage(NULL, 图片路径， IMAGE_BITMAP,84,110,LR_LOADFROMFILE);// 载入一个位图
03  HDC memdc = CreateCompatibleDC(NULL);
04  SelectObject(memdc,hmap);// 位图选入内存 DC
05  // 将 memdc 里的从 (0,0) 开始的图传递给 hdc 中从 (100,100) 到 (150,200) 的地方
06  BitBlt(hdc,100,100,150,200,memdc,0,0,SRCCOPY);
07  // 将 memdc 里从 (0,0) 开始，宽度 100、高度 100 的区域拉伸到 hdc 中 (0,0) 到 (100,150) 的位置
08  StretchBlt(hdc,0,0,100,150,memdc,0,0,100,100,SRCCOPY);
09  ReleaseDC(hwnd,hdc);// 释放 DC
10  DeleteObject(hmap);// 清除缓存
```

【运行结果】

编译、连接、运行程序，即可在命令行中输出位图，如下图所示。

【范例分析】

在 HBITMAP hmap=(HBITMAP)LoadImage(NULL, 图片路径 , IMAGE_BITMAP, 参数 1, 参数 2,LR_LOADFR OMFILE) 中，参数 1 代表图片宽度，参数 2 代表图片高度。

HDC memdc = CreateCompatibleDC(NULL); 创建一个与指定设备兼容的内存设备上下文环境（DC）。句柄为 NULL，则创建一个与应用程序的当前显示器兼容的内存设备上下文环境。

在 BitBlt(HDC hdc , int nXDest , int nYDest , int nWidth , int nHeight , HDC memdc , int nXSrc , int nYSrc , SRCCOPY) 中，参数 hdc 指向目标设备环境的句柄，参数 nXDest、nYDest 指定目标矩形区域左上角的 X 轴和 Y 轴逻辑坐标，参数 nWidth、nHeight 指定源和目标矩形区域的逻辑宽度和逻辑高度，参数 hdcSrc，指向源设备环境的句柄，参数 nXSrc、nYSrc 指定源矩形区域左上角的 X 轴和 Y 轴逻辑坐标。

在 StretchBlt(HDC hdc , int nXOriginDest , int nYOriginDest , int nWidthDest , int nHeightDest , HDC hdcSrc , int nXOriginSrc , int nYOriginSrc , int nWidthSrc , int nHeightSrc , SRCCOPY) 中，参数 hdc 指向目标设备环境的句柄，

参数 nXOriginDest、nYOriginDest 指定目标矩形左上角的 X、Y 轴坐标。参数 nWidthDest、nHeightDest 指定目标矩形的宽度、高度参数 hdcSrc 指向源设备环境的句柄，参数 nXOriginSrc、nYOriginSrc 指向源矩形区域左上角的 X 轴坐标、Y 轴坐标，参数 nWidthSrc、nHeightSrc 指定源矩形的宽度、高度。

▶ 22.4　图标与菜单

如果向窗口中加入一个基本的菜单，通常会用到一个提前制作好的菜单资源，这会是一份 .rc 文件并且会被编译链接进 .exe 可执行程序中，具体方法是使用一个头文件 resource.h。在资源文件和源文件中需要引入这个头文件，这个头文件中包含了控制和菜单选项等标识符，形式如下。

```
#define IDR_MYMENU 101
#define IDI_MYICON  201
#define ID_FILE_EXIT 9001
#define ID_STUFF_GO 9002
```

标识符名和 ID 号由自己决定，然后写 .rc 文件的代码。

```
#include "resource.h"
IDR_MYMENU MENU
BEGIN
  POPUP "&File"
  BEGIN
    MENUITEM "E&xit", ID_FILE_EXIT
  END
  POPUP "&Stuff"
  BEGIN
    MENUITEM "&Go", ID_STUFF_GO
    MENUITEM "G&o somewhere else", 0, GRAYED
  END
END
IDI_MYICON ICON "menu_one.ico"//"menu_one.ico" 为图标的名字
```

> **✎注意**
>
> 　　将 .rc 文件加入项目中，图标也加入项目中。要保证 .h 文件与 .rc 文件都被构建才能运行，可通过单击鼠标右键选择属性【properity】，在弹出框【build targets】栏目观察右下角的【build targets Files】的方式检查是否被构建。同时，要在源文件与 .rc 文件中使用 #include "resource.h" 引入资源头文件。

在窗口中附加菜单和图标最简单的方式就是在注册窗口类时指定好，形式如下。

```
wc.lpszMenuName  = MAKEINTRESOURCE(IDR_MYMENU);
wc.hIcon= LoadIcon(GetModuleHandle(NULL), MAKEINTRESOURCE(IDI_MYICON));
wc.hIconSm=(HICON)LoadImage(GetModuleHandle(NULL),MAKEINTRESOURCE(IDI_MYICON), IMAGE_ICON, 16,
16, 0);
```

若运行成功，则窗口应该有一个 File 和 Stuff 的菜单，这是资源文件被成功编译并连接至程序中的情况。窗口左上角的图标和任务栏上指定的小图标现在应该能够显示出来了。

【拓展训练】

自定义窗口图标并设置一个菜单。一级菜单 File 下的 Exit 可退出，此外，一级菜单 Help 下的 About 可弹出一个显示图标及文字和一个 OK 按钮的对话框。在客户区显示一行文字（代码 22-1-1.txt）。

（1）在 Code::Blocks 17.12 中，新建名称为 "iip" 的【WIN 32 GUI project】项目。

第一部分，在生成的模板代码中声明窗口时加入以下代码。

```
01  LRESULT CALLBACK        About(HWND, UINT, WPARAM, LPARAM);
02  BOOL InitInstance(HINSTANCE hInstance, int nCmdShow);
03  HINSTANCE hInst; // 当前实例
```

第二部分，在 WINAPI WinMain() 函数中标记实例，修改鼠标、指针、菜单为自定义，代码如下。

```
01  hInst=hThisInstance; // 标记实例
02  wincl.hIcon = LoadIcon(hThisInstance, (LPCTSTR)IDI_LP); // 图标
03  wincl.hIconSm = LoadIcon(hThisInstance, (LPCTSTR)IDI_SMALL);// 图标
04  wincl.hCursor = LoadCursor (NULL, IDC_ARROW);// 鼠标
05  wincl.lpszMenuName = (LPCSTR)IDC_LP; // 菜单
```

第三部分，修改回调函数，加入以下代码。

```
01    case WM_CREATE:
02      CreateWindow(TEXT("SCROLLBAR"), NULL, WS_CHILD|WS_VISIBLE|SBS_HORZ, 0, 450, 1010, 20, hwnd,
(HMENU)IDC_SCB1, NULL, NULL);
03      break;
04    case WM_COMMAND:
05      int wmId ; // 菜单响应 ID
06      wmId = LOWORD(wParam);
07      // 菜单选择
08      switch ( wmId )
09      {
10      case IDM_ABOUT: //about 菜单
11        DialogBox(hInst, (LPCTSTR)IDD_ABOUTBOX, hwnd, (DLGPROC)About);
12        break;
13      case IDM_EXIT: // 退出菜单
14        DestroyWindow(hwnd);
15        break;
16      default:
17        return DefWindowProc(hwnd, message, wParam, lParam);
18      }
19      break;
20    case WM_PAINT:
21      PAINTSTRUCT ps;
22      HDC hdc;
23      hdc = BeginPaint(hwnd, &ps);
24      // 绘图
25      RECT rt;
26      GetClientRect(hwnd, &rt);// 获取客户区
27      DrawText(hdc, " 我爱中国！", strlen(" 我爱中国！"), &rt, DT_CENTER);
28      EndPaint(hwnd, &ps);
29      break;
```

第四部分，加入控件 about 对话框函数（对话框内容在下节中会进行详解）。

```
01  LRESULT CALLBACK About(HWND hDlg, UINT message, WPARAM wParam, LPARAM lParam)
02  {
03    switch (message)
04    {
05      case WM_INITDIALOG:
06      return TRUE;
07      case WM_COMMAND:
08      if (LOWORD(wParam) == IDOK )
```

```
09      {
10        EndDialog(hDlg, LOWORD(wParam));// 结束弹出框
11         return TRUE;
12      }
13      break;
14    }
15    return FALSE;
16 }
```

（2）在项目中新建 resource.h 文件，内容如下。

```
01 #define IDR_MAINFRAME          128
02 #define IDD_LP_DIALOG          102
03 #define IDD_ABOUTBOX           103
04 #define IDM_ABOUT              104
05 #define IDM_EXIT               105
06 #define IDI_LP                 57
07 #define IDI_SMALL              108
08 #define IDC_LP                 109
09 #define IDC_MYICON             2
10 #define IDC_STATIC             -1
11 #define IDC_SCB1               111
```

（3）在项目中，新建名称为"iip.rc"的资源文件，内容如下。

```
01 #include "windows.h"
02 #include "resource.h"
03 // Icon 图标
04 IDI_LP      ICON    DISCARDABLE    "lp.ICO"
05 IDI_SMALL         ICON  DISCARDABLE   "SMALL.ICO"
06 // 菜单
07 IDC_LP MENU DISCARDABLE
08 BEGIN
09     POPUP "&File"
10     BEGIN
11         MENUITEM "E&xit",           IDM_EXIT
12     END
13     POPUP "&Help"
14     BEGIN
15         MENUITEM "&About ...",       IDM_ABOUT
16     END
17 END
18 // Dialog
19 IDD_ABOUTBOX DIALOG DISCARDABLE  22, 17, 230, 75
20 STYLE DS_MODALFRAME | WS_CAPTION | WS_SYSMENU
21 CAPTION "About"
22 FONT 8, "System"
23 BEGIN
24     ICON      IDI_LP,IDC_MYICON,14,9,16,16
25     LTEXT     "lp Version 1.0",IDC_STATIC,49,10,119,8,SS_NOPREFIX
26     LTEXT     "Copyright (C) 2017",IDC_STATIC,49,20,119,8
27     DEFPUSHBUTTON  "OK",IDOK,195,6,30, 11,WS_GROUP
28 END
```

【运行结果】

编译、连接、运行程序，即可在命令行中输出如下图所示的内容。

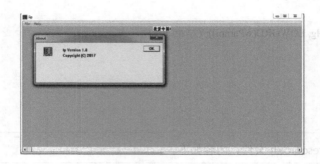

【范例分析】

利用资源与头文件的知识，在消息处理中使用 API 函数，在响应菜单时，用初始化实例 InitInstance() 获取当前实例，处理对话框及控件消息。

▶ 22.5 控件的使用

22.5.1 控件的创建与响应

把控件当成特殊的一类窗口，创建控件与创建窗口一样，使用 CreateWindow 或 CreateWindowEx 函数，在窗口样式经常用以下两个形式。

（1）WS_CHILD：控件放在窗口上，自然要作为窗口的子窗口，WS_CHILDWINDOW 也一样。

（2）WS_VISIBLE：既然要使用控件，就需要设置为可见。

常见的控件有如下几种。

（1）创建标签 / 静态文本。

CreateWindow(TEXT("STATIC"), TEXT("Test String"), WS_CHILD|WS_VISIBLE, 10, 10, 80, 20, hWnd, (HMENU)IDC_STATIC1, NULL, NULL);

（2）创建按钮。

CreateWindow(TEXT("BUTTON"), TEXT("Click Me"), WS_CHILD|WS_VISIBLE, 10, 40, 80, 20, hWnd, (HMENU)IDC_BUTTON1, NULL, NULL);

（3）创建滚动条。

CreateWindow(TEXT("SCROLLBAR"), NULL, WS_CHILD|WS_VISIBLE|SBS_HORZ, 10, 200, 200, 20, hWnd, (HMENU)IDC_SCB1, NULL, NULL);

在窗口创建后，即 CreateWindow 函数返回之前，会收到 WM_CREATE 消息，创建按钮。

case WM_CREATE:
{
　　HWND hButton = CreateWindow(L"Button", " 来单击我！ ", WS_VISIBLE | WS_CHILD | BS_PUSHBUTTON, 参数 1, 参数 2, 参数 3, 参数 4, 控件的父窗口 , 控件的 ID, hInstance：控件设置为空 , 控件设为空);　// 创建按钮，参数 1 至 4 为控件的坐标和宽高
}

按钮创建完成，但怎么响应用户单击呢？按钮与菜单项 一样，单击用户与之接触后， WindowProc 会收到 WM_COMMAND 消息，和菜单一样。

case WM_COMMAND:
{
　　switch(LOWORD(wParam))

```
        {
        case IDB_ONE:
        MessageBox(hwnd, " 您单击了按钮。", " 提示 ", MB_OK|MB_ICONINFORMATION);
            break;
        default:
            break;
    }
    return 0;
}
```

若要求单击了按钮后，按钮上的文本变成"按钮 X 已单击"，该怎么做呢？ Windows 系统是基于消息机制的，所以首先想到向控件发送消息，要改变控件相关的文本，应当发送 WM_SETTEXT 消息，在其中加入如下形式的代码。

```
SendMessage((HWND)lParam, WM_SETTEXT, (WPARAM)NULL, (LPARAM)" 按钮已单击 ");
```

> **注意**
>
> WM_COMMAND 消息的 lParam 保存控件的句柄，所以，传给 SendMessage 的第一个参数是操作目标的句柄，这里不要传 WindowProc 回调中的参数，因为现在要操作的对象是按钮，不是窗口。WindowProc 传进的句柄是指注册的窗口，因为在 WNDCLASS 中已经设定了该 WindowProc 函数。要对按钮进行操作，应当使用 WM_COMMAND 的 lParam 中包含的值，强制转换为 HWND。

【拓展训练】

在窗口中创建 3 个按钮，在单击后，弹出已单击提示，将按钮内容变为"已点"（代码 22-2-2.txt）。

（1）在 Code::Blocks 17.12 中，新建名称为 "button" 的【WIN 32 GUI project】项目。在回调函数中加入以下代码。

```
01 case WM_CREATE:
02 { // 创建 3 个按钮
03      CreateWindow("Button", " 按 钮 一 ", WS_VISIBLE | WS_CHILD | BS_PUSHBUTTON,35, 10, 160, 60, hwnd,
(HMENU)IDB_ONE, NULL, NULL);
04      CreateWindow("Button", " 按 钮 二 ", WS_VISIBLE | WS_CHILD | BS_PUSHBUTTON,35, 80, 160, 60, hwnd,
(HMENU)IDB_TWO, NULL, NULL);
05      CreateWindow("Button", " 按 钮 三 ", WS_VISIBLE | WS_CHILD | BS_PUSHBUTTON,35, 150, 160, 60, hwnd,
(HMENU)IDB_THREE, NULL, NULL);
06 }
07 return 0;
08 case WM_COMMAND:
09 {
10    switch(LOWORD(wParam))
11    {
12      case IDB_ONE:
13      MessageBox(hwnd, " 您单击了第一个按钮。", " 提示 ", MB_OK |MB_ICONINFORMATION);
14      SendMessage((HWND)lParam, WM_SETTEXT, (WPARAM)NULL, (LPARAM)" 第一个按钮已单击 ");
15      break;
16      case IDB_TWO:
17      MessageBox(hwnd, " 您单击了第二个按钮。", " 提示 ", MB_OK |MB_ICONINFORMATION);
18          SendMessage((HWND)lParam, WM_SETTEXT, (WPARAM)NULL, (LPARAM)" 第二个按钮已单击 ");
19      break;
20      case IDB_THREE:
21      MessageBox(hwnd, " 您单击了第三个按钮。", " 提示 ", MB_OK |MB_ICONINFORMATION);
22          SendMessage((HWND)lParam, WM_SETTEXT, (WPARAM)NULL, (LPARAM)" 第三个按钮已单击 ");
23      break;
24    }
```

```
25    }
```

（2）在项目中，新建"resource.h"文件，内容如下。

```
01  #define IDB_ONE    3301
02  #define IDB_TWO    3302
03  #define IDB_THREE  3303
```

【运行结果】

编译、连接、运行程序，即可在命令行中输出如下图所示的结果。

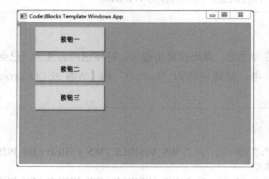

【范例分析】

使用 API() 函数创建按钮、CreateWindow() 创建按钮、MessageBox() 按钮设置、SendMessage() 函数发送消息。

22.5.2 对话框的使用

01 资源文件

在 .rc 资源脚本文件中，对话框的定义分成如下几个部分。

（1）对话框模板名称或者标识符：IDD_ABOUTDLG 为对话框标识符。

（2）DIALOGEX 关键字。

（3）对话框的位置及外型尺寸。

（4）样式属性选项：设计对话框时使用的属性对话框，包含了这些样式的设定，如 WS_POPUP、WS_CAPTION 等。

（5）对话框标题："..."。

（6）字体属性。

（7）控件属性设置：关键字 BEGIN 和 END 之间是对话框包含的控件。每个控件前三个字段分别是控件类型标识符、控件相关的文本和控件标识符。

设计对话框时常用的控件及说明如下。

控件	说明	控件	说明
CHECKBOX	复选框控件	LISTBOX	列表框控件
COMBOBOX	组合框控件	LTEXT	文本左对齐的静态控件
CTEXT	文本居中的静态控件	PUBSHBUTTON	按钮控件
DEFPUSHBUTTON	默认按钮控件	RADIOBUTTON	单选按钮控件
EDITTEXT	编辑框控件	RTEXT	文本右对齐的静态控件
GROUPBOX	组控件	SCROLLBAR	滚动条控件
ICON	图标，属于静态控件		

一个对话框资源 .rc 文件内容，一般形式如下代码所示。

```
01 // Dialog
02 IDD_ABOUTDLG DIALOGEX 30, 30, 210, 125 //30, 30, 210, 125，分别为对话框显示时，其左上角在程序窗口中
的位置（30, 30）和对话框的尺寸（210, 125）。
03 STYLE   WS_POPUP | WS_CAPTION | WS_SYSMENU | WS_THICKFRAME
04 CAPTION   "关于程序 ..." // 对话框标题
05 FONT  10,   "黑体" // 对话框中文本使用的字体为"黑体"，大小为 10 磅
06 BEGIN
07 DEFPUSHBUTTON "&OK",   IDOK, 53,103,50,14 // 控件类型标识符、文本、控件标识符、位置、尺寸
08 PUSHBUTTON   "&Cancel", IDCANCEL, 115,103,50,14
09 PUSHBUTTON   " 作者 ...", IDC_MYBUTTON, 128,48,37,11, BS_FLAT,
10 WS_EX_DLGMODALFRAME
11 EDITTEXT   IDC_MYEDIT, 53,72,112,13, ES_AUTOHSCROLL | ES_WANTRETURN
12 CTEXT   " 关于程序 ", IDC_STATIC, 62,16,86,14,
13 SS_CENTERIMAGE
14 CTEXT   "对话框的创建和使用。",
15 IDC_STATIC, 26,38,166,10
16 LTEXT   " 有任何问题请联系：", IDC_STATIC, 26,49,96,8
17 LTEXT   " 意见：", IDC_STATIC, 26,59,45,11
18 END
```

02 对话框过程

在资源脚本文件中定义对话框资源后，调用函数 DialogBox 以在窗口中创建并显示对话框。

（1）DialogBox

说明：从对话框资源中创建对话框。

原型如下。

INT_PTR DialogBox (HINSTANCE hInstance, LPCTSTR lpTemplate, HWND hWndParent, DLGPROC lpDialogFunc);

参数说明如下。

lpTemplate：资源中对话框模板的标识符。

hWndParent：拥有对话框的窗口的句柄，通常是对话框的父窗口。

lpDialogFunc：指定对话框过程的地址。

返回值：如果函数调用成功，就返回结束对话框的函数 EndDialog 的 nResult 参数；否则，返回值为零。

（2）EndDialog

说明：通知系统清除对话框，并将控制交给程序的窗口过程。

原型如下。

BOOL EndDialog (HWND hDlg, INT_PTR nResult);

参数说明如下。

hDlg：对话框的句柄。

nResult：函数 DialogBox 返回时的返回值。

返回值：如果函数调用成功就返回非零，否则返回零。

（3）DialogProc

说明：当模态对话框被创建后，程序将发生在对话框中的事件消息传送到对话框过程中进行处理，而不是交给程序的窗口过程。

原型如下。

```
BOOL CALLBACK DialogProc (HWND hDlg, UINT uMsg, WPARAM wParam, LPARAM lParam );
```

参数说明如下。

uMsg：消息的标识符。

wParam 和 lParam：消息的两个 32 位参数。

▶22.6　常用的游戏算法

在游戏的过程设计中，游戏与算法之间有很大的关系。如果没有了这些算法，那么游戏几乎就无法运作，加上本身游戏对于性能的要求就很高，所以一款游戏必然要求有一个极好的算法。

22.6.1　递归算法

概念：递归算法是把问题转化为规模缩小了的同类问题的子问题，然后递归调用函数（或过程）来表示问题的解。

方法：

（1）确定递归公式。

（2）确定边界（终了）条件。

特性：

（1）递归就是在过程或函数里调用自身。

（2）在使用递归策略时，必须有一个明确的递归结束条件，称为递归出口。

（3）递归算法解题通常显得很简洁，但递归算法解题的运行效率较低。

📝 范例 22-3　汉诺塔问题存在A、B、C大小形同的3根石柱，其中A石柱从下往上按照大小顺序依次摆放着n个盘子，现在需要将A石柱的盘子全部移动到C石柱上，并且每次只能移动一个圆盘，小圆盘不能放在大圆盘上，请问该如何移动

（1）在 Code::Blocks 17.12 中，新建名称为"hanoi"的【C/C++ Source File】文件。

（2）在代码编辑窗口输入以下代码（代码 22-3.txt）。

```
01  #include <iostream>
02  #include <stdlib.h>
03  using namespace std;
04  void move(char x,char y);                    // 对 move 函数的声明
05  void hanoi(int n,char one,char two,char three) ;    // 对 hanoi 函数的声明
06  int main()
07  {
08      int m;
09      cout<<" 请输入一共有多少个盘子需要移动 :"<<endl;
10      cin>>m;
11      cout<<m<<" 个盘子的移动方案 :"<<endl;
12      hanoi(m,'A','B','C');
```

```
13      return 0;
14   }
15   void hanoi(int n,char one,char two,char three)        // 定义 hanoi 函数
16   // 将 n 个盘从 A 柱借助 B 柱，移到 C 柱
17   {
18      if(n==1)
19         move(one,three);
20      else
21      {
22         hanoi(n-1,one,three,two);          // 首先把 n-1 个从 one 移动到 two
23         move(one,three);                   // 然后把最后一个 n 从 one 移动到 three
24         hanoi(n-1,two,one,three);          // 最后再把 n-1 个从 two 移动到 three
25      }
26   }
27   void move(char x,char y)                  // 定义 move 函数
28   {
29      cout<<x<<" 移动至 "<<y<<" ";
30   }
```

【运行结果】

【范例分析】

当 $n=1$ 时，也就是刚开始 A 石柱上仅仅摆放一个圆盘，那么直接将圆盘从 A 石柱上移动到 B 石柱上即可。

当 $n=2$ 时，从上往下按照大小顺序将圆盘编为 1 号和 2 号，那么要将圆盘全部从石柱 A 移动到石柱 C，首先需要将 1 号圆盘移动到石柱 B，再将 2 号圆盘移动到石柱 C，最后将 1 号圆盘移动到石柱 C。

当 $n=3$ 时，仍然从上往下按照大小顺序将圆盘编为 1 号、2 号和 3 号，此时由于问题相对复杂，所以 1 号和 2 号圆盘看作一个圆盘，即 1+2 号圆盘，此时需要解决的就是将 1+2 号圆盘和 3 号圆盘移动到石柱 C 的问题，即先将 1+2 号圆盘移动到石柱 B，再将 3 号圆盘移动到石柱 C，最后将 1+2 号圆盘移动到石柱 C 即可。

由于每次只能移动一个圆盘，因此如果要将 1+2 号圆盘移动到石柱 B，需要将 1+2 号圆盘拆分为两个个体，看作将 1 号和 2 号圆盘移动到石柱 B，同理将 1+2 号圆盘移动到石柱 C。

……

当 $n=n$ 时，将圆盘自上向下编为 1 号，2 号，3 号，…，n 号，同理将 1 号到 $n-1$ 号圆盘看作一个圆盘，即 $\sum n1(n-1)$ 号圆盘，此时解决的就是将 $\sum n1(n-1)$ 号圆盘和 n 号圆盘移动到石柱 C 的问题，即先将 $\sum n1(n-1)$ 号圆盘移动到石柱 B，再将 n 号圆盘移动到石柱 C，最后将 $\sum n1(n-1)$ 号圆盘移动到石柱 C。因为将第 n 号圆盘移动到石柱 C 后，无论前 $n-1$ 个圆盘怎么移动，都不需要再次移动第 n 号圆盘，即父问题与子问题相对独立且互不影响，因此可以将 $\sum n1(n-1)$ 号圆盘的问题同理向下拆分移动。

22.6.2 枚举算法

概念：枚举类型是一种特殊的整型数组，枚举型的值可以用名称来表示其含义，以便让程序的阅读者可以更好地理解程序的设计。

方法：enum 变量名 { 枚举名 1，枚举名 2，…，枚举名 n}。

枚举名 1 默认从 0 开始计算，每次自增 1。可以给枚举名赋初值，没赋值的枚举名则按前面的一个值往后自增 1。

特性：

（1）可预先确定每个状态的元素个数 n。

（2）状态元素 a1，a2，…，an 的可能值为一个连续的值域。

📋 范例 22-4　输入年份与月份，输出天数

（1）在 Code::Blocks 16.01 中，新建名称为 "enum" 的【C/C++ Source File】文件。

（2）在代码编辑窗口输入以下代码（代码 22-4.txt）。

```
01   #include<iostream>
02   using namespace std;
03   int main()
04   {
05   int m,y,a[13]={31,28,31,30,31,30,31,31,30,31,30,31};
06   cout<<" 年份 "<<endl;
07   cin>>y;
08   cout<<" 月份 "<<endl;
09   cin>>m;
10
11   {if(y%400==0||(y%4==0&&y%100!=0)&&m==2)
12      cout<<29;
13   else
14      cout<<a[m-1];
15   }
16   return 0;
17   }
```

【范例分析】

将 12 个月的天数枚举出来，2 月再单独判断，a[13]={31, 28, 31, 30, 31, 30, 31, 31, 30, 31, 30, 31}，此时，更加简洁、高效、易懂。

【运行结果】

22.6.3 动态规划

概念：动态规划是把原问题分解成若干个子问题，先求解子问题，随后从这些子问题得到原问题的解。动态规划得到的子问题往往不是相互独立的，而是互相交叠的。

　　思想：无法把一个问题划分为完全独立的子问题，为了处理这种问题，可以换个思路，一旦计算了某一个子问题，在求解这个子问题的过程中，将计算中间的结果全部保存下来，不去管这些中间结果以后是否会得到使用。这样一来，在后续计算中一旦需要使用就可以快速查找调用，节约了重复计算的时间，若不用的话，也不会带来额外的损失，只是浪费一部分内存空间。

　　方法：动态规划本质上是一种"空间换时间"的计算策略。通常的设计方法如下。

　　（1）分析最优解的性质，并刻画其结构特征。

　　（2）递归的定义最优解。

　　（3）以自底向上或自顶向下计算出最优值。

　　（4）根据计算最优值时得到的信息构造一个最优解。

　　可以用一个表来记录所有已解问题的子问题的答案。不管该子问题以后是否被用到，只要被计算过，就填入表中。

　　下面举一个经典的例子：0-1 背包问题。

范例 22-5	对一个容量为10 的背包进行装载。从3个物品中选取装入背包的物品，每件物品 i 的重量为 wi，价值为 vi。对于可行的背包装载，背包中物品的总重量不能超过背包的容量，最佳装载是指所装入的物品价值最高，即 $v1*x1+v2*x1+\cdots+vi*xi$(其中 $1 \leqslant i \leqslant n$，$x$取0或1，取1表示选取物品$i$) 取得最大值

　　（1）在 Code::Blocks 17.12 中，新建名称为"parcel"的【C/C++ Source File】文件。

　　（2）在代码编辑窗口输入以下代码（代码 22-5.txt）。

```
01  // 范例 22-5
02  // 背包问题
03  #include <iostream>
04  #define MAX_NUM 5
05  #define MAX_WEIGHT 10
06  using namespace std;
07  // 动态规划求解
08  int zero_one_pack(int total_weight, int w[], int v[], int flag[], int n) {
09      int c[MAX_NUM+1][MAX_WEIGHT+1] = {0}; //c[i][j] 表示前 i 个物体放入容量为 j 的背包获得的
最大价值
10      // 第 i 件物品要么放，要么不放
11      // 如果第 i 件物品不放，就相当于求前 i-1 件物体放入容量为 j 的背包获得的最大价值
12      // 如果第 i 件物品放进去，就相当于求前 i-1 件物体放入容量为 j-w[i] 的背包获得的最大价值
13      for (int i = 1; i <= n; i++) {
14          for (int j = 1; j <= total_weight; j++) {
15              if (w[i] > j) {
16                  // 说明第 i 件物品大于背包的重量，放不进去
17                  c[i][j] = c[i-1][j];
18              } else {
19                  // 说明第 i 件物品的重量小于背包的重量，所以可以选择第 i 件物品放还是不放
20                  if (c[i-1][j] > v[i]+c[i-1][j-w[i]]) {
21                      c[i][j] = c[i-1][j];
22                  }
23                  else {
24                      c[i][j] = v[i] + c[i-1][j-w[i]];
25                  }
26              }
27          }
28      }
29      // 下面求解哪个物品应该放进背包
30      int i = n;
31      int j = total_weight;
32      while (c[i][j] != 0) {
```

```
33        if (c[i-1][j-w[i]]+v[i] == c[i][j]) {
34          // 如果第 i 个物体在背包，那么去掉这个物品之后，前面 i-1 个物体在重量为 j-w[i] 的背包下价
值是最大的
35          flag[i] = 1;
36          j -= w[i];
37        }
38        --i;
39      }
40      return c[n][total_weight];
41    }
42    int main() {
43      int total_weight = 10;
44      int w[4] = {0, 3, 4, 5};
45      int v[4] = {0, 4, 5, 6};
46      int flag[4]; //flag[i][j] 表示在容量为 j 的时候是否将第 i 件物品放入背包
47      int total_value = zero_one_pack(total_weight, w, v, flag, 3);
48      cout << " 需要放入的物品如下 " << endl;
49      for (int i = 1; i <= 3; i++) {
50        if (flag[i] == 1)
51          cout << i << " 重量为 " << w[i] << ", 价值为 " << v[i] << endl;
52      }
53      cout << " 总的价值为 : "<< total_value << endl;
54      return 0;
55    }
```

【运行结果】

【范例分析】

先把问题数据用表格描述下来。

物品 i	重量 wi	价值 vi
1	3	4
2	4	5
3	5	6

背包最大
重量10

按照自底向上的方法，首先背包中没有物品，然后放入物品 1，观察当前背包在当前限定承重量状态下物品是否可以放下，记录此时背包中物品的价值。再加入第 2 个物品，直到所有物品都试着加入过。用下表可以记录子问题的解，采用自底向上法。

i \ j	0	1	2	3	4	5	6	7	8	9	10
无	0	0	0	0	0	0	0	0	0	0	0
1	0	0	0	4	4	4	4	4	4	4	4
1, 2	0	0	0	4	5	5	5	9	9	9	9
1, 2, 3	0	0	0	4	5	6	6	9	10	11	11

注：i 表示可放置物品编号   j 表示背包当前最大重量

找出递推关系，i 为物品编号，$v[i]$ 是第 i 个物品的价值，其重量为 $w[i]$。$c[i-1, j-wi]$ 是前 $i-1$ 个物品，在未加入 wi 时已有的最大价值，$c[i-1, j]$ 是前 $i-1$ 个物品，在承重量是 j 时的最大价值。当承重为 j 时取下面两者中的价值最大者。

（1）当前物品 wi 装不进（$j<wi$），则仍然是上一个承重 j 状态的价值 $c[i-1, j]$。

（2）当前物品 wi 可装下（$j \geq wi$），则价值为 $j-wi$ 时价值与 wi 的价值 vi。

构建最优解：自底向上，从 $j=10$，$c(3,10)$ 开始。

按照递推公式，逐步得到物品是否能加入背包的判断，并得到对应价值。

当 $j \geq wi$ 时，$c[i][j]=max\{c[i-1, j], vi+c[i-1, j-wi]\}$

当 $j<wi$ 时，$c[i][j]=c[i-1, j]$

$c[3, 10]=max\{v3+c[3-1, 10-5], c[2, 10]\}$，由于 11>9，故物品 3 被选。

$c[2, 5]=max\{v2+c[2-1, 5-4], c[1, 5]\}$，由于 5>4，故物品 2 被选。

$c[1, 1]$ 时，由于 $j<w1$，当前物品装不进，物品 1 未选。

在对物体重量与价值进行初始化时使用 $int\ w[4] = \{0, 3, 4, 5\}$ 形式，避免计算 $c[i-1]$ 时出错。

22.6.4 贪心算法

概念：贪心算法（又称贪婪算法）是指，在对问题求解时，总是做出在当前看来是最好的选择。也就是说，不从整体最优上加以考虑，所做出的仅是在某种意义上的局部最优解。贪心算法不是对所有问题都能得到整体最优解，但对范围相当广泛的许多问题他能产生整体最优解或者是整体最优解的近似解。

方法：

（1）从问题的某一初始解出发。

（2）while 能朝给定总目标前进一步 do。

（3）求出可行解的一个解元素。

（4）由所有解元素组合成问题的一个可行解。

特性：

（1）有一个以最优方式来解决的问题。

（2）随着算法的进行，将积累起其他两个集合：一个包含已经被考虑过并被选出的候选对象，另一个包含已经被考虑过但被丢弃的候选对象。

（3）有一个函数来检查一个候选对象的集合是否提供了问题的解答。该函数不考虑此时的解决方法是否最优。

（4）还有一个函数检查是否一个候选对象的集合是可行的，即是否可能往该集合上添加更多的候选对象以获得一个解。和上一个函数一样，此时不考虑解决方法的最优性。

📋 范例 22-6　　**测试减法结果，输入被减数和减数序列，减法结果为正加1，为负减1，优化组合使得结果为负的最少**

（1）在 Code::Blocks 16.01 中，新建名为"测试"的【C/C++ Source File】文件。

（2）在代码编辑窗口输入以下代码（代码 22-6.txt）。

```
01  // 范例 22-6
02  // 输入 n 个被减数，减数
03  // 优化组合，使得差为负数的最少，结果为正加 1，结果为负减 1
04  // 输出结果
05  #include <iostream>
06   #include <cstdio>
07    #include <algorithm>
```

```
08      using namespace std;
09      const int Max = 1050;
10      bool cmp(int a,int b) { return a > b; }
11      int main()
12      {
13      int tian[Max],king[Max];
14      int i,j,n,m;
15      cout<<" 测试的次数（小于 1050,0 退出）:"<<endl;
16      while(cin >> n)
17      {
18      if(n == 0)
19        break;
20      cout<<" 请输入 "<<n<<" 个被减数："<<endl;
21      for(i=1; i<=n; i++)
22          {
23              cin >> tian[i];
24          }
25      cout<<" 请输入 "<<n<<" 个减数： "<<endl;
26      for(i=1; i<=n; i++)
27          {
28              cin >> king[i]; }
29      sort(tian+1,tian+1+n,cmp);
30      sort(king+1,king+1+n,cmp);
31      int ans = 0;
32      int ii,jj;
33      for(i=1, j=1, ii=n, jj=n; i<=ii; )
34          {
35          if(tian[i] > king[j])
36              { ans += 1; i++;j++; }
37          else if(tian[i] < king[j])
38              { ans -= 1; j++,ii--; }
39
40          }
41
42      cout << " 结果为： " << ans << endl;
43
44      }
45      return 0;
46      }
```

【运行结果】

【范例分析】

输入的被减数 3，4，5 都比减数 4，5，6 小，如果直接运算的话会导致结果为负的较多，贪心方法是，拿最小的被减数和最大的减数进行运算。

22.6.5 回溯算法

概念：回溯法也叫试探法，它先暂时放弃关于问题规模大小的限制。将问题的候选解按某种顺序逐一枚举与检验。当发现当前候选解不可能是正确解时，就选择下一个候选解。如果当前候选解除了不满足问题规模要求外能满足其他要求时，则继续扩大当前候选解的规模，并继续试探。如果当前候选解满足包括问题规模在内的所有要求，那么该候选解就是问题的一个解。在此算法中，放弃当前候选解，并继续寻找下一个候选解的过程即为回溯。

方法：

（1）个解空间，它包含问题的解。

（2）搜索的方法组织解空间。

（3）利用深度优先法搜索解空间，可用递归函数来实现。

（4）避免移动到不可能产生解的子空间。

📝 范例 22-7　生一个迷宫，并找到该迷宫的出口路径

（1）在 Code::Blocks 17.12 中，新建名称为"ha"的【C/C++ Source File】文件。

（2）在代码编辑窗口输入以下代码（代码 22-7.txt）。

```
01  // 范例 22-7
02  // 迷宫
03  #include <iostream>
04  #include <stdlib.h>
05  #define MAXROW 25
06  using namespace std;
07  int maze[MAXROW][MAXROW]={
08  {1,1,1,1,1,1,1,1,1,1,1,1,1,1,1,1,1,1,1,1,1,1,1,1,1},
09  {0,0,0,0,0,0,0,0,0,0,0,0,0,0,0,0,0,0,0,0,0,0,0,0,1},
10  {1,0,1,1,1,1,1,1,1,1,1,1,1,1,1,1,1,1,1,1,1,1,1,0,1},
11  {1,0,1,0,0,0,0,0,0,0,0,0,0,0,0,0,0,0,0,0,0,1,0,1},
12  {1,0,1,0,1,1,1,1,1,1,1,1,1,1,1,1,1,1,1,1,0,1,0,1},
13  {1,0,1,0,1,0,0,0,0,0,0,0,0,0,0,0,0,0,0,1,0,1,0,1},
14  {1,0,1,0,1,0,1,1,1,1,1,1,1,1,1,1,1,1,0,1,0,1,0,1},
15  {1,0,1,0,1,0,1,0,0,0,0,1,0,0,0,0,0,1,0,1,0,1,0,1},
16  {1,0,1,0,1,0,1,0,1,1,1,1,1,1,1,1,0,1,0,1,0,1,0,1},
17  {1,0,1,0,1,0,1,0,1,0,0,0,0,0,0,1,0,1,0,1,0,1,0,1},
18  {1,0,1,0,1,0,1,0,1,0,1,1,1,1,0,1,0,1,0,1,0,0,0,1},
19  {1,0,1,0,1,0,1,0,1,0,1,0,1,0,1,0,1,0,1,0,1,0,1,1,1},
20  {1,1,1,0,1,0,1,1,1,0,1,1,0,1,0,1,1,1,0,1,1,0,1,0,1},
21  {1,0,1,0,1,0,1,0,0,0,0,0,0,1,0,0,0,0,0,0,1,0,1,0,1},
22  {1,0,1,0,0,0,1,0,1,1,1,1,1,1,1,0,1,0,1,0,1,0,1},
23  {1,0,1,0,1,0,1,1,0,0,0,0,0,0,1,0,0,0,1,0,1,0,1},
24  {1,0,1,0,1,0,1,1,0,1,1,0,1,1,0,1,1,0,1,0,1},
25  {1,0,1,1,0,0,0,0,0,1,0,0,0,0,1,1,0,1,0,1,0,1},
26  {1,1,1,0,0,1,1,1,1,1,1,1,1,0,1,0,1,0,1,0,1,0,1},
27  {1,0,0,0,1,0,0,1,0,0,0,0,1,0,0,0,1,0,1,0,1},
28  {1,0,1,0,1,1,1,0,1,1,1,1,1,1,0,1,0,1,0,1,0,1},
29  {1,0,1,0,0,0,0,0,0,0,0,0,0,0,0,1,0,0,0,1,0,1},
30  {1,0,1,1,1,1,1,1,1,1,1,1,1,1,1,1,1,1,1,1,1,0,1},
31  {1,0,0,0,0,0,0,0,0,0,0,0,0,0,0,0,0,0,0,0,0,0,0},
```

```cpp
32     {1,1,1,1,1,1,1,1,1,1,1,1,1,1,1,1,1,1,1,1,1,1,1,1,1},
33     };
34     int lnx=1,lny=1;// 入口
35     int outx=MAXROW-2,outy=MAXROW-2;
36     void Printmaze()
37     {
38     int i,j;
39     for(i=0;i<MAXROW;i++)
40       {
41     for(j=0;j<MAXROW;j++)
42         {
43         if(maze[i][j]==1)
44           cout<<" ■ ";
45         else if(maze[i][j]==-1)
46           cout<<" ○ ";
47         else
48           cout<<"   ";
49       }
50       cout<<" "<<endl;
51     }
52     }
53     void pass(int x,int y)
54     {
55       int m,n;
56       maze[x][y]=-1;// 初始
57       if(x==outx&&y==outy)
58       {
59         cout<<" 路径 "<<endl;
60         Printmaze();
61       }
62       if(maze[x][y+1]==0)// 右侧位置为空
63         pass(x,y+1);// 递归调用 pass 函数测试右侧
64       if(maze[x+1][y]==0)// 下方位置为空
65         pass(x+1,y);
66       if(maze[x][y-1]==0)// 左方为空
67         pass(x,y-1);
68       if(maze[x-1][y]==0)// 上方为空
69         pass(x-1,y);
70       maze[x][y]=0;// 上下左右均不通，回溯
71     }
72     int main()
73     {
74       int i,j,x,y,choose;
75       cout<<" 迷宫 "<<endl;
76       Printmaze ();
77       cout<<"1 显示路径 "<<endl;
78       cout<<"0 不显示路径 "<<endl;
79       cin>>choose;
80       if(choose==1)
81       pass(lnx,lny);
82       return 0;
83     }
```

【运行结果】

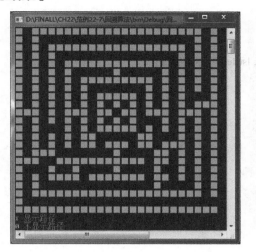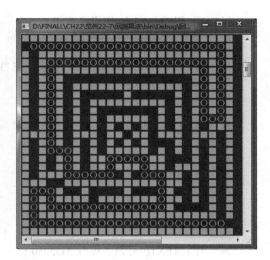

【范例分析】

迷宫问题在一定的约束条件下试探性搜索前进，如果前进中受阻，就及时回头纠正错误，再选择另条路继续搜索。从入口出发，按某一方向向前探索，如果能走通（未走过），即某处可到达，则到达新点，标记下来，否则继续探索下一方向，如果所有方向均没有通路，则标记出来，换一个方向再继续试探，直到所有的路都探索到。在回溯时，用了递归调用的方法。

▶ 22.7 综合案例

📋 范例 22-8 利用API函数与算法，编写一个贪吃蛇的游戏。要求蛇可以移动，可以吃食物，吃完食物后系统自动生成下一个食物（随机位置），游戏规则：蛇头碰到蛇身后，出现弹出框，选择是否再来一局、回到主菜单、退出游戏，蛇吃完十个食物则闯关成功，然后进入第二关，多一个障碍物，继续游戏

（1）在 Code::Blocks 17.12 中，新建名称为"as"的【WIN 32 GUI project】项目。

（2）在代码编辑窗口中输入代码（素材文件 \ch22\综合案例 \Init_Begin_UI.c, DealBeginMenuMsg.c, Init_Playing_Map.c, PlayingProc.c, GameOverDlgProc.c, snake.c）。

以下是部分代码，详细代码可在配套电子资源中找到。

① 游戏开始界面的实现，在项目中添加名为 Init_Begin_UI.c 文件，输入如下代码。

```
01    #include "Init_Begin_UI.h"
02    void InitBeginUI( HDC hdc, HINSTANCE hInst )    //绘制菜单
03    {
04        LOGFONT lf = {0};
05        HFONT hFont;
06        strcpy( lf.lfFaceName, " 黑体 ");
07        lf.lfWidth= 50;
08        lf.lfHeight= 100;
09        lf.lfWeight= FW_NORMAL;
10        lf.lfCharSet= GB2312_CHARSET;
11        lf.lfPitchAndFamily = 35;
12        hFont = CreateFontIndirect (&lf);// 创建逻辑字体
13        SelectObject( hdc, hFont );
```

```
14    SetBkColor( hdc, RGB(0, 0, 0) );
15    SetTextCharacterExtra( hdc, 50 );// 间隔
16    SetTextColor( hdc, RGB(0, 225, 0) );
17    TextOut( hdc, 200, 60, TEXT(" 贪吃蛇 "), lstrlen(" 贪吃蛇 ") );
18    DeleteObject( hFont );
19    ShowGameMenu( hdc );
20  }
21  struct GameMenu
22  {
23    int id;
24    TCHAR szName[10];
25    int xPos;
26    int yPos;
27  } menu[] =
28  {
29    { 1, TEXT(" 开始游戏 "), 345, 250 },
30    { 2, TEXT(" 退出游戏 "), 345, 300 }
31  };
32  void ShowGameMenu( HDC hdc )
33  {
34    int i = 0;
35    HPEN hPen;
36    HFONT hFont;
37    HBRUSH hBrush;
38    LOGFONT lf = {0};
39    strcpy( lf.lfFaceName, " 黑体 " );
40    lf.lfWidth= 12;
41    lf.lfHeight= 25;
42    lf.lfWeight= FW_NORMAL;
43    lf.lfCharSet= GB2312_CHARSET;
44    hPen = CreatePen( PS_SOLID, 5, RGB( 0, 0, 255 ) );
45    hFont = CreateFontIndirect(&lf);
46    hBrush = CreateSolidBrush( RGB(0, 0, 0) );
47    SelectObject( hdc, hPen );
48    SelectObject( hdc, hFont );
49    SelectObject( hdc, hBrush );
50    SetBkColor( hdc, RGB(0, 0, 0) );
51    SetTextCharacterExtra( hdc, 3 );// 设置字符间隔
52    SetTextColor( hdc, RGB(255, 255, 255) );
53    for( i; i < 4; i++ )
54      TextOut( hdc, menu[i].xPos, menu[i].yPos, menu[i].szName, lstrlen(menu[i].szName) );
55    DeleteObject(hPen);
56    DeleteObject(hFont);
57    DeleteObject(hBrush);
58    }
```

② 初始化消息响应的实现，在项目中添加名为 **DealBeginMenuMsg.c** 文件，输入如下代码。

```
01  #include "DealBeginMenuMsg.h"
02  LRESULT DealBeginMenuMsg( HWND hwnd, UINT message, WPARAM wParam, LPARAM lParam )
03  {
```

```
04    HINSTANCE hInst;
05    int menuID = 0;
06    int oldMenuID = 0;
07    HDC hdc;
08    PAINTSTRUCT ps;
09    switch( message )
10    {
11    case WM_CREATE:
12       hInst =(HINSTANCE) GetWindowLong( hwnd, GWL_HINSTANCE );
13       PostMessage( hwnd, CM_GAME_READY, 0, 0 );
14       return 0;
15    case WM_PAINT:
16       hdc = BeginPaint( hwnd, &ps );
17       InitBeginUI( hdc, hInst );// 开始初始化游戏界面
18       EndPaint( hwnd, &ps );
19       return 0;
20    case CM_GAME_READY:
21       SetTimer( hwnd, TMR_BEGIN, 60, NULL );  // 设置定时
22       return 0;
23    case CM_START_GAME:
24       InvalidateRect( hwnd, NULL, TRUE );
25       SetWindowLong( hwnd, GWL_WNDPROC, (long)PlayingProc );
26       SetTimer( hwnd, TMR_PLAYING_READY, 500, NULL );
27       return CM_START_GAME;
28    case WM_TIMER:
29       switch( wParam )
30       {
31       case TMR_BEGIN:
32          menuID = DealMouseMove( hwnd );
33          if( menuID != oldMenuID && menuID > 0 )
34          {
35             DrawSelectedBox( hwnd, 240 + (menuID-1) * 50 );
36             oldMenuID = menuID;
37          }
38          break;
39       }
40       return 0;
41    case WM_LBUTTONDOWN:
42       DealMenuClick( DealMouseMove(hwnd), hwnd, hInst );
43       return 0;
44    case WM_DESTROY:
45       PostQuitMessage(0);
46       return 0;
47    }
48    return DefWindowProc( hwnd, message, wParam, lParam );
49 }
50 // 处理鼠标消息
51 int DealMouseMove( HWND hwnd )
52 {
53    POINT pt;
```

```
54        GetCursorPos(&pt) ;
55        ScreenToClient( hwnd, &pt ) ;
56        if( pt.x < 340 )
57        if( pt.x > 450 )
58    if( pt.y < 245 )
59    if( pt.y > 335 )
60    return 0;
61        if( pt.y > 250 && pt.y < 285 )
62            return 1;
63        if( pt.y > 300 && pt.y < 335 )
64            return 2;
65        return 0;
66    }
67    // 绘制菜单选中外框
68    void drawGreenBox( HWND hwnd, int yPos );
69    void drawBlackBox( HWND hwnd, int yPos );
70    void DrawSelectedBox( HWND hwnd, int yPos )
71    {
72        int i = 0;
73        for( i; i < 2; i++ )
74        {
75            drawBlackBox( hwnd, 240 + i * 50 );
76        }
77        drawGreenBox( hwnd, yPos );
78    }
79    // 绘制一个绿色的边框
80    void drawGreenBox( HWND hwnd, int yPos )
81    {
82        HDC hdc;
83        HPEN hPen;
84        POINT apn[5] = { {310, yPos}, {480, yPos}, {480, yPos+45}, {310, yPos+45}, {310, yPos} } ;    //
坐标组
85        hdc = GetDC( hwnd );
86        hPen = CreatePen( PS_SOLID, 3, RGB(0, 128, 0) );
87        SelectObject( hdc, hPen );
88        Polyline( hdc, apn, 5 );
89        ReleaseDC( hwnd, hdc );
90    }
91    // 绘制黑色边框
92    void drawBlackBox( HWND hwnd, int yPos )
93    {
94        HDC hdc;
95        HPEN hPen;
96        POINT apn[5] = { {310, yPos}, {480, yPos}, {480, yPos+45}, {310, yPos+45}, {310, yPos} } ;    //
坐标组
97        hdc = GetDC( hwnd );
98        hPen = CreatePen( PS_SOLID, 3, RGB(0, 0, 0) );
99        SelectObject( hdc, hPen );
100       Polyline( hdc, apn, 5 );
101       ReleaseDC( hwnd, hdc );
```

```
102 }
103 // 处理鼠标单击消息
104 void DealMenuClick( int menuID, HWND hwnd, HINSTANCE hInst )
105 {
106    switch( menuID )
107    {
108    case 1:
109      KillTimer( hwnd, TMR_BEGIN );
110      PostMessage( hwnd, CM_START_GAME, 0, 0 );
111      return;
112    case 2:
113      PostQuitMessage(0);
114      return;
115    }
116 }
```

③ 初始化地图界面，在项目中添加名为 Init_Playing_Map.c 文件，输入如下代码。

```
01 #include "Init_Playing_Map.h"
02 #include <stdio.h>
03 void InitPlayingMap( HWND hwnd, HDC hdc, POINT ptFood, CMAP *gm_map, int level )
04 {
05    HPEN hPen;
06    HBRUSH hBrush;
07    hPen = CreatePen( PS_SOLID, 3, RGB(128, 128, 128) );
08    hBrush = CreateSolidBrush( RGB(192, 192, 192) );
09    SelectObject( hdc, hPen );
10    SelectObject( hdc, hBrush );
11    DrawBrickWall( hwnd, hdc );
12    DrawRandWall( hwnd, hdc, gm_map, level );
13    DrawRandomFood( hdc, ptFood );
14    DeleteObject( hPen );
15    DeleteObject( hBrush );
16 }
17 // 画四周砖块
18 void DrawBrickWall( HWND hwnd, HDC hdc )
19 {
20    int x = 0, y = 0;
21    RECT rect = {0};
22    GetClientRect( hwnd, &rect );
23    for( x; x < rect.right / 10 +1; x++ )
24    {
25      Rectangle( hdc, x*10, 0, x*10+10, 10);
26      Rectangle( hdc, x*10, rect.bottom-10, x*10+10, rect.bottom);
27    }
28    for( y; y < rect.bottom / 10 +1; y++ )
29    {
30      Rectangle( hdc, 0, y*10, 10, y*10+10);
31      Rectangle( hdc, rect.right-10, y*10, rect.right, y*10+10);
32    }
```

```
33  }
34  // 画线
35  void drawWallLine( HDC, int, int, int, int );
36  // 画随机墙
37  void DrawRandWall( HWND hwnd, HDC hdc, CMAP *gm_map, int lev )
38  {
39    int i = 0;
40    RECT rect = {0};
41    CLINE line = {0};
42    GetClientRect( hwnd, &rect ); // 用于取得指定窗口的客户区域大小
43    for( i; i < 5; i++ )
44    {
45      line.x1 = gm_map[lev].line[i].x1 * rect.right;
46      line.y1 = gm_map[lev].line[i].y1 * rect.bottom;
47      line.x2 = gm_map[lev].line[i].x2 * rect.right;
48      line.y2 = gm_map[lev].line[i].y2 * rect.bottom;
49       drawWallLine (hdc, (int)(line.x1) +10 -(int)line.x1 % 10, (int)(line.y1) + 10 - (int)line.y1 % 10, (int)
(line.x2) + 10 - (int)line.x2 % 10, (int)(line.y2) + 10 - (int)line.y2 % 10 );
50    }
51  }
52  void drawWallLine( HDC hdc, int x1, int y1, int x2, int y2 ) // 绘制随机障碍物
53  {    ……   }
54  // 绘制食物
55  void DrawRandomFood( HDC hdc, POINT ptFood )
56  {
57    HPEN hPen;
58    HBRUSH hBrush;
59    hPen = CreatePen( PS_SOLID, 1, RGB( 0, 0, 255 ) );
60    hBrush = CreateSolidBrush( RGB(0, 225,0) );
61    SelectObject( hdc, hPen );
62    SelectObject( hdc, hBrush );
63    Ellipse( hdc, ptFood.x, ptFood.y, ptFood.x+10, ptFood.y+10 );
64    DeleteObject( hPen );
65    DeleteObject( hBrush );
66  }
```

④ 游戏过程，在项目中添加名为 Playing_Proc.c 文件，输入以下代码

```
01  #include "PlayingProc.h"
02  #include "Init_Playing_Map.h"
03  #include "GameWndProc.h"
04  #include "map_data.h"
05  void testImpace( HWND hwnd );
06  void testFoodPlace( HWND hwnd );
07  static GM_STATUS APP =
08  {
09    TEXT(" 贪吃蛇 "), 0, { {20, 20} },{-10, -10}, DR_RIGHT, 5, 0);
10  LRESULT PlayingProc( HWND hwnd, UINT message, WPARAM wParam, LPARAM lParam )
11  {
12    HDC hdc;
13    PAINTSTRUCT ps;
```

```
14        POINT pt = {0};
15        switch( message )
16        {
17        case WM_PAINT:
18            hdc = BeginPaint( hwnd, &ps );
19            InitPlayingMap( hwnd, hdc, APP.food, gm_map, APP.level );
20            EndPaint( hwnd, &ps );
21            return 0;
22        case CM_START_GAME:
23            SetWindowLong( hwnd, GWL_WNDPROC, (long)StartPlaying );
24            return 0;
25        case WM_DESTROY:
26            PostQuitMessage(0);
27            return 0;
28        }
29        return DefWindowProc( hwnd, message, wParam, lParam );
30    }
31    void getWallLineRect( int, RECT *, RECT *, int );          // 获取地图障碍物 i 在窗口中的实际位置
32    BOOL borderImpace( RECT, POINT, int );                    // 边缘碰撞检测
33    // 点障碍物的碰撞检测
34    BOOL PointImpaceTest( HWND hwnd, POINT pt, int exc )
35    {
36        int i = 0;
37        RECT rect = {0};
38        RECT line = {0};
39        GetClientRect( hwnd, &rect );
40        if( borderImpace(rect, pt, exc) )                     // 边缘碰撞
41            return TRUE;
42        for( i = 0; i < 5; i++ )
43        {
44            getWallLineRect( i, &rect, &line, exc );
45            if( line.right - line.left == 0 )                 // 垂直障碍物
46                if( pt.x >= line.left - exc && pt.x < line.left + 10 + exc && \
47                    pt.y >= line.top - exc  && pt.y < line.bottom + exc )
48                    return TRUE;
49            if( line.bottom - line.top == 0 )                 // 水平障碍物
50                if( pt.x >= line.left - exc && pt.x < line.right + exc && \
51                    pt.y >= line.top - exc  && pt.y < line.top + 10 + exc )
52                    return TRUE;
53    }
54        return FALSE;
55    }
56    // 获取地图障碍物 i 在窗口中的实际位置
57    void getWallLineRect( int i, RECT *rect, RECT *line, int exc )
58    {
59        // 获取地图数据在窗口中的映射位置
60        line->left   = (int)(gm_map[APP.level].line[i].x1 * rect->right);   //x1
61        line->top    = (int)(gm_map[APP.level].line[i].y1 * rect->bottom);  //y1
62        line->right  = (int)(gm_map[APP.level].line[i].x2 * rect->right);   //x2
63        line->bottom = (int)(gm_map[APP.level].line[i].y2 * rect->bottom);  //y2
64        // 添加偏移坐标
```

```
65    if( line->left )
66    {
67      line->left+= (10 - line->left% 10);
68      line->top+= (10 - line->top% 10);
69      line->right+= (10 - line->right  % 10);
70      line->bottom += (10 - line->bottom % 10);
71    }
72  }
73  // 边缘碰撞检测
74  BOOL borderImpace( RECT rect, POINT pt, int exc ){ …… }
75  // 生成随机食物坐标
76  void GetRandomFoodPlace( HWND hwnd, POINT *ptFood )
77  {
78    int i = 0, x = 0, y = 0;
79    RECT rect = {0}, line = {0};
80    POINT pt = {0};
81    ptFood->x = ptFood->y = 0;
82    GetClientRect( hwnd, &rect );
83    while( PointImpaceTest( hwnd, *ptFood, 10 ) )
84    {
85      x = rand()%rect.right;
86      y = rand()%rect.bottom;
87      ptFood->x = x - x%10;
88      ptFood->y = y - y%10;
89    }
90  }
91  int dealKeywordMsg( HWND hwnd, WPARAM );            // 处理键盘消息
92  void moveSnake( );                                          // 移动蛇身
93  void eraseNode( HWND, POINT );                           // 擦除一个蛇身节点
94  void drawSnakeBody( HWND );                               // 绘制蛇身
95  BOOL testEating( HWND );                               // 检测食物是否被吃掉
96  void updateGameInfo( HWND );                            // 更新游戏标题栏信息
97  void resetGameStatus();                                  // 重置游戏状态
98  void nextLevel( HWND );                                   // 下一关
99  BOOL testEatSelf( HWND );                                 // 测试是否吃到自己
100  void gameOver( HWND );                                   // 游戏结束
101  void gameAgain( HWND );                                  // 再来一局
102  void startSnakeMove( HWND );                       // 蛇开始移动 ( 封装移动方法 )
103  // 开始游戏
104  LRESULT CALLBACK StartPlaying( HWND hwnd, UINT message, WPARAM wParam, LPARAM
lParam )
105  {
106    HDC hdc;
107    PAINTSTRUCT ps;
108    switch( message )
109    {
110    case WM_PAINT:
111      hdc = BeginPaint( hwnd, &ps );
112      InitPlayingMap( hwnd, hdc, APP.food, gm_map, APP.level );
113      EndPaint( hwnd, &ps );
```

```
114        return 0;
115      case CM_GAME_OVER:
116        gameOver( hwnd );
117        break;
118      case CM_GAME_NEXT:
119        nextLevel( hwnd );
120        GetRandomFoodPlace(hwnd,&APP.food);
121        break;
122      case CM_GAME_SUCCEED:
123        MessageBox( NULL, "ok", "", 0 );
124        break;
125      case WM_DESTROY:
126        PostQuitMessage(0);
127        return 0;
128      }
129      return DefWindowProc( hwnd, message, wParam, lParam );
130    }
131    int dealKeywordMsg( HWND hwnd, WPARAM wParam ) // 处理键盘消息
132    {
133      switch( wParam ) {  ……  }
134      return 0;
135    }
136    // 移动蛇身
137    void moveSnake( )
138    {
139      int i = APP.len;
140      for( i; i > 0; i-- )
141        APP.body[i] = APP.body[i-1];
142      switch( APP.direction )
143      {
144      case DR_UP:  ……
145      case DR_DOWN: ……
146      case DR_LEFT:  ……
147      case DR_RIGHT: ……
148      }
149    }
150    // 擦除蛇身的一个节点
151    void eraseNode( HWND hwnd, POINT ptNode )
152    {
153      HDC hdc;
154      HPEN hPen;
155      HBRUSH hBrush;
156      hdc = GetDC( hwnd );
157      hPen = CreatePen( PS_SOLID, 3, RGB(0, 0, 0) );
158      hBrush = CreateSolidBrush( RGB(0, 0, 0) );
159      SelectObject( hdc, hPen );
160      SelectObject( hdc, hBrush );
161      Rectangle( hdc, ptNode.x, ptNode.y, ptNode.x+10, ptNode.y+10 );
162      DeleteObject( hBrush );
```

```
163      ReleaseDC( hwnd, hdc );
164  }
165  // 绘制蛇身
166  void drawSnakeBody( HWND hwnd )
167  {
168      int i = 0;
169      HDC hdc;
170      HPEN hPen;
171      HBRUSH hBrush;
172      hdc = GetDC( hwnd );
173      hPen = CreatePen( PS_SOLID, 3, RGB(0, 128, 0) );
174      hBrush = CreateSolidBrush( RGB(0, 255, 0) );
175      SelectObject( hdc, hPen );
176      SelectObject( hdc, hBrush );
177      for( i; i <= APP.len; i++ )
178      Rectangle( hdc, APP.body[i].x, APP.body[i].y, APP.body[i].x+10, APP.body[i].y+10 );// 矩形
179      eraseNode( hwnd, APP.body[APP.len] );
180      DeleteObject( hPen );
181      DeleteObject( hBrush );
182      ReleaseDC( hwnd, hdc );
183  }
184  // 检测食物是否被吃掉
185  BOOL testEating( HWND hwnd )
186  {
187      ……
188          GetRandomFoodPlace( hwnd, &APP.food );
189          return TRUE;
190      }
191      return FALSE;
192  }
193  // 测试是否吃到自己
194  BOOL testEatSelf( HWND hwnd )
195  {
196      int i = APP.len;
197      for( i; i > 0; i-- )
198      if( APP.body[0].x == APP.body[i].x && APP.body[0].y == APP.body[i].y )
199      {
200          PostMessage( hwnd, CM_GAME_OVER, 0, 0 );
201          return TRUE;
202      }
203      return FALSE;
204  }
205  // 游戏结束
206  void gameOver( HWND hwnd )
207  {
208      int menuID = 0;
209      switch( menuID )
210      {
211      case GAME_AGAIN:
212          gameAgain( hwnd );
213          break;
```

```
214      case GAME_MAIN:
215        SetWindowLong( hwnd, GWL_WNDPROC, (long)DealBeginMenuMsg );
216        PostMessage( hwnd, CM_GAME_READY, 0, 0 );
217      resetGameStatus();
218      APP.level = 0;
219      APP.score = 0;
220       InvalidateRect( hwnd, NULL, TRUE );
```
// 该函数向指定的窗体更新区域添加一个矩形，然后窗口客户区域的这一部分将被重新绘制。
```
221        SetWindowText( hwnd, TEXT(" 贪吃蛇 ") );
222        return ;
223      case GAME_EXIT:
224        PostMessage( hwnd, WM_DESTROY, 0, 0 );
225        return ;
226      }
227    }
228    // 蛇开始移动 ( 封装移动方法 )
229    void startSnakeMove( HWND hwnd )
230    {
231      if( PointImpaceTest(hwnd, APP.body[0], 0) )
232      {
233        PostMessage( hwnd, CM_GAME_OVER, 0, 0 );
234        return ;
235      }
236      testEating( hwnd ); // 测试食物是否存在
237      drawSnakeBody( hwnd );// 绘制蛇身
238      moveSnake( );  // 移动蛇身
239      testEatSelf( hwnd );// 蛇是否吃到自己
240      updateGameInfo( hwnd );// 更新游戏信息
241      InvalidateRect( hwnd, NULL, FALSE );// 重新绘制
242    }
```

⑤ 游戏结束控件实现，在项目中添加 GameOverDlgProc.c 文件，输入以下代码。

```
01   #include "GameOverDlgProc.h"
02   #include "MacroDefine.h"
03    LRESULT CALLBACK GameOverProc( HWND hDlg, UINT message, WPARAM wParam, LPARAM lParam )
04   {
05     HWND hStatic;
06     LOGFONT lf = {0};
07     HFONT hFont;
08     strcpy( lf.lfFaceName, " 黑体 " );
09     lf.lfWidth= 30;
10     lf.lfHeight= 50;
11     lf.lfCharSet= GB2312_CHARSET;
12       hFont = CreateFontIndirect (&lf);// 该函数创建一种在指定结构定义其特性的逻辑字体。这种字体可在后面的应用中被任何设备环境选作字体。
13     switch( message )
14     {
15     case WM_INITDIALOG:
16        hStatic = CreateWindow( TEXT("static"), TEXT("GAME   OVER"), WS_CHILD | WS_VISIBLE, 25, 50, 400, 50, hDlg, NULL, NULL, NULL );
```

```
17        SendMessage( hStatic, WM_SETFONT, (WPARAM)hFont, 0 );
18        return TRUE;
19        break;
20      }
21    return 0;
22  }
```

⑥ main 函数实现，在项目中添加名为 **Snake.c** 的文件，输入如下代码。

```
01  #include <windows.h>
02  #include "GameWndProc.h"
03  #include "resource.h"
04  int WINAPI WinMain( HINSTANCE hInstance, HINSTANCE hPrevInstance, PSTR szCmdLine, int
iCmdShow )
05  {
06      static TCHAR szGameName[] = TEXT( "Snake" );
07      HWND
08      MSG
09      WNDCLASS
10      wndclass.cbClsExtra
11      wndclass.cbWndExtra
12      wndclass.hbrBackground
13      wndclass.hCursor
14      wndclass.hIcon
15      wndclass.hInstance
16      wndclass.lpfnWndProc
17      wndclass.lpszClassName
18      wndclass.lpszMenuName
19      wndclass.style
20      if( !RegisterClass(&wndclass) )
21      {
22          MessageBox( NULL, TEXT(" 窗口类注册失败 !"), TEXT(" 应用程序错误 "), MB_OK | MB_
ICONERROR );
23          return 0;
24      }
25      hwnd = CreateWindow(
26          szGameName, TEXT(" 贪吃蛇 "),
27          WS_CAPTION | WS_SYSMENU,
28          250,
29          100,
30          800,
31          600,
32          NULL,
33          NULL,
34          hInstance,
35          NULL
36          );
37      ShowWindow( hwnd, iCmdShow );
38      UpdateWindow( hwnd );
39      while( GetMessage( &msg, NULL, 0, 0 ) )
40      {
41          TranslateMessage( &msg );
```

```
42        DispatchMessage( &msg );
43    }
44    return msg.wParam;
45  }
```

【运行结果】

编译、连接、运行程序，即可出现如下图所示的结果。

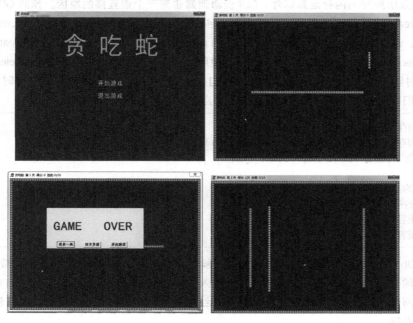

【范例分析】

InitBeginUI() 函数利用 Windows API，显示游戏主菜单，DealBeginMenuMsg() 函数用于在游戏主菜单上进行选择，然后调用鼠标单击处理函数，鼠标出现在不同位置，可以选择不同操作，如果鼠标单击开始游戏，游戏就开始。开始游戏的实现过程如下。

（1）初始化地图，初始化包括对游戏框四周绘制砖块，绘制障碍墙，绘制随机食物。

（2）检测食物是否被蛇吃掉 BOOL testEating（HWND）（如果蛇头的 X、Y 坐标和食物的相同，食物就被吃掉）。

（3）绘制蛇身（初始位置）drawSnakeBody()。

（4）对键盘信息处理 dealKeywordMsg() 判断蛇的移动方向和距离。

（5）移动蛇身 moveSnake()（蛇头向指定方向移动一格，蛇头后加一个单位蛇身，擦掉最后一个单位蛇身）。

（6）检测是否吃到自己 BOOL testEatSelf()（如果吃到自己就结束游戏，显示结束菜单，否则继续）。

（7）更新游戏信息 resetGameStatus()。

（8）结束时，弹出一个对话框，用静态标签控件显示游戏结束，借助 .rc 中的内容可以实现按钮控件的创建。在 WM_INITDIALOG 期间，可执行对话框的初始化工作，当控件被按下时，可接收 WM_COMMAND 消息，进行处理。

▶ 22.8 疑难解答

问题1：递归算法所体现的"重复"有什么要求？

解答：递归算法所体现的"重复"一般有三个要求，一是每次调用在规模上都有所缩小（通常是减半）；二是相邻两次重复之间有紧密的联系，前一次要为后一次做准备（通常前一次的输出就作为后一次的输入）；三是在问题的规模极小时必须直接给出解答而不再进行递归调用，因而每次递归调用都是有条件的（以规模未达到直接解答的大小为条件），无条件递归调用将会成为死循环而不能正常结束。

问题2：为什么编写GDI程序时运行多次后出现异常？

解答：除了众所周知的内存泄露以外，GDI资源泄露也是一个很直接的原因。预防GDI资源泄露的措施有三种。（1）Create出来的GDI对象，一定要用DeleteObject来释放，释放顺序是先Create的后释放，后Create的先释放。这里的Create指的是以它为开头的GDI函数，比如CreateDIBitmap、CreateFont等，最后都要调用DeleteObject来释放。（2）Create出来的DC要用DeleteDC来释放，Get到的要用ReleaseDC释放。（3）确保释放DC的时候，DC中的各GDI对象都不是你自己创建的，确保GDI对象在释放的时候不被任何DC选中使用。假如我们要使用GDI函数画图，正确的步骤应该如下。

---

a. 创建一个内存兼容dc（CreateCompatibleDC）。
b. 创建一个内存兼容bitmap（CreateCompatibleBitmap）。
c. 关联创建的内存兼容dc和bitmap（SelectObject）。
d. 画图。
e. BitBlt到目的dc上。
f. 断开内存兼容dc和bitmap关联（SelectObject）。
g. 销毁内存兼容bitmap。
h. 销毁内存兼容dc。

由于SelectObject在选入一个新的GDI对象的时候会返回一个原来的GDI对象（假如成功的话），因此需要在步骤c的时候保存返回值，在步骤f的时候当作入口参数使用。还有，步骤g和步骤h实际上顺序可以随意，因为它们两个此刻已经没有关系了，但是为了结构清晰，建议按照"先Create的后释放，后Create的先释放"的原则进行。

关于步骤f，可能会有争议，因为即使省略这一步，步骤g和步骤h看起来照样可以返回一个成功的值。但实际上可能并没有执行成功，至少boundschecker会报告有错，错误信息大致是说，在释放DC的时候还包含有非默认的GDI对象，在释放GDI对象的时候又说这个GDI对象还在被一个DC使用。所以，建议保留步骤f。

问题3：兼容DC与兼容位图的关系是什么？

解答：默认的兼容DC不包含位图，而DC本身的任何操作都是针对位图来操作的，所以创建兼容DC之后，必须也对应地创建一个兼容位图，否则任何绘制操作都是无效的，没有位图的兼容DC被BitBlt到目标DC之后，你会发现全是黑色的。由于DC本身的操作都是针对位图的，因此画图操作的区域即为所创建的兼容位图的大小。兼容位图是服务于DC的，所以通常创建的兼容位图都是用兼容DC来操作的。

问题4：对话框过程与程序的窗口过程参数类似，两者有不同点吗？

解答：窗口过程返回LRESULT值，对话框过程返回BOOL值。所有对话框过程中进行处理的消息返回TRUE，不进行处理的消息返回FALSE，并不交给默认的处理函数（如DefWindowProc）处理。

对话框过程不需要处理WM_PAINT、WM_DESTROY和WM_CREATE消息。

对话框过程在消息WM_INITDIALOG期间，执行对话框的初始化工作，这相当于对窗口过程的WM_CREATE消息的处理。

对于对话框过程来说，WM_COMMAND消息是非常重要的。当对话框中的下压按钮或者其他控件被单击时，对话框过程接收这个消息。消息的wParam参数的低字位包含了该消息控件的标识符，高字位是一个消息通知码；消息lParam参数值则是控件的窗口句柄。

第 III 篇

第 篇

提高篇

第23章 网络应用项目

第 **23** 章

网络应用项目

在前面的章节中介绍了网络编程技术，了解到 TCP/IP 协议、套接字等一些基本知识，学习了一些常用的 Socket 函数，并尝试编写了一些网络编程的程序。在本章中将开始实现一个网络应用的项目，使读者了解一个具体的 C++ 网络项目的实现流程。

本章要点（已掌握的在方框中打钩）

☐ 项目需求分析
☐ 实现原理
☐ 具体实现

▶23.1 项目需求分析

在应用程序开发中，应该结合实际情况选择合适的模式。在网络应用项目中经常用到的模式就是 C/S 模式，即客户端 / 服务器模式，在本次项目实践中也采用 C/S 模式。那么接下来便介绍一下 C/S 模式以及该模式的运作流程。

23.1.1 C/S 模式

客户端 / 服务器模式（Client/ Server Model，C/S 模式）是 20 世纪 80 年代末逐步成长起来的一种模式，是软件系统体系结构的一种。C/S 模式结构的关键在于功能的分布，一些功能放在前端机（客户端）上执行，另一些功能放在后端机（服务器）上执行。功能的分布利于减少计算机系统的各种瓶颈问题。

根据 C/S 模式体系结构的概念，至少用两台计算机来分别充当客户端和服务器角色。在 C/S 模式中，能为应用提供服务（如文件服务、打印服务、复制服务、图像服务、通信管理服务等）的计算机或处理器被请求服务时就成为服务器。一台计算机可能提供多种服务，一个服务也可能要由多台计算机组合完成。与服务器相对，提出服务请求的计算机或处理器在当时就是客户端。从客户应用角度来看，这个应用的一部分工作在客户端上完成，其他部分的工作则在（一个或多个）服务器上完成。

C/S 模式最重要的特征是，它不是一个主从环境，而是一个平等的环境，即 C/S 模式中各计算机在不同的场合既可能是客户端，也可能是服务器。进入 20 世纪 90 年代，由于 C/S 模式具有使用简单直观、编程调试和维护费用低、系统内部负荷比较均衡、资源利用率较高、系统易扩展、可用性较好等特点，C/S 模式迅速流行。随着 CASE 工具、视窗技术、面向对象技术、分布式数据库技术等的成熟，极大地扩展了 C/S 模式的实用性，C/S 模式得到了广泛的使用。C/S 模式也主要用于中小型工商企业，由于通信技术的进展，C/S 模式在地域上可有较大的跨度。下图显示了一个简单的客户端 / 服务器模式。

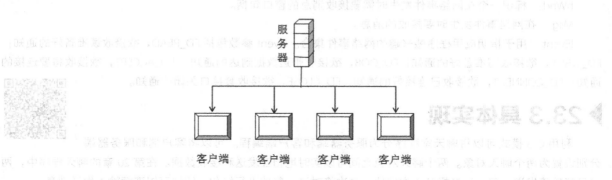

本项目的要求是，通过 C++ 编写一个项目程序，能够实现服务器和客户端数据的传输处理。

23.1.2 C/S 模式的运作流程

在 TCP/IP 网络中两个进程间相互作用的主机模式是客户端 / 服务器模式。该模式的建立基于以下两点。

（1）非对等作用。

（2）通信完全是异步的。

客户端 / 服务器模式在操作过程中采取的是客户端主动请示方式，下面分别从服务器方和客户端方介绍具体的运作流程。

服务器方要先启动，并根据请示提供相应服务，具体过程如下。

（1）打开一个通信通道并告知本地主机，它愿意在某一个公认地址上接收客户请求。

（2）等待客户端请求到达该端口。

（3）接收到重复服务请求，处理该请求并发送应答信号。

（4）返回到第（2）步，等待另一客户端请求。

（5）关闭服务器。

客户端方的具体运作流程如下。

（1）打开一个通信通道，并连接到服务器所在主机的特定端口。

（2）向服务器发送服务请求报文，等待并接收应答；继续提出请求。

（3）请求结束后关闭通信通道并终止。

▶ 23.2 实现原理

在前面章节中已经讲过 WinSock 套接字，本节便通过 WinSock 来实现一个具体的网络项目。在第 20 章最后的综合案例中我们通过一个命令行实现了一个聊天过程。本节结合用户界面优化一下此聊天过程。利用 Windows API 创建一个窗口。

首先利用 CreateWindowEx 创建一个窗口，利用 Edit 控件创建一个输入区和显示区，利用 Button 控件创建一个发送按钮，可以将输入区的信息提取到显示区。

本节采用同 20 章综合案例同样的通信方式，利用 UDP 无连接通信方式实现，通过 recvfrom 函数接收消息，并将接收到的消息显示到窗口上。通过 sendto 函数将信息发送给对方，对方接收到消息将消息显示出来。

为达到服务器端和客户端可以实时接收对方发送的消息，可以利用 WSAAsyncSelect 函数使套接字在接收到消息时可以通知给窗口。WSAAsyncSelect 函数原型如下。

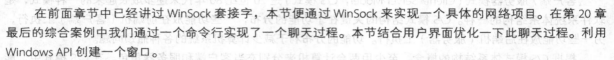

int PASCAL FAR WSAAsyncSelect(SOCKET s,HWND hWnd,unsigned int Msg,long lEvent);

WSAAsyncSelect 函数中各参数的说明如下。

s：标识一个需要事件通知的套接口的描述符。

hWnd：标识一个在网络事件发生时需要接收消息的窗口句柄。

Msg：在网络事件发生时要接收的消息。

lEvent：用于指明应用程序感兴趣的网络事件集合。lEvent 参数包括 FD_READ，欲接收读准备好的通知；FD_WRITE，欲接收写准备好的通知；FD_OOB，欲接收带边数据到达的通知；FD_ACCEPT，欲接收将要连接的通知；FD_CONNECT，欲接收已连接好的通知；FD_CLOSE，欲接收套接口关闭的通知。

▶ 23.3 具体实现

利用 C/S 模式可以将聊天室程序分为服务器端和客户端编程。可以将客户端和服务器端分别设置为两个聊天对象。两个聊天对象之间可以实时地相互发送和接收数据。在第 20 章的聊天程序中，两者只能轮流发送一句，这是极其不方便的，这次将对这一弊端进行优化，实现可以连续输入发送消息。

根据 WinSock 套接字编程的步骤可以将服务器端和客户端的操作流程描述为下图。

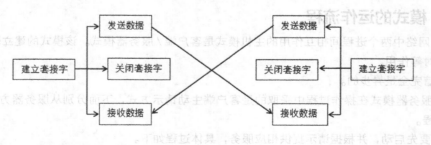

客户端   服务器端

23.3.1 服务器端

服务器端程序先自定义一个 setConnect 函数，进行初始化 ws2_32.dll 文件，创建并初始化套接字，并设置服务器端地址和端口等工作。具体依次通过 WSAStartup、socket、bind 等函数完成。

对于聊天界面则学习利用第 22 章的知识完成。具体流程如下。

（1）通过 RegisterClassEx 在系统中注册一个窗口。

（2）利用 CreateWindowEx 函数创建一个窗口。

（3）利用 ShowWindow 函数将窗口显示出来。

（4）利用 UpdateWindow 函数更新窗口信息。

（5）利用 GetMessage 函数通过 while 循环完成消息的循环处理。

（6）利用 CreateWindow 函数创建两个 Edit 控件、一个 Button 控件，并将控件添加到父窗口上。

（7）为控件指定消息处理方式，使控件被触发时窗口可以更新消息，如点击按钮将输入区的消息发送到显示区。

（8）利用 WSAAsyncSelect 函数使客户端有消息发送过来时给窗口发送一个自定义的 CLIENT_MESSAGE 消息。

（9）当窗口得到 CLIENT_MESSAGE 消息时调用自定义的 OnClientMessage 函数进行消息处理。具体利用 recvfrom 函数接收消息，并通过 SetWindowText 函数将消息内容发送到显示区。

服务器端的具体实现代码如下所示。

范例 23-1　设计一个简易聊天界面，实现实时对话

（1）在 Code::Blocks 17.12 中，新建名称为"Server"的【C++ Source File】源文件。

（2）在代码编辑区域输入以下代码（代码 23-1.txt）。

```
01  // 范例 23-1
02  //Server 程序
03  // 设计一个简易聊天界面，实现实时对话
04  //2017.07.29
05  #if defined(UNICODE) && !defined(_UNICODE)
06  #define _UNICODE
07  #elif defined(_UNICODE) && !defined(UNICODE)
08  #define UNICODE
09  #endif
10  #include <iostream>
11  using namespace std;
12  #include <windows.h>
13  #include <string>
14  #include <tchar.h>
15  #include <WinSock2.h>
16  //#pragma comment(lib,"ws2_32.lib")
17  #define CLIENT_MESSAGE WM_USER+100
18  #define BUF_SIZE 4096
19  const int port = 7700; // 端口号
20  HWND m_Button;
21  HWND m_Edit1 ;
22  HWND m_Edit;
23  WSADATA wsaData;
24  SOCKET serSock;
25  sockaddr_in serAddr;
26  string chatStr="";
```

```
27    int senderaddrsize = sizeof(serAddr);
28    int retValue;
29    LRESULT CALLBACK WndProc(HWND, UINT, WPARAM, LPARAM);
30    int OnClientMessage(HWND , WPARAM , LPARAM );
31    int setConnect(HWND hWnd)
32    {
33       // 初始化 WinSock
34       if (WSAStartup(MAKEWORD(2,2),&wsaData) != 0){
35          MessageBox(hWnd,_T("WSAStartup failed!"),_T("Error"),MB_OK);
36          return -1;
37       }
38       // 创建 UDP Socket
39       serSock = socket(AF_INET,SOCK_DGRAM,IPPROTO_UDP);
40       if (serSock ==INVALID_SOCKET){
41          MessageBox(hWnd,_T("socket failed!"),_T("Error"),MB_OK);
42          WSACleanup();
43          return -1;
44       }
45       // 设置服务器 Socket 地址
46       serAddr.sin_family = AF_INET; // 地址家族
47       serAddr.sin_port = htons(port); // 端口
48       serAddr.sin_addr.s_addr = htonl(INADDR_ANY); // 地址
49       retValue = bind(serSock,(SOCKADDR*)&serAddr,sizeof(serAddr));
50       if(retValue == SOCKET_ERROR)
51       {
52          MessageBox(hWnd,_T("bind failed!"),_T("Error"),MB_OK);
53          closesocket(serSock);   // 关闭套接字
54          WSACleanup();           // 释放套接字资源；
55          return -1;
56       }
57       return 0;
58    }
59    int WINAPI WinMain(HINSTANCE hInstance,
60                HINSTANCE hPrevInstance,
61                LPSTR    lpCmdLine,
62                int      nCmdShow)
63    {
64       const TCHAR pClassName[]=_T("myWindow");
65       WNDCLASSEX wc;
66       HWND hWnd;
67       MSG Msg;
68       wc.cbSize = sizeof(WNDCLASSEX);
69       wc.cbClsExtra = 0;
70       wc.cbWndExtra = 0;
71       wc.hbrBackground = (HBRUSH)::GetStockObject(WHITE_BRUSH);// 设置一个白色的背景
72       wc.hCursor = ::LoadCursor(NULL,IDC_ARROW);// 载入光标资源
73       wc.hIcon =::LoadIcon(NULL,IDI_APPLICATION);
74       wc.hIconSm =::LoadIcon(NULL,IDI_APPLICATION);
75       wc.hInstance = hInstance;// 当前程序的句柄，hInstance 是由系统给传递的
76       wc.lpfnWndProc = WndProc;// 窗口处理过程的回调函数
assName;// 窗口类的名字
```

```
77    wc.lpszClassName = pCl
78    wc.lpszMenuName = NULL;// 目录名，不设置
79    wc.style = CS_HREDRAW | CS_VREDRAW;
80    BOOL bRet = :: RegisterClassEx(&wc);// 在系统中注册
81    if(!bRet)
82    {
83        MessageBox(NULL,_T(" 提示 "),_T(" 注册窗口类失败！ "),MB_OK);
84        return 0;
85    }
86    hWnd = ::CreateWindowEx(0,pClassName,_T("Mr.Zhang"),
87              WS_OVERLAPPEDWINDOW& ~WS_SIZEBOX,
88        200,100,350,400,NULL,NULL,hInstance,NULL);// 创建窗口，窗口标题为 "Mr.Zhang"
89    if(hWnd == NULL)
90    {
91        MessageBox(NULL,_T(" 提示 "),_T(" 创建窗口类失败！ "),MB_OK);
92        return 0;
93    }
94    ::ShowWindow(hWnd,nCmdShow);// 显示窗口
95    ::UpdateWindow(hWnd);
96    // 消息的循环处理
97    while(GetMessage(&Msg,NULL,0,0))
98    {
99        TranslateMessage(&Msg);// 翻译消息
100       DispatchMessage(&Msg);// 分派消息
101   }
102   return Msg.message;
103 }
104 LRESULT CALLBACK WndProc(HWND hWnd, UINT message, WPARAM wParam, LPARAM
lParam)
105 {
106   switch (message)
107   {
108   case WM_CLOSE:
109       ::DestroyWindow(hWnd);
110       break;
111   case WM_DESTROY:
112       ::PostQuitMessage(0);
113       break;
114   case WM_CREATE:
115       {
116           if(setConnect(hWnd)!=0)
117           {
118               ::DestroyWindow(hWnd);
119               break;
120           }
121           m_Edit = CreateWindow(_T("EDIT"),_T(""), // 创建一个 Edit 控件
122                   WS_CHILD | WS_VISIBLE | WS_BORDER|ES_READONLY |
123                   WS_VSCROLL | ES_AUTOVSCROLL | ES_MULTILINE,
124                   0,0,350,328,
125                   hWnd,(HMENU)2,
126                   ((LPCREATESTRUCT)lParam)->hInstance,NULL);
```

```
127        m_Edit1 = CreateWindow(_T("EDIT"),_T(""),
128       WS_CHILD | WS_VISIBLE | WS_BORDER | ES_MULTILINE | ES_AUTOHSCROLL,
129             0,330,290,40,
130             hWnd,(HMENU)3,
131             ((LPCREATESTRUCT)lParam)->hInstance,NULL);
132       m_Button = CreateWindow(_T("BUTTON"),_T("发送"),  // 创建一个 Button 控件
133          WS_CHILD | WS_VISIBLE|WS_BORDER|BS_DEFPUSHBUTTON,
134             292,330,50,40,
135             hWnd,(HMENU)1,
136             ((LPCREATESTRUCT)lParam)->hInstance,NULL);
137       }
138      break;
139   case WM_PAINT:
140      {
141         WSAAsyncSelect(serSock,hWnd,
142          CLIENT_MESSAGE,FD_ACCEPT|FD_READ|FD_WRITE|FD_CLOSE); }
143      return 0 ;
144   case WM_COMMAND:
145      {
146       HWND hwnd =(HWND)lParam;
147       char buff[BUF_SIZE];
148       if(hwnd==m_Button)
149       {
150         GetWindowText(m_Edit1,buff,BUF_SIZE);
151         chatStr+=" \r\nI:" ;
152         chatStr+=buff;
153         SetWindowText(m_Edit, chatStr.c_str());
154        sendto(serSock,buff,BUF_SIZE,0,(SOCKADDR*)&serAddr,senderaddrsize);
155         UpdateWindow(m_Edit);
156         memset(buff,0,sizeof(buff));
157         SetWindowText(m_Edit1,buff);
158         UpdateWindow(m_Edit1);
159       }
160      }
161     break;
162     case CLIENT_MESSAGE:
163       {
164         OnClientMessage(hWnd, wParam, lParam);
165       }
166        break;
167    default:
168       break;
169    }
170   return DefWindowProc(hWnd, message, wParam, lParam);
171 }
172 int OnClientMessage(HWND hWnd, WPARAM wParam, LPARAM lParam)
173 {
174   int retCode;
175   if(WSAGETSELECTERROR(lParam))
176   {
177      closesocket(serSock);
```

```
178        WSACleanup();
179        ::DestroyWindow(hWnd);
180        return 0;
181    }
182    switch(WSAGETSELECTEVENT(lParam))
183    {
184        case FD_CONNECT:
185            break;
186        case FD_READ:
187            char buff[BUF_SIZE];
188    retCode=recvfrom(serSock,buff,BUF_SIZE,0,(SOCKADDR*)&serAddr,&senderaddrsize);
189        if(retCode!=SOCKET_ERROR)
190            {
191                chatStr+="\r\nMr.Zhang：";
192                chatStr+=buff;
193                SetWindowText(m_Edit, chatStr.c_str());
194                UpdateWindow(m_Edit);
195            }
196            break;
197        case FD_WRITE:
198            break;
199        case FD_CLOSE:
200            closesocket(serSock);
201            WSACleanup();
202            ::DestroyWindow(hWnd);
203            break;
204    }
205    return 0;
206 }
```

【运行结果】

编译、连接、运行。服务器端产生的窗口如下图所示。当输入区中输入信息后，单击发送按钮，会将信息发送到显示区。

23.3.2 客户端

客户端程序和服务器端程序的基本流程相同。不同的是在客户端的 setConnect 函数中并不调用 bind 函数绑定 IP 地址。

客户端程序具体实现代码如下所示。

范例 23-2　设计一个简易聊天界面，实现实时对话

(1) 在 Code::Blocks 17.12 中，新建名称为 "Client" 的【C++ Source File】源文件。
(2) 在代码编辑区域输入以下代码（代码 23-2.txt）。

```
01  // 范例 23-2
02  //Client 程序
03  // 设计一个简易聊天界面，实现实时对话
04  //2017.07.29
05  #if defined(UNICODE) && !defined(_UNICODE)
06  #define _UNICODE
07  #elif defined(_UNICODE) && !defined(UNICODE)
08  #define UNICODE
09  #endif
10  #include <iostream>
11  using namespace std;
12  #include <windows.h>
13  #include <string>
14  #include <tchar.h>
15  #include <WinSock2.h>
16  //#pragma comment(lib,"ws2_32.lib")
17  #define SERVER_MESSAGE WM_USER+100
18  #define BUF_SIZE 4096
19  const int port = 7700; // 端口号
20  HWND m_Button;
21  HWND m_Edit ;
22  HWND m_Edit1;
23  WSADATA wsaData;
24  SOCKET cliSock;
25  sockaddr_in cliAddr;
26  string chatStr=" ";
27  int senderaddrsize = sizeof(cliAddr);
28  int retValue;
29  LRESULT CALLBACK WndProc(HWND, UINT, WPARAM, LPARAM);
30  int OnServerMessage(HWND , WPARAM , LPARAM );
31  int setConnect(HWND hWnd)
32  {
33      // 初始化 WinSock
34      if (WSAStartup(MAKEWORD(2,2),&wsaData) != 0){
35          MessageBox(hWnd,_T("WSAStartup failed!"),_T("Error"),MB_OK);
36          return -1;
37      }
38      // 创建 UDP Socket
39      cliSock = socket(AF_INET,SOCK_DGRAM,IPPROTO_UDP);
40      if (cliSock ==INVALID_SOCKET){
41          MessageBox(hWnd,_T("socket failed!"),_T("Error"),MB_OK);
42          WSACleanup();
43          return -1;
44      }
45      // 设置客户端 Socket 地址
46      cliAddr.sin_family = AF_INET; // 地址家族
```

```
47      cliAddr.sin_port = htons(port); // 端口
48      cliAddr.sin_addr.s_addr = inet_addr("127.0.0.1"); // 地址
49      return 0;
50  }
51  int WINAPI WinMain(HINSTANCE hInstance,
52              HINSTANCE hPrevInstance,
53              LPSTR    lpCmdLine,
54              int      nCmdShow)
55  {
56      const TCHAR pClassName[]=_T("myWindow");
57      WNDCLASSEX wc;
58      HWND hWnd;
59      MSG Msg;
60      wc.cbSize = sizeof(WNDCLASSEX);
61      wc.cbClsExtra = 0;
62      wc.cbWndExtra = 0;
63      wc.hbrBackground = (HBRUSH)::GetStockObject(WHITE_BRUSH);// 设置一个白色的背景
64      wc.hCursor = ::LoadCursor(NULL,IDC_ARROW);// 载入光标资源
65      wc.hIcon =::LoadIcon(NULL,IDI_APPLICATION);
66      wc.hIconSm =::LoadIcon(NULL,IDI_APPLICATION);
67      wc.hInstance = hInstance;// 当前程序的句柄，hInstance 是由系统传递的
68      wc.lpfnWndProc = WndProc;// 窗口处理过程的回调函数
69      wc.lpszClassName = pClassName;// 窗口类的名字
70      wc.lpszMenuName = NULL;// 目录名，不设置
71      wc.style = CS_HREDRAW | CS_VREDRAW;
72      BOOL bRet = :: RegisterClassEx(&wc);// 在系统中注册
73      if(!bRet)
74      {
75        MessageBox(NULL,_T(" 提示 "),_T(" 注册窗口类失败！ "),MB_OK);
76        return 0;
77      }
78      hWnd = ::CreateWindowEx(0,pClassName,_T("Ms.Li"),
79              WS_OVERLAPPEDWINDOW&  ~WS_SIZEBOX,// 窗口大小不可变
80          200,100,350,400,NULL,NULL,hInstance,NULL);// 窗口标题为 "Ms.Li"
81      if(hWnd == NULL)
82      {
83        MessageBox(NULL,_T(" 提示 "),_T(" 创建窗口类失败！ "),MB_OK);
84        return 0;
85      }
86      ::ShowWindow(hWnd,nCmdShow);// 显示窗口
87      ::UpdateWindow(hWnd);
88      // 消息的循环处理
89      while(GetMessage(&Msg,NULL,0,0))
90      {
91        TranslateMessage(&Msg);// 翻译消息
92        DispatchMessage(&Msg);// 分派消息
93      }
94      return Msg.message;
95  }
96  LRESULT CALLBACK WndProc(HWND hWnd, UINT message,
97              WPARAM wParam,LPARAM lParam)
```

```
98  {
99      switch (message)
100     {
101     case WM_CLOSE:
102         ::DestroyWindow(hWnd);
103         break;
104     case WM_DESTROY:
105         ::PostQuitMessage(0);
106         break;
107     case WM_CREATE:
108         {
109             if(setConnect(hWnd)!=0)
110             {
111                 ::DestroyWindow(hWnd);
112                 break;
113             }
114             m_Edit = CreateWindow(_T("EDIT"),_T(""),
115                 WS_CHILD | WS_VISIBLE | WS_BORDER|ES_READONLY |
116                 WS_VSCROLL | ES_AUTOVSCROLL | ES_MULTILINE,
117                 0,0,350,328,
118                 hWnd,(HMENU)1,
119                 ((LPCREATESTRUCT)lParam)->hInstance,NULL);
120             m_Edit1 = CreateWindow(_T("EDIT"),_T(""),
121                 WS_CHILD|WS_VISIBLE|WS_BORDER|ES_MULTILINE|ES_AUTOHSCROLL,
122                 0,330,290,40,
123                 hWnd,(HMENU)2,
124                 ((LPCREATESTRUCT)lParam)->hInstance,NULL);
125             m_Button = CreateWindow(_T("BUTTON"),_T(" 发送 "),
126                 WS_CHILD | WS_VISIBLE|WS_BORDER|BS_DEFPUSHBUTTON,
127                 292,330,50,40,
128                 hWnd,(HMENU)3,
129                 ((LPCREATESTRUCT)lParam)->hInstance,NULL);
130         }
131         break;
132     case WM_PAINT:
133         {
134             WSAAsyncSelect(cliSock,hWnd,
135                 SERVER_MESSAGE, FD_ACCEPT|FD_READ|FD_WRITE|FD_CLOSE);
136         }
137         return 0 ;
138     case WM_COMMAND:
139         {
140             HWND hwnd =(HWND)lParam;
141             char buff[BUF_SIZE];
142             if(hwnd==m_Button)
143             {
144                 GetWindowText(m_Edit1,buff,BUF_SIZE);
145                 chatStr+="\r\nI:";
146                 chatStr+=buff;
147                 SetWindowText(m_Edit, chatStr.c_str());
148                 sendto(cliSock,buff,BUF_SIZE,0,(SOCKADDR*)&cliAddr,senderaddrsize);
```

```
149          UpdateWindow(m_Edit);
150          memset(buff,0,sizeof(buff));
151          SetWindowText(m_Edit1,buff);
152          UpdateWindow(m_Edit1);
153        }
154      }
155      break;
156    case SERVER_MESSAGE:
157      {
158        OnServerMessage(hWnd, wParam, lParam);
159      }
160      break;
161    default:
162      break;
163    }
164    return DefWindowProc(hWnd, message, wParam, lParam);
165  }
166  int OnServerMessage(HWND hWnd, WPARAM wParam, LPARAM lParam)
167  {
168    int retCode;
169    if(WSAGETSELECTERROR(lParam))
170    {
171      closesocket(cliSock);
172      WSACleanup();
173      ::DestroyWindow(hWnd);
174      return 0;
175    }
176    switch(WSAGETSELECTEVENT(lParam))
177    {
178    case FD_CONNECT:
179      break;
180    case FD_READ:
181      char buff[BUF_SIZE];
182      retCode=recvfrom(cliSock,buff,BUF_SIZE,
183                 0,(SOCKADDR*)&cliAddr,&senderaddrsize);
184      if(retCode!=SOCKET_ERROR)
185      {
186        chatStr+="\r\nMs.Li:";
187        chatStr+=buff;
188        SetWindowText(m_Edit, chatStr.c_str());
189        UpdateWindow(m_Edit);
190      }
191      break;
192    case FD_WRITE:
193      break;
194    case FD_CLOSE:
195      closesocket(cliSock);
196      WSACleanup();
197      ::DestroyWindow(hWnd);
198      break;
199    }
200    return 0;
201  }
```

【运行结果】

先运行前面的服务器端程序 Server.exe，然后编译、连接、运行此客户端程序 Client.exe。在两个窗口的输入区输入信息单击发送，两个窗口的显示区都会显示出该条消息。结果如下图所示。

【范例分析】

本范例中，通过客户端和服务端的编程实现了一个简易的聊天对话界面。服务器端被当作用户"Ms.Li"，而聊天对象为"Mr.Zhang"，所以服务器端窗口标题为"Mr.Zhang"。而客户端被当作用户"Mr.Zhang"，窗口标题为聊天对象的名字"Ms.Li"。在下方的输入框中输入信息就可以发送到对方会话框中。

▶ 23.4 疑难解答

问题 1：在 Code::Blocks 中此项目编译运行遇到问题如何解决？

解答：在代码检查无误的情况下，编译无法通过，可能是项目未连接 Windows 的库。可以按照以下步骤解决。

（1）在 Code::Blocks 下新建一个工程，选中此工程，单击鼠标右键。

（2）单击【Build options】，选择【Linker settings】。

（3）在右侧的 Other linker options 框中输入如下内容。

```
-lwsock32
-lgdi32
```

单击 [确定] 即可。若创建项目时选择的是 Win32 GUI Project，则只需输入 -lwsock32。

问题 2：C/S 模式中服务器端和客户端在编程中有何不同？

解答：服务端的开发通常都以提供数据为主，主要为调用者提供各种服务等。客户端开发通常为客户提供使用界面，一般都会调用服务端的服务获取数据。服务器程序为了响应各个客户端的要求一般需要时刻运行，时刻准备接收各种类型请求并处理。客户端程序则是在需要时运行，可能随时调用服务器中的服务完成工作。

例如，本例中一个服务器端程序绑定一个 IP 地址，可以运行多个客户端程序，只要将客户端的地址指定为该服务器的地址，就可以同时向服务器端程序发送消息。

问题 3：服务器端程序和客户端程序如何在不同的主机上运行？

解答：本项目中为了简单起见，直接指定了 IP 地址。若让两个程序在不同主机上运行，则服务器端需要直接绑定本机 IP，客户端通过输入服务器的 IP，端口可默认或指定，这样就可以在不同主机间建立服务器与客户端的连接。

也可以直接在窗口界面中添加文本框，用于输入 IP 和端口信息，使程序更加合理和方便。有兴趣的同学可以尝试做一下。

问题 4：如何实现一个服务器多个客户端通信？

解答：利用消息群发机制。实现消息群发机制需要服务端绑定本机 IP，而客户端则运行在不同主机上，并通过指定的服务器 IP 与端口和服务器建立连接。服务器接收多个客户端发送的消息时需要用到多个recvfrom() 函数，每个 recvfro() 函数中分别指定一个客户端的 IP。服务器向多个客户端群发消息时则需要用到多个 sendto() 函数，每个 sendto() 函数中分别指定一个客户端的 IP。这样服务器端就可以接收来自多个客户端的不同消息，也可以向不同客户端群发消息，每个客户端可以同时向服务器发送不同的数据。

第 **24** 章

DirectX 基础与应用

在游戏中，经常见到 3D 图形，使用 DirectX 的一些知识，便能做出美妙的物体。本章讲述 DirectX 的基础与绘图方法。

本章要点（已掌握的在方框中打钩）

☐ DirectX 基础
☐ 组成
☐ 位图

▶ 24.1 DirectX 基础

DirectX 软件开发包是微软公司提供的一套在 Windows 操作系统上开发高性能图形、声音、输入、输出和网络游戏的编程接口。微软将 DirectX 定义为"硬件设备无关性",即使用 DirectX 可以用与设备无关的方法提供设备相关的(高)性能。

事实上,DirectX 已经成为一种标准,它可以为应用程序(特别是游戏)开发人员和硬件厂商之间的关系"解耦"。DirectX 标准的建立,可以为硬件开发提供策略,硬件厂商不得不按照这一标准进行产品改进;同时,通过使用 DirectX 所提供的接口,开发人员可以尽情地利用硬件可能带来的高性能,而无须关心硬件的具体执行细节。

另外,DirectX 采用了组件对象模型(COM)标准,因此不同对象的版本可以有不同的接口,这使用 DirectX 开发的程序即使在未来也能得到完全的兼容和支持。

DirectX 是一项卓越的技术。那么,它为什么称为 DirectX 呢?其实也不难理解,Direct 是直接的意思,X 可以代表很多东西,合在一起就是具有共性的一组东西(这个共性就是直接)。DirectX 是一个大家族,并且随着 DirectX 版本的不断更新,家族成员也在不断地发展壮大。

在本节中,简单介绍 DirectX 9 的技术,为后边的学习打下基础。

▶ 24.2 概述

从内部原理来讲,DirectX 是一系列的动态链接库(DLL),通过这些 DLL,开发者可以在无视设备差异的情况下访问底层的硬件,DirectX 封装了一些 COM 对象,这些 COM 对象为访问系统硬件提供一个主要的接口。使用 DirectX 的目的在于,可以使应用程序在 Microsoft Windows 下的性能达到甚至超过 MS-DOS 的性能,并为之提供一个强壮的、标准化以及文档化的编程环境。

主要优势如下。

● 为软件开发者提供硬件无关性。

● 为硬件开发提供规范。

在后面的内容中,将介绍 DirectX 设计程序的技巧,因此必须先在计算机上安装 DirectX SDK。

安装方法:①在网站上下载 DirectX 9 SDK;②选择默认路径安装;③安装后找到 C:\Program Files (x86)\Microsoft DirectX SDK (August 2009) 路径下的 lib 和 include 文件夹;④把 lib 和 include 文件夹下的全部内容分别复制到 codeblocks 安装目录下的 lib 和 include 文件夹下,安装成功。

▶ 24.3 基本结构与组成

DirectX 是基于 COM 对象的设计结构,在使用 DirectX 开发程序之前,需要对 COM 对象有一个基本的了解。

24.3.1 基于 COM 的 DirectX

COM 对象是对一组特定功能的抽象集合,应用程序不能直接访问 COM 对象,而是必须通过对 COM 对象的接口(Interface)的指针执行 COM 对象的功能。COM 对象接口定义了可供应用程序调用的一组函数(标准的说法是一组方法 Method,本书为了便于理解,以称接口方法为函数),COM 对象接口指针在使用上类似于 C++ 类的指针。假设 g_pD3D 是有效的 Direct3D 对象的接口指针,如下所示。

```
Typedef struct IDirect3D9 * LPDIRECT3D9;
LPDIRECT3D9        g_pD3D ;
```

函数 GetAdapterCount() 为 LPDIRECT3D9 的接口函数,则相应的调用方法如下。

```
Int count=g_pD3D->GetAdapterCount();
```

COM 对象的接口指针通常在创建 COM 对象时得到,如以下代码创建了一个 Direct3D 对象,并分配一个 Direct3D 接口指针至 g_pD3D。

```
LPDIRECT3D9        g_pD3D = NULL;
if( NULL == ( g_pD3D = Direct3DCreate9( D3D_SDK_
VERSION ) ) )
    return E_FAIL;
```

大多数 COM 对象接口函数返回一个 HRESULT 类型变量,表示函数调用成功与否,以及相应的成功或出错信息。可通过宏 SUCCESSED() 和 FAILED() 判断函数是否成功。比如下列代码创建一个 Direct3D 的设备指针，如果宏 FAILED() 返回为 TRUE，则出错返回。

```
LPDIRECT3DDEVICE9  g_pd3dDevice = NULL;
//g_pD3D 为有效的 Direct3D 接口指针
//hWnd 为有效的窗口句柄
if( FAILED( g_pD3D->CreateDevice( D3DADAPTER_
DEFAULT, D3DDEVTYPE_HAL, hWnd,
        D3DCREATE_SOFTWARE_VERTEXPROCESSING,
&d3dpp, &g_pd3dDevice ) ) )
    {
        return E_FAIL;
    }
```

通过 HRESULT 返回值，可以在函数调用失败时获得更多的出错信息，请参考下列代码：

```
LPDIRECT3DDEVICE9  g_pd3dDevice = NULL;
HRESULT hr;
//g_pD3D 为有效的 Direct3D 接口指针
//hWnd 为有效句柄窗口
if(FAILED(hr=g_pD3D->CreateDevice
(D3DADAPTER_DEFAULT,D3DDEVTYPE_HAL,hWnd,
        D3DCREATE_SOFTWARE_VERTEXPROCESSING,
&d3dpp,&g_pd3dDevice)))
    {
    switch(hr)
    {
    Case D3DERR_INVALIDCALL:
        MessageBox(0,"Invalid call\n",0,0); // 弹出窗口
break;
            Case D3DERR_NOTAVAILABLE:
        MessageBox(0,"NOt avaliable\n",0,0);
break;
            Case D3DERR_OUTOFVIDEOMEMORY:
        MessageBox(0,"Outof video memory\n",0,0);
break;
    }
    return E_FAIL;
    }
```

▶ 24.4 Direct3D 应用

Direct3D 是专门处理 3D 绘图并利用 3D 指令来加速显示的 API 函数包，大部分在 Windows 操作系统中运行的 3D 函数，使用了 Direct3D 函数。正式踏入 3D 的虚拟世界前，首先建立一个环境作为程序设计的切入点。规划一个框架，让后边的工作在框架上进行。

24.4.1 框架

一个标准的 Direct3D 框架可分为以下几部分。

24.3.2 DirectX 的组成

DirectX 的结构由两部分构成：硬件操作层（HAL）和硬件模拟层（HEL）。当 DirectX 对象建立时，会同时建立一张"兼容表"，记录了当前硬件系统支持的功能，当 DirectX 需要实现某个功能时就查询该表，得到硬件对功能的支持信息，若功能得到硬件支持，则向 HAL 发出请求，以得到硬件的支持；否则就向 HEL 发出请求，以模拟方式实现功能。

DirectX SDK 是微软所开发的一套 API 函数库，最初用于游戏的开发，如今许多的多媒体软件都是使用它所开发出来的。DirectX 包含了各种组件，用来处理 2D 和 3D 图像、声音、网络连接以及控制各类输入装置，是游戏中不可缺少的主角。包含了编制计算机游戏和多媒体应用程序的最新技术和工具，为广大程序员提供一整套的应用程序接口 API，使程序员设计高性能实时的应用程序。

组件名称	描述
DirectDraw	为程序直接访问显存提供接口，同时和其他的 Windows 应用程序保持兼容
Diretct3D	为访问 3D 加速设备提供接口
DirectInput	为各种输入设备提供接口，比如鼠标、键盘等
DirectPlay	为游戏提供网络功能接口，支持 IPX、TCP/IP 等协议进行游戏中的数据传输
DirectSound	为访问声卡提供接口，支持 WAV、MIDI 等文件的直接播放
DirectMusic	生成一系列的原始声音采样反馈给相应的用户事件。处理基于消息的音乐数据。支持乐器数字接口 MIDI 并为创建交互式音乐提供创作工具
DirectSound3D	可以模拟出声音在三维空间中任何一个位置播放的效果，从而产生环绕立体声的效果

框架函数	说明
WinMain()	程序 main 函数
MsgProc()	消息处理函数
Render()	场景绘制
Cleanup()	释放所有的对象
InitD3D()	初始化 D3D 设备

另外，还要声明一些变量和函数，并导入文件。

只需要添加 #include<d3d9.h> 这个头文件就可以使用 Direct3D 的环境了。

接下来建立两个全局变量，如下所示。

```
LPDIRECT3D9 g_pD3D = NULL; // 最新的 Direct3D
```
与 DirectDraw 技术的综合，必须在程序初始化时声明，两者合并后称为 Direct Graphics

```
LPDIRECT3DDEVICE9 g_pd3dDevice = NULL; // 通
```
知 3D 硬件进行绘图操作的软件设备

（1）WinMain() 函数。

```
INT WINAPI wWinMain( HINSTANCE hInst,
HINSTANCE, LPWSTR, INT )
{
    // 定义窗口类
    WNDCLASSEX wc =
    {
        sizeof( WNDCLASSEX ), CS_CLASSDC, MsgProc,
0L, 0L,
        GetModuleHandle( NULL ), NULL, NULL, NULL,
NULL,
        L"D3D Tutorial", NULL
    };
    RegisterClassEx( &wc );// 向 Windows 注册窗口类
    // 建立一个窗口
    HWND hWnd = CreateWindow( L"D3D Tutorial",
L"D3D Tutorial 01: CreateDevice", WS_
OVERLAPPEDWINDOW, 100, 100, 300, 300, NULL, NULL,
wc.hInstance, NULL );
    // 初始化 DirectX 对象
    if( SUCCEEDED( InitD3D( hWnd ) ) )
    {
        // 显示窗口
        ShowWindow( hWnd, SW_SHOWDEFAULT );
        UpdateWindow( hWnd );
        // 接收 Windows 消息
        MSG msg;
        while( GetMessage( &msg, NULL, 0, 0 ) )
        {
            TranslateMessage( &msg );
            DispatchMessage( &msg );
        }
    }
    // 清除所有 DirectX 对象
    Cleanup();
    UnregisterClass( L"D3D Tutorial", wc.hInstance );//
取消窗口类在 Winodws 的注册
    return 0;
}
```

（2）MsgProc() 函数。

```
LRESULT WINAPI MsgProc( HWND hWnd, UINT
msg, WPARAM wParam, LPARAM lParam )
{
    switch( msg )
    {
        case WM_DESTROY:// 收到 WM_DESTROY 消
息时，程序结束
            Cleanup();
            PostQuitMessage( 0 );
            return 0;
        case WM_PAINT:// 程序要求重绘时，Windows
传来一个允许重绘的消息
            Render();
            ValidateRect( hWnd, NULL );
            return 0;
    }
    return DefWindowProc( hWnd, msg, wParam, lParam );
}
```

（3）Render() 自定义函数。

```
VOID Render()// 绘图方法
{
    if( NULL == g_pd3dDevice )
        return;
    // 用蓝色颜色值清除后缓冲区
    g_pd3dDevice->Clear( 0, NULL, D3DCLEAR_
TARGET, D3DCOLOR_XRGB( 0, 0, 255 ), 1.0f, 0 );
    // 开始绘制 D3D 环境
    if( SUCCEEDED( g_pd3dDevice->BeginScene() ) )
    {
        // 插入描绘 D3D 对象的程序代码
        g_pd3dDevice->EndScene();// 不绘制了
    }
    g_pd3dDevice->Present( NULL, NULL, NULL,
NULL );// 将后缓冲区数据显示出来
}
```

（4）Cleanup() 自定义函数。

```
VOID Cleanup()// 销毁所有的 D3D 对象
{
    if( g_pd3dDevice != NULL )// 将 g_pd3dDevice 从内
存释放
        g_pd3dDevice->Release();
    if( g_pD3D != NULL )// 将 g_pD3D 从内存释放
        g_pD3D->Release();
}
```

（5）InitD3D() 自定义函数。

```
HRESULT InitD3D( HWND hWnd )
{
    if( NULL == ( g_pD3D = Direct3DCreate9( D3D_
SDK_VERSION ) ) )// 产生 Direct3D 的 COM 对象
        return E_FAIL;
    D3DPRESENT_PARAMETERS d3dpp;// 定义
D3DPRESENT_PARAMETERS 成员，设置内定数据
```

```
    ZeroMemory( &d3dpp, sizeof( d3dpp ) );
    d3dpp.Windowed = TRUE;// 是否为窗口模式
    d3dpp.SwapEffect = D3DSWAPEFFECT_
DISCARD;// 换页模式
    d3dpp.BackBufferFormat = D3DFMT_
UNKNOWN;// 后缓冲区格式
    if( FAILED( g_pD3D->CreateDevice(
D3DADAPTER_DEFAULT, D3DDEVTYPE_HAL,
hWnd,D3DCREATE_SOFTWARE_VERTEXPROCESSING,
&d3dpp, &g_pd3dDevice ) ) )// 产生符合目前显示模式的 g_
pD3D 变量
    {
        return E_FAIL;
    }
    return S_OK;
}
```

24.4.2 顶点及索引缓存

顶点缓存是一个包含顶点数据的连续内存空间，索引缓存是包含索引数据的连续内存空间，之所以用顶点缓存和索引缓存而非数据来存储数据，是因为顶点缓存和索引缓存可以放置在显存中。进行绘制时，使用显存中的数据将获得比使用系统内存中的数据快得多的绘制速度。可以使用如下函数来创建顶点缓存。

```
CreateVetexBuffer(
    UINT  Length,
    DWORD Usage,
    DWORD FVF,
    D3DPOOL Pool,
    IDirect3DVertexBuffer9** ppVertexBuffer,
    HANDLE* pSharedHandle
)
```

可用下面函数创建索引缓存。

```
CreateIndexBuffer(
    UINT Length,
    DWORD Usage,
    D3DFORMAT Format,
    D3DPOOL Pool,
    IDirect3DIndexBuffer9** pIndexBuffer,
    HANDLE* pShareHandle
)
```

下面就其参数进行说明。

● Length: 为缓存分配的字节数。
● Usage: 指定如何使用缓存的一些附加属性，该值可为 0(表明无附加属性)或是以下标记中的某一种或某种组合。

➢ D3DUSAGE_DYNAMIC: 将缓存设为动态缓存。动态缓存一般放置在 AGP 存储区中，其内容可以迅速更新，如果需要频繁更新缓存中的内容，该缓存应该设置为动态的。粒子系统就是使用动态缓存的一个很好的例子。

➢ D3DUSAGE_POINTS: 该标记规定缓存将用于存储点图元。

➢ D3DUSAGE_SOFTWAREPROCESSING: 指定软件顶点运算方式。

➢ D3DUSAGE_WRITEONLY: 指定应用程序对缓存的操作模式为"只写"。这样驱动程序就可以将缓存放在适合写操作的内存地址中。

创建缓存时，如果没有指定为动态的，所创建的缓存就为静态缓存。静态缓存一般放置在显存中，以保证存储于其中的数据得到高效处理。然而，静态缓存是以牺牲对静态缓存读写操作的速度为代价的，所以一般静态缓存存储静态数据。

● FVF: 存储在顶点缓存中的顶点的灵活顶点格式。
● Pool: 容纳缓存的内存池。
● ppVertexBufer: 用于接收所创建的顶点缓存的指针。
● pShareHandle: 不使用，该值设为 0。
● Format: 指定索引的大小。设为 D3DFMT_INDEX16 表示 16 位索引，设为 D3DFMT_INDEX32 表示 32 位索引。注意，并非所有的图形设备都支持 32 位索引。
● ppIndexBuffer: 用于接收所创建的索引缓存的指针。

（1）访问缓存的内存

为了访问顶点缓存或索引缓存中的数据，需要获得指向缓存内部存储区的指针。可以通过 Lock 来获取，对缓存访问完毕后，必须对缓存进行解锁 unlock。

如果创建顶点缓存或索引缓存时使用了 D3DUSAGE_WRITEONLY 标记，你便无法对缓存进行读操作。

可以调用 Lock 方法，得到顶点缓存和索引缓存的指针。

```
Lock(
    UINT OffsetToLock,
    UINT SizeToLock,
    BYTE** ppbData,
    DWORE Flags
)
```

下面就其参数进行说明。

● OffsetToLock：自缓存的起始点到开始锁定的位置的偏移量，单位为字节。

● SizeToLock：要锁定的字节数。

● ppbData：指向被锁定的存储区起始位置的指针。

● Flags：该标记描述了锁定的方式，可以是 0，也可以是下列标记之一或某种组合。

➢ D3DLOCK_DISCARD：该标记仅用于动态缓存。它指示硬件将缓存内容丢弃，并返回一个指向重新分配缓存的指针。

➢ D3DLOCK_NOOVERWRITE：该标记仅用于动态缓存。使用该标记后，数据只能以追加方式写入缓存。

➢ D3DLOCK_READONLY 该标记表示对于所锁定的缓存只可读不可写。

标记 D3DLOCK_DISCARD 和 D3DLOCK_NOOVER WRITE 表明缓存区的某一部分在锁定之后可以使用（用于绘制）。如果环境（硬件配置）允许使用这些标记，在对缓存进行锁定时，其他的显示操作就不会中断。

（2）颜色表示

在 Direct3D 中，颜色用 RGB 三元组来表示，我们认为颜色都可分解为红色、绿色和蓝色。RGB 数据可用两种不同的结构来保存。第一种是 D3DCOLOR，它实际上与 DWORD 类型完全相同（由关键字 typedef 定义），共有 32 位。D3DCOLOR 类型中的各位被分成 4 个 8 位项，每项存储了一种颜色分量的亮度值。第四个字节分配给 Alpha 分量。目前还不必关心这个分量，它主要用于 Alpha 融合。

另一种存储颜色数据的结构是 D3DCOLORVALUE，在该结构中，我们使用单精度浮点数来度量每个颜色分量的亮度值，亮度值的取值范围为 0 到 1。

Typedef struct D3DCOLORVALUE{

```
    float r;
    float g;
    float b;
    float a;
}
```

D3DCOLORVALUE 和 D3DXCOLOR 结构都有 4 个浮点类型的成员。这样我们就可将颜色表达成一个 4D 向量，记为 (r,g,b,a)。颜色向量的加法、减法以及比例运算与常规的向量完全相同。而颜色向量的点积和叉积没有实际意义，但是对应分量相乘却是有意义的。所以，在类 D3DXCOLOR 中，颜色的乘法定义为对应分量分别相乘。

（3）顶点颜色

图元的颜色是由构成该图元的顶点的颜色决定的。所以，我们必须为顶点数据结构添加一个表示颜色的数据成员。注意，此处无法使用 D3DCOLORVALUE 结构，因为 Direct3D 希望用一个 32 位的值来表示顶点的颜色。（实际上，使用顶点着色器 (vertex shader) 时，我们就可以使用 4D 颜色向量，即每种颜色用 128 位表示。）

（4）着色

在光栅化的过程中，需要对多边形进行着色。着色规定了如何利用顶点的颜色来计算构成图元的像素的颜色。目前，我们使用两种着色模式：平面着色和 Gouraud 着色。如果使用平面着色，每个图元的每个像素都被一致赋予该图元的第一个顶点所指定的颜色。平面着色容易使物体呈现"块状"，这是因为各颜色之间没有平滑的过渡。一种更好的着色模式是 Gouraud 着色（也称平滑着色）。在 Gouraud 着色模式下，图元中像素的颜色值由各顶点的颜色经线性插值得到。

在 DirectX 中，利用其组件能更好地完成一些过程，比 2D 更加实用。下面看一个范例来体会 DirectX 3D 的优势。

📝 **范例 24-1　用 Direct 3D 绘制三角形，并实现其旋转的功能**

（1）在 **Code::Blocks 17.12** 中，新建名称为"三角形"的【C/C++ Source File】源程序。
（2）在代码编辑窗口输入以下代码（代码 24-1.txt）。

```
01    // 范例 24-1
02    //2017.7.31
03    // 绘制三角形
04    #include <Windows.h>
```

```
05    #include <mmsystem.h>
06    #include <d3dx9.h>
07    #include <time.h>
08    //Direct3D 初始化
09    LPDIRECT3D9          g_pD3D      = NULL;
10    LPDIRECT3DDEVICE9     g_pd3dDevice = NULL;
11    LPDIRECT3DVERTEXBUFFER9 g_pVB      = NULL;// 声明一个 D3D 描点内存区
12    // 一个顶点的数据结构
13    struct CUSTOMVERTEX
14    {
15        FLOAT x, y, z;    // 顶点位置
16        DWORD color;      // 顶点颜色值
17    };
18    HRESULT InitD3D( HWND hWnd )
19    {
20        if( NULL == ( g_pD3D = Direct3DCreate9( D3D_SDK_VERSION ) ) )
21        return E_FAIL;
22        D3DPRESENT_PARAMETERS d3dpp;
23        ZeroMemory( &d3dpp, sizeof(d3dpp) );
24        d3dpp.Windowed = TRUE;
25        d3dpp.SwapEffect = D3DSWAPEFFECT_DISCARD;
26        d3dpp.BackBufferFormat = D3DFMT_UNKNOWN;
27        if( FAILED( g_pD3D->CreateDevice( D3DADAPTER_DEFAULT, D3DDEVTYPE_HAL, hWnd,
28        D3DCREATE_SOFTWARE_VERTEXPROCESSING,
29        &d3dpp, &g_pd3dDevice ) ) )
30        {
31            return E_FAIL;
32        }
33        g_pd3dDevice->SetRenderState( D3DRS_CULLMODE, D3DCULL_NONE );
34        g_pd3dDevice->SetRenderState( D3DRS_LIGHTING, FALSE );
35        return S_OK;
36    }
37    HRESULT InitVB()
38    {
39        // 因为是三角形，所以要定义 3 个点
40        CUSTOMVERTEX Vertices[] =
41        {
42            { -1.0f, 1.0f, 0.0f,D3DCOLOR_XRGB(255,0,0), },
43            { 1.0f, -1.0f, 0.0f, D3DCOLOR_XRGB(0,255,0), },
44            { 1.0f, 1.0f, 0.0f, D3DCOLOR_XRGB(0,0,255), },
45        };
46        // 建立顶点缓冲区
47        if( FAILED( g_pd3dDevice->CreateVertexBuffer( sizeof(Vertices),
48        0, D3DFVF_XYZ|D3DFVF_DIFFUSE,
49        D3DPOOL_DEFAULT, &g_pVB, NULL ) ) )
50        {
51            return E_FAIL;
```

```
52          }
53          VOID* pVertices;
54          // 锁住顶点缓冲区
55          if( FAILED( g_pVB->Lock( 0, sizeof(Vertices), (void**)&pVertices, 0 ) ) )
56              return E_FAIL;
57          // 将顶点数据填入顶点缓冲区
58          memcpy( pVertices, Vertices, sizeof(Vertices) );
59          g_pVB->Unlock();// 解除内存区的锁定
60          return S_OK;
61      }
62      VOID Cleanup()
63      {
64          if( g_pVB != NULL )
65              g_pVB->Release();
66          if( g_pd3dDevice != NULL )
67              g_pd3dDevice->Release();
68          if( g_pD3D != NULL )
69              g_pD3D->Release();
70      }
71      VOID SetupMatrices()
72      {
73          D3DXMATRIX matWorld;// 只改变 y 轴来让对象旋转
74          D3DXMatrixRotationY( &matWorld, timeGetTime() /150.f);// 设置转动速度，参数 1 为矩阵，参数 2 为旋转角度
75          g_pd3dDevice->SetTransform( D3DTS_WORLD, &matWorld );
76          D3DXMATRIX matView;// 设置 view 的矩阵数据
77          // 定义摄像头的位置
78          D3DXVECTOR3 vEyePt(0.0f, 3.0f,-5.0f);
79          D3DXVECTOR3 vLookatPt( 0.0f, 0.0f, 0.0f );
80          D3DXVECTOR3 vUpVec( 0.0f, 1.0f, 0.0f );
81          D3DXMatrixLookAtLH( &matView, &vEyePt, &vLookatPt, &vUpVec );// 此函数，参数 1 为矩阵，参数 2 为摄影机所在位置，参数 3 为摄影机所看方向位置，参数 4 为摄影机朝上的方向坐标
82          g_pd3dDevice->SetTransform( D3DTS_VIEW, &matView );
83          D3DXMATRIX matProj;// 设置控制投影的矩阵
84          D3DXMatrixPerspectiveFovLH( &matProj, D3DX_PI/4, 1.0f,1.0f, 100.0f );
85          g_pd3dDevice->SetTransform( D3DTS_PROJECTION, &matProj );
86      }
87      VOID Render()
88      {
89          g_pd3dDevice->Clear( 0, NULL, D3DCLEAR_TARGET, D3DCOLOR_XRGB(0,0,255), 1.0f, 0 ); // 将后缓冲区清除为蓝色
90          if( SUCCEEDED( g_pd3dDevice->BeginScene() ) )
91          {
92              SetupMatrices();// 设置矩阵投影
93              g_pd3dDevice->SetStreamSource( 0, g_pVB, 0, sizeof(CUSTOMVERTEX) );// 指定用 g_pVB 这一个 Vertex Buffer
94              g_pd3dDevice->SetFVF( D3DFVF_XYZ|D3DFVF_DIFFUSE );// 设置着色方式
```

```
95          g_pd3dDevice->DrawPrimitive( D3DPT_TRIANGLELIST, 0, 1 );// 按照 g_pVB 数据绘出三角形
96          g_pd3dDevice->EndScene();// 结束绘制场景
97      }
98      g_pd3dDevice->Present( NULL, NULL, NULL, NULL );// 换页
99   }
100  LRESULT WINAPI MsgProc( HWND hWnd, UINT msg, WPARAM wParam, LPARAM lParam )
101  {
102      switch( msg )
103      {
104          case WM_DESTROY:
105              PostQuitMessage( 0 );
106              return 0;
107      }
108      return DefWindowProc( hWnd, msg, wParam, lParam );
109  }
110  INT WINAPI WinMain( HINSTANCE hInst, HINSTANCE, LPSTR, INT )
111  {
112      WNDCLASSEX wc = { sizeof(WNDCLASSEX), CS_CLASSDC, MsgProc, 0L, 0L,
113              GetModuleHandle(NULL), NULL, NULL, NULL, NULL,
114              "D3D Tutorial", NULL };
115      RegisterClassEx( &wc );
116      HWND hWnd = CreateWindow( "D3D Tutorial", "D3D Tutorial Vertices",
117              WS_OVERLAPPEDWINDOW, 100, 100, 300, 300,
118              GetDesktopWindow(), NULL, wc.hInstance, NULL );
119      if( SUCCEEDED( InitD3D( hWnd ) ) )
120      {
121          if( SUCCEEDED( InitVB() ) ) // 创建 vertex buffer
122          {
123              ShowWindow( hWnd, SW_SHOWDEFAULT );
124              UpdateWindow( hWnd );
125              MSG msg;
126              ZeroMemory( &msg, sizeof(msg) );
127              while( msg.message!=WM_QUIT )
128              {
129                  if( PeekMessage( &msg, NULL, 0, 0, PM_REMOVE ) )
130                  {
131                      TranslateMessage( &msg );
132                      DispatchMessage( &msg );
133                  }
134                  else
135                      Render();
136              }
137          }
138      }
139      Cleanup();
140      UnregisterClass( "D3D Tutorial", wc.hInstance );
```

```
141        return 0;
142    }
```

编译、连接、运行程序，得到如下所示的结果。

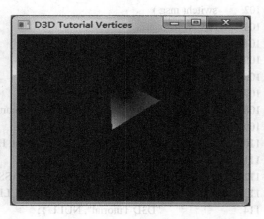
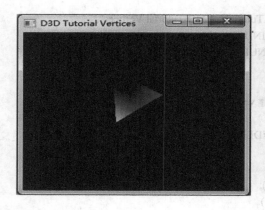
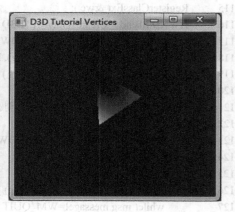

【范例分析】

　　第一步是创建顶点缓存。第二步是访问顶点缓存。第三步是绘制三角形。通过观察结构体中的参数数据，定义各点位置。#include <mmsystem.h> 不可少，timeGetTime() 函数需要此头文件。

▶24.5 表面与位图

　　表面是一个像素点阵，在 Direct3D 中主要用来存储 2D 图形数据。下图指明了表面的一些成分。由图可以看出表面数据就像一个矩阵，像素数据实际上存储在线性数组里面。

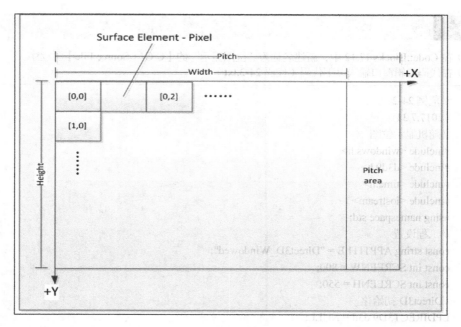

　　表面的 Width 和 Height 是按像素计算的。Pitch 以字节为单位，而且 Pitch 有可能比 Width 大且依赖于低层硬件，所以不能单纯地认为 Pitch =Width * sizeof (pixelFormat)。

　　（1）双缓冲技术。

　　帧缓冲区位于视频内存中，代表要在显示器上显示的图像。所以，创建图形较简单的方法就是直接修改帧缓存区，这是合情合理的，结果就是可以在屏幕上立即看到改变。基本上一切就是这样工作的，但这里漏掉了一个小细节。不会直接在帧缓冲区上绘图，因为在绘制、擦除、移动及重绘图形的同时屏幕正在被刷新，这会导致抖动。要做的是，在一个离屏缓冲区上绘制所有的一切，然后将这个"双重"或者"后台"缓冲区非常快速地喷在屏幕上。

　　上一节通过设置呈现参数创建了一个后台缓冲区。通过使用 Clear 函数，将后台缓冲区填满了颜色，并使用 Present 函数刷新屏幕。其实已经使用了双重/后台缓冲区。

```
d3dpp.SwapEffect=D3DSWAPEFFECT_DISCARD;
d3ddev->Clear(0,NULL,D3DCLEAR_TARGET, D3DCOLOR_XRGB(0,255,0),1.0f,0);
d3ddev->Present(NULL,NULL,NULL,NULL);
```

　　（2）创建和绘制表面。

　　要创建 Direct3D 表面，首先要声明一个指向内存中的表面的变量。

```
LPDIRECT3DSURFACE9 surface=NULL;
// 创建表面
HRESULT result=d3ddev->CreateOffscreenPlainSurface(
    100,
    100,
    D3DFMT_X8R8G8B8,
    D3DPOOL_DEFAULT,
    &surface,
    NULL);
// 绘制表面
d3ddev->StretchRect(surface,NULL,backbuffer,&rect,D3DTEXF_NONE);
```

📑 范例 24-2 　 位图显示。在窗口中随机地显示位图，用随机的颜色填充

（1）在 Code::Blocks 17.12 中，新建名称为"位图显示"的【C/C++ Source File】源程序。
（2）在代码编辑窗口输入以下代码（代码 24-2.txt）。

```
01    // 范例 24-2
02    //2017.7.31
03    // 随机显示位图
04    #include <windows.h>
05    #include <d3d9.h>
06    #include <time.h>
07    #include <iostream>
08    using namespace std;
09    // 工程设置
10    const string APPTITLE = "Direct3D_Windowed";
11    const int SCREENW = 800;
12    const int SCREENH = 550;
13    //Direct3D 初始化
14    LPDIRECT3D9 d3d = NULL;
15    LPDIRECT3DDEVICE9 d3ddev = NULL;
16    LPDIRECT3DSURFACE9 backbuffer = NULL;
17    // 声明一个指向内存中的表面的变量
18    LPDIRECT3DSURFACE9 surface = NULL;
19    // 初始
20    VOID Game_Init(HWND window)
21    {
22        MessageBox(window, "Game_Init","BREAKPOINT", 0);
23        // 初始 Direct3D
24        d3d = Direct3DCreate9(D3D_SDK_VERSION);
25        if (d3d == NULL)
26        {
27            MessageBox(window, " 错误 Direct3D", "Error", MB_OK);
28            return ;
29        }
30        //set Direct3D presentation parameters
31        D3DPRESENT_PARAMETERS d3dpp;
32        ZeroMemory(&d3dpp, sizeof(d3dpp));
33        d3dpp.Windowed = TRUE;
34        d3dpp.SwapEffect = D3DSWAPEFFECT_DISCARD;
35        d3dpp.BackBufferFormat = D3DFMT_X8R8G8B8;
36        d3dpp.BackBufferCount = 1;
37        d3dpp.BackBufferWidth = SCREENW;
38        d3dpp.BackBufferHeight = SCREENH;
39        d3dpp.hDeviceWindow = window;
40        // 创建 Direct3D device
41        d3d->CreateDevice(
42            D3DADAPTER_DEFAULT,
```

```
43              D3DDEVTYPE_HAL,
44              window,
45              D3DCREATE_SOFTWARE_VERTEXPROCESSING,
46              &d3dpp,
47              &d3ddev);
48          if (d3ddev == NULL)
49          {
50              MessageBox(window, " 错误创建 Direct3D device", "Error", MB_OK);
51              return ;
52          }
53          // 随机种子
54          srand(time(NULL));
55          // 清空后缓冲区
56          d3ddev->Clear(0, NULL, D3DCLEAR_TARGET, D3DCOLOR_XRGB(0,0,0), 1.0f, 0);
57          // 创建指向后缓冲区的指针
58          d3ddev->GetBackBuffer(0, 0, D3DBACKBUFFER_TYPE_MONO, &backbuffer);
59          // 创建表面
60          HRESULT result = d3ddev->CreateOffscreenPlainSurface(
61              100,            // 表面的宽度
62              100,            // 表面的高度
63              D3DFMT_X8R8G8B8,    // 风格
64              D3DPOOL_DEFAULT,    // 内存池
65              &surface,        // 表面指针
66              NULL);
67          return ;
68      }
69      // 更新
70      void Game_Run(HWND hwnd)
71      {
72          if (!d3ddev) return;
73          if (d3ddev->BeginScene())
74          {
75              // 随机的颜色
76              int r = rand() % 255;
77              int g = rand() % 255;
78              int b = rand() % 255;
79              d3ddev->ColorFill(surface, NULL, D3DCOLOR_XRGB(r,g,b));
80              //f 复制表面到后缓冲区
81              RECT rect;
82              rect.left = rand() % SCREENW/2;
83              rect.right = rect.left + rand() % SCREENW/2;
84              rect.top = rand() % SCREENH;
85              rect.bottom = rect.top + rand() % SCREENH/2;
86              d3ddev->StretchRect(surface, NULL, backbuffer, &rect, D3DTEXF_NONE);
87              d3ddev->EndScene();
88              d3ddev->Present(NULL, NULL, NULL, NULL);
```

```
89          }
90      }
91      // 停止
92      void Game_End(HWND hwnd)
93      {
94          MessageBox(hwnd, "Program is about to end", "Game_End", MB_OK);
95          if (d3ddev) d3ddev->Release();
96          if (d3d) d3d->Release();
97      }
98      // 窗口函数
99      LRESULT WINAPI WinProc( HWND hWnd, UINT msg, WPARAM wParam, LPARAM lParam )
100     {
101         switch( msg )
102         {
103             case WM_DESTROY:
104                 PostQuitMessage(0);
105                 return 0;
106         }
107         return DefWindowProc( hWnd, msg, wParam, lParam );
108     }
109     // 入口函数
110     int WINAPI WinMain(HINSTANCE hInstance, HINSTANCE hPrevInstance, LPSTR lpCmdLine, int
nCmdShow)
111     {
112         // 设置新窗口属性 set the new window's properties
113         //previously found in the MyRegisterClass function
114         WNDCLASSEX wc;
115         wc.cbSize = sizeof(WNDCLASSEX);
116         wc.style        = CS_HREDRAW | CS_VREDRAW;
117         wc.lpfnWndProc  = (WNDPROC)WinProc;
118         wc.cbClsExtra   = 0;
119         wc.cbWndExtra   = 0;
120         wc.hInstance    = hInstance;
121         wc.hIcon        = NULL;
122         wc.hCursor      = LoadCursor(NULL, IDC_ARROW);
123         wc.hbrBackground = (HBRUSH)GetStockObject(WHITE_BRUSH);
124         wc.lpszMenuName  = NULL;
125         wc.lpszClassName = APPTITLE.c_str();
126         wc.hIconSm      = NULL;
127         RegisterClassEx(&wc);
128         // 创建一个新窗口 create a new window
129         //previously found in the InitInstance function
130         HWND window = CreateWindow( APPTITLE.c_str(), APPTITLE.c_str(),
131             WS_OVERLAPPEDWINDOW,
132             CW_USEDEFAULT, CW_USEDEFAULT,
133             SCREENW, SCREENH,
134             NULL, NULL, hInstance, NULL);
135         // 窗口是否有错误
```

```
136         if (window == 0) return 0;
137     // 显示窗口
138         ShowWindow(window, nCmdShow);
139         UpdateWindow(window);
140     // 初始化游戏
141         Game_Init(window);
142     // 主要游戏过程
143         MSG msg;
144         while( msg.message!=WM_QUIT )
145         {
146             if (PeekMessage(&msg, NULL, 0, 0, PM_REMOVE))
147             {
148                 TranslateMessage(&msg);
149                 DispatchMessage(&msg);
150             }
151             Game_Run(window);
152         }
153         Game_End(window);
154         return msg.wParam;
155     }
```

【运行结果】

编译、连接、运行程序，得到如下所示的结果。

先声明一个指向内存的变量，利用随机生成器的知识，生成随机的种子，产生随机的颜色填充表面。

（3）从磁盘装载位图

BMP 文件格式是游戏中常用的图像资源文件格式，格式简单，读取与写入容易。文件由文件头、位图信息头、调色板、数据区组成，如下图所示。

文件头
位图信息头
调色板
数据区

Direct3D 不知道如何装载位图。但是，在 D3DX 助手库中有将位图装载到表面的函数。如下函数：

HRESULT D3DXLoadSurfaceFromFile(

```
LPDIRECT3DSURFACE9 pDestSurface,
CONST PALETTEENTRY * pDestPalette,
CONST RECT* pDestRect,
LPCTSR pSrcFile,
CONST RECT* pSrcRect,
DWORD Filter,
D3DCOLOR ColorKey,
D3DXIMAGE_INFO* pSrcInfo
);
```

范例 24-3   从磁盘装载一张bmp图片

（1）在 Code::Blocks 17.12 中，新建名称为 "装载图片" 的【C/C++ Source File】源程序。

（2）在代码编辑窗口输入以下代码（代码 24-3.txt）。

```
01    // 范例 24-3
02    // 从磁盘装载一张位图
03    //2017.7.31
04    #include <windows.h>
05    #include <d3d9.h>        // 保护 d3d 头文件和库文件
06    #include <d3dx9.h>
07    #include <time.h>
08    #include <iostream>
09    using namespace std;
10    // 工程设置
11    const string APPTITLE = "Direct3D_Windowed";
12    const int SCREENW = 200;
13    const int SCREENH = 200;
14    //Direct3D 初始化
15    LPDIRECT3D9 d3d = NULL;
16    LPDIRECT3DDEVICE9 d3ddev = NULL;
17    LPDIRECT3DSURFACE9 backbuffer = NULL;
18    // 声明一个指向内存中的表面的变量
19    LPDIRECT3DSURFACE9 surface = NULL;
20    // 初始
21    VOID Game_Init(HWND window)
22    {
23      // 初始 Direct3D
24      d3d = Direct3DCreate9(D3D_SDK_VERSION);
25      if (d3d == NULL)
26      {
27        MessageBox(window, " 错误 Direct3D", "Error", MB_OK);
28        return ;
29      }
30      // 设置 Direct3D 显示参数
31      D3DPRESENT_PARAMETERS d3dpp;
32      ZeroMemory(&d3dpp, sizeof(d3dpp));
33      d3dpp.Windowed = TRUE;
34      d3dpp.SwapEffect = D3DSWAPEFFECT_DISCARD;
```

```
35    d3dpp.BackBufferFormat = D3DFMT_X8R8G8B8;
36    d3dpp.BackBufferCount = 1;
37    d3dpp.BackBufferWidth = SCREENW;
38    d3dpp.BackBufferHeight = SCREENH;
39    d3dpp.hDeviceWindow = window;
40    // 创建 Direct3D device
41    d3d->CreateDevice(
42       D3DADAPTER_DEFAULT,
43       D3DDEVTYPE_HAL,
44       window,
45       D3DCREATE_SOFTWARE_VERTEXPROCESSING,
46       &d3dpp,
47       &d3ddev);
44       window,
45       D3DCREATE_SOFTWARE_VERTEXPROCESSING,
46       &d3dpp,
47       &d3ddev);
48    if (d3ddev == NULL)
49    {
50       MessageBox(window, " 错误创建 Direct3D device", "Error", MB_OK);
51       return ;
52    }
53    // 清除后缓冲区
54    d3ddev->Clear(0, NULL, D3DCLEAR_TARGET, D3DCOLOR_XRGB(0,0,0), 1.0f, 0);
55    // 创建表面
56    HRESULT result = d3ddev->CreateOffscreenPlainSurface(
57       200,
58       200,
59       D3DFMT_X8R8G8B8,
60       D3DPOOL_DEFAULT,
61       &surface,
62       NULL);
63    // 加载
64    result = D3DXLoadSurfaceFromFile(
65       surface,
66       NULL,
67       NULL,
68       "1.bmp",
69       NULL,
70       D3DX_DEFAULT,
71       0,
72       NULL);
73    return ;
74    }
75    // 更新
76    void Game_Run(HWND hwnd)
77    {
```

```
78        d3ddev->GetBackBuffer(0, 0, D3DBACKBUFFER_TYPE_MONO, &backbuffer);
79        if (d3ddev->BeginScene())
80        {
81            // 加载
82            d3ddev->StretchRect(surface, NULL, backbuffer, NULL, D3DTEXF_NONE);
83            d3ddev->EndScene();
84            d3ddev->Present(NULL, NULL, NULL, NULL);
85        }
86    }
87    // 停止
88    void Game_End(HWND hwnd)
89    {
90        MessageBox(hwnd, "Program is about to end", "Game_End", MB_OK);
91        if (d3ddev) d3ddev->Release();
92        if (d3d) d3d->Release();
93    }
94    // 窗口函数
95    LRESULT WINAPI WinProc( HWND hWnd, UINT msg, WPARAM wParam, LPARAM lParam )
96    {
97        switch( msg )
98        {
99          case WM_DESTROY:
100              PostQuitMessage(0);
101              return 0;
102        }
103        return DefWindowProc( hWnd, msg, wParam, lParam );
104    }
105      // 入口函数
106      int WINAPI WinMain(HINSTANCE hInstance, HINSTANCE hPrevInstance, LPSTR lpCmdLine, int
nCmdShow)
107    {
108      // 设置新窗口属性
109      //previously found in the MyRegisterClass function
110        WNDCLASSEX wc;
111        wc.cbSize = sizeof(WNDCLASSEX);
112        wc.style        = CS_HREDRAW | CS_VREDRAW;
113        wc.lpfnWndProc  = (WNDPROC)WinProc;
114        wc.cbClsExtra    = 0;
115        wc.cbWndExtra    = 0;
116        wc.hInstance    = hInstance;
117        wc.hIcon        = NULL;
118        wc.hCursor      = LoadCursor(NULL, IDC_ARROW);
119        wc.hbrBackground = (HBRUSH)GetStockObject(WHITE_BRUSH);
120        wc.lpszMenuName  = NULL;
121        wc.lpszClassName = APPTITLE.c_str();
122        wc.hIconSm      = NULL;
123        RegisterClassEx(&wc);
```

```
124        // 创建一个新窗口 create a new window
125        //previously found in the InitInstance function
126        HWND window = CreateWindow( APPTITLE.c_str(), APPTITLE.c_str(),
127          WS_OVERLAPPEDWINDOW,
128          CW_USEDEFAULT, CW_USEDEFAULT,
129          SCREENW, SCREENH,
130          NULL, NULL, hInstance, NULL);
131        // 窗口是否有错误
132        if (window == 0) return 0;
133        // 显示窗口
134        ShowWindow(window, nCmdShow);
135        UpdateWindow(window);
136        // 初始化游戏
137        Game_Init(window);
138        // 主要游戏过程
139        MSG msg;
140        while( msg.message!=WM_QUIT )
141        {
142          if (PeekMessage(&msg, NULL, 0, 0, PM_REMOVE))
143          {
144            TranslateMessage(&msg);
145            DispatchMessage(&msg);
146          }
147          Game_Run(window);
148        }
149        Game_End(window);
150        return msg.wParam;
151    }
```

【运行结果】

编译、连接、运行程序，得到如下所示的结果。

【范例分析】

一定要将图片加入工程，使用函数。

▶ 24.6 DirectShow 与 DirectSound

DirectShow 开始并不是 DirectX 家族中的一员，它是经过 DirectX 6.0 中的 DirectX Media 发展而来的。DirectShow 集成了 DirectX 家族中其他成员（如 DirectDraw、DirectSound 等）的技术，可以说是 DirectX 中的一位"集大成者"。经过几个版本的发展，DirectShow 架构日趋成熟。而 DirectX Media Objects 是从 DirectX 8.1 的 DirectShow 中分离出来的，成为另一种高效率的流数据处理解决方案。下面将介绍 DirectShow 系统，使大家能够对 DirectShow 有一个总体了解。

为什么需要 DirectShow？ DirectShow 到底能够做什么？带着这两个问题，我们先一起来看一下多媒体应用开发所面临的挑战。

（1）多媒体数据量巨大，应如何保证数据处理的高效性。

（2）如何让音频和视频时刻保持同步。

（3）如何用简单的方法处理复杂的媒体源问题，包括本地文件、计算机网络、广播电视以及其他一些数码产品等。

（4）如何处理各种各样的媒体格式问题，包括 AVI、ASF、MPEG、DV、MOV 等。

（5）如何支持目标系统中不可预知的硬件。

DirectShow 的设计初衷就是尽量要让应用程序开发人员从复杂的数据传输、硬件差异、同步性等工作中解脱出来，总体应用框架和底层工作由 DirectShow 来完成，这样，基于 DirectShow 框架开发多媒体应用程序就会变得非常简单！

如下图所示，图中央最大的一块即是 DirectShow 系统，虚线以下是 Ring 0 特权级别的硬件设备，虚线以上是 Ring 3 特权级别的应用层。DirectShow 系统位于应用层中。它使用一种叫 Filter Graph 的模型来管理整个数据流的处理过程；参与数据处理的各个功能模块叫作 Filter；各个 Filter 在 Filter Graph 中按一定的顺序连接成一条"流水线"协同工作。

按照功能来分，Filter 大致分为 3 类：Source Filters、Transform Filters 和 Rendering Filters。Source Filters 主要负责获取数据，数据源可以是文件、因特网计算机里的采集卡（WDM 驱动的或 VFW 驱动的）、数字摄像机等，然后将数据往下传输；Transform Filters 主要负责数据的格式转换，例如数据流分离/合成、解码/编码等，然后将数据继续往下传输；Rendering Filters 主要负责数据的最终去向——将数据送给显卡、声卡进行多媒体的演示，或者输出到文件进行存储。

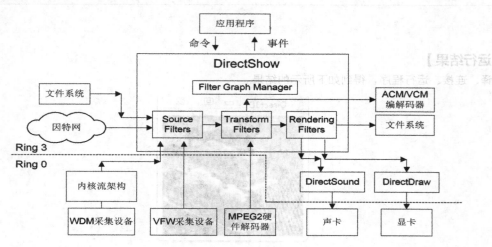

DirectSound 是微软所开发 DirectX 的组件之一，可以在 Windows 操作系统上录音，并且记录波形音效（waveform sound）。目前 DirectSound 是一个成熟的 API，提供许多有用的功能，例如能够在较高的分辨率播放多声道声音。

DirectSound 中主要有下面几个常用的对象。

对象	数量	作用	主要接口
设备对象	每个应用程序只有一个设备对象	管理设备、创建辅助缓冲区	IDirectSound
辅助缓冲区对象	每个声音对应一个辅助缓冲区，可有多个辅助缓冲区	管理一个静态的或者动态的声音流，然后在主缓冲区中混音	IDirectSoundBuffer, IDirectSound3DBuffer, IDirectSoundNotify
主缓冲区对象	一个应用程序只有一个主缓冲区	将辅助缓冲区的数据进行混音，控制 3D 参数	IDirectSoundBuffer, IDirectSound3DListener
特技对象	没有	处理辅助缓冲的声音数据	IDirectSoundFXChorus

▶ 24.7 综合案例

利用 Direct3D、顶点缓存技术，索引缓存技术和随机生成器的知识点，设计一个可以绕 y 轴旋转的、颜色随机变换的 3D 球体。

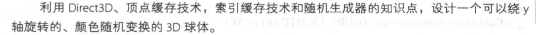
范例 24-4　利用DirectX绘制绕y轴旋转的球体

（1）在 Code::Blocks 17.12 中，新建名称为"旋转球体"的【C/C++ Source File】源程序。

（2）在代码编辑窗口输入以下代码（代码 24-4.txt）。

```
01  // 综合案例
02  // 绘制球体
03  //2017.7.31
04  #include <Windows.h>
05  #include <mmsystem.h>
06  #include <d3dx9.h>
07  #define D3DFVF_CUSTOM (D3DFVF_XYZ|D3DFVF_DIFFUSE|D3DFVF_NORMAL)//FVF 灵活顶
点格式
08  LPDIRECT3D9 g_pD3D=NULL;
09  LPDIRECT3DDEVICE9 g_pd3dDevice=NULL;
10  LPDIRECT3DVERTEXBUFFER9 g_pVB=NULL;
11  LPDIRECT3DINDEXBUFFER9 g_pIB=NULL;
12  int g_rings=16;//y 方向的环数
13  int g_segments=16;//xz 平面的环数
14  struct CUSTOMVERTEX
15  {
16      float x,y,z;// 顶点
17      D3DCOLOR color;  // 顶点颜色值
18      float nx,ny,nz;// 顶点法线向量
19  };
20  HRESULT InitD3D(HWND hwnd)
21  {
22      LPDIRECT3D9 g_pD3D = NULL; //Direct3D 接口对象的创建
23      if( NULL == ( g_pD3D = Direct3DCreate9( D3D_SDK_VERSION ) ) ) // 初始化 Direct3D 接口对
象，并进行 DirectX 版本协商
```

```
24          return E_FAIL;
25       D3DPRESENT_PARAMETERS d3dpp;
26       ZeroMemory(&d3dpp,sizeof(d3dpp));
27       d3dpp.BackBufferFormat=D3DFMT_UNKNOWN;
28       d3dpp.Windowed=TRUE;
29       d3dpp.SwapEffect=D3DSWAPEFFECT_DISCARD;
30       d3dpp.EnableAutoDepthStencil=TRUE;
31       d3dpp.AutoDepthStencilFormat=D3DFMT_D16;
32       if (FAILED(g_pD3D->CreateDevice( D3DADAPTER_DEFAULT,D3DDEVTYPE_HAL
,hwnd,D3DCREATE_SOFTWARE_VERTEXPROCESSING,&d3dpp,&g_pd3dDevice)))
33       {
34          return E_FAIL;
35       }
36       g_pd3dDevice->SetRenderState(D3DRS_LIGHTING,FALSE);
37       return S_OK;
38    }
39    HRESULT InitGeometry()
40    {
151   }
41    // 使用 D3DPT_TRIANGLESTRIP 来索引描绘球体，比较简单，索引建立的空间也较小
42 if (FAILED(g_pd3dDevice->CreateVertexBuffer((g_rings+1)*(g_segments+1)*sizeof(CUSTOMVERTEX)
,0,D3DFVF_CUSTOM,D3DPOOL_MANAGED,&g_pVB,NULL)))// 创建顶点缓存
43       return E_FAIL;
44       if (FAILED(g_pd3dDevice->CreateIndexBuffer(g_rings*(g_segments+1)*2*sizeof(WORD),0,D3DF
MT_INDEX16 ,D3DPOOL_MANAGED,&g_pIB,NULL)))// 创建索引缓存
45       {
46          return E_FAIL;
47       }
48       CUSTOMVERTEX* vertics;// 顶点
49       if (FAILED(g_pVB->Lock(0,0,(VOID**)&vertics,0)))
50          return E_FAIL;
51       WORD* indices=0; // 索引数据
52       WORD vindex=0;// 点索引
53       if (FAILED(g_pIB->Lock(0,0,(VOID**)&indices,0)))
54       {
55          return E_FAIL;
56       }
57       float deltaRing=D3DX_PI/(g_rings);
58       float deltaSegment=2.0f*D3DX_PI/g_segments;
59       // 经典的球体建立算法
60       for(int j=0;j<g_rings+1;j++)//y 方向环数
61       {
62          float radius=sinf(j*deltaRing);// 半径
63          float y0=cosf(j*deltaRing);//y 坐标
64          for (int i=0;i<g_segments+1;i++)//xz 方向环数
65          {
66             float x0=radius*sinf(i*deltaSegment);//x 坐标
```

```
67          float z0=radius*cosf(i*deltaSegment);//z 坐标
68          vertics->x=x0;// 顶点数据
69          vertics->y=y0;
70          vertics->z=z0;
71          vertics->nx=x0;// 顶点法线向量数据
72          vertics->ny=y0;
73          vertics->nz=z0;
74          vertics->color=D3DCOLOR_XRGB(rand() % 256, rand() % 256, rand() % 256);
75          vertics++;
76          if (j!=g_rings)// 除了第一点和最后一点只有一次，其他点都有两次索引
77          {
78            *indices=vindex;
79            indices++;
80            *indices=vindex+(WORD)(g_segments+1);
81            indices++;
82            vindex++;
83          }
84        }
85      }
86      g_pVB->Unlock();
87      g_pIB->Unlock();
88      return S_OK;
89    }
90    void SetupMatrixs()
91    {
92      D3DXMATRIXA16 matWorld;
93      D3DXMatrixIdentity(&matWorld);
94      D3DXMatrixRotationY(&matWorld,timeGetTime()/1000.0f);
95      g_pd3dDevice->SetTransform(D3DTS_WORLD,&matWorld);
96      D3DXVECTOR3 eye(0.0f,3.0f,-5.0f);
97      D3DXVECTOR3 lookAt(0.0f,0.0f,0.0f);
98      D3DXVECTOR3 up(0,1,0);
99      D3DXMATRIXA16 matView;
100     D3DXMatrixLookAtLH(&matView,&eye,&lookAt,&up);
101     g_pd3dDevice->SetTransform(D3DTS_VIEW,&matView);
102     D3DXMATRIXA16 matProj;
103     D3DXMatrixPerspectiveFovLH(&matProj,D3DX_PI/4,1.0f,1.0f,100.0f);
104     g_pd3dDevice->SetTransform(D3DTS_PROJECTION,&matProj);
105   }
106   void Render()
107   {
108     g_pd3dDevice->Clear(0,NULL,D3DCLEAR_TARGET|D3DCLEAR_ZBUFFER,D3DCOLOR_
XRGB(0,0,0),1.0f,0);
109     if (FAILED(g_pd3dDevice->BeginScene()))
110     {
111       SetupMatrixs();
```

```
112        g_pd3dDevice->SetStreamSource(0,g_pVB,0,sizeof(CUSTOMVERTEX));
113        g_pd3dDevice->SetFVF(D3DFVF_CUSTOM);
114        g_pd3dDevice->SetIndices(g_pIB);
115 g_pd3dDevice->DrawIndexedPrimitive(D3DPT_TRIANGLESTRIP,0,0,(g_segments+1)*(1+g_
rings),0,2*(g_segments+1)*g_rings-2*g_rings);
116        g_pd3dDevice->EndScene();
117      }
118      g_pd3dDevice->Present(NULL,NULL,NULL,NULL);
119    }
120    void CleanUp()
121    {
122      if(g_pIB)
123        g_pIB->Release();
124      if(g_pVB)
125        g_pVB->Release();
126      if(g_pd3dDevice)
127        g_pd3dDevice->Release();
128      if(g_pD3D)
129        g_pD3D->Release();
130    }
131    LRESULT CALLBACK MsgProc(HWND hwnd,UINT uMsg,WPARAM wParam,LPARAM lParam)
132    {
133      switch (uMsg)
134      {
135      case WM_DESTROY:
136        CleanUp();
137        PostQuitMessage(0);
138        return 0;
139      }
140      return DefWindowProc(hwnd,uMsg,wParam,lParam);
141    }
142    INT WINAPI WinMain( HINSTANCE hInst, HINSTANCE, LPSTR, INT )
143    {
144      WNDCLASSEX wc = { sizeof(WNDCLASSEX), CS_CLASSDC, MsgProc, 0L, 0L,
145              GetModuleHandle(NULL), NULL, NULL, NULL, NULL,
146              "D3D Tutorial", NULL };
147      RegisterClassEx( &wc );
148      HWND hWnd = CreateWindow( "D3D Tutorial", "D3D Tutorial Vertices",
149              WS_OVERLAPPEDWINDOW, 100, 100, 300, 300,
150              GetDesktopWindow(), NULL, wc.hInstance, NULL );
151      if( SUCCEEDED( InitD3D( hWnd ) ) )
152      {
153        if( SUCCEEDED( InitGeometry() ) ) // 创建 vertex buffer
154        {
155          ShowWindow( hWnd, SW_SHOWDEFAULT );
156          UpdateWindow( hWnd );
157          MSG msg;
```

```
158              ZeroMemory( &msg, sizeof(msg) );
159              while( msg.message!=WM_QUIT )
160              {
161                  if( PeekMessage( &msg, NULL, 0, 0, PM_REMOVE ) )
162                  {
163                      TranslateMessage( &msg );
164                      DispatchMessage( &msg );
165                  }
166                  else
167                      Render();
168              }
169          }
170      }
171      UnregisterClass( "D3D Tutorial", wc.hInstance );
172      return 0;
173  }
```

【运行结果】

编译、连接、运行程序，得到如下所示的结果。

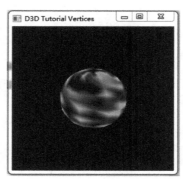

【范例分析】

将球体分解成若干个三角形。定义一个结构体，三角形的每个点产生随机的颜色，并且利用其法线向量可以分析其点朝向，从而避免一个一个地指定。利用球体的算法，先判断是否超过 y 方向的环数及横坐标，继而求出 x、z 坐标，且每一个点朝向不同，设置好摄影机的位置，即可绘制出一个旋转的球体。

▶ 24.8　疑难解答

问题 1：编译过程中出现"timeGetTime"找不到标识符，该如何解决？

解答：在使用 timeGetTime 之前应先包含头文件 # include <Mmsystem.h>，在 C:\Program Files (x86)\CodeBlocks\MinGW\lib 目录下加入 WINMM.lib 文件（没有的话可以在网上下载），然后在 codeblock 编译器菜单栏中单击 setting->compiler->link->Add，在弹出框中加入 C:\Program Files (x86)\CodeBlocks\MinGW\lib\WINMM.LIB，单击确定。

问题 2：编译中出现错误"undefined reference to `Direct3DCreate9@4'|"是什么原因？

解答：可能是 DirectX 没有连接好或者缺失某个头文件。

问题 3：API 绘图与 DirectX 绘图的区别是什么？

解答：通过 API 进行绘图，比较占用 CPU 资源，不过不需要 DirectX，并且对硬件要求不高，适合显卡比较差的场合。通过 DirectX 来绘图，也就是直接用显卡绘图不占用 CPU 资源，适合显卡比较好的场合。API 是 Widnows 的基础绘画函数库，用于绘制一般程序的界面，例如按钮、文字等界面元素等。但是对于 3D 图形和需要特效渲染的图形的绘制，API 功能不足，需要用 DirectX 才能达到加速目的。

第 **25** 章

专业理财系统

本章以练促学，通过实际项目开发，巩固并加深对 C++ 语言的掌握。通过开发一个完整的专业理财系统，练习使用 C++ 语言，使读者全面掌握应用程序开发流程。

本章要点（已掌握的在方框中打钩）

☐ 开发背景
☐ 需求及功能分析
☐ 系统功能实现
☐ 系统运行

▶ 25.1 开发背景

前面已经系统地学习了 C++ 程序设计的基本概念、方法和一般的应用技巧，但是编程的目的是应用，而不是死记硬背，不会灵活使用，知识永远也无法转化成能力。本章将建立一个较为完整的专业理财系统，让大家全面地掌握和使用C++的基本知识，并熟练掌握应用程序系统开发的基本流程。

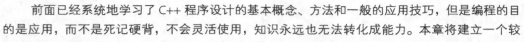

按照通常开发一个应用程序的流程，并结合本系统，可计划以下一些开发流程。

首先应知道为什么做，也就是编写程序的目的是什么，在这里开发的是专业理财的一个系统。

其次要明确做哪些事情，做这些事情需要达到什么程度。专业理财，通常就是要完成用户信息的注册、删除、修改以及财务收支信息的增添、删除、查询、修改、统计、数据备份等功能。

再次是进行数据库的设计，这是建立在对项目需求明确、功能清晰基础上的，因为数据库的设计是项目的基石，必须牢固。之前的章节已经对数据库的应用进行了系统的学习，本系统将对数据库使用加以练习巩固。

然后就是编写代码，在达到目的的前提下，兼顾代码的效率，也就是体现出代码的功能化、模块化等。

最后是运行系统，查漏补缺，总结经验和教训。

▶ 25.2 需求及功能分析

磨刀不误砍柴工，在接到项目任务时，不能盲目地开展工作。在开展之前，要对项目的开发背景、客户的需求以及项目的可行性等进行分析，然后根据分析的结果做出合理的项目规划，使项目能够按部就班进行，不至于出现顾此失彼的情况。

> **注意**
>
> 在实际应用中，需求并不是非常明确的，需要与客户长期接洽才能达成共识。

25.2.1 需求分析

随生活水平的提高，人们的价值观也发生了改变，家庭理财成为生活所需，而在信息化的今天，使用计算机应用程序进行专业理财是很好的选择，由此开发了专业理财系统。

本系统功能满足一般用户的主要需求，具体需求分析如下。

（1）管理员需求功能

增添用户信息：管理员可通过此模块添加用户信息，允许更多用户使用本系统进行理财。

删除用户信息：当用户不再使用本系统进行理财时，管理员可通过此模块进行用户信息的删除，释放空间。

查询用户信息：通过本模块可进行用户信息的查询，或查看所有用户信息。

修改用户信息：当用户信息需要修改时，可通过本模块进行信息修改。

创建用户信息表格：添加新的用户信息，则会自动调用此模块进行该用户财务信息表的创建。

（2）用户需求功能

添加财务信息记录：当进行新的财务信息支出或收入时，可通过其记录到系统中。

删除财务信息记录：当已录入的某条财务信息无用或出现错误时，可选择将其进行删除。

查询财务信息记录：可通过此模块选择性（仅收入、仅支出、全部）地查看以往某一段时间的财务信息记录。

修改财务信息记录：当已记录的财务信息或数据出现错误时，可通过此模块进行修改。

统计财务信息记录：此模块可统计一段时间内的财务信息总支出、总收入、总盈余数据，并进行显示报告。

备份数据：通过此模块可备份用户财务信息表，以防止信息丢失或破损带来问题。

恢复数据：通过数据备份得到的文件进行数据恢复到数据库中来修复表格数据。

导出数据：通过本模块进行财务信息表格的导出，导出格式不限，例如 .txt、.xls 等，方便用户使用数据。

修改用户密码：用户可通过此模块进行自身密码的修改。

25.2.2　总体功能分析

总体功能模块设计，是在需求的基础上，对系统的建构做一个总体的规划。开发一个项目，特别是复杂的项目，总体设计方案是由大家集思广益，多次商讨之后决定的。这也是按照程序设计"由上至下"的指导思想，逐步细化的方法进行的。

本系统可分为主界面模块，登录模块、创建表格模块、增添信息模块、删除信息模块、修改信息模块、查询信息模块、统计信息模块、备份信息模块、恢复信息模块、导出信息模块等。

系统总体功能模块框架图如下。

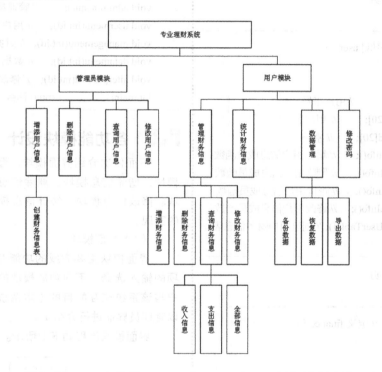

本系统采用 MySQL 数据库，用以存储管理员、用户、财务信息，首先在 MySQL 数据库后台窗口中创建名为 financialmanage 数据库并设置编码为 gbk 格式，在此数据库下创建名为 admininformation 并设置编码为 gbk 格式的管理员信息表格，以及名为 userinformation、编码为 gbk 的用户信息表格。另外，还有用户财务信息表格，此表格不需要手动创建，在管理员创建用户信息时，程序会自动创建名为"table+ 用户账号"的用户财务信息表格（数据库表格名不允许以数字字符开头，故加 table），使每个用户都有自己独立的一张财务信息表。有关信息表格的具体内容如下。

管理员信息表（admininformation）如下。

字段名称	数据类型	说明
id	int	主键，管理员账号
name	varchar[20]	管理员姓名
passwd	varchar[20]	管理员密码

用户信息表（userinformation）如下。

字段名称	数据类型	说明
id	int	主键，用户账号
name	varchar[20]	用户姓名
passwd	varchar[20]	用户密码

用户财务信息表（table+ 用户账号）如下。

字段名称	数据类型	说明
id	int	主键，编号
time	timestamp[6]	记录消费时间
incometype	varchar[50]	收入的类型
incomenum	double	收入的金额
costtype	varchar[50]	支出的类型
costnum	double	支出的金额
about	varchar[50]	备注

（1）用户类声明

声明代码如下。

```
01  class user   // 声明 user 类
02  {
03  public:
04    int id;           // 用户账号
05    char name[20];    // 用户名
06    char passwd[20];  // 密码
07    void insertInfo();     // 增添用户信息成员函数
08    void deleteInfo();     // 删除用户信息成员函数
09    void selectInfo();     // 查询用户信息成员函数
10    void updateInfo();     // 修改用户信息成员函数
11    void createUserTable(); // 创建用户财务信息表
12  };
```

（2）财务类声明

声明代码如下。

```
01  class finance   // 定义 finance 类
02  {
03  public:
04    int id;                   // 财务记录编号
05    char incometype[50];      // 收入类型
06    double incomenum;         // 收入金额
07    char costtype[50];        // 支出类型
08    double costnum;           // 支出金额
09    char about[100];          // 备注
10    void insertInfo(int num);           // 添加财务信息
函数
11    void deleteInfo(int num);           // 删除财务信息
函数
12    void selectInfo(int select,int num); // 查询财务
信息函数
13    void updateInfo(int num);           // 修改财务信息
函数
```

```
14    void statistics(int num);           // 统计财务信息
函数
15    void datamanage(int select,int num); // 管理数据
函数
16    void typemenu();            // 收入支出类型菜单
17    void lookmenu(int num);     // 查询选择菜单
18  };
```

（3）界面函数声明

声明代码如下。

```
void login(int select);      // 登录函数
void adminmenu();            // 管理员界面
void usermenu(int id);       // 用户界面
void managemenu(int id);     // 财务信息管理界面
void datamenu(int id);       // 数据管理界面
void alterpasswd(int id);    // 修改密码函数
int main()                   //main 函数
```

25.2.3 各功能模块设计

下面依次介绍界面模块、登录模块、创建表格模块、增添信息模块、删除信息模块、查询信息模块、修改信息模块、统计信息模块和数据管理模块的实现。

（1）界面模块

界面模块主要完成的功能有界面显示、界面选项的输入选择、不同功能模块的调用，从而达到用户与该系统交互的目的（本系统有多个界面，此处以管理员界面进行介绍）。

界面模块流程如下图所示。

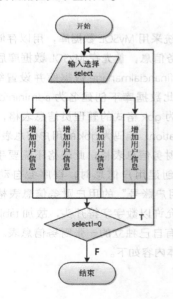

（2）登录模块

登录模块主要完成管理员和用户的登录验证，输入账号和密码，程序调用数据库中相应表格数据进行验证，成功则进入相应操作界面，否则无法进入。

登录模块流程如下图所示。

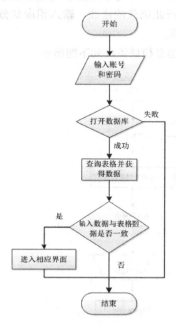

（3）创建表格模块

当管理员创建一个新用户时，程序需自动生成此用户的财务信息表，使每个用户都独自拥有一张财务信息表，利于管理和使用。

创建表格模块流程如下图所示。

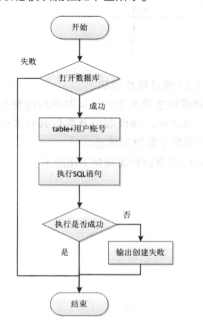

（4）增添信息模块

本系统中两次使用增添信息模块，其一用于用户信息的添加，其二用于财务信息的添加，主要实现向数据库表格中添加信息（此处以财务信息的添加进行讲解）。

增添信息模块流程如下图所示。

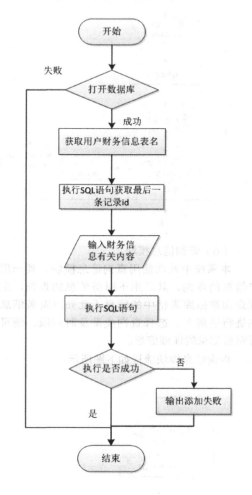

（5）删除信息模块

本系统中两次使用删除信息模块，其一用于用户信息的删除，其二用于财务信息的删除，主要实现向数据库表格中删除信息（此处以财务信息的删除进行讲解），显示某时间段的所有财务信息，输入编号 id 进行删除。

删除信息模块流程如下图所示。

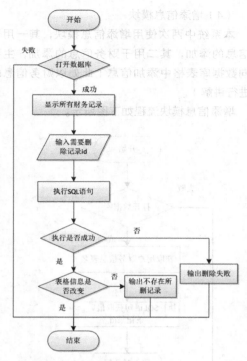

（6）查询信息模块

本系统中两次使用查询信息模块，其一用于用户信息的查询，其二用于财务信息的查询，主要实现查询数据库表格中的信息（此处以财务信息的查询进行讲解），选择查询类型及时间段，便可以查看财务记录的详细信息。

查询信息模块流程如下图所示。

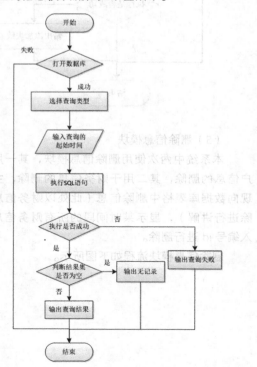

（7）修改信息模块

本系统中两次使用修改信息模块，其一用于用户信息的修改，其二用于财务信息的修改，主要实现向数据库表格中修改信息（此处以财务信息的修改进行讲解），查看某时间段所有财务信息，输入编号id进行此记录的修改，输入相应部分内容，最后写入表格。

修改信息模块流程如下图所示。

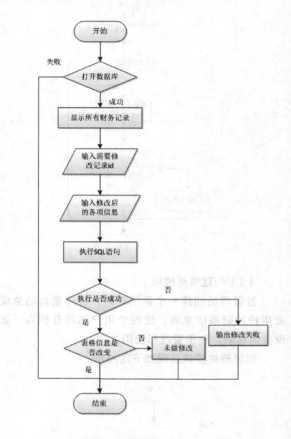

（8）统计信息模块

此模块主要用于统计某时间段内财务信息的总收入、总支出、净余额以及各自共有多少记录，便于用户清楚了解财务状况。

统计信息模块流程如下图所示。

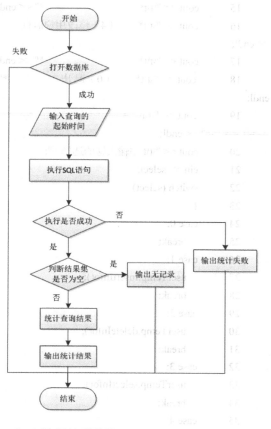

（9）数据管理模块

数据管理模块分为数据备份、数据恢复、数据

导出三个部分，输入相应的文件路径及文件名便可以实现有关操作，易于用户的使用和数据的安全。

数据管理模块流程如下图所示。

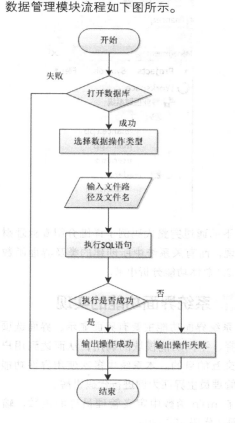

▶ 25.3　系统功能的实现

本节将从以下几个方面详细讲解专业理财系统的实现，分为系统整体功能、系统界面显示功能、登录模块、创建表格模块、增添信息模块、删除信息模块、查询信息模块、修改信息模块统计信息模块和数据管理模块。

✎ 注意

> 系统功能实现部分主要讲述代码的实现，部分模块有多处用到，仅挑选具有代表性的进行显示，完整代码可见于配套电子资源。另外，在运行配套电子资源中的代码时，需提前设置好本地数据库，代码中数据库部分均采用本地数据库，密码统一为 **123456**，数据库名为 **financialmanage** 且编码为 **gbk**。若对此有问题，可直接复制配套电子资源中所带的数据库文件，文件位于 **2** 本书范例的素材文件和结果文件 / 结果文件 /**ch25**/ 专业理财系统 /**data** 中，直接将此文件（**financialmanage**）复制到本地 **MYSQL** 文件中的 **data** 目录下即可。

25.3.1　系统整体功能的实现

上述功能模块实现后，读者就可以将实现代码通过 Code::Blocks 的编译器编译，并最终形成可执行程序。在 Code::Blocks 中，创建名为专业理财系统的项目，项目中添加如下图所示的 .cpp 文件和 .h 文件。

下面通过完整代码例子详细介绍专业理财系统的实现，而有关系统中所创建的类及界面函数可见于 25.2.2 总体功能分析小节。

25.3.2 系统界面功能的实现

系统界面功能主要有界面显示、界面选项的输入选择、不同功能模块的调用，从而达到用户与该系统交互的目的。本系统中多次使用界面功能，此处以管理员主界面为例进行代码讲解。

在 main 函数中定义管理员界面函数，输入以下代码（代码 25-1.txt）。

```cpp
01  void adminmenu()    //管理员界面
02  {
03      int select=0;    //定义选择变量
04      user userTemp;   //定义 user 类对象
05      do               //do...while 实现界面
06      {
07          cout << "\n\t\t========================" << endl;
08          cout << "\t\t*        管理员界面        *" << endl;
09          cout << "\t\t*                         *" << endl;
10          cout << "\t\t*     （1）增加用户信息      *" << endl;
11          cout << "\t\t*                         *" << endl;
12          cout << "\t\t*     （2）删除用户信息      *" << endl;
13          cout << "\t\t*                         *" << endl;
14          cout << "\t\t*     （3）查看用户信息      *" << endl;
```

```cpp
15          cout << "\t\t*                         *" << endl;
16          cout << "\t\t*     （4）修改用户信息      *" << endl;
17          cout << "\t\t*                         *" << endl;
18          cout << "\t\t*     （0）退出             *" << endl;
19          cout << "\t\t========================" << endl;
20          cout << "\t\t 请输入您的选择：";
21          cin >> select;
22          switch (select)
23          {
24          case 0:
25              break;
26          case 1:
27              userTemp.insertInfo();
28              break;
29          case 2:
30              userTemp.deleteInfo();
31              break;
32          case 3:
33              userTemp.selectInfo();
34              break;
35          case 4:
36              userTemp.updateInfo();
37              break;
38          default :
39              system("cls");    //清屏语句
40              cout<<"\t\t 输入错误请重新输入!"<<endl;
41          }
42      }
43      while(select!=0);
44      system("cls");
45  }
```

25.3.3 登录功能的实现

登录功能的实现主要用于管理员和用户进行身份认证，当选择管理员或用户身份后，系统提示输入账号和密码，代码实现和数据库中的信息进行匹配。若信息正确，则显示登录成功并跳转到相应的界面下，否则系统提示输入信息有误，请重新选择。

在 main 函数中定义登录函数，并输入下面的代码（代码 25-2.txt）。

```cpp
01  void login(int select)    //登录函数
```

```
02  {
03      int id;
04      char passwd[20];
05      char str[100];        // 存放 SQL 语句
06      cout << " 请输入账号：";
07      cin >> id;
08      cout << " 请输入密码：";
09      cin >> passwd;
10      MYSQL mysql;          // 定义 MYSQL 数据类型
结构的句柄
11      mysql_init(&mysql);   // 初始化
12      MYSQL_RES *result;    // 存储查询的结果集合
13      if(mysql_real_connect(&mysql,"localhost","root","
123456","financialmanage",3306,NULL,0)!=NULL) // 判断
数据库连接是否成功
14      {
15          mysql_query(&mysql,"SET NAMES GBK");
// 设置编码格式
16          if(select==1)
17              sprintf(str,"select * from %s where (id = %d
and passwd = '%s')","adminInformation",id,passwd);  // 将
SQL 语句格式化复制给 str
18          else
19              sprintf(str,"select * from %s where (id = %d
and passwd = '%s')","userInformation",id,passwd);
20          if( mysql_real_query(&mysql,str,(unsigned int)
strlen(str))==0)   // 判断查询信息是否成功，成功返回 0
21          {
22              result = mysql_store_result(&mysql);    // 接
收查询结果集合
23              if (mysql_num_rows(result)!=0)        // 判
断结果集合是否为空
24              {
25                  system("cls");
26                  cout << " 登录成功！   " << endl;
27                  if(select==1)
28                      adminmenu();
29                  else
30                      usermenu(id);
31              }
32              else
33              {
34                  cout << " 登录失败！   " << endl;
35              }
36          }
37      }
```

```
38      else
39          cout << " 数据库连接失败 !" << endl;
40      if(result!=NULL) mysql_free_result(result);   //
释放结果资源
41      mysql_close(&mysql);   // 关闭数据库连接
42  }
```

25.3.4 创建表格模块的实现

创建表格模块主要用于创建用户财务信息表，此代码无需手工调用，当管理员创建新的用户时，系统会自动调用此模块创建每个用户独有的财务信息表，表格内容统一，表名为"table+ 用户账号"，方便用户使用及操作。

在 user 类中定义创建表格的成员函数，并输入下面的代码（代码 25-3.txt）。

```
01  void user::createUserTable()   // 创建财务信息表
函数
02  {
03      MYSQL mysql;
04      mysql_init(&mysql);
05      if(mysql_real_connect(&mysql,"localhost","root",
"123456","financialManage",3306,NULL,0)!=NULL) // 判断
数据库连接是否成功
06      {
07          char str[300];
08          char tempName[20],tableName[30]="table";  //
存放表名
09          sprintf(tempName,"%d",id);          // 将 int
型 id 转换为 char 型的 tempName
10          strcat(tableName,tempName);             // 将
tablename 中的 "table" 和 tempName 连接，因为表名不能
以数字字符开头，故加上 "table"
11          sprintf(str,"create table %s(id int unsigned auto_
increment,time timestamp(6),incometype
varchar(50),incomenum double,costtype varchar(50),costnum
double,about varchar(50),primary key(id))", tableName);
12          mysql_query(&mysql,"SET NAMES GBK");
13          if( mysql_real_query(&mysql,str,(unsigned int)
strlen(str))==0)
14              cout<<"\n 用户财务表格创建成功!"<<endl;
15          else
16              cout<<"\n 用户财务表格创建失
败 !"<<endl;;
17      }
18      else
```

19   cout << " 数据库连接失败！" << endl;

20   mysql_close(&mysql);

21   }

25.3.5 增添信息模块的实现

增添信息模块主要用于用户信息的增添和财务信息记录的增添。操作步骤为：连接数据库，输入添加内容，书写相应 SQL 语句并执行，添加完成。下面以财务信息的添加为例进行讲解。

在 finance 类中创建增添信息的成员函数，并将写入下面的代码（代码 25-4.txt）。

01   void finance::insertInfo(int num)   //添加财务信息函数

02   {

03   system("cls");

04   MYSQL mysql;

05   mysql_init(&mysql);

06   if(mysql_real_connect(&mysql,"localhost","root"
,"123456","financialManage",3306,NULL,0)!=NULL)

07   {

08   char str[200];

09   int temp=0,select=0;

10   char tempName[20],tableName[30]="table";

11   MYSQL_RES *result;

12   MYSQL_ROW sql_row;

13   sprintf(tempName,"%d",num);

14   strcat(tableName,tempName);

15   sprintf(str,"select * from %s order by id DESC LIMIT 1",tableName);   // 查询表中最后一行数据

16   mysql_query(&mysql,str);

17   result=mysql_store_result(&mysql);

18   if(mysql_num_rows(result)==0)   // 判断表中是否为空

19   temp=0;

20   else

21   {

22   sql_row = mysql_fetch_row(result); // 获取最后一行具体内容

23   temp=atoi(sql_row[0]);   // 将最后一行的 id 转换为 int 型并赋值给 temp

24   }

25   id=temp+1;

26   typemenu();   // 调用收入支出类型菜单

27   cout<<" 请输入编号为第 "<<id<<" 条财务记录 "<< endl;

28   do

29   {

30   cout<<" 请输入收入类型 (0~8):";

31   cin >> select;

32   if(select==0)

33   strcpy(incometype," ");

34   else if(select==1)

35   strcpy(incometype," 原有资金 ");

36   else if(select==2)

37   strcpy(incometype," 工资收入 ");

38   else if(select==3)

39   strcpy(incometype," 奖金 ");

40   else if(select==4)

41   strcpy(incometype," 津贴补贴 ");

42   else if(select==5)

43   strcpy(incometype," 亲友馈赠 ");

44   else if(select==6)

45   strcpy(incometype," 经营所得 ");

46   else if(select==7)

47   strcpy(incometype," 投资所得 ");

48   else if(select==8)

49   strcpy(incometype," 其他收入 ");

50   else

51   {

52   cout <<" 输入有误，请重新输入！"<<endl;

53   select=9;

54   }

55   }

56   while(select==9);

57   cout << " 请输入收入金额 (若无则填写 0): ";

58   cin >> incomenum;

59   do

60   {

61   cout<<" 请输入支出类型 (0~8):";

62   cin >> select;

63   if(select==0)

64   strcpy(costtype," ");

65   else if(select==1)

66   strcpy(costtype," 基本生活费 ");

67   else if(select==2)

68   strcpy(costtype," 医疗保健 ");

69   else if(select==3)

70   strcpy(costtype," 通信 ");

71   else if(select==4)

72   strcpy(costtype," 教育费 ");

...

```
73      else if(select==5)
74          strcpy(costtype,"交通费 ");
75      else if(select==6)
76          strcpy(costtype,"娱乐购物 ");
77      else if(select==7)
78          strcpy(costtype,"投资支出 ");
79      else if(select==8)
80          strcpy(costtype,"其他支出 ");
81      else
82      {
83              cout <<"输入有误,请重新输入!"<<endl;
84          select=9;
85      }
86      }
87      while(select==9);
88      cout << "请输入支出金额(若无则填写 0): ";
89      cin >> costnum;
90      cout << "请输入备注: ";
91      cin >> about;
92      sprintf(str,"insert into %s values('%d',NULL,'%s','%lf','%s','%lf','%s')", tableName,id,incometype, incomenum,costtype,costnum,about);
93      mysql_query(&mysql,"SET NAMES GBK");
94      system("cls");
95      if( mysql_real_query(&mysql,str,(unsigned int) strlen(str))==0)
96      {
97          cout<<"插入成功 !";
98      }
99      else
100         cout<<"插入失败 !";
101     }
102     else
103         cout << "数据库连接失败 !" << endl;
104     mysql_close(&mysql);
105 }
```

25.3.6 删除信息模块的实现

删除信息模块主要用于用户信息和财务信息记录的删除,其代码框架与增添模块相同,以财务信息删除为例,当选择删除功能后,系统调用查询功能,将相应信息进行显示,使用者选择相应的编号便可以删除,数据库中数据也将同步进行删除。

在 finance 类中创建删除信息的成员函数,并将

下面的代码写入(代码 25-5.txt)。

```
01  void finance::deleteInfo(int num)  // 删除财务信息函数
02  {
03      MYSQL mysql;
04      mysql_init(&mysql);
05      if(mysql_real_connect(&mysql,"localhost","root","123456","financialManage",3306,NULL,0)!=NULL)
06      {
07          char str[100];
08          char tempName[20],tableName[30]="table";
09          sprintf(tempName,"%d",num);
10          strcat(tableName,tempName);
11          selectInfo(3,num);          // 调用查看所有财务信息函数
12          cout << "请输入需要删除财务记录编号: ";
13          cin >> id;
14          mysql_query(&mysql,"SET NAMES GBK");
15          sprintf(str,"delete from %s where id = %d",tableName,id);
16          system("cls");
17          if( mysql_real_query(&mysql,str,(unsigned int) strlen(str))==0)
18              if(mysql_affected_rows(&mysql)!=0)  // 判断是否影响表格内容
19                  cout<<"删除成功 !";
20              else
21                  cout<<"不存在所删除记录!  ";
22          else
23              cout<<"删除失败 !";
24          }
25      else
26          cout << "数据库连接失败 !" << endl;
27      mysql_close(&mysql);
28  }
```

25.3.7 查询信息模块的实现

查询信息模块也用于用户信息和财务信息的查询,此处以财务信息查询为例,首先选择查询类型(仅收入、仅支出、全部),然后输入查询信息的时间起始范围,系统便会将符合条件的信息进行显示,若未查询到,则会显示无记录。

在 finance 类中创建查询信息成员函数,并将下面的代码写入(代码 25-6.txt)。

```
01   void finance::selectInfo(int select,int num)   // 查询
财务信息函数
02   {
03       MYSQL mysql;
04       mysql_init(&mysql);
05       MYSQL_RES *result;
06       MYSQL_ROW sql_row;
07       if(mysql_real_connect(&mysql,"localhost","root"
,"123456","financialManage",3306,NULL,0)!=NULL)
08       {
09           char str[200],time1[20],time2[20];
10           char tempName[20],tableName[30]="table";
11           sprintf(tempName,"%d",num);
12           strcat(tableName,tempName);
13           mysql_query(&mysql,"SET NAMES GBK");
14           cout <<" 请输入起始查询日期 ( 例如 2017 年
7 月 8 日，则输入 2017-07-08):";
15           cin >> time1;
16           cout <<" 请输入结束查询日期 ( 例如 2017 年
10 月 8 日，则输入 2017-10-08):";
17           cin >> time2;
18           strcat(time1," 00:00:00");   // 添加时分秒从起
始日期的零点
19           strcat(time2," 23:59:59");   // 添加时分秒到结
束日期的最后一秒
20           if(select==1)                // 根据选择进行查询
21               sprintf(str,"select * from %s where incomenum>0
and time>= '%s' and time <= '%s'", table Name ,time1,time2);
22           else if(select==2)
23               sprintf(str,"select * from %s where costnum>0 and
time>= '%s' and time <= '%s'",table Name,time1,time2);
24           else
25               sprintf(str,"select * from %s where time>=
'%s' and time<= '%s'",tableName,time1,time2);
26           if( mysql_real_query(&mysql,str,(unsigned int)
strlen(str))==0)
27           {
28               result = mysql_store_result(&mysql);
29               if (result)
30               {
31                   if(mysql_affected_rows(&mysql)!=0)   //
判断结果集是否为空
32                   {
33                       cout<<"================
==================================
===================="<<endl;
```

```
34           cout<<" 编号  时间收入类型金额支出类型  金
额 备注 "<<endl;
35                       while(sql_row = mysql_fetch_
row(result)) // 获取具体的数据
36                       {
37                           cout <<left<<setw(6)<<sql_
row[0]<<left<<setw(29)<<sql_row[1]<<left<<setw(11)<<sql_
row[2] <<left<<setw(6)<<sql_row[3];
38                           cout <<left<<setw(11)<<sql_
row[4]<<left<<setw(6)<<sql_row[5]<<left<<sql_
row[6]<<endl;
39                       }
40                   cout<<"================
==================================
===================="<<endl;
41                   }
42                   else
43                       cout <<" 无记录！ "<<endl;
44               }
45           }
46           else
47               cout<<" 查询失败！";
48       }
49       else
50           cout << " 数据库连接失败！ " << endl;
51       if(result!=NULL) mysql_free_result(result);
52       mysql_close(&mysql);
53   }
```

25.3.8　修改信息模块的实现

修改信息模块用于用户信息和财务信息的修
改，此处以财务信息修改为例进行讲解，首先调用
查询函数，输入起始时间，将此时间段内的所有信
息进行显示，然后输入需要修改记录的编号和修改
后的信息，执行 SQL 语句，便可以实现数据的修改。

在 finance 类中创建修改信息成员函数，并将下
面的代码进行写入（代码 25-7.txt）。

```
01   void finance::updateInfo(int num)   // 修改财务信
息函数
02   {
03       MYSQL mysql;
04       mysql_init(&mysql);
05       if(mysql_real_connect(&mysql,"localhost","root"
,"123456","financialManage",3306,NULL,0)!=NULL)
06       {
```

```
07        int select=0;
08        char str[200],tempName[20],tableName[30]="t
able";
09        sprintf(tempName,"%d",num);
10        strcat(tableName,tempName);
11        selectInfo(3,num);        // 调用查看所有财务
信息函数
12        typemenu();        // 调用收入支出类型菜单
13        cout << " 请输入需要修改财务记录编号：";
14        cin >> id;
15        mysql_query(&mysql,"SET NAMES GBK");
16        do
17        {
18          cout<<" 请输入修改后的收入类型 (0~8):";
19          cin >> select;
20          if(select==0)
21             strcpy(incometype," ");
22          else if(select==1)
23             strcpy(incometype," 原有资金 ");
24          else if(select==2)
25             strcpy(incometype," 工资收入 ");
26          else if(select==3)
27             strcpy(incometype," 奖金 ");
28          else if(select==4)
29             strcpy(incometype," 津贴补贴 ");
30          else if(select==5)
31             strcpy(incometype," 亲友馈赠 ");
32          else if(select==6)
33             strcpy(incometype," 经营所得 ");
34          else if(select==7)
35             strcpy(incometype," 投资所得 ");
36          else if(select==8)
37             strcpy(incometype," 其他收入 ");
38          else
39          {
40              cout <<" 输入有误, 请重新输入！
"<<endl;
41              select=9;
42          }
43        }
44        while(select==9);
45        cout << " 请输入修改后的收入金额 ( 若无则
填写 0)：";
46        cin >> incomenum;
47        do
48        {
```

```
49          cout<<" 请输入修改后的支出类型 (0~8):";
50          cin >> select;
51          if(select==0)
52             strcpy(costtype," ");
53          else if(select==1)
54             strcpy(costtype," 基本生活费 ");
55          else if(select==2)
56             strcpy(costtype," 医疗保健 ");
57          else if(select==3)
58             strcpy(costtype," 通信 ");
59          else if(select==4)
60             strcpy(costtype," 教育费 ");
61          else if(select==5)
62             strcpy(costtype," 交通费 ");
63          else if(select==6)
64             strcpy(costtype," 娱乐购物 ");
65          else if(select==7)
66             strcpy(costtype," 投资支出 ");
67          else if(select==8)
68             strcpy(costtype," 其他支出 ");
69          else
70          {
71              cout <<" 输入有误, 请重新输入！
"<<endl;
72              select=9;
73          }
74        }
75        while(select==9);
76        cout << " 请输入修改后的支出金额 ( 若无则
填写 0)：";
77        cin >> costnum;
78        cout << " 请输入修改后的备注：";
79        cin >> about;
80        sprintf(str,"update %s set incometype='%s',incom
enum=%lf,costtype='%s',costnum=%lf,about='%s' where id =
%d",tableName,incometype,incomenum,costtype,costnum,abo
ut,id);
81        if( mysql_real_query(&mysql,str,(unsigned int)
strlen(str))==0)
82            if(mysql_affected_rows(&mysql)!=0) // 判
断是否对表格内容做出修改
83              cout<<" 修改成功！";
84            else
85              cout<<" 未做修改！ ";
86        else
87            cout<<" 修改失败 !";
```

```
88    }
89    else
90        cout << "数据库连接失败！" << endl;
91    mysql_close(&mysql);
92  }
```

25.3.9 统计信息模块的实现

统计信息模块主要用于财务信息的统计，统计某时间段内财务信息的总收入、总支出、净余额以及各自共有多少记录，便于用户清楚了解财务状况。用户选择此功能，输入起始时间，便可以统计此时间段内的财务信息。

在 finance 类中创建统计信息成员函数，并将下面的代码写入（代码 25-8.txt）。

```
01  void finance::statistics(int num)  //统计财务信息
函数
02  {
03      MYSQL mysql;
04      mysql_init(&mysql);
05      MYSQL_RES *result;
06      MYSQL_ROW sql_row;
07      if(mysql_real_connect(&mysql,"localhost","root"
,"123456","financialManage",3306,NULL,0)!=NULL)  //判断
数据库连接是否成功
08      {
09          char str[100],time1[30],time2[30];
10          char tempName[20],tableName[30]="table";
11          int itemIncome=0,itemCost=0,item=0;
12          double sumIncome=0,sumCost=0,sum=0;
13          sprintf(tempName,"%d",num);
14          strcat(tableName,tempName);
15          mysql_query(&mysql,"SET NAMES GBK");
16          cout <<"请输入起始查询日期（例如 2017 年
7 月 8 日，则输入 2017-07-08):";
17          cin >> time1;
18          cout <<"请输入结束查询日期（例如 2017 年
10 月 8 日，则输入 2017-10-08):";
19          cin >> time2;
20          strcat(time1," 00:00:00");
21          strcat(time2," 23:59:59");
22          sprintf(str,"select * from %s where time>= '%s'
and time<= '%s'",tableName,time1,time2);
23          if(mysql_real_query(&mysql,str,(unsigned int)
strlen(str))==0)
24          {
```

```
25              result = mysql_store_result(&mysql);
26              if (result)
27              {
28                  if(mysql_affected_rows(&mysql)!=0)  //
判断结果集是否为空
29                  {
30                      while(sql_row = mysql_fetch_
row(result)) //获取具体内容
31                      {
32                          if(atof(sql_row[3])>0)  //判断收入
金额是否大于 0
33                          {
34                              sumIncome=sumIncome+atof(sql_
row[3]);
35                              itemIncome++;
36                          }
37                          if(atof(sql_row[5])>0)  //判断支出
金额是否大于 0
38                          {
39                              sumCost=sumCost+atof(sql_
row[5]);
40                              itemCost++;
41                          }
42                          item++;
43                      }
44                      sum=sumIncome-sumCost;
45                  }
46                  else
47                      cout <<"无记录！"<<endl;
48              }
49              cout << "收入统计如下 "<<endl;
50              cout << "收 入 总 金 额：
"<<left<<setw(12)<<sumIncome<<" 收入总记录条数："<<le
ft<<setw(10)<<itemIncome<<endl;
51              cout << "支出统计如下 "<<endl;
52              cout << "支 出 总 金 额：
"<<left<<setw(12)<<sumCost<<" 支出总记录条数："<<left<<
setw(10)<<itemCost<<endl;
53              cout << "全部统计如下 "<<endl;
54              cout << "剩 余 总 金 额：
"<<left<<setw(12)<<sum<<" 总 记 录 条 数：
"<<left<<setw(10)<<item<<endl;
55          }
56          else
57              cout<<"统计失败！";
58      }
```

```
59      else
60          cout << " 数据库连接失败 !" << endl;
61      if(result!=NULL) mysql_free_result(result);
62      mysql_close(&mysql);
63  }
```

25.3.10 数据管理模块的实现

数据管理模块用于财务数据的管理，可分为数据备份、数据恢复、数据导出三个部分，选择相应的选项，并输入文件存储路径和文件名便可以实现相应功能。此模块主要方便用户使用财务数据，并利于数据的安全。

在 finance 类中创建财务管理成员函数，并将下面的代码进行写入（代码 25-9.txt）。

```
01  void finance::datamanage(int select,int num)    // 数据管理函数
02  {
03      char str[200],path[100],tempName[20],tableName[30]="table";
04      sprintf(tempName,"%d",num);
05      strcat(tableName,tempName);
06      if(select==1)    // 备份数据
07      {
08          cout <<" 例如存储到 C 盘目录下并命名为 tablename, 则输入 C:/tablename"<<endl;
09          cout <<" 请输入备份存储路径及命名 :";
10          cin>>path;
11          strcat(path,".bak");
12          sprintf(str,"select * from %s into outfile '%s'",tableName,path);
13      }
14      else if(select==2)    // 恢复数据
15      {
16          cout <<" 例如从 C 盘目录下将名为 tablename
```

文件还原 , 则输入 C:/tablename"<<endl;

```
17          cout <<" 请输入还原文件存储路径及文件名 :";
18          cin>>path;
19          strcat(path,".bak");
20          sprintf(str,"load data infile '%s' replace into table %s",path,tableName);
21      }
22      else    // 导出数据
23      {
24          cout <<" 例如导出到 C 盘目录下并命名为 tablename 且文件后缀为 .xls, 则输入 C:/tablename.xls"<<endl;
25          cout <<" 请输入导出文件存储路径及命名和文件后缀 :";
26          cin>>path;
27          sprintf(str,"select * from %s into outfile '%s'",tableName,path);
28      }
29      system("cls");
30      MYSQL mysql;
31      mysql_init(&mysql);
32      if(mysql_real_connect(&mysql,"localhost","root","123456","financialManage",3306,NULL,0)!=NULL)
33      {
34          mysql_query(&mysql,"SET NAMES GBK");
35          if( mysql_real_query(&mysql,str,(unsigned int)strlen(str))==0)
36              cout << " 操作成功！  " <<endl;
37          else
38              cout<<" 操作失败 !";
39      }
40      else
41          cout << " 数据库连接失败 !" << endl;
42      mysql_close(&mysql);
43  }
```

▶25.4 系统运行

（1）单击【调试】工具栏中的编译运行按钮 ，即可运行系统。系统运行后在命令行中会显示操作菜单，输入相应的数字，按【Enter】键即可进入主界面功能模块。

（2）管理员登录。输入1，按【Enter】键即可进入管理员登录的模块。根据提示依次输入201501、123456。

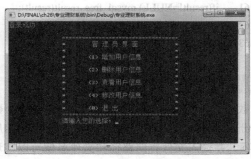

（3）增加用户信息。完成管理员登录后，可根据界面提示进行选择操作，例如输入1，按【Enter】键即可进入增加用户信息界面，如下图所示。

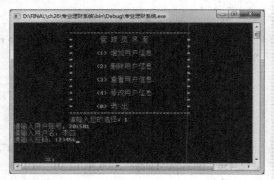

（4）查看用户信息。在管理员界面中，根据提示输入数值可以完成不同的操作，例如输入3，即可进入查看用户信息界面，如下图所示。

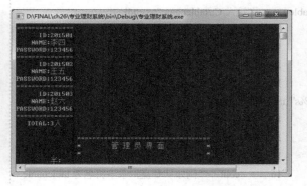

（5）退出管理员登录。在管理员界面中，输入0可退出，返回管理员和用户选择主界面，如下图所示。

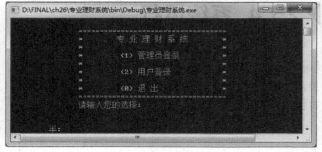

（6）用户登录。在主界面中输入 2，按【Enter】键即可进入用户功能界面。根据提示依次输入账号和密码（例如 201501、123456），如下图所示。

（7）财务信息管理界面。在用户界面中输入 1 并按【Enter】键即可进入财务信息管理界面，如下图所示。

（8）增加财务信息界面。在财务信息管理界面中输入 1 并按【Enter】键即可进入增添财务信息界面，如下图所示。

（9）查看财务信息界面。在财务管理界面中输入 3 并按【Enter】键即可进入查看财务信息界面。在财务信息界面查询全部信息则输入 3，并输入查询起始时间，如下图所示。

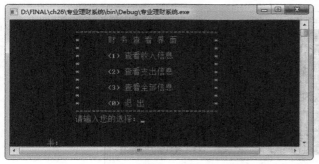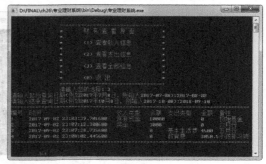

（10）修改财务信息界面。在财务管理界面中输入 4 并按【Enter】键可进入财务信息修改界面。在修改

界面中输入起始时间，则可查看此时间段内的全部财务信息，选择编号，输入修改后的内容，即可修改成功，如下图所示。

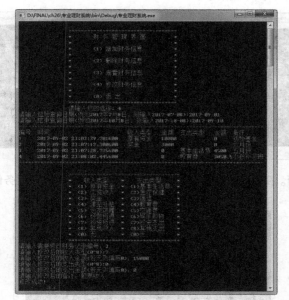

（11）信息统计界面。在用户主界面中输入 1 并按【Enter】键进入财务信息统计界面，输入统计数据的起始时间，即可查看此时间段内的财务统计数据，如下图所示。

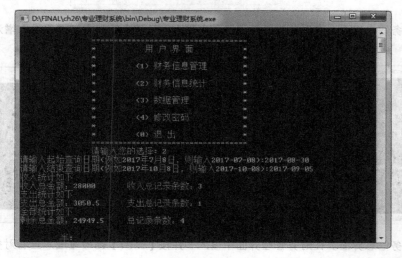

（12）数据管理界面。在用户界面中输入 3 并按【Enter】键即可进入数据管理界面，如下图所示。

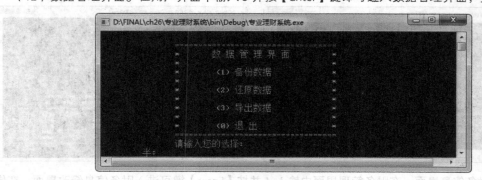

（13）导出数据界面。在数据管理界面中输入 3 并按【Enter】键即可进入导出数据界面，输入文件所存储的路径、文件名和后缀即可，如下图所示。

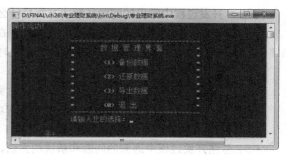

（14）修改密码界面。在用户主界面输入 4 并按【Enter】键即可进入修改密码界面，提示输入原密码及两次新密码，即可修改密码（若两次新密码不一致，则会提示错误），如下图所示。

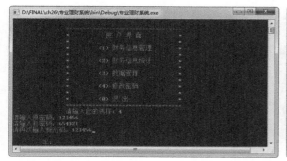

（15）退出系统。在主界面中输入 0 并按【Enter】键即可退出系统，如下图所示。

▶25.5 疑难解答

问题：开发过程中常见的问题及解决方案是什么？

解答：如果你是初次开发这样的综合性程序，在开发过程中肯定会出现这样或者那样的问题，不要急于求成，应按照软件设计的原理一步步完成。

（1）明确系统的需求，做到有的放矢。

（2）讨论、思考系统的总体框架，在此基础上完成各部门功能模块的框架设计。

（3）建立合理高效的数据库，尽可能满足现有功能，并能满足下一步扩展的需求。

（4）编写代码，运行调试，逐渐完善。

（5）总结开发过程中遇到的问题和解决的方法，为以后的编程积累宝贵的经验。